刘长春　张启蒙 ■ 主编　　　薛叙明 ■ 主审

化工操作工

——理论基础

■ 技能型人才培训规划教材

■ 化工行业职业技能鉴定培训教材

化学工业出版社

·北京·

本书是化工类相关企业职工及化工类职业院校化工岗位操作理论培训教材，依据《国家职业标准》和《职业技能鉴定规范》，以突出基本理论为指导思想编写。内容包括化学化工基础知识、化工生产单元操作知识、化工机械及仪表基础知识、HSEQ等内容，注重知识的应用和实践技能的培养，注重当前化工企业生产的新方法，理论尽量与生产紧密结合，书写上力求通俗易懂，深入浅出。

本书内容丰富，重点突出，可供化工、石油化工类企业工程技术人员、生产管理人员职业系统培训和技能鉴定，也可供化工企业技术工人自学，还可作为职业院校化工技术类专业的教学用书和参考资料。

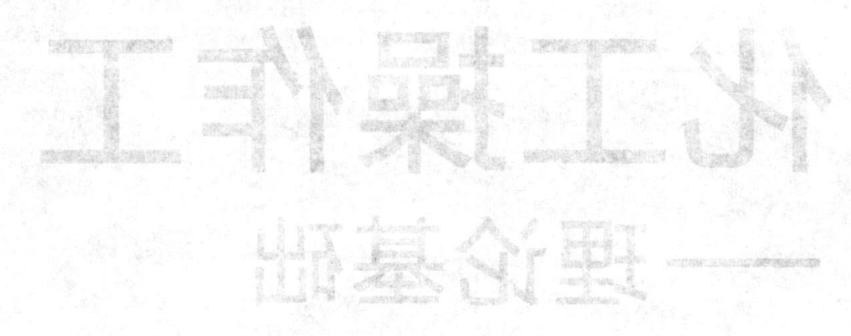

图书在版编目（CIP）数据

化工操作工——理论基础/刘长春，张启蒙主编．—北京：化学工业出版社，2013.3（2022.8重印）
技能型人才培训规划教材
化工行业职业技能鉴定培训教材
ISBN 978-7-122-16531-2

Ⅰ.①化… Ⅱ.①刘…②张… Ⅲ.①化工单元操作-技术培训-教材 Ⅳ.①TQ02

中国版本图书馆CIP数据核字（2013）第029233号

责任编辑：窦　臻　　　　文字编辑：王　琪
责任校对：吴　静　　　　装帧设计：关　飞

出版发行：化学工业出版社（北京市东城区青年湖南街13号　邮政编码100011）
印　　装：天津盛通数码科技有限公司
787mm×1092mm　1/16　印张18¾　彩插1　字数493千字　2022年8月北京第1版第6次印刷

购书咨询：010-64518888　　售后服务：010-64518899
网　　址：http://www.cip.com.cn
凡购买本书，如有缺损质量问题，本社销售中心负责调换。

定　　价：56.00元

前　言

随着我国社会经济的蓬勃发展和职业资格准入制度的不断推进，对从事石油与化工行业的生产操作人员进行职业技能培训和鉴定尤为重要。

为适应社会经济发展和行业发展对职工教育培训的需要，积极配合化工企业技术工人进行职业技能鉴定，提高工人理论知识水平和操作技能，依据《中华人民共和国工人技术等级标准》和《中华人民共和国职业技能鉴定规范（化工行业特有工种考核大纲）》的要求，结合化工企业技术工人现状，我们编写了本书。

本书内容注重理论知识，注重结合实际，注重当前化工企业生产的新方法，广泛收集最新的资料，采用最新的国家标准和技术法规，强调化工操作、制图、设备、仪表、安全、环保等方面知识的综合运用。内容编排注重整体与局部的划分与衔接，明确知识目标要求，难度适中。在导入化学化工基础知识的前提下，以化工工艺操作为主线，系统介绍化工生产过程、安全环保等方面的内容，适用于化工企业岗位培训以及相关从业人员进行系统学习，为读者提供掌握化工岗位操作理论知识的平台。本书强调提高化工操作工职业素养，有助于其具备系统全面的理论知识，并培养分析和科学地解决生产实际中问题的能力。此外，在每章节后编入适量的思考与习题，以帮助读者巩固所学知识，检验学习效果。

本书编写过程中聘请了化工企业的专家给予指导，结合工厂的应用实际，对当前化工岗位操作相关理论知识予以详尽的阐述。

本书由常州工程职业技术学院老师编写，刘长春、张启蒙担任主编并负责统稿。第一章、第三章由李树白编写；第二章、第四章、第九章、第十章由张启蒙编写；第五章、第六章、第十三章、第十五章由刘长春编写；第七章、第八章、第十四章由贺新编写；第十一章、第十二章、第十六章及附录由张岫编写。常州工程职业技术学院薛叙明教授担任本书的主审，并提出了许多宝贵意见。常州工程职业技术学院潘文群、樊亚娟、蒋晓帆、周鹏鹏等也参与了本书的审稿。

本书在编写过程中，参考借鉴了大量国内职工培训和各类院校的相关教材和文献资料，得到中国石油和化学工业联合会、化学工业职业技能鉴定指导中心、中国化工教育协会领导及相关兄弟院校领导、老师及企业专家等众多人士的支持和帮助，在此谨向上述各位领导、专家及参考文献作者表示衷心的感谢。

由于编者水平有限，加之时间仓促，不妥之处在所难免，敬请广大读者批评指正。

编　者

2012 年 12 月

目　录

第一篇　化学化工基础知识

第一章　无机化学基本知识

第一节　化学基本概念

一、物质的组成和分类

1. 物质的组成

宏观物质由分子、原子或离子等粒子构成。

(1) 分子　分子是物质能独立存在并保持物质一切化学性质的最小粒子。同种分子化学性质相同，不同种分子化学性质不同，其微观结构也不同。

分子有大分子和小分子。大分子又称高分子，一般指相对分子质量大于10000的分子，例如塑料、纤维等。相对分子质量小于500的一般称为小分子。分子很小，用肉眼看不到，其直径约为10^{-10}m数量级，其质量的数量级约为10^{-26}kg。例如，一滴水里约有1.67×10^{21}个分子。分子总是在不停地运动，分子之间有一定的间隔，且相互作用。在不同的条件下，物质有气态、液态和固态三种相态，主要是由于物质分子间间隔大小发生变化造成的。

(2) 原子　分子在化学变化中还可以被分成更小的微粒——原子。物质一般都由分子组成，分子则由原子组成。原子比分子更小，有一定质量并不停地运动着。但有些物质由原子直接组成，例如，碳由许多碳原子组成。

原子由中心带正电的原子核和核外带负电的电子构成。原子核由质子和中子两种粒子构成，电子在核外较大空间内作高速运动。

(3) 离子　原子由于自身或外界的作用失去或得到一个或几个电子，成为带有电荷的原子。这种带有电荷的原子或原子团称为离子。

$$\text{阳离子}\underset{\text{失去电子}}{\overset{\text{得到电子}}{\rightleftharpoons}}\text{原子}\underset{\text{失去电子}}{\overset{\text{得到电子}}{\rightleftharpoons}}\text{阴离子}$$

带负电荷的原子或原子团称为阴离子，如Cl^-、OH^-；带正电荷的原子或原子团称为阳离子，如Na^+、NH_4^+。

原子团是由几个原子结合而成的带有电荷的集团，常被称为“根”，如NH_4^+、OH^-、CO_3^{2-}。

(4) 元素　具有相同核电荷数（即质子数）的同一类原子总称为元素。到目前为止，人们在自然界中发现的物质有3000多万种，但组成它们的元素目前（截止到2010年）只有118种。

核电荷数或质子数是划分元素的标准。核电荷数即质子数相同的原子、离子都属同种元素，如Cl、Cl^{-1}、Cl^{+5}、Cl^{+7}都是氯元素。

元素与原子这两个概念既有联系，又有区别，见表1-1。

表 1-1　元素与原子概念的比较

项　目	元　　素	原　　子
区别	(1)是具有相同核电荷数的同一类原子总称； (2)是宏观名称，有“种类”之分，没有“数量”、“大小”、“质量”的含义； (3)是组成物质的基本成分	(1)是化学反应中最小微粒； (2)是微观粒子，有“种类”之分，有“数量”、“大小”、“质量”的含义； (3)是体现元素性质的最小微粒
联系	具有相同核电荷数的一类原子总称为一种元素。原子是体现元素性质的最小单位	
描述	元素(物质)-宏观-组成	原子-微观-构成
举例	二氧化碳由氧元素和碳元素组成	二氧化碳分子由两个氧原子和一个碳原子构成

2. 物质的分类

含一种元素的纯净物为单质。含有两种或两种以上元素的纯净物为化合物，例如二氧化碳由氧和碳两种元素组成，小苏打由钠、氢、碳和氧四种不同元素组成。由两种或两种以上纯净物组成的物质称为混合物，如空气、石油、泥土。

单质可以分为金属单质、非金属单质（包括稀有气体）。从物质结构上看，单质可以由原子直接构成，如稀有气体、石墨和金刚石；也可由分子构成，如 O_2、Cl_2。

化合物可分为有机化合物和无机化合物。有机化合物按其组成和结构可分为烃、烃的衍生物、糖类、氨基酸和蛋白质等；无机化合物从组成上可分为酸、碱、盐、氧化物、氢化物等。

二、物质的表示方法

物质在化学中一般用元素符号、分子式来表示。

1. 元素符号

在化学上，用来表示各元素的不同符号称为元素符号。元素符号是国际通用的化学用语，是由一个或两个拉丁文字母组成的，如 H、Na 等。文后附元素周期表，列举了目前发现的元素名称、符号和原子量。

2. 分子式

用元素符号来表示物质分子组成的式子称为分子式。一种物质只有一个分子式，书写时一定要注意规范。

(1) 单质的分子式　双原子分子的分子式，是在元素符号右下角注上数字“2”，如 O_2、N_2、Cl_2 等；单原子分子的分子式就是该元素符号，如 He、Ne、Ar 等；结构较复杂的单质分子，也常用元素符号表示其分子式，如 Fe、Mg、C 等。

(2) 化合物的分子式　书写化合物的分子式，必须知道化合物中各元素的化合价。元素在相互化合时，反应物原子的个数比总是一定的。化合价是表示一种元素的一个原子能和其他原子相结合的数目。它反映了形成某化合物时各元素的原子之间的个数关系。

化合价有正价和负价，一般规律如下。

① 氢元素常为＋1 价，氧元素常为－2 价。

② 金属元素显正价。

③ 非金属元素与氢化合时显负价，与氧化合时显正价。如 H_2S 中，S 显－2 价；SO_3 中，S 显＋6 价。

④ 在离子或共价化合物里，正、负化合价的代数和为零。

⑤ 有些元素在不同的化合物中表现出不同的化合价。如氯元素在 HCl 里显－1 价，在 $KClO_3$ 里显＋5 价。

⑥ 原子团也有化合价，其数值一般是不变的。

书写化合物分子式时，一般是正价的原子或原子团写在前，负价的原子或原子团写在后（NH_3、CH_4 例外）；正价与负价的代数和等于零。

一些常见元素和原子团的主要化合价，见表 1-2、表 1-3。

表 1-2　常见元素的化合价

元素名称	元素符号	常见化合价	元素名称	元素符号	常见化合价	元素名称	元素符号	常见化合价
钾	K	+1	铜	Cu	+1，+2	碘	I	−1
钠	Na	+1	铁	Fe	+2，+3	氧	O	−2
银	Ag	+1	铝	Al	+3	硫	S	−2，+4，+6
钙	Ca	+2	氢	H	+1	碳	C	+2，+4
镁	Mg	+2	氟	F	−1	硅	Si	+4
钡	Ba	+2	氯	Cl	−1，+1，+5，+7	氮	N	−3，+2，+4，+5
锌	Zn	+2	溴	Br	−1	磷	P	−3，+3，+5

表 1-3　常见原子团的化合价

名　称	符号	化合价	名　称	符号	化合价
铵根	NH_4^+	+1	亚硫酸根	SO_3^{2-}	−2
氢氧根	OH^-	−1	氢硫酸根	HSO_4^-	−1
硝酸根	NO_3^-	−1	磷酸根	PO_4^{3-}	−3
氯根	Cl^-	−1	硅酸根	SiO_3^{2-}	−2
硫酸根	SO_4^{2-}	−2	高锰酸根	MnO_4^-	−1
碳酸根	CO_3^{2-}	−2	乙酸根	CH_3COO^-	−1

三、化学中常用的量

1. 原子量（相对原子质量）

原子具有质量。原子由质子、中子和电子组成。原子质量主要集中在原子核上，由核内质子和中子的质量决定，核外电子质量可忽略不计。如果用克（g）作为单位来表示质量，一个氧原子的质量是 2.657×10^{-23}g，一个氢原子的质量是 0.1661×10^{-23}g。

在实际应用中，往往不需要知道原子的绝对质量，只需知道原子的相对质量。以一种原子核内有 6 个质子和 6 个中子所组成的碳原子 ^{12}C 的 1/12 作为标准，其他原子的质量与它的比值，称为该原子的相对原子质量，即该种原子的原子量。原子量是不同原子的相对质量，没有单位。化学计算中一般采用原子量的近似值。

2. 分子量（相对分子质量）

分子量是组成分子的各元素原子量的总和，是分子的相对质量，也无单位。

根据分子式可以计算化合物各元素的质量比，还可以计算化合物中各成分元素的质量分数，称为它的质量百分含量。某元素含量（%）的计算式为：

$$\text{某元素质量百分含量}=\frac{\text{分子中该元素的原子个数}\times\text{原子量}}{\text{化合物的分子量}}\times100\%$$

3. 物质的量和摩尔质量

1971 年，第十四届国际计量大会通过了一个新增的国际单位，即物质的量的单位，称为摩尔，以符号 mol 表示。当某系统中基本单元的数目与 0.012kg 的 ^{12}C 原子数目一样多，即与阿伏伽德罗常数（阿伏伽德罗常数为 $6.022\times10^{23}\,mol^{-1}$）相等数量的微粒时，这种物质的量就是1mol。

物质的量与物质的质量是两个不同的概念。在使用摩尔作为计量单位时，必须指明微粒的种类或某种微粒的特定组合（如原子团、共用电子对等）。例如，1mol 的氧分子含有 6.022×10^{23} 个氧分子；1mol 的氢离子含有 6.022×10^{23} 个氢离子等。

摩尔质量是指某物质单位物质的量的质量，即 1mol 该物质的质量，单位为 g/mol 或 kg/kmol，在数值上等于该物质的相对原子质量或相对分子质量。以 m 代表物质的质量，M 为该物质的摩尔质量，n 为物质的量，它们之间的关系为：

$$n(\text{物质的量})=\frac{\text{物质的质量(g)}}{\text{物质的摩尔质量(g/mol)}}=\frac{m}{M}\ \text{(mol)}$$

4. 气体的标准摩尔体积

气体的体积随温度、压力的变化而显著改变。压力一定时，一定量气体的体积随温度升高而增大；温度一定时，压力增大，体积减小。因此，气体体积的比较，必须在同温、同压下进行，通常为标准状况（273.15K 和 101.325kPa）下进行。在标准状况下，1mol 任何气体所占的体积都约为 22.4L，这个体积称为气体的摩尔体积。

四、反应方程式

1. 质量守恒定律

在化学反应中，参加反应的各物质的质量总和，等于反应后生成的各物质的质量总和，这个规律称为质量守恒定律。化学反应都遵循质量守恒定律。这是因为在化学反应过程中，参加反应的各原子种类和原子数目与反应后的原子种类和数目没有增减，只是原子的重新组合生成新的物质，所以化学反应前后各物质的质量总和必然相等。

2. 化学方程式

用化学式来表示化学反应的式子称为化学方程式。化学方程式是在实验的基础上得出来的，不能主观臆造。化学反应只有在一定的条件下才能发生，在化学方程式中应注明反应的基本条件（如燃烧、加热“△”、温度、压力、催化剂等）。反应有气体或沉淀生成时，要用“↑”或“↓”分别标出。例如：

$$2KClO_3 \xlongequal[\triangle]{MnO_2} 2KCl+3O_2\uparrow$$

$$CuSO_4+2NaOH \xlongequal{} Na_2SO_4+Cu(OH)_2\downarrow$$

$$2H_2+O_2 \xlongequal{\text{点燃}} 2H_2O$$

由于化学反应遵守质量守恒定律，所以反应方程式“等号”两边每种原子的数目必须相等，即要配平。最小公倍数法是配平化学方程式最常用的一种方法。例如：

$$KClO_3 \xrightarrow[\triangle]{MnO_2} KCl+O_2\uparrow$$

首先找出一个在化学方程式左右两边各出现一次，且原子个数较多，或左右两边原子个数相差较多的元素（如氧元素），再求出该元素在左右两边原子个数的最小公倍数。氧元素左边为 3，右边为 2，最小公倍数为 6。用原子个数去除最小公倍数，即为含有该原子的化学式系数。$KClO_3$ 系数$=\frac{6}{3}=2$，O_2 系数$=\frac{6}{2}=3$，所以：

$$2KClO_3 \xrightarrow[\triangle]{MnO_2} KCl+3O_2\uparrow$$

最后再推算其他物质化学式的系数。根据 $2KClO_3$，确定右边 KCl 的系数为 2。故平衡后的化学方程式为：

$$2KClO_3 \xrightarrow[\triangle]{MnO_2} 2KCl + 3O_2\uparrow$$

化学方程式不仅表示了反应物和生成物的种类，还表达了它们相互反应量的关系。化学反应中，各反应物之间相互反应的物质的量之比，等于它们的化学计量数（即反应方程式中各反应物和生成物前面的数字，符号 ν）之比，由此可以找出反应物和生成物的多种数量关系。根据化学方程式可进行多种计算。

3. 热化学方程式

在化学反应中，除有物质的变化外，还有以热量形式表现出来的能量变化，如吸热或放热。化学反应中放出或吸收的热量称为化学反应热，一般用 Q 表示。Q 值是反应方程式表示的反应物完全反应时所具有的值。能表示出热效应的化学方程式称为热化学方程式。热化学方程式中分子式右侧，必须写明物质的聚集状态——固、液、气；热效应为放热以"$+Q$"表示，吸热以"$-Q$"表示；热效应值以摩尔为计量单位，因此，分子式前的系数可以是分数。例如：

$$H_2(\text{气}) + \frac{1}{2}O_2(\text{气}) = H_2O(\text{液}) + 285.8\text{kJ}$$

$$C(\text{固}) + O_2(\text{气}) = CO_2(\text{气}) + 395.5\text{kJ}$$

第二节 化学反应速率和化学平衡

一、化学反应速率

1. 化学反应速率的含义

在化学反应中，随着反应的进行，反应物浓度不断减少，生成物浓度不断增大。通常用单位时间内任一反应物浓度的减少或生成物浓度的增加来表示化学反应速率，其单位可用 mol/(L·h)、mol/(L·min) 或 mol/(L·s) 等表示。

在化学反应中，反应物的减少与生成物的增加按反应方程式的定量关系表示。当各物质的系数不同时，用不同的反应物或生成物表示的反应速率量值是不同的（但所反映的速率快慢一样）。例如，一定条件下，合成氨反应：

	N_2	$+3H_2$	$=2NH_3$
开始时浓度/(mol/L)	2	2	0
2s 后的浓度/(mol/L)	1.6	0.8	0.8

用 N_2 的浓度减少量表示反应速率为：

$$v_{N_2} = \frac{2-1.6}{2} = 0.2[\text{mol}/(\text{L}\cdot\text{s})]$$

用 H_2 的浓度减少量表示反应速率为：

$$v_{H_2} = \frac{2-0.8}{2} = 0.6[\text{mol}/(\text{L}\cdot\text{s})]$$

用 NH_3 的浓度增加量表示反应速率为：

$$v_{NH_3} = \frac{0.8-0}{2} = 0.4[\text{mol}/(\text{L}\cdot\text{s})]$$

以上表示的反应速率是在这段时间内的平均速度。对于同一个化学反应，以不同物质浓度的变化所表示的反应速率，其数值虽然不同，但它们的比值恰好就是化学方程式中各相应物质的计量系数比。因此，用任一物质在单位时间内的浓度变化来表示该反应的速率，意义是一样的，但须指明是以哪种物质的浓度变化来表示的。

2. 影响化学反应速率的因素

影响化学反应速率的因素很多，其中以反应物质本身的性质最为主要。例如，氢和氧在低温、暗处即可以发生爆炸反应；而氢和氯需光照或加热才能迅速化合。对于同一反应，当外界条件（温度、压力、催化剂等）不同时，反应速率也会发生改变。

（1）浓度对反应速率的影响　在其他条件不变的情况下，增加反应物浓度，可以增大反应速率；减小反应物的浓度，会降低反应速率。例如，硫在纯氧中燃烧要比在空气中燃烧剧烈得多，这是因为纯氧中氧分子浓度比空气中氧分子浓度大。

对于有气体参加的化学反应，增大压强，气体体积缩小、浓度增大，反应速率加快。

（2）温度对反应速率的影响　温度对反应速率的影响非常大。一般升高温度，反应速率增大；降低温度，反应速率减小。例如，在常温下，氧气与氢气几乎不能发生反应，当温度升至600℃时，反应迅速发生并产生爆炸。

通过大量实践表明，在其他条件相同时，温度每升高10℃，反应速率约增加到原来的2～4倍。一般，当温度升高时，吸热反应的反应速率增长的倍数大些，放热反应的反应速率增长的倍数小些。

（3）催化剂对反应速率的影响　凡能改变反应速率而本身的组成、质量与化学性质在反应前后保持不变的物质称为催化剂，也称触媒。催化剂能改变反应速率的作用，称为催化作用。有催化剂参加的反应称为催化反应。使用适量催化剂可以加速或减慢反应速率。能加快反应速率的催化剂称为正催化剂，能延缓反应速率的催化剂称为负催化剂，如橡胶和塑料制品中，为了防止老化而加入的防老剂就是一种负催化剂。

（4）压力对反应速率的影响　对于有气体参加的反应，当其他条件不变时，增大压力会使反应速率增大。这是因为对气体加压后，气体的体积减小，相当于增大气体的反应浓度，所以增大压力，反应速率也必然加快。

对于只有液体或固体参加的化学反应来说，压力的改变对它们的体积影响极小，可以认为，对反应速率没有影响。

（5）其他因素对反应速率的影响　在有固体物质参加的化学反应中，固体粒子的大小对反应速率也有影响。当固体与液体或气体发生反应时，分子间的碰撞仅在固体表面进行。一定质量的固体，颗粒越小，其总表面积越大，固-液或固-气间分子接触的机会就越多，反应速率越大。

两种互不相溶液体间的反应在它们的分界面上进行。机械搅拌能增大分界面，也能加快两种液体分子的相互扩散，所以能大大提高反应速率。对于有固体参加的反应，搅拌能将固体颗粒均匀地悬浮于液体或气体中，增大了接触面积，加快了分子扩散，提高了反应速率。例如工业上硫酸的生产中，用硫铁矿与空气生成SO_2的反应是气-固反应，为了增大反应速率，用具有一定压力的空气将细砂状的硫铁矿吹起，使其悬浮在空气中进行焙烧。

此外，其他因素如光、超声波、放射线、溶剂等，对反应速率都存在不同程度的影响。

二、化学平衡

化学平衡是研究给定条件下化学反应进行的程度，即化学反应所能达到的最大限度。

1. 可逆反应与化学平衡

有些化学反应可以进行到底，即反应物基本上全部转化为生成物，这类化学反应为不可逆反应。例如：

$$2KClO_3 \xlongequal{\triangle} 2KCl + 3O_2 \uparrow$$

有些反应只有一部分反应物转变为生成物，在一定条件下，既能向正反应方向（从左到右），同时也能向逆反应方向（从右到左）进行的反应，称为可逆反应，又称不完全反应。例如：

$$N_2+3H_2 \rightleftharpoons 2NH_3$$

通常用“$\rightleftharpoons$”表示可逆反应。化学反应中，可逆反应是比较普遍的，但其程度会因化学反应的不同而有差别。

在可逆反应中，正反应和逆反应是同时进行的，随着反应的进行，正反应速率逐渐变小，同时，逆反应速率逐渐从零变大，最后会达到正反应速率等于逆反应速率、反应物和生成物的浓度不再随时间改变的状态，称为化学平衡。化学平衡状态是一定条件下化学反应进行的最大限度。在反应体系处于平衡状态时，反应并没有停止，而是正、逆反应以相等的速率进行着。因此，化学平衡是一个动态平衡。

改变外界条件（浓度、温度、压力），原来的化学平衡被破坏，平衡发生移动，并在新的条件下建立新的平衡。

2. 化学平衡的移动

可逆反应从一种条件下的平衡状态，改变为另一种条件下的平衡状态的过程，称为化学平衡的移动。如改变平衡体系的条件之一，如浓度、压力、温度和催化剂等的改变，可以使化学平衡向减弱这个改变的方向移动，即吕·查德里原理，也称平衡移动原理。

(1) 浓度对化学平衡的影响　一个可逆反应，当外界条件一定时，增加反应物浓度或减少生成物浓度，平衡向生成物的方向移动。同理，增加生成物浓度或减少反应物浓度，平衡将向逆反应方向移动，即向生成反应物的方向移动。例如，在 $FeCl_3$ 溶液中加入 KSCN 溶液，可生成红色 $Fe(SCN)_3$ 和 KCl。反应式如下：

$$FeCl_3+3KSCN \rightleftharpoons \underset{(红色)}{Fe(SCN)_3}+3KCl$$

当达到平衡后，再加入 $FeCl_3$ 溶液或 KSCN 溶液，可以看到溶液红色加深，说明反应物浓度增大，平衡向生成 $Fe(SCN)_3$ 的方向移动。

反应物若是固体或很稀的溶液，就不考虑浓度对平衡移动所产生的影响。

在生产实践中，往往采用增大容易取得或价廉的原料的投料量，来使其他原料得到充分利用。不断从体系中将生成物之一分离掉，也可以促使平衡向生成物方向移动，例如工业上在合成氨反应中，为了得到更多的产品——氨，采取迅速冷却的方法，使气态氨变为液氨后被分离出去。

(2) 压力对化学平衡的影响　通常说的一个可逆反应的压力是指总压力。如果改变压力，无论气态反应物还是气态生成物的浓度都要随压力成正比例地变化，这就有可能使正、逆反应速率不再相等，而引起平衡的移动。在一个有气态物质参与的反应的平衡体系中，增加压力，平衡向着分子总数减小（即体积减小）的方向移动；降低压力，平衡向着分子总数增加（即体积增大）的方向移动。例如，合成氨反应：

$$N_2+3H_2 \rightleftharpoons 2NH_3$$

从反应方程式看，该反应分子总数减少，因此，增大反应压力，有利于氨的生成。

对于反应物和生成物都没有气体的反应，或反应前后气态物质的分子总数不变，改变压力不会引起化学平衡的移动。

(3) 温度对化学平衡的影响　化学反应总是伴随着热量的变化，如果可逆反应的正反应是放热的，其逆反应必然是吸热的。反之，如果正反应是吸热的，其逆反应必然是放热的。

升高温度，平衡向吸热反应方向移动；降低温度，平衡向放热反应方向移动。例如：

$$\underset{(棕色)}{2NO_2(气)} \rightleftharpoons \underset{(无色)}{N_2O_4} + Q$$

从反应式可知，生成 N_2O_4 的反应是放热反应，若降低温度，反应向生成 N_2O_4 的方向移动，混合气体的颜色（棕色）逐渐变浅。

第三节 溶液与电解质溶液

一、分散系

物质除了以三种聚集状态的形式存在外，还常以一种（或几种）物质分散于另一种物质中，形成均匀分散系的形式存在，如溶液就是一种分散系。一种（或几种）物质的微粒均匀分散在另一种物质中所形成的体系称为分散系，其中被分散的物质称为分散质，起分散作用的物质，即分散质周围的介质称为分散剂。悬浊液、乳浊液和溶液同属分散系。

按分散质的粒子大小不同，把分散系分为分子分散系（溶液）、粗分散系和胶体分散系三种。

1. 分子分散系（溶液）

分子分散系（溶液）由溶质（分散质）和溶剂（分散剂）组成。能溶解其他物质的称为溶剂，被溶解的物质称为溶质。水是最常用的溶剂，通常，不指明溶剂的溶液都是指水溶液。气体或固体物质溶解在液体物质中形成的溶液，气体或固体物质为溶质，液体物质为溶剂。当多种液体相互溶解时，一般把含量最多的组分物质称为溶剂，少的物质组分称为溶质。

分散质（溶质）以分子、离子的状态，均匀地分散在分散剂（溶剂）中所形成的分散系，它的粒子大小在 0.1～1nm（纳米）之间，这种溶液也称分子溶液或真溶液（包括高分子物质溶液）。这类溶液具有高度稳定性，只要外界条件不变（如温度不变或溶剂没有蒸发等），久置，溶质都不会析出。

2. 粗分散系

粗分散系包括悬浊液和乳浊液。悬浊液是固体分散质以微小的颗粒分散在分散剂中而形成的体系。如泥浆水。乳浊液是液体分散质以微小的珠滴分散在分散剂中而形成的体系。粗分散系中的粒子在 100nm 以上。

3. 胶体分散系

胶体分散系是分散质的粒子为 0.1～100nm 的一种分散系。

三种分散系虽然有明显的区别，有时却没有截然的界限。有粒子在 500nm 以上的分散系仍表现为胶体的性质。因此，以粒子大小范围区分分散系有相对性。某些重要的分散系见表 1-4。

表 1-4 重要的分散系

分散系名称	分散剂	分散质	分散系名称	分散剂	分散质
烟、气溶胶	气态	固态	乳浊液	液态	液态
雾气溶胶	气态	液态	胶体分散系	液态	固态
泡沫	液态	气态	固态泡沫	固态	气、液、固态

二、溶液

（一）溶解

广义上说，超过两种以上物质混合而成为一个分子状态的均匀相的过程称为溶解。狭义上说，在一定温度下，当一个可溶性固体投入水中，固体表面的粒子（分子、离子），在水分子的作用下离开固体表面进入溶剂中，通过扩散作用，均匀地分散在溶剂中形成溶液的过程，称为溶解。

由于溶解前后溶质粒子之间作用情况不同，因此溶解过程中常常伴随着能量的变化，即吸热或放热。例如，氢氧化钠固体溶于水时放热，而硝酸钾或硝酸铵溶于水时要吸热。溶解过程中放热或吸热称为热效应。

溶液的体积并不等于溶质和溶剂的体积和。这种现象主要是溶剂化作用引起的。例如，100mL 无水乙醇与 100mL 水形成的乙醇水溶液的体积小于 200mL，约为 180mL；苯和乙酸形成溶液的体积就大于溶质和溶剂的体积之和。

（二）结晶

溶液中析出固体溶质的过程称为结晶。溶解与结晶的关系为：

$$\text{固体溶质} \underset{\text{结晶}}{\overset{\text{溶解}}{\rightleftharpoons}} \text{溶液溶质}$$

如果溶解过程吸热，则结晶过程一定放热，而且热量相等。

（三）饱和溶液与非饱和溶液

在一定条件下，溶解与结晶是可逆的。当溶解刚开始时，溶液中的溶质粒子较少，随着溶解的进行，溶液中溶质粒子不断增多，整个过程表现为溶质的不断溶解，即溶解速度大于结晶速度。当溶解速度等于结晶速度时，固体溶质的质量不再减少，溶液的浓度不再增加，但两个过程仍继续进行，处于动态平衡。此时溶液的浓度已达到最大值。在一定温度下，溶解和结晶达到动态平衡时的溶液称为饱和溶液。反之，在一定温度下，溶解速度大于结晶速度的非平衡状态时的溶液，称为非饱和溶液。

饱和溶液和非饱和溶液在条件改变时，可以互相改变，如增加溶剂量或改变温度，可使饱和溶液变成非饱和溶液。

（四）溶解度

1. 固体溶解度

一种物质溶解在另一种物质里的能力称为溶解性。溶解性大小用溶解度表示。在一定温度下，某种物质在 100g 溶剂中，达到饱和时所溶解的克数，称为这种溶质在这种溶剂里的溶解度。如果不指明溶剂，则溶解度都是指物质在水中的溶解度。例如，在 20℃时氯化钠的溶解度为 36g，即在该温度下 100g 水中能溶解 36g 氯化钠。

根据溶解度的大小，把物质分为四类：在室温（20℃）下，溶解度大于 10g 的物质称为易溶物；在 1～10g 的称为可溶物；在 0.01～1g 的称为微溶物；在 0.01g 以下的称为难溶物。由此可见，难溶物质绝非不溶，绝对不溶的物质是不存在的，习惯上把“难溶”称为“不溶”。

物质溶解度的大小与溶质和溶剂的种类、性质有关。相似相容理论是有关溶解性能的经验理论，其主要观点是认为溶质能溶解在与它结构相似的溶剂中。

2. 气体溶解度

气体的溶解度通常是指该气体在 101.325kPa、一定温度下、在 1 体积水里达到饱和状态时所能溶解的气体体积（若为非标准状况下的气体体积，则应换算为标准状况下的体积）。例如，在 0℃时，1 体积水里能溶解 0.049 体积的氧气，则氧气在 0℃时溶解度为 0.049。

3. 影响溶解度的因素

（1）温度　大多数固体物质的溶解度随温度的升高而增大；少数固体物质的溶解度受温度影响较小；极少数固体物质的溶解度随温度的升高而减小。

气体的溶解度随温度的升高而减小。如给冷水加热时，随着温度的升高，溶解在水中的空气就在沸腾前形成气泡冒出。

(2) 压力 气体的溶解度，一般是随压力的增大而增大。压力对固体物质的溶解度没有显著的影响。

(五) 溶液浓度的计算

溶液的浓度是指在一定量溶液或溶剂中所含有的溶质的量。一般的表示方法有以下几种。

1. 质量分数

溶质的质量占全部溶液质量的百分比，称为质量分数，或称质量百分含量，用符号 w 表示。

$$w=\frac{m_1}{m}\times 100\%$$

式中 m_1——溶质的质量，g；

m——溶液的质量，g。

旧称 ppm 浓度是指溶质质量占全部溶液质量的百万分之一来表示的溶液浓度。例如 20ppm 的溶液，即表示在 100 万份质量溶液中，含有 20 份质量的溶质，若用对应的百分含量表示为：

$$\frac{20}{1000000}\times 100\%=0.002\%$$

2. 物质的量浓度（旧称摩尔浓度）

单位体积溶液中所含溶质 B 的物质的量称为溶质 B 的物质的量浓度（或 B 的浓度），以符号 c_B 表示。

$$c_B=\frac{n_B}{V}$$

式中 n_B——溶质 B 的物质的量，mol；

V——溶液的体积，m^3 或 L；

c_B——B 的物质的量浓度，mol/m^3 或 mol/L。

物质的量浓度常见表示方式有两种。例如，1L 溶液中含有 0.01mol H_2SO_4 时，H_2SO_4 的浓度可表示为：$c(H_2SO_4)=0.01mol/L$；0.01mol/L H_2SO_4 溶液。

3. 溶液的稀释

在溶液中加入溶剂，使溶液的浓度减小的过程称为溶液的稀释。溶液经过稀释，只增加溶剂的量而没有改变溶质的量，即稀释前后溶液所含溶质的物质的量（或质量）不变。

$$n_{1,B}=n_{2,B} \quad 或 \quad c_{1,B}V_1=c_{2,B}V_2$$

式中 $n_{1,B}$，$n_{2,B}$——稀释前后溶质 B 的物质的量，mol；

$c_{1,B}$，$c_{2,B}$——稀释前后溶质 B 的浓度，mol/L；

V_1，V_2——稀释前后溶液的体积，L。

4. 质量分数与物质的量浓度的换算

市售的液体试剂一般只标明密度和质量分数，如盐酸密度 $1.19g/cm^3$、质量分数 37%，硫酸密度 $1.84g/cm^3$、质量分数 98%。实际工作中往往是量取溶液的体积。因此，就需要质量分数和物质的量浓度的换算。

以密度为桥梁联系质量分数和物质的量浓度的换算式为：

$$c_B=\frac{1000\times\rho\times w_B}{M_B}$$

式中 ρ——溶液的密度，g/mL；

w_B——溶质B的质量分数，%；

M_B——溶质B的摩尔质量，g/mol；

c_B——溶质B的物质的量浓度，mol/L；

1000——进率，1L＝1000mL。

（六）溶解度的计算

一定量的饱和溶液中，溶剂、溶质的量存在一定的比例关系，即：

$$\frac{溶解度(g)}{100g+溶解度(g)}=\frac{溶质的质量(g)}{饱和溶液的质量(g)}$$

三、电解质溶液

根据化合物的水溶液（或熔融状态下）能否导电，把化合物分为电解质和非电解质。能导电的称为电解质，不能导电的称为非电解质。酸、碱、盐是电解质。

（一）电解质的电离

电解质溶解于水或受热熔化时，解离成自由移动的离子的过程称为电离。实验可知，各种电解质溶液在相同条件下，电离程度不同。因此，把能完全电离的电解质称为强电解质，如强酸、强碱及大部分盐类；仅能部分电离的电解质称为弱电解质，如弱酸、弱碱。

1. 弱电解质的电离平衡

弱电解质在水溶液中仅能部分电离成离子。例如乙酸在水溶液中的电离，可表示如下：

$$HAc \underset{分子化}{\overset{电离}{\rightleftharpoons}} H^+ + Ac^-（Ac^-为CH_3COO^-的缩写）$$

从HAc电离关系式可以看出，HAc的电离同时存在两个过程：一个是HAc分子解离成H^+离子和Ac^-离子的正过程；另一个是H^+离子与Ac^-离子相互碰撞结合成HAc分子的逆过程。当正、逆过程速度相等时，溶液中未电离的分子与电离生成的离子的相对比例不再改变，此时电离达到了动态平衡。这种平衡称为电离平衡。

电离平衡和化学平衡一样，当外界条件改变时，电离平衡就要发生移动，直至在新的条件下建立新的平衡。温度、压力等因素对电离平衡移动一般影响不大，主要是离子的浓度对弱电解质的电离平衡移动有明显的影响。例如，乙酸溶液中加入少量固体乙酸钠时，电离平衡向左（生成HAc分子）方向移动；若乙酸溶液中加入少量的NaOH，则电离平衡向右（电离）方向移动。

强电解质在水溶液中的电离过程几乎是不可逆的，因此，强电解质不存在电离平衡。

2. 电离度

在动态平衡下弱电解质的电离程度称为电离度。电离度的大小与温度和溶液的浓度有关。在相同的温度下，同一电解质的浓度越稀，正、负离子相碰撞形成分子的机会越少，形成分子的速度明显下降，电离度也就越大。必须指出，虽然溶液越稀，弱电解质的电离度越大，但是溶液中离子的浓度是减小的。电离一般为吸热，故升高温度电离度增大。

3. 离子方程式

电解质在溶液中的化学反应实质是离子之间的反应，用实际参加反应的离子符号来表示化学反应的式子，称为离子方程式。离子方程式不但表示出反应的实质，而且表示所有同一类的离子反应。例如，酸碱中和反应都可以用同一离子方程式表示：

$$H^+ + OH^- = H_2O$$

从离子方程式可以看出，中和反应的特征是生成H_2O，实质是H^+和OH^-的反应。

书写离子方程式方法如下。

（1）先写出分子反应方程式。

（2）无论是反应物还是生成物，凡属易溶的强电解质写成相对应的离子，凡属难溶物质、水、弱电解质或气体，都用分子式表示。

（3）消去反应两边不参加反应的相同数目的离子，剩下的就是该反应的离子方程式。

（4）配平后式子两边各种元素的原子总数应相等，反应物与生成物的电荷总数相等。

例如，用离子反应方程式表示 $CuSO_4$ 和 H_2S 溶液的反应。

$$CuSO_4 + H_2S \longrightarrow CuS\downarrow + H_2SO_4$$

$$Cu^{2+} + SO_4^{2-} + H_2S \longrightarrow CuS\downarrow + 2H^+ + SO_4^{2-}$$

$$Cu^{2+} + H_2S \longrightarrow CuS\downarrow + 2H^+$$

不是在溶液中进行的反应，不宜写离子方程式。离子反应总是朝着减少溶液中离子浓度的方向进行。

（二）溶液的pH值

1. 水的电离

纯水是很弱的电解质，只有极少部分解离成 H^+ 和 OH^-，绝大部分的水以分子形式存在，在水中存在着如下可逆过程：

$$H_2O \rightleftharpoons H^+ + OH^-$$

水的电离作用是很小的，在22℃时，根据实验测定，在电离平衡时，1L纯水中仅有 10^{-7}mol 水分子被电离为离子，水中的 H^+ 和 OH^- 都为 10^{-7}mol/L。表示为：$c_{H^+}=c_{OH^-}=10^{-7}$mol/L。

2. pH值

在纯水溶液中，由于 H^+ 和 OH^- 离子总是同时存在，且浓度相等，所以显中性。若某溶液显酸性，则溶液中 H^+ 离子浓度超过了 OH^- 离子浓度，即 $[H^+]>[OH^-]$。同理，若为碱性溶液，则 OH^- 离子浓度超过 H^+ 离子浓度，即 $[OH^-]>[H^+]$。溶液的酸碱性，习惯上用 $[H^+]$ 表示：$[H^+]=[OH^-]=10^{-7}$mol/L时，水溶液呈中性；$[H^+]>10^{-7}$mol/L时，水溶液呈酸性；$[H^+]<10^{-7}$mol/L时，水溶液呈碱性。

如果对 $[H^+]=10^{-7}$mol/L取对数，$\lg[H^+]=\lg10^{-7}=-7$；$-\lg[H^+]=7$。用符号pH来表示上式，则 $pH=-\lg[H^+]=7$。pH值是氢离子浓度的负对数。

中性溶液 pH=7；酸性溶液 pH<7，pH值越小，溶液的酸性越强；碱性溶液 pH>7，pH值越大，溶液的碱性越强。

3. pH值的测定

在生产、科研中，准确地知道和控制溶液的酸碱度非常重要，因此需要测定溶液的pH值。可借助酸碱指示剂和pH试纸来近似地确定溶液的酸碱性，也可以用酸度计（pH计）准确测量溶液的pH值。

酸碱指示剂是能以颜色的改变，指示溶液酸碱性的物质。它们在不同氢离子浓度的溶液中，能显示不同的颜色。指示剂发生颜色变化的pH值范围称为指示剂的变色范围。表1-5中列出一些常见酸碱指示剂的变色范围。

表1-5 常见酸碱指示剂的变色范围

指示剂	变色范围(过渡色) pH值	酸色 (pH值)	碱色 (pH值)
甲基橙	3.1 橙色 4.4	红色(pH<3.1)	黄色(pH>4.4)
甲基红	4.4 橙色 6.2	红色(pH<4.4)	黄色(pH>6.2)
石蕊	5.0 紫色 8.0	红色(pH<5.0)	蓝色(pH>8.0)
酚酞	8.3 粉红色 10.0	无色(pH<8.2)	紫红色(pH>10.0)

指示剂一般只能粗略地表示溶液的酸碱性，要比较精确地知道溶液的酸碱性，可用 pH 试纸。使用时，将待测溶液滴在 pH 试纸上，试纸立刻会显示出某种颜色，将其与标准比色卡比较，即可确定溶液的 pH 值。用 pH 试纸来测定溶液 pH 值是一种既迅速简便又有一定准确性的方法，因而在实际工作中被广泛采用。

第四节　无机物及其相互关系

一、无机物的分类

每一种无机物的分子都具有各自的性质和组成，同时各种物质之间也往往有某些相似的性质，这种相似的性质称为物质的通性。根据物质的性质和组成的不同，一般把无机物分为单质和化合物两大类。

(一) 单质

除惰性气体是单原子分子以外，气体单质的分子一般都是双原子分子。固体单质的分子比较复杂，经常用一个原子来代表一个分子。如氧气（O_2）、氦气（He）、硫（S）、铁（Fe）等。

(二) 化合物

无机化合物从组成上可分为酸、碱、盐、氧化物、氢化物等。

1. 酸

凡能在水溶液中电离时，生成的阳离子只是氢离子的化合物称为酸。例如：

$$HCl \xlongequal{} H^+ + Cl^-$$

$$HNO_3 \xlongequal{} H^+ + NO_3^-$$

酸在水溶液中显示酸性，实质是氢离子的性质，与电离时生成的阴离子无关。在酸的分子中，除去氢离子剩下的部分称为酸根。酸根可能是由一种或几种不同元素的原子组成的，如酸根中不含氧原子，这种酸称为无氧酸，如盐酸（HCl）、氢氟酸（HF）、氢氰酸（HCN）等；如在酸根中含有氧原子，这种酸称为含氧酸，如硫酸（H_2SO_4）、磷酸（H_3PO_4）等。

2. 碱

在水溶液中电离时，生成的阴离子只是氢氧根离子的化合物称为碱。例如：

$$NaOH \xlongequal{} Na^+ + OH^-$$

$$Mg(OH)_2 \rightleftharpoons Mg^{2+} + 2OH^-$$

碱在水溶液中显示碱性，实质是氢氧根离子的性质，与电离时生成的阳离子无关。

3. 盐

能在水溶液电离时生成的阳离子有金属离子（包括 NH_4^+ 离子），阴离子是酸根的化合物称为盐。例如：

$$NaCl \xlongequal{} Na^+ + Cl^-$$

$$KNO_3 \xlongequal{} K^+ + NO_3^-$$

根据盐的分子组成的不同，可分为以下几种。

(1) 正盐　在电离时生成的离子只有金属离子和酸根的盐称为正盐。如氯化钠（NaCl）、硫酸钾（K_2SO_4）等。

(2) 酸式盐　在电离时生成的阳离子除金属离子外，还有氢离子的盐称为酸式盐。如硫酸氢钠。

$$NaHSO_4 \longrightarrow Na^+ + HSO_4^-$$

$$HSO_4^- \rightleftharpoons H^+ + SO_4^{2-}$$

(3) 碱式盐　在电离时生成的阴离子除酸根外，还有氢氧根离子的盐称为碱式盐。如碱式碳酸镁 [$Mg_2(OH)_2CO_3$] 等。

(4) 复盐　在分子中含有一种酸根、两种金属原子，并在水溶液中仍能电离出其组成盐的离子的盐称为复盐。如硫酸铝钾 [$KAl(SO_4)_2$] 等。

4. 氧化物

分子中含有氧原子和另一种元素的原子形成的化合物称为氧化物。如氧化铜 (CuO)、二氧化硫 (SO_2) 等。根据氧化物的性质又分为以下几种。

(1) 碱性氧化物　能与酸反应并能生成盐和水的氧化物称为碱性氧化物，主要是金属氧化物。例如，氧化钙 (CaO) 与盐酸反应生成盐和水，反应式如下：

$$CaO + 2HCl \longrightarrow CaCl_2 + H_2O$$

(2) 酸性氧化物　能和碱反应并生成盐和水的氧化物称为酸性氧化物，大多数的非金属氧化物都是酸性氧化物。例如，三氧化硫 (SO_3) 与氢氧化钠反应生成盐和水，反应式如下：

$$SO_3 + 2NaOH \longrightarrow Na_2SO_4 + H_2O$$

(3) 两性氧化物　既能和酸反应又能和碱反应，并且都生成盐和水的氧化物称为两性氧化物。比较典型的两性氧化物有 ZnO 和 Al_2O_3，如 Al_2O_3 与酸、碱的反应式如下：

$$Al_2O_3 + 3H_2SO_4 \longrightarrow Al_2(SO_4)_3 + 3H_2O$$

$$Al_2O_3 + 2NaOH \xlongequal{熔融} 2NaAlO_2 + H_2O$$

或

$$Al_2O_3 + 6NaOH \longrightarrow 2Na_3AlO_3 + 3H_2O$$

5. 氢化物

氢与其他元素形成的二元化合物称为氢化物。在一般科学技术工作中，总是把氢同金属的二元化合物称为氢化物，而把氢同非金属的二元化合物称为某化氢。除稀有气体外的元素几乎都可以和氢形成氢化物，大体分为离子型氢化物（如 NaH、BaH_2 等）、共价型氢化物（如 HF、PH_3 等）和过渡型氢化物（如 $LaH_{2.76}$、Pd_2H 等）三类，它们的性质各不相同。

二、无机物的命名

1. 氧化物的命名

氧化物的命名有两种方法。一种是根据氧化物分子式中除去氧元素以外的另一种元素的化合价来命名，如果这个元素是可变化合价的金属元素，它和氧就能生成两种或两种以上的氧化物，对显低价态的氧化物称为“氧化亚某”，对显高价态的氧化物称为“氧化某”。例如，$\overset{+2}{Cu}O$称为氧化铜，$\overset{+1}{Cu_2}O$称为氧化亚铜。

另一种是根据氧化物分子式中氧元素和另一种元素的原子数目来命名，称为“几氧化某”或“几氧化几某”等名称。例如，CO_2 称为二氧化碳，SO_2 称为二氧化硫，SO_3 称为三氧化硫，MnO_2 称为二氧化锰，P_2O_5 称为五氧化二磷，P_2O_3 称为三氧化二磷。

由于非金属元素大多是变价元素，所以非金属元素的氧化物大多不止一种。在这种情况下，采用后一种命名方法比较方便。

2. 酸的命名

(1) 无氧酸的命名　一般采用在氢字后面加上所含有另一种元素的名称，称为“氢某酸”。例如，HCl 称为氢氯酸（俗名盐酸），HF 称为氢氟酸。

(2) 含氧酸的命名　一般根据组成酸的元素名称（H、O元素除外）来命名，称为“某酸”。例如，H_2SO_4 称为硫酸，H_3PO_4 称为磷酸。如果组成酸的元素是可变价元素，则根据该元素化合价的高低，分别在某酸前面加高、亚、次字样。例如，$H\overset{+7}{Cl}O_4$ 称为高氯酸，$H\overset{+5}{Cl}O_3$称为氯酸，$H\overset{+3}{Cl}O_2$称为亚氯酸，$H\overset{+1}{Cl}O$称为次氯酸。

3. 碱的命名

一般根据组成碱分子中金属元素的名称来命名，如果这种金属元素是可变价元素，它形成的碱就不止一种。对显低价态的碱称为“氢氧化亚某”，对显高价态的碱称为“氢氧化某”。例如，$\overset{+3}{Fe}(OH)_3$ 称为氢氧化铁，$\overset{+2}{Fe}(OH)_2$ 称为氢氧化亚铁。

4. 盐的命名

一般是按无氧酸盐和含氧酸盐两类分别命名。无氧酸盐的命名是把非金属元素的名称放在金属元素名称前面，称为“某化某”。如果金属元素是可变价元素，则由该金属元素形成的盐不止一种，对低价态的盐称为“某化亚某”。例如，$\overset{+3}{Fe}Cl_3$ 称为氯化铁，$\overset{+2}{Fe}Cl_2$ 称为氯化亚铁。无氧酸形成的酸式盐称为“某氢化某”。例如，KHS称为硫氢化钾。

含氧酸盐的命名是在含氧酸名称后面加上金属名称，称为“某酸某”。如果金属元素是可变价元素，则由该金属元素形成的盐就不止一种，对低价态的盐称为“某酸亚某”。例如，$\overset{+3}{Fe_2}(SO_4)_3$ 称为硫酸铁，$\overset{+3}{Fe}SO_4$ 称为硫酸亚铁。

含氧酸形成的酸式盐称为“某酸氢某”。例如，$NaHCO_3$ 称为碳酸氢钠。

碱式盐的命名是在盐的名称之前加上“碱式”二字。例如，$Cu_2(OH)_2CO_3$ 称为碱式碳酸铜，$Mg(OH)Cl$ 称为碱式氯化镁。

复盐的命名一般是按分子的组成从后往前读出复盐的两种金属元素名称，称为“某酸某某”。例如，$KAl(SO_4)_2$ 称为硫酸铝钾。

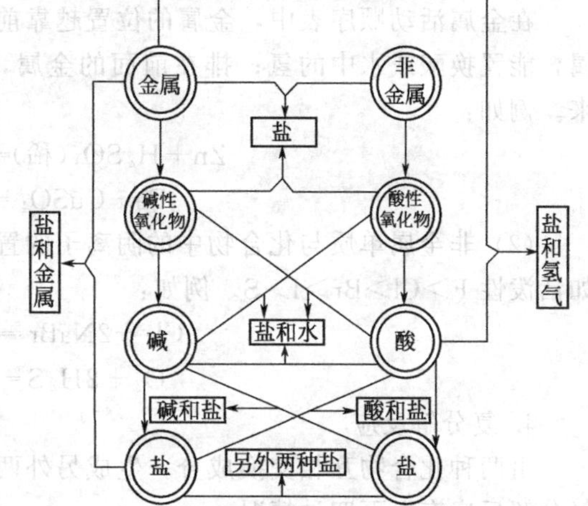

图 1-1　无机物之间的相互转化

三、无机物之间的转化关系

单质、氧化物和酸、碱、盐之间是有联系的，可以相互发生化学反应，在一定条件下能相互转化，如图 1-1 所示。只有准确地掌握各类物质的物化性质，才能正确理解和较熟练地运用无机物之间相互转化的关系。

第五节　化学反应基本类型和氧化还原反应

一、化学反应的基本类型

根据反应的形式（分子中原子重新组合的方式），无机化学反应可分为化合反应、分解反应、置换反应和复分解反应四种基本类型。

1. 化合反应

由两种或两种以上的物质生成另一种新物质的反应，称为化合反应。在化合反应中又有三种情况。

（1）单质与单质的反应　$H_2+Cl_2 \xlongequal{燃烧} 2HCl$。

（2）单质与化合物的反应　$Cl_2+2FeCl_2 \xlongequal{} 2FeCl_3$。

（3）化合物与化合物的反应　$NH_3+CO_2+H_2O \xlongequal{} NH_4HCO_3$。

2. 分解反应

由一种物质生成两种或两种以上新物质的反应，称为分解反应。例如：

$$2KClO_3 \xlongequal[MnO_2]{\triangle} 2KCl+3O_2\uparrow$$

$$2NaHCO_3 \xlongequal{\triangle} Na_2CO_3+H_2O+CO_2\uparrow$$

分解反应通常是在光、热或电的作用下进行。

3. 置换反应

由一种单质和一种化合物反应，生成另一种新的单质和另一种新的化合物的反应，称为置换反应。大部分置换反应有两种置换情况。

（1）金属单质与化合物中的阳离子的置换　这类反应能否发生，可按下列的“金属活动顺序表”来判断。

K、Ca、Na、Mg、Al、Zn、Fe、Sn、Pb、(H)、Cu、Hg、Ag、Pt、Au
→
金属活泼性由强逐渐减弱

在金属活动顺序表中，金属的位置越靠前，其活动性越强。一般来说，排在氢前面的金属，能置换酸或水中的氢；排在前面的金属，能把排在后面的金属从它的盐溶液里置换出来。例如：

$$Zn+H_2SO_4(稀) \xlongequal{} ZnSO_4+H_2\uparrow$$

$$Fe+CuSO_4 \xlongequal{} FeSO_4+Cu\downarrow$$

（2）非金属单质与化合物中的阴离子的置换　这类反应按不同非金属活泼顺序来判断，如活泼性 F>Cl>Br>I>S。例如：

$$Cl_2+2NaBr \xlongequal{} 2NaCl+Br_2$$

$$O_2+2H_2S \xlongequal{} 2H_2O+2S$$

4. 复分解反应

由两种化合物互相交换成分，生成另外两种新的化合物的反应，称为复分解反应。常见复分解反应有以下四种情况。

（1）酸＋碱＝盐＋水　例如，$HCl+NaOH \xlongequal{} NaCl+H_2O$。

（2）酸$_{(1)}$＋盐$_{(1)}$＝酸$_{(2)}$＋盐$_{(2)}$　例如，$H_2SO_4+BaCl_2 \xlongequal{} 2HCl+Ba_2SO_4\downarrow$。

（3）碱$_{(1)}$＋盐$_{(1)}$＝碱$_{(2)}$＋盐$_{(2)}$　例如，$2NaOH+CuCl_2 \xlongequal{} Cu(OH)_2\downarrow+2NaCl$。

（4）盐$_{(1)}$＋盐$_{(2)}$＝盐$_{(3)}$＋盐$_{(4)}$　例如，$AgNO_3+NaCl \xlongequal{} AgCl\downarrow+NaNO_3$。

复分解反应不是任意两种化合物互相混合就能发生反应，而必须是生成物之中有难溶物质析出或有气体放出或有水之类的物质生成，否则，不能发生复分解反应。

二、氧化还原反应

从反应实质，可把化学反应分为两大类，即氧化还原反应和非氧化还原反应。氧化还原反应是无机化学中广泛存在的一类重要反应。例如，硫酸、硝酸的制造、氯碱工业中的电解食盐水、金属防腐中的电镀，以及有机合成中很多产品的生产都要应用氧化还原反应。因此，掌握它的实质和规律，对于学好化学以及指导生产或从事科研，都有着极其重要的实际意义。

（一）氧化还原反应的实质

在化学反应中，物质失去电子的反应称为氧化反应，物质得到电子的反应称为还原反应。氧化与还原反应必然同时发生，即有一物质失去电子（被氧化），必然有另一物质得到电子（被还原），且得、失电子的总数相等。同时，必然伴随着反应前后某些元素的化合价升高或降低。例如，$\overset{2\times 2e}{\overbrace{2Cu^0+O_2^0}} = 2CuO$ 。

反应过程中，铜被氧化，失去 2 个电子，化合价升高，由 0 价变为＋2 价；氧被还原，得到 2 个电子，化合价降低，由 0 价变为－2 价。

（二）氧化剂与还原剂

在氧化还原反应中得到电了的物质称为氧化剂；失去电子的物质称为还原剂。常用的氧化剂和还原剂如下。

1. 氧化剂

（1）活泼的非金属元素　在氧化还原反应中，活泼的非金属单质，如氟、氯、氧、溴、碘等，都很容易夺得电子生成相应的阴离子，所以它们都可作为氧化剂。

（2）高价态的金属离子的化合物　这类化合物包括铁盐（如 $FeCl_3$）、锡盐（如 $SnCl_4$）、铜盐（如 $CuCl_2$）等。

（3）高价态的含氧化合物或酸根离子　这类化合物主要有某些氧化物（如 SO_3、NO_2、CrO_3）、含氧酸（如 H_2SO_4、HNO_3）和含氧酸盐（如 $KMnO_4$、$K_2Cr_2O_7$、$KClO_3$）。在这些化合物的组成中都有元素处于最高氧化态，所以它们参与反应时只能取得电子而作为氧化剂。

具有—O—O—结构的过氧化物，如过氧化氢（H_2O_2）、过氧化钠（Na_2O_2）等都是氧化剂，其中过氧化氢是最常用的氧化剂之一。

2. 还原剂

（1）活泼的金属、氢、碳　在氧化还原反应中，氢、碳及活泼的金属都是还原剂。

（2）低氧化态金属离子的化合物　这类化合物主要有亚铁盐（如 $FeCl_2$）、亚锡盐（如 $SnCl_2$）、亚铜盐（如 CuCl）等。在氧化还原反应中它们都易失电子，被氧化为铁盐、锡盐、铜盐等。

（3）低氧化态非金属元素化合物　氢硫酸（H_2S）、氢碘酸（HI）、氢溴酸（HBr）、氢氯酸（HCl）、亚硫酸（H_2SO_3）和亚硫酸盐（如 Na_2SO_3）等，它们在氧化还原反应中都可作为还原剂。

得电子能力强的物质，其氧化性强；失电子能力强的物质，其还原性强。氧化性、还原性的强弱取决于得、失电子的难易，而不取决于得、失电子的多少。物质作为氧化剂和还原剂是相对的。有些氧化剂如果跟氧化能力更强的氧化剂反应时，它就作为还原剂；有些还原剂如果跟还原能力更强的还原剂反应时，它就作为氧化剂。如过氧化氢一般作为氧化剂，但是当它和高锰酸钾反应时就是一个还原剂；亚硫酸一般作为还原剂，但当它跟氢硫酸（H_2S）反应时它就是一个氧化剂。

（三）氧化还原反应方程式的配平

对于较简单的氧化还原反应方程式可用观察法配平。对于较复杂的氧化还原反应，反应式中物质较多，配平方程式需要有一定的方法，其依据是：氧化剂得电子总数＝还原剂失电子总数，或氧化剂降价总数＝还原剂升价总数。

以配平 $KMnO_4 + HCl \longrightarrow MnCl_2 + Cl_2 + KCl + H_2O$ 为例，可按如下步骤进行。

（1）写出未配平的反应方程式，并标出发生氧化和还原的变价元素在反应前后的化合价。

$$K\overset{+7}{Mn}O_4 + H\overset{-1}{Cl} \longrightarrow \overset{+2}{Mn}Cl_2 + KCl + \overset{0}{Cl_2} + H_2O$$

(2) 标出氧化剂、还原剂每一分子中变价元素的降价数和升价数（或得、失电子数）。

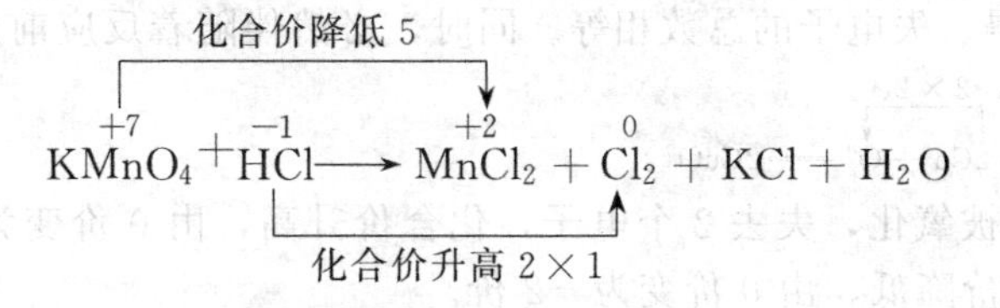

注意：在这里由于生成 Cl_2，氯的化合价变化应计算 2 个氯原子的化合价。

(3) 使正负化合价的升高和降低的总数相等。

化合价降低 5×2

$$\overset{+7}{K\text{Mn}O_4}+H\overset{-1}{Cl}\longrightarrow \overset{+2}{\text{Mn}}Cl_2+\overset{0}{Cl_2}+KCl+H_2O$$

化合价升高 2×5

(4) 用所乘的倍数作为对应氧化剂和还原剂的系数，并配平相应的氧化产物和还原产物。

化合价降低 5×2

$$2K\overset{+7}{\text{Mn}}O_4+10H\overset{-1}{Cl}\longrightarrow 2\overset{+2}{\text{Mn}}Cl_2+5\overset{0}{Cl_2}+KCl+H_2O$$

化合价升高 2×5

(5) 根据反应前后原子数相等的原则，调整分子式前面的系数，使反应式两边的原子数相等。一般先调整其他原子数，后调整 H、O 原子数。在达到反应式两边所有的原子数相等时，把箭头改成等号，表明此方程式已配平。

$$2KMnO_4+16HCl = 2MnCl_2+5Cl_2+2KCl+8H_2O$$

思考与习题

1-1. 指出下列现象哪些是物理变化？哪些是化学变化？

(1) 矿石的粉碎　(2) 产品的去水干燥　(3) 钢锭轧成钢材

(4) 水吸收 CO_2　(5) 溶液的精馏　(6) NaOH 溶液的蒸发

(7) 染料的过筛　(8) 溶液的结晶　(9) 石油的裂解

1-2. 写出下列分子式所表示的物质名称；并写出各属于哪一类化合物？

CO　NO_2　H_2O　H_2S　HCl　ZnO　$Ca(OH)_2$　Na_2CO_3　Na_2O　Na_2SO_4

1-3. 平衡下列反应方程式：

(1) $P+Cl_2 \longrightarrow PCl_3$

(2) $NaCl+H_2O \longrightarrow NaOH+H_2\uparrow+Cl_2\uparrow$

(3) $Ca(OH)_2+Cl_2 \longrightarrow CaCl_2+Ca(ClO)_2+H_2O$

(4) $FeS_2+O_2 \longrightarrow Fe_2O_3+SO_2\uparrow$

1-4. 求下列物质的摩尔数：

(1) 0.2g 氢原子；(2) 80g 钙；(3) 64g NaOH；(4) 36.5g HCl；(5) 53g Na_2CO_3

1-5. 写出下列各组物质间发生反应的方程式：

(1) 氯化钠溶液和硝酸银溶液；(2) 碳酸钠溶液和盐酸。

第二章　有机化学基本知识

第一节　有机化合物概述

一、有机化合物的特点

有机化合物简称有机物，是以碳为主要元素的化合物。碳的氧化物、碳酸、碳酸盐、金属碳化物等，虽也含有碳元素，但与无机化合物性质相似，划为无机物。多数有机化合物除含碳外还含有氢元素，所以也常把有机化合物称为“碳氢化合物及其衍生物”。实际上，有机化合物还含有氧、氮、硫、磷和卤素等。典型的有机化合物和典型的无机化合物在组成、结构、性质上都有很大的差异，见表 2-1。

表 2-1　有机化合物与无机化合物的比较

性质或反应	有　机　物	无　机　物
溶解性	多数不溶于水，易溶于有机溶剂，如油脂溶于汽油，煤油溶于苯	有些溶于水，而不溶于有机溶剂，如食盐、明矾溶于水
耐热性	多数不耐热；熔点较低（400℃以下）。如淀粉、蔗糖、蛋白质、脂肪受热分解，$C_{20}H_{42}$熔点 36.4℃，尿素熔点 132℃	多数耐热；熔点一般较高，如食盐、明矾、氧化铜加热难熔；NaCl 熔点 801℃
可燃性	多数可以燃烧，如棉花、汽油、天然气都可以燃烧	多数不可以燃烧，如 $CaCO_3$、MnO_2 不可以燃烧
电离性	多数如乙醇、乙醚、苯等溶液不电离、不导电	多数如硝酸、氢氧化钠、氯化镁溶液等都导电
化学反应	一般复杂，副反应多，较慢，如生成乙酸乙酯的酯化反应在常温下要 16 年才达到平衡	一般简单，副反应少，反应快，如氯化钠和硝酸银反应瞬间完成

二、有机化合物的结构与表示方法

有机化合物分子中各原子之间通常以共价键相连而成。例如，一个碳原子和四个氢原子结合成甲烷分子时，碳原子和氢原子通过共用电子对相互结合在一起，形成共价键，用单键号“—”表示：

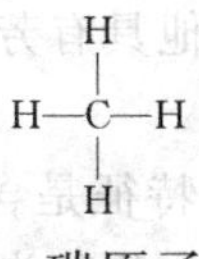

H—C—H（C 上、下各连一个 H）

碳原子不仅能与其他原子形成共价键，碳原子与碳原子之间也能以共价键相结合。它们可以共用一个、两个或三个电子对，形成单键、双键或三键。

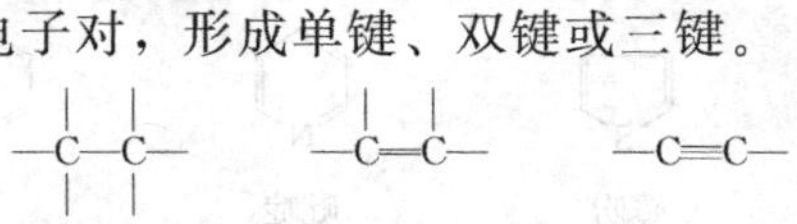

—C—C—　　—C=C—　　—C≡C—

碳原子之间还可以互相结合成链状、环状、网状的有机化合物的基本骨架。

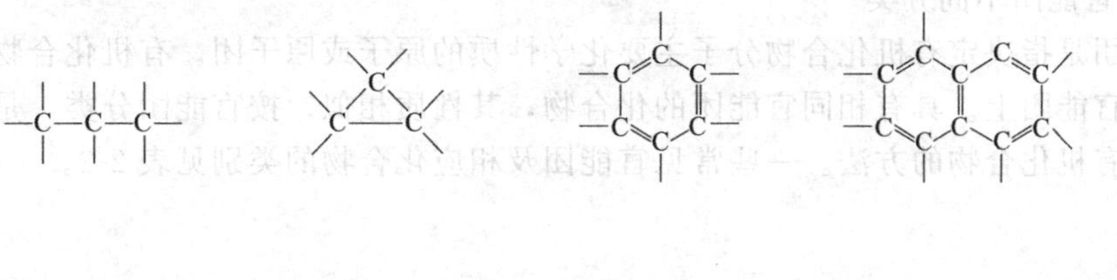

有机化合物分子结构是指分子中各原子相互结合的方式以及在空间的排列形式，它包括构造、构型和构象，不同的结构，代表不同化合物。以丁烷为例介绍几种表示结构的方法。

电子式 $\begin{array}{c}\mathrm{H\,H\,H\,H}\\ \mathrm{H{:}\ddot{C}{:}\ddot{C}{:}\ddot{C}{:}\ddot{C}{:}H}\\ \mathrm{H\,H\,H\,H}\end{array}$

结构式 $\begin{array}{ccccccccc} & & \mathrm{H} & & \mathrm{H} & & \mathrm{H} & & \mathrm{H} \\ & & | & & | & & | & & | \\ \mathrm{H} & - & \mathrm{C} & - & \mathrm{C} & - & \mathrm{C} & - & \mathrm{C}-\mathrm{H} \\ & & | & & | & & | & & | \\ & & \mathrm{H} & & \mathrm{H} & & \mathrm{H} & & \mathrm{H} \end{array}$

结构简式　$CH_3CH_2CH_2CH_3$ 或 $CH_3—CH_2—CH_2—CH_3$

键线式　╱╲╱

三、有机化合物的分类

有机化合物数目庞大，种类繁多，通常有下列两种分类方法。

1. 按碳架不同分类

根据有机物的碳架不同，一般可分为四类。

（1）链状化合物　这类化合物中的碳链两端不相连，是打开的，碳链可长可短，碳碳之间的键可以是单键或双键、三键等不饱和键。由于它们最早是从脂肪中发现的，故又称脂肪族化合物。例如：

CH_3CH_3　　$CH_2{=}CH_2$　　$CH{\equiv}CH$　　CH_3CH_2OH　　CH_3COOH

乙烷　　乙烯　　乙炔　　乙醇　　乙酸

（2）脂环族化合物　这类化合物可看作是由链状化合物闭合而得，其结构和性质与脂肪族化合物有相似之处，故称为脂环族化合物。例如：

环己烷　　环戊二烯　　环戊醇　　环己基甲酸

（3）芳香族化合物　含有苯环或多个苯环的化合物，其性质与脂环族化合物不同。例如：

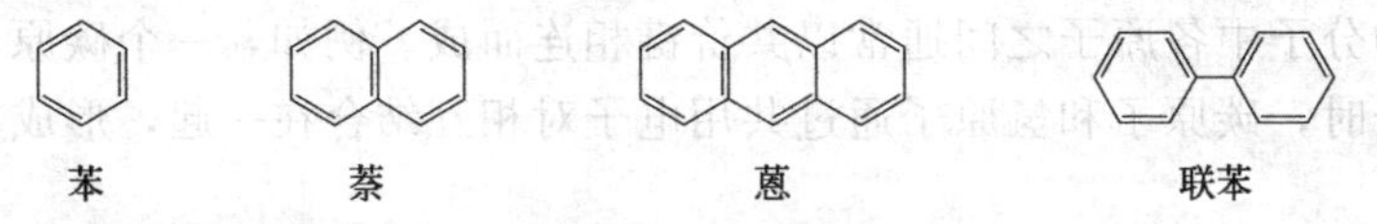
苯　　萘　　蒽　　联苯

由于这类化合物最初是从香树脂或其他具有芳香气味的有机化合物中发现的，所以把它们称为芳香族化合物。

（4）杂环化合物　这类化合物的结构特征是含有碳原子和其他非碳原子（如 O、N、S 等）共同组成的碳环结构。这样的环状化合物称为杂环化合物。例如：

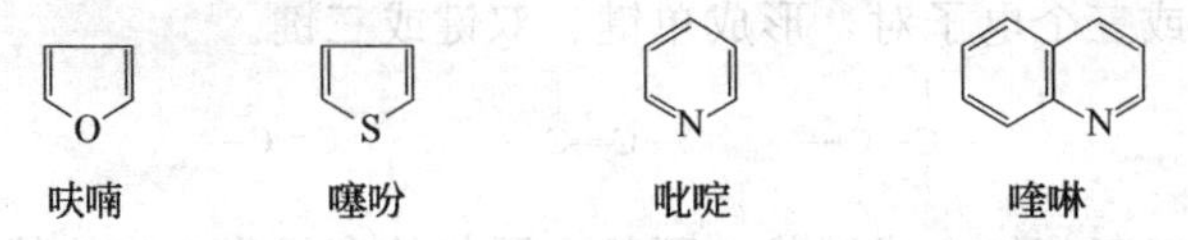

呋喃　　噻吩　　吡啶　　喹啉

2. 按官能团不同分类

官能团是指决定有机化合物分子主要化学性质的原子或原子团。有机化合物的反应，主要发生在官能团上。具有相同官能团的化合物，其性质相似。按官能团分类，是更系统、更快捷研究有机化合物的方法。一些常见官能团及相应化合物的类别见表 2-2。

表 2-2　常见官能团及相应化合物的类别

类别	通式或表达式	官能团	名称	化合物举例
烷烃	C_nH_{2n+2}	无		乙烷
烯烃	C_nH_{2n}	$>C=C<$	双键	乙烯
炔烃	C_nH_{2n-2}	$-C\equiv C-$	三键	乙炔
卤代烃	R—X	—X	卤原子	氯乙烷
醇	R—OH	—OH	羟基	乙醇
酚	Ar—OH	—OH	酚羟基	苯酚
醚	R—O—R	—O—	醚键	乙醚
醛	R—CHO	—CHO	醛基(甲酰基)	乙醛
酮	$R-\overset{O}{\overset{\Vert}{C}}-R$	$>C=O$	羰基	丙酮
羧酸	R—COOH	—COOH	羧基	乙酸
酰卤	R—COX	—COX	卤代甲酰基	乙酰氯
酰胺	$R-CONH_2$	$-CONH_2$	氨基甲酰基	乙酰胺
胺	$R-NH_2$	$-NH_2$	氨基	乙胺
腈	R—CN	—CN	氰基	乙腈
磺酸	$Ar-SO_3H$	$-SO_3H$	磺酸基	苯磺酸
硫醇	R—SH	—SH	巯基	乙硫醇
偶氮化合物	Ar—N=N—Ar	—N=N—	偶氮基	偶氮苯

第二节　烃

一、烃的定义

1. 烃

含有碳和氢两种元素的有机化合物统称烃，又称碳氢化合物。例如甲烷、乙烯、乙炔、苯等。

2. 烃基

烃分子失去一个或几个氢原子后剩余的部分称为烃基，常用“R—”表示，有时为书写方便，烃基可用简写，如乙基 CH_3CH_2- 可写为 C_2H_5-。

3. 同系物和同系列

结构相似（有相同官能团，化学性质相似，物理性质发生规律性变化）、通式相同、在分子的组成上相差一个或若干个 CH_2 原子团的物质，互称同系物。由同系物组成的一系列物质群，称为同系列。例如饱和链烃的通式为 C_nH_{2n+2}。例如下列物质互为同系物：甲烷 CH_4；乙烷 CH_3CH_3；丙烷 $CH_3CH_2CH_3$。

同系列中的各同系物的化学性质相似，物理性质（如熔点、沸点等）随着分子中碳原子数的递增呈规律性变化。

4. 同分异构体

分子式相同而结构不同的化合物，互称同分异构体，简称异构体。例如，分子式为 C_4H_{10} 的丁烷有两个同分异构体：

$$CH_3—CH_2—CH_2—CH_3 \qquad CH_3—\underset{}{\overset{CH_3}{\overset{|}{C}}}H—CH_3$$

正丁烷（沸点－0.5℃）　　异丁烷（沸点－10.2℃）

5. 衍生物

一种化合物分子里的某一原子或原子团直接和间接被其他原子或原子团取代而形成的新化合物，称为衍生物。例如卤代烃、醇、羧酸等都是烃的衍生物。重要的烃的衍生物有以下几种。

(1) 卤代烃　烃分子中氢原子被卤素原子取代后的生成物称为卤代烃。例如一氯甲烷、二氯甲烷。

(2) 醇　链烃基与羟基相结合而构成的有机物称为醇。但可以把醇看成烃分子中的氢原子（与芳香环碳原子直接相连的氢原子除外）被羟基取代后的产物。例如乙醇（CH_3CH_2OH）、乙二醇（$HO—CH_2—CH_2—OH$）。

(3) 酚　羟基与苯环直接相连而构成的化合物称为酚。可把酚看成苯分子中一个氢原子被羟基取代后的产物。例如苯酚（$C_6H_5—OH$）。

(4) 醛　由烃基和醛基相连而构成的化合物称为醛。例如乙醛（$H_3C—\overset{O}{\overset{\|}{C}}—H$）。

(5) 羧酸　由烃基和羧基相连而构成的化合物称为羧酸。例如乙酸（CH_3COOH）。

(6) 酯　由羧酸与醇作用脱水而成的产物称为酯。例如乙酸乙酯（$H_3C—\overset{O}{\overset{\|}{C}}—O—CH_2CH_3$）。

(7) 硝基化合物　烃分子中的氢原子被硝基取代而生成的化合物称为硝基化合物。例如硝基苯（$C_6H_5—NO_2$）。

二、烷烃

烃分子中如果碳原子与碳原子之间都以单键相连，其余价键都为氢原子所饱和，这类烃称为饱和烃。饱和烃中碳原子间结合的碳链如不闭合，称为烷烃，或称链烷烃；若碳链闭合成环，称为环烷烃或脂环烃。烷烃的分子通式为 C_nH_{2n+2}。

1. 烷烃的命名

(1) 普通命名法　对于结构较简单的烷烃，常用普通命名法。命名原则如下。

① 按分子中碳原子总数称为“某烷”，碳原子数在 10 个及 10 个以下用天干“甲、乙、丙、丁、戊、己、庚、辛、壬、癸”十个字分别命名，10 个碳以上用中文数字命名。

② 支链用“正”、“异”、“新”等字来表示。“正”表示无任何支链存在的直链烷烃，“异”表示碳链链端第二位碳原子上连有 1 个甲基，“新”表示碳链链端第二位碳原子上连有 2 个甲基。

(2) 系统命名法　系统命名法是根据国际纯粹化学与应用化学联合会（International Union of Pure and Applied Chemistry，IUPAC）制定的命名原则，结合我国文字特点而制定的命名方法。

根据系统命名法，烷烃的命名遵循下列原则。

① 选取主链（母体）　选择烷烃分子结构中最长的碳链为主链，将主链作为母体，根据主链所含碳原子数目称为“某烷”。例如 $CH_3CH_2\underset{\underset{CH_3}{|}}{C}HCH_2CH_3$。

上式中含五个碳原子，故称为戊烷。甲基则当取代基。

② 确定主链碳原子的编号　确定主链碳原子的位次也就是确定取代基的位次。主链碳原子的位次是从距离支链最近的一端开始，依次用1、2、3……编号，取代基的位次就是母体碳原子的位次，位次的号码和取代基名称之间用一短线连接。

上式中从左到右取代基的位次为3，而从右到左则为4，故这个主链编号应从左到右，称为3-甲基己烷。

③ 如果含有几个不同的取代基时，把小的取代基名称写在前面，大的写在后面，如果含有几个相同的取代基时，把它们合并起来，取代基的数目用二、三、四等表示，写在取代基的前面，其位次必须逐个注明，位次的数字之间用“,”隔开。命名时，逗号和短线要特别注意。例如：

```
         CH3
         |
   CH3—C—CHCH2CH3
         |   |
         CH3 CH3
```

2,2,3-三甲基戊烷

```
                       CH2CH2CH3
                       |
CH3CH2CH———CH—CHCH2CH2CH2CH3
           |         |
           CH2CH3 CH3
```

4-甲基-3-乙基-5-正丙基壬烷

④ 如果有等长碳链均可作主链时，应选择取代基较多的为主链。例如：

```
                    CH3  CH3
                    |    |
CH3CH2CH—CHCH—CHCH3
         |      |
         CH3  CH2CH2CH3
```

2,3,5-三甲基-4-正丙基庚烷

2. 烷烃的理化性质

常温、常压下，C_1～C_4 的直链烷烃为气体，C_5～C_{16}为液体，C_{17}以上为固体。直链烷烃中沸点随分子量增加而增高，且同碳数的直链烷烃的沸点高于支链。同碳数的直链烷烃的沸点高于其含支链的异构体。直链烷烃的熔点随分子量增加而升高。烷烃的相对密度随分子量增加而增大，且小于1，是所有有机化合物中相对密度最小的一类化合物。烷烃为非极性分子，所以它不溶于水，但溶于低极性或非极性的有机溶剂中，如苯、氯仿等。

烷烃化学性质较稳定，通常与强酸、强碱、氧化剂及还原剂都不发生化学反应。因此烷烃是常用的有机溶剂和润滑剂，如石油醚为溶剂、凡士林为润滑剂等。但在一定条件下，碳-碳键、碳-氢键也可以发生反应，如燃烧反应、热裂反应、卤代反应。

三、烯烃

分子中含有碳-碳双键的链烃称为烯烃，由于它比相应的烷烃少两个氢原子，所以称为不饱和烃。碳-碳双键是烯烃的官能团。含一个 >C=C< 的称为单烯烃，通式为 C_nH_{2n}；含两个 >C=C< 的称为二烯烃；含多个 >C=C< 的称为多烯烃。

1. 烯烃的命名

（1）普通命名法　烯烃的普通命名与烷烃类似，按分子中碳总数称为“某烯”，用正、异、新等字表示支链。也可用衍生物命名法，以乙烯为母体，将其他看作是乙烯的衍生物。例如：

$$CH_2{=}CH_2 \quad CH_2{=}CHCH_3 \quad (H_3C)_2CH{-}CH{=}CH{-}CH_3 \quad CH_3CH{=}CHCH_3 \quad (H_3C)_2C{=}CH_2$$

乙烯　　丙烯　　甲基异丙基乙烯　　对称二甲基乙烯　　不对称二甲基乙烯

(2) 系统命名法　烯烃的系统命名原则与烷烃基本类似。

① 选择分子结构中含双键碳原子在内的最长的碳链为主链，依主链碳原子数目称为某烯。

② 从靠近双键一端开始编号，并标出双键碳原子编号较小的碳原子位次，写在烯的名称前。若双键正好在中间，则主链编号从靠近取代基一端开始。

③ 将主链上取代基的位次、数目、名称按简单到复杂顺序依次写在母体烯烃之前。例如：

$$CH_2{=}CH{-}CH(CH_2CH_2CH_3){-}CH(CH_3){-}CH_2CH_3$$ 4-甲基-3-正丙基-1-己烯

$$CH_3{-}C(CH_3){=}CH{-}CH(CH_3)CH_2CH_3$$ 2,4-二甲基-2-己烯

当烯烃去掉一个氢原子后剩下的一价基团称为烯基。常见的烯基有乙烯基（$CH_2{=}CH{-}$）、烯丙基（$CH_2{=}CH{-}CH_2{-}$）、丙烯基（$CH_3{-}CH{=}CH{-}$）等。

2. 顺反异构

相同的两个原子或基团在 C═C 双键的同侧，称为顺式；相同的两个原子或基团在 C═C双键的两侧，称为反式。它们是两个异构体。这类异构体称为顺反异构体。这类异构现象称为顺反异构，如图 2-1 所示。

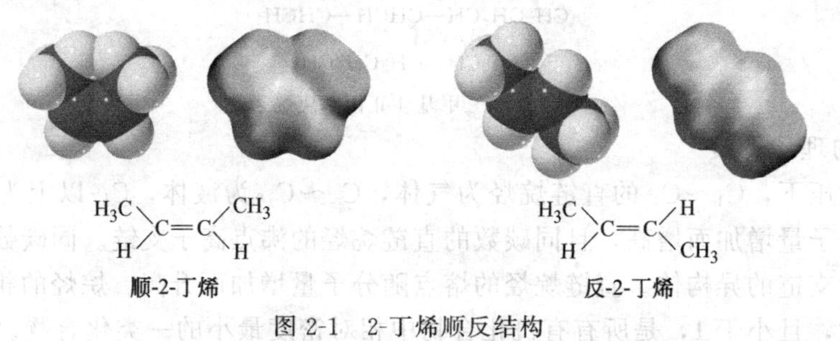

图 2-1　2-丁烯顺反结构

3. 烯烃的理化性质

烯烃的物理性质与烷烃类似。常温、常压下，$C_2 \sim C_4$ 的烯烃为无色气体，$C_5 \sim C_8$ 为无色液体，C_{19}以上为固体。烯烃的熔点、沸点及相对密度均随分子量增加而升高，且直链烯烃的沸点高于支链异构体，双键位于链端的烯烃沸点低于位于中间的异构体，反式异构体的熔点高于顺式异构体。烯烃的相对密度均小于 1。烯烃极难溶于水而易溶于有机溶剂。

烯烃的化学性质比烷烃活泼，其反应主要发生在 C═C 上，或受 C═C 影响较大的 α-碳原子上（即与 C═C 直接相连的碳上）。在适宜反应条件下，可发生催化加氢、加成反应、氧化反应、聚合反应等反应。

四、炔烃

炔烃分子结构的最基本特征为含有碳-碳三键—C≡C—，炔烃比相应的烯烃分子少两个氢原子，所以炔烃的分子通式为 C_nH_{2n-2}。

1. 炔烃的命名

炔烃的命名与烯烃完全相似，只需将“烯”字改作“炔”字即可。若同时含有双、三键

时，则选择含双、三键的最长碳链为主链，编号从最先遇到双键或三键一端开始，如同时遇到双、三键，则从靠近双键一端开始编号，并命名为烯炔（烯在前，炔在后）。有时也以乙炔为母体，将其他炔烃当作乙炔的衍生物。

2. 炔烃的理化性质

常温、常压下，C_2～C_4 的炔烃为气态，C_5～C_{15}的炔烃为液态，C_{16}以上的炔烃为固态。炔烃比水轻，简单炔烃的沸点、熔点和相对密度比相应的烷烃、烯烃略高。炔烃极性极弱，难溶于水，易溶于低极性的有机溶剂（如石油醚、苯、乙醚和丙酮等）。

炔烃与烯烃分子结构类似，其化学性质也相似，可发生加成、氧化、聚合等反应。

五、二烯烃

分子中含有两个或两个以上碳-碳双键的不饱和链烃称为多烯烃。多烯烃中较重要的是含有两个双键的二烯烃，其通式为 C_nH_{2n-2}。根据二烯烃中两个双键位置不同，二烯烃可分为聚集二烯烃、隔离二烯烃、共轭二烯烃三类。

1. 二烯烃的命名

二烯烃的命名与烯烃相似。首先应选取含两个双键在内的最长碳链为主链，称为“某二烯”；从距双键最近的一端依次编号，并用阿拉伯数字标明两个双键的位次于“某二烯”名称前；将取代基的位次、数目和名称加在母体二烯烃名称的前面。

2. 共轭二烯烃的理化性质

共轭二烯烃常温下，碳原子数较少的为气体，碳原子数较多的为液体。它们都不溶于水，而溶于有机溶剂。相对密度都小于 1。共轭二烯烃具有一般烯烃的化学性质，可发生加成、聚合、双烯合成等反应。

六、脂环烃

1. 脂环烃的命名

与相应的开链烃相似，在相同碳原子数的开链烃名称前加“环”字。环烷烃有两个或多个不同的取代基时，要以含碳原子数最少的取代基作为 1 位。当环上有不饱和键及取代基时，要用阿拉伯数字编号，不饱和键位次越小越好，并应小于取代基的位次。环上其他取代基按最低系列原则循环编号。

$CH_2—CH—CH_3$
$CH_2—CH—CH_3$ （简写为 □□ CH_3 CH_3）

1,2-二甲基环丁烷　　CH_3 3-甲基-1-环己烯　　1,3-环戊二烯

2. 脂环烃的理化性质

常温、常压下，环丙烷和环丁烷是气体，环戊烷和环己烷是液体，它们都不溶于水，熔点、沸点和相对密度比相应的烷烃高。脂环烃的化学性质既像烷烃，又像烯烃。环戊烷、环己烷和烷烃化学性质相似，性质稳定，易发生取代反应。小环烷（环丙烷、环丁烷）与烯烃相似，易开环发生加成反应。环烯烃、环炔烃的性质，与相应的烯烃、炔烃性质相似。

七、芳香烃

分子中有一个或多个苯环的烃称为芳香烃，简称芳烃，如苯、萘等。芳烃分子中只有一个苯环结构的称为单环芳烃，含两个或两个以上的苯环结构的称为多环芳烃。苯（C_6H_6）是最简单的单环芳烃。苯环上的氢原子被烷基取代后，可以得到烷基苯，烷基苯的分子通式与苯相同，为 C_nH_{2n-6}（$n\geqslant 6$）。

1. 芳香烃的命名

命名烷基苯时，常以苯作母体，烷基为取代基，称为“某基苯”，“基”字可以省略。当取代基含有三个以上的碳原子时，与开链烃相似，因碳链结构不同，可以产生同分异构体。当苯环上有两个或两个以上取代基时，为了表明它们的相对位置，可用阿拉伯数字来表示。苯环上仅有两个取代基时，常用“邻”或 *o*-、“间”或 *m*-、“对”或 *p*-等字头表示。

若苯环上连有不同的烷基时，烷基名称的排列应从简单到复杂，其位次的编号应将最简单的烷基定为1-位，并以位次的数字总和最小为原则来命名。当苯环上连有不饱和的烃基或复杂的烷基时，一般以不饱和烃基或复杂烷基为母体，把苯环当作取代基来命名。例如：

CH_3，CH_2CH_3，$CH_3CH_2CH_2$　　　$C{\equiv}CH$　　　$CH_3CH_2CH—CH—CH_3$（CH_3）

1-甲基-2-乙基-5-丙基苯　　　苯乙炔　　　3-甲基-2-苯基戊烷

芳烃分子中，从芳环上去掉一个氢原子后，剩下的基团称为芳基，常用Ar—表示。从苯分子中去掉一个氢原子后的基团（—或 C_6H_5—）称为苯基，甲苯的甲基上去掉一个氢原子后的基团（CH_2—或 $C_6H_5—CH_2$—）称为苯甲基或苄基。

2. 单环芳烃的理化性质

单环芳烃一般为无色液体，比水轻，不溶于水，易溶于石油醚、乙醚、四氯化碳等有机溶剂。易燃烧，燃烧时带有较浓的黑烟。单环芳烃具有特殊气味，有毒，长期吸入其蒸气会损坏肝脏等造血器官以及神经系统等。单环芳烃的沸点随分子量的增加而升高，熔点除与分子量有关外，还与结构有关。苯的化学性质比较稳定，在一定条件下，可发生卤代、硝化、磺化等取代反应，在特定条件下，可发生加氢、加氯等加成反应，难以发生氧化反应。烷基苯侧链可发生卤代反应、氧化反应。

第三节　基本有机化学反应

一、氧化和还原反应

1. 氧化反应

有机化合物分子中加入氧或脱去氢的反应都称为氧化反应。如乙醇氧化成乙醛，乙醛又氧化成乙酸。

$$2C_2H_5OH+O_2 \xrightarrow[Ag]{540℃} 2CH_3CHO+2H_2O$$

$$2CH_3CHO+O_2 = 2CH_3COOH$$

有机化合物氧化反应最终产物都是 CO_2 和 H_2O，而所需的目的产品都是氧化的中间产品。要使氧化反应尽可能向着所要求的方向进行，获得所需的目的产品，必须选择适合的催化剂和反应条件。空气是最经济、最广泛应用的氧化剂。纯氧、液氧、氯气、浓硝酸、高锰酸钾也常用。

2. 还原反应

还原反应是含氧物质被夺去氧的单元反应。这种物质可以是无机物和有机物。如有机化合物硝基苯被氢气还原为苯胺。

$$C_6H_5NO_2 + 3H_2 \xrightarrow[255℃]{Cu} C_6H_5NH_2 + 2H_2O$$

常用的还原剂有氢气、一氧化碳、铁粉和锌粉等。

二、氢化和脱氢反应

1. 氢化反应

氢化反应是有机化合物在催化剂存在下与分子氢起作用的单元反应，氢化的方法有以下几种。

(1) 不饱和键加氢　如炔烃在 Lindlar 催化剂作用下加氢得烯烃。

$$CH_3C \equiv C—CH_3 + H_2 \xrightarrow{Lindlar} CH_3CH = CHCH_3$$

(2) 芳环加氢　如苯环加氢转化为相应的环己烷。

$$C_6H_6 + 3H_2 \xrightarrow{Ni+Al_2O_3} C_6H_{12}$$

(3) 含氧化合物加氢　如丁烯醛加氢制丁醇。

$$CH_3CH = CHCHO + 2H_2 \xrightarrow{Ni} CH_3CH_2CH_2CH_2OH$$

(4) 含氮化合物加氢　如硝基苯加氢转化为苯胺。

$$C_6H_5—NO_2 + 3H_2 \xrightarrow{Zn} C_6H_5—NH_2 + 2H_2O$$

(5) 氢解反应　在加氢反应过程中，同时发生分子裂解，生成分子量较小的产物。如重油经氢解得人造石油，再分馏可得人造汽油。

2. 脱氢反应

脱氢反应是有机化合物脱去氢的单元反应。通常脱氢反应有两种。

(1) 催化脱氢　使有机化合物分子中的 C—H 键断裂，使烷烃、烯烃和烷基芳烃转化为相应的烯烃、二烯烃和烯基芳烃。

① 丁烷脱氢成丁二烯

$$CH_3—CH_2—CH_2—CH_3 \xrightarrow{Al_2O_3} CH_2 = CH—CH = CH_2 + 2H_2$$

② 乙苯脱氢成苯乙烯

$$C_6H_5CH_2CH_3 \xrightarrow{Fe_2O_3} C_6H_5CH = CH_2 + H_2$$

③ 正己烷脱氢芳构化

$$C_6H_{14} \longrightarrow C_6H_6 + 4H_2$$

(2) 氧化脱氢　在脱氢时通入氧，使氧和氢化合成水，有利于脱氢反应进行。

三、水合和脱水反应

1. 水合反应

水合（水化）反应是有机化合物与水化合的单元反应。通常有机化合物与水分子的组分氢、氧或氢氧基（羟基）化合。

(1) 乙烯水化成乙醇

$$CH_2 = CH_2 + H_2O \xrightarrow[300℃,75atm]{磷酸} CH_3CH_2OH$$

(2) 乙炔水化成乙醛

$$CH \equiv CH + H_2O \xrightarrow[H_2SO_4]{HgO} CH_3CHO$$

(3) 环氧乙烷水化成乙二醇

$$\underset{\text{O}}{CH_2 - CH_2} + H_2O \xrightarrow{H_2SO_4} \begin{array}{l} CH_2-OH \\ | \\ CH_2-OH \end{array}$$

2. 脱水反应

脱水反应是从有机化合物中脱去水的单元反应。通常有机化合物分子中相近的两个原子上的氢、氧或羟基以水分子的形式脱去。例如，乙醇在不同条件下脱水成乙烯或乙醚。

$$CH_3CH_2OH \xrightarrow[170℃]{浓 H_2SO_4} CH_2 = CH_2 + H_2O$$

$$2CH_3CH_2OH \xrightarrow[140℃]{浓 H_2SO_4} C_2H_5-O-C_2H_5 + H_2O$$

四、水解反应

水解反应是物质与水作用所引起双分解的单元反应。水解反应可分为三种类型。

1. 无机盐在水中的水解

一般强酸和弱碱生成的盐（如 NH_4Cl）、强碱和弱酸生成的盐（如 Na_2CO_3）以及弱酸和弱碱生成的盐（如 CH_3COONH_4）遇水都发生分解反应。例如：

$$CH_3COONH_4 + H_2O \rightleftharpoons NH_4OH + CH_3COOH$$

2. 有机化合物在酸性溶液中水解

如乙酸乙酯水解为乙酸和乙醇。

$$CH_3COOC_2H_5 + H_2O \rightleftharpoons CH_3COOH + C_2H_5OH$$

蔗糖水解为葡萄糖和果糖。

$$C_{12}H_{22}O_{11} + H_2O = \underset{葡萄糖}{C_6H_{12}O_6} + \underset{果糖}{C_6H_{12}O_6}$$

3. 有机化合物在碱性溶液中的水解

油脂在碱作用下水解生成甘油和钠肥皂。

$$(C_{17}H_{35}COO)_3C_3H_5 + 3NaOH = C_3H_5(OH)_3 + 3C_{17}H_{35}COONa$$

酯在碱性溶液中的水解反应又称皂化反应。

五、卤化、硝化和磺化反应

1. 卤化反应

卤化反应是有机化合物分子中引入卤素原子的单元反应。工业上常以氯化反应为主。氯化有两种方法。

(1) 取代法　有机化合物分子中的氢原子被氯原子取代。例如，甲烷与氯反应生成氯甲烷。

$$CH_4 + Cl_2 \xrightarrow{光} CH_3Cl + HCl$$

苯氯化生成氯苯。

$$C_6H_6 + Cl_2 \xrightarrow{Fe} C_6H_5Cl + HCl$$

(2) 加成法　有机化合物分子中加入氯原子或氯化氢分子。例如，苯在光作用下，氯化生成六氯环己烷（六六六）。

$$C_6H_6 + 3Cl_2 \xrightarrow{\text{紫外线}} C_6H_6Cl_6$$

乙炔与氯化氢加成生成氯乙烯。

$$CH \equiv CH + HCl \xrightarrow{HgCl_2} CH_2 = CHCl$$

2. 硝化反应

硝化反应是有机化合物中引入硝基（$-NO_2$）的单元反应。一般是有机化合物中的一个氢原子与硝酸分子中的一个羟基（—OH）作用，失去一分子水（H_2O）而生成新的化合物。硝酸（HNO_3）分子可以写作 $HO-NO_2$，去掉羟基（—OH）而成硝基（$-NO_2$）引入有机化合物分子中。

例如，甲烷硝化生成硝基甲烷，是一种火箭燃料。

$$CH_4 + HNO_3(\text{浓}) \xrightarrow{\text{浓 } H_2SO_4} CH_3NO_2 + H_2O$$

苯硝化生成硝基苯，是重要的染料中间体。

$$C_6H_6 + HNO_3(\text{浓}) \xrightarrow[60\sim70℃]{\text{浓}H_2SO_4} C_6H_5NO_2 + H_2O$$

甲苯硝化生成三硝基甲苯（TNT），是一种重要的炸药。

$$C_6H_5CH_3 + 3HNO_3(\text{浓}) \xrightarrow{\text{浓}H_2SO_4} CH_3C_6H_2(NO_2)_3 + 3H_2O$$

3. 磺化反应

磺化反应是有机化合物中引入磺酸基（$-SO_3H$）的单元反应。一般是有机化合物中的一个氢原子与硫酸分子中的一个羟基作用，失去一分子水（H_2O）而生成新的化合物。硫酸（H_2SO_4）分子可写作 $HO-SO_2-OH$，去掉羟基（—OH）而成磺酸基（$-SO_3H$）。磺化有两种方法。

（1）直接磺化法　苯磺化生成苯磺酸。

$$C_6H_6 + H_2SO_4(\text{浓}) = C_6H_5SO_3H + H_2O$$

常用的磺化剂有浓硫酸、发烟硫酸、氯磺酸（$ClSO_3H$）等。

（2）间接磺化法　氯化烷烃和亚硫酸钠作用生成烷基磺酸钠。

$$RCl + Na_2SO_3 = R-SO_3Na + NaCl$$

六、胺化和酯化反应

1. 胺化反应

胺化反应是氨（NH_3）分子中的氢原子被烃基取代而成胺类的单元反应。胺化有两种方法。

（1）氨解法　有机卤化物与氨作用生成胺。

$$R-X + 2NH_3 = R-NH_2 + NH_4X$$

$$C_6H_5Cl + 2NH_3 \xrightarrow{Cu_2O} C_6H_5NH_2 + NH_4Cl$$

（2）还原法　硝基化合物被还原生成胺。

$$C_6H_5NO_2 + 6[H] \xrightarrow{Fe+HCl} C_6H_5NH_2 + 2H_2O$$

2. 酯化反应

酯化反应是醇和酸作用而生成酯和水的单元反应。酯易水解而生成醇和酸。如三甘油酯水解生成丙三醇（甘油）和脂肪酸。所以在酯化时要加入催化剂。

乙醇和乙酸作用生成乙酸乙酯。

$$C_2H_5OH + CH_3COOH \xrightarrow[\triangle]{浓\ H_2SO_4} CH_3COOC_2H_5 + H_2O$$

甲醇和硫酸作用生成硫酸二甲酯。

$$2CH_3OH + H_2SO_4 \longrightarrow (CH_3)_2SO_4 + 2H_2O$$

七、烷基化和脱烷基化反应

1. 烷基化反应

烷基化是有机化合物分子中引入烷基（R—）的单元反应。烷基化剂常用烯烃、卤代烷、醇类和酯类等。常用的催化剂有 $AlCl_3$ 的络合物及磷酸/硅藻土等。

苯和乙烯作用生成乙苯。

$$C_6H_6 + CH_2{=}CH_2 \xrightarrow{AlCl_3} C_6H_5C_2H_5$$

苯和丙烯作用生成异丙苯。

$$C_6H_6 + CH_3CH{=}CH_2 \longrightarrow C_6H_5CH(CH_3)_2$$

2. 脱烷基反应

脱烷基反应是有机化合物分子中脱去烷基的单元反应。脱烷基反应有两种方法。

（1）催化法　异丙苯催化裂化生成苯和丙烯。

$$C_6H_5{-}CH(CH_3)_2 \xrightarrow{硅酸铝} C_6H_6 + CH_3{-}CH{=}CH_2$$

（2）加氢法　甲苯加氢加热脱去甲基生成苯。

$$C_6H_5CH_3 + H_2 \xrightarrow{\triangle} C_6H_6 + CH_4$$

第四节　合成有机高分子化合物

高分子化合物是指由一种或几种简单的低分子化合物（单体）相互聚合，生成分子量很大的大分子有机化合物，所以高分子化合物又称高聚物。

高分子化合物的分子量很大，一般把相对分子质量在1万以上的称为高分子化合物。而把相对分子质量低于1000的称为低分子化合物。一般来说，高分子化合物具有较好的强度和弹性，而低分子化合物则没有。高分子化合物的分子量虽然很大，大的可高达数百万，但其化学组成一般都比较简单。如应用很广的聚氯乙烯，由碳、氢、氯三种元素的1万多个原子所组成，并都是由简单的结构单元以重复的方式连接起来的。“$—CH_2—CHCl—$”为聚氯乙烯的结构单元，又称链节。聚氯乙烯分子可表示为：

$$\text{-[}CH_2-\underset{\underset{Cl}{|}}{CH}\text{]}_n\text{-}$$

n 是链节数目，又称聚合度。高分子的相对分子质量＝链节量×聚合度。

一、高分子化合物的分类

1. 按来源分类

高分子化合物按来源可分为天然高分子化合物和合成高分子化合物两大类。

2. 按性能和用途分类

高分子化合物按性能和用途主要分为塑料、纤维、橡胶三大类。

(1) 塑料　以合成树脂为主要成分，在一定温度和压力作用下可塑制成型，当恢复常态(除去压力)，降至常温时，仍保持原状的高分子材料，称为塑料。塑料的主要成分是树脂，树脂占塑料总量的 40%～100%，是真正意义上的高分子化合物。

(2) 纤维　具备或保持其本身长度大于直径 1000 倍以上，而又具有一定强度的线状高分子材料，称为纤维。纤维可分为天然纤维和化学纤维两类，后者又分为人造纤维（如醋酸纤维、黏胶纤维等）和合成纤维（如锦纶、涤纶等）。合成纤维是由低分子单体聚合成的高分子化合物经纺丝而成的纤维。纤维的特点是能抽丝成型，有较好的强度和挠曲性能，作纺织材料使用。

(3) 橡胶　在室温下具有较高弹性的高分子材料称为橡胶。在外力作用下，橡胶能产生很大的形变，外力除去后，又能迅速恢复原状。橡胶也可分为天然橡胶与合成橡胶两大类。

3. 按高分子主链结构分类

(1) 碳链高分子化合物　主链上全部由碳原子组成的高分子化合物。例如：

$$\left[-\underset{H}{\overset{H}{\underset{|}{\overset{|}{C}}}}-\underset{H}{\overset{H}{\underset{|}{\overset{|}{C}}}}- \right]_n$$

(2) 杂链高分子化合物　主链上除碳原子外，还有氧、氮、硫等其他元素的高分子化合物。例如：

$$\left[-OCH_2CH_2O-\overset{\overset{O}{\|}}{C}-C_6H_4-\overset{\overset{O}{\|}}{C}- \right]_n$$

涤纶

(3) 元素有机高分子化合物　大分子主链中一般不含碳原子，通常由硅、氧、氮、铝、硼、钛等元素组成，但侧基多为有机基团。

二、高分子化合物的合成

由单体合成高分子化合物是通过聚合反应实现的。聚合反应有两种类型：一种是加聚反应；另一种是缩聚反应。

1. 加聚反应

由一种或两种以上的单体，在一定条件下（一般是在光、热、引发剂、催化剂等引发作用下）相互加成，聚合成为高聚物而不析出低分子副产物的反应，称为加聚反应。加聚反应又可分为均聚反应和共聚反应两类。

(1) 均聚反应　由同种单体发生的加聚反应，称为均聚反应。例如：

$$\underset{\text{乙烯}}{nCH_2=CH_2} \longrightarrow \underset{\text{聚乙烯}}{\text{-[}CH_2-CH_2\text{]}_n\text{-}}$$

(2) 共聚反应　由两种或两种以上单体共同发生的加聚反应，称为共聚反应。例如：

$$nCH_2{=}CH_2 + nCH{=}CH_2 \longrightarrow {+}CH_2CH_2CHCH_2{+}_n$$
（丙烯、乙丙橡胶中 CH 上连有 CH_3）

乙烯　　丙烯　　乙丙橡胶

共聚物与均聚物相比，共聚物的性能往往优于均聚物。加聚反应大都为链式反应，瞬间即可生成高聚物。其结构特征是加聚反应生成的高聚物与单体分子具有相同的化学组成。

2. 缩聚反应

缩聚反应是由一种或两种以上的单体，通过聚合生成高聚物，同时有低分子物质如水、卤化氢、氨、醇等析出的反应，称为缩聚反应。通过缩聚反应所生成的高聚物，其化学组成与原料低分子的组成不同。例如，由己二酸和己二胺缩聚生成尼龙-66 的反应：

$$nHOC(O)(CH_2)_4C(O){-}OH + nH{-}NH(CH_2)_6NH{-}H \longrightarrow HO{+}C(O){-}(CH_2)_4{-}C(O){-}NH(CH_2)_6NH{+}_nH + (2n-1)H_2O$$

缩聚反应又称逐步增长聚合反应，它不是瞬时完成的。

思考与习题

2-1. 写出下列结构式的系统命名：

$CH_3CH_2CHCH_2-CHCH_3$（CH 上分别连 CH_2CH_3、CH_3）　　$CH_3C{\equiv}C-CH_2CHCH{=}CH_2$（CH 上连 CH_3）　　苯环上连 CH_3、Br、NO_2

2-2. 写出下列化合物的构造式：

2-甲基-1,3-丁二烯　　2-溴-5-碘甲苯　　3-三氟甲基-2-吡啶磺酰胺

2-3. 请说出下列反应各属于什么反应：

(1) $CH_3CH{=}CHCH_2CH_3 \xrightarrow[\text{中性介质}]{KMnO_4\text{（冷）}} CH_3CH(OH)CH(OH)CH_2CH_3 + MnO_2\downarrow + H_2O$

(2) $HO-C_6H_5 + 3HNO_3 \xrightarrow{H_2SO_4} (O_2N)_3C_6H_2OH + 3H_2O$

2,4,6-三硝基苯酚

(3) $\triangle + Br_2 \xrightarrow[\text{室温}]{CCl_4} CH_2(Br)CH_2CH_2Br$

(4) $RCH(H)-CH_2(X) + NaOH \xrightarrow[\triangle]{\text{乙醇}} RCH{=}CH_2 + NaX + H_2O$

(5) $CH_2{=}CH-CH{=}CH_2 + n\,C_6H_5CH{=}CH_2 \xrightarrow[5℃,\ 0.5\sim0.9MPa]{K_2S_2O_8} {+}CH_2-CH{=}CH-CH_2-CH(C_6H_5)-CH_2{+}_n$

丁苯橡胶

2-4. 请举例说明水合反应和水解反应有何不同？

2-5. 什么是高分子化合物？什么是链节？

2-6. 高分子化合物具有哪些主要特性？

2-7. 高分子化合物的合成方法有哪些？各有何特点？

2-8. 什么是三大合成材料？举例说明。

第三章　分析检验基础知识

第一节　化学检验基础

一、定量分析中有效数字及其运算规则

1. 有效数字

有效数字是指实际能测量得到的数字。有效数字的最后一位为估计数字，其他为准确数字。例如，50mL 滴定管的最小刻度为 0.1mL，假设滴定终点读得消耗体积为 21.85mL（图 3-1），其前三位都是准确数字，最后一位是估计得到的，但无论是准确数字还是估计数字都属于有效数字。有效数字不但反映了数量大小，同时也反映了数据的准确程度。例如，上述滴定管的读数不仅表示消耗滴定液的体积为 21.85mL，还反映了滴定管的精度为 ±0.01mL，其对应的相对误差为：$\frac{0.02}{21.85}=0.09\%$。

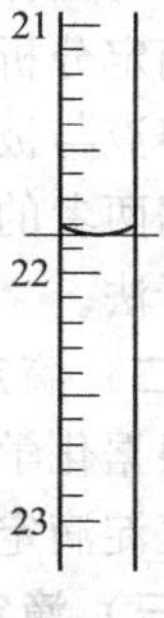

有效数字的位数包括所有准确数字和最后一位可疑数字。

图 3-1　滴定管刻度

2. 有效数字的位数

判断有效数字位数应遵循以下原则。

(1) 注意“0”这个特殊数字。“0”既可以是有效数字，也可以是无效数字，应根据“0”的位置判断。若“0”出现在中间或最后时为有效数字，例如，12.20 有 4 位有效数字，第 3 位上的“2”是准确读得的数字，第 4 位上的“0”是估计数字。如将此数写成 12.2，就只有 3 位有效数字，表示前面 2 位是可靠数字，第 3 位数“2”是可疑的，这样测量的精确度就降低了。若“0”位于前面或者说“0”前面无非零数字，则此“0”不是有效数字。例如，0.0530g 的有效数字位数为 3 位，5 前面的两个“0”不是有效数字，但 3 后面的“0”为有效数字。

(2) 单位发生变换时，有效数字位数不变。例如，23.65mL 可转换为 0.02365L。

(3) 对于 pH、lg*K* 等对数值，其有效数字的位数只取决于小数部分数字的位数，因整数部分代表该数的方次。例如，pH＝10.03，其有效数字位数为 2 位。

(4) 对于特别大或特别小的数字应采用科学计数法书写。例如，2.230×10^{-3}代表有效数字位数为 4 位。

3. 有效数字的修约

在对有效数字运算前，首先对其按照一定的规则舍去多余的数字，这个过程称为有效数字的修约。对数字修约的原则是“四舍六入五成双”，具体是：当被修约数≤4 时，舍去；被修约数≥6 时，则进位。当被修约数为 5（5 后面无非零数字）时，若进位后末位数为偶数，则应进位，若进位后为奇数，则应舍去；当被修约数为“5”并且“5”后面还有非零数字时，则无论进位后是偶数还是奇数都要进位。注意数据的修约应一次修约到位，不能连续多次修约。

4. 有效数字的运算规则

(1) 加减法　几个数据相加减时，应以小数点后位数最少的数字为标准，先对其他数字

一次修约到位，然后再进行计算。例如：

$$12.182+1.06-1.8502$$

先修约为 $=12.18+1.06-1.86$

再计算 $=11.38$

（2）乘除法 几个数相乘除时，应以有效数字位数最少的数为依据，因为其相对误差最大。例如：

$$\frac{0.0325\times6.103\times10.065}{12.2832}=\frac{0.0325\times6.10\times10.1}{12.3}=0.163$$

有效数字位数最少的是 0.0325（3 位），首先把其他数字修约为 3 位，然后进行计算。注意，最终结果也应修约为 3 位有效数字。

二、滴定分析法

（一）滴定分析法的概念

滴定分析法是将已知浓度的溶液（标准溶液）通过滴定管滴加到待测溶液中，直到所加标准溶液与被测溶液恰好完全反应，然后根据标准溶液的浓度和消耗的标准溶液的体积，即可根据两者的计量关系求出待测物质的含量。滴定分析法又称容量分析法，是一种重要的化学分析法。

（二）滴定分析法的分类

根据化学反应的类型不同，滴定分析法可分为酸碱滴定法、配位滴定法、氧化还原滴定法、沉淀滴定法几类。

（三）滴定方式的分类

1. 直接滴定法

对于能满足滴定分析要求的反应，可用标准溶液直接滴定待测物质，例如工业碳酸钠含量的测定，其主要反应为：

$$2HCl+Na_2CO_3 \longrightarrow 2NaCl+H_2CO_3$$

盐酸标准溶液直接加入被测试液中进行测定，此法属于酸碱滴定法。

2. 返滴定法

返滴定法也称剩余滴定法或回滴法。返滴定法适用于反应速率慢或反应物是固体的反应，因为若直接在其中加入滴定剂，不能立即定量完成反应。此外，返滴定法也适用于没有合适指示剂的反应。返滴定法是先在待测溶液中加入定量而且过量的一种标准溶液，待测物质完全反应后，再用另一种标准溶液滴定剩余的前一种标准溶液。例如，固体 $CaCO_3$ 含量的测定即可采用返滴定法，先在待测试样 $CaCO_3$ 中加入过量的 HCl 标准溶液，加热使 $CaCO_3$ 完全溶解，再用 NaOH 标准溶液返滴定剩余的 HCl 标准溶液，其反应为：

$$CaCO_3+2HCl(\text{过量}) \longrightarrow CaCl_2+H_2O+CO_2$$

$$HCl(\text{剩余})+NaOH \longrightarrow NaCl+H_2O$$

3. 置换滴定法

对于不按化学计量关系进行或伴有副反应的反应可采用置换滴定法，即在待测物质中加入可以和待测物质发生置换反应的一种化学试剂，然后再用标准溶液滴定置换出的物质。例如，$K_2Cr_2O_7$ 在酸性溶液中可将 $Na_2S_2O_3$ 部分氧化为 $S_4O_6^{2-}$，部分氧化为 SO_4^{2-}，反应无定量的关系，无法直接滴定。可在 $K_2Cr_2O_7$ 溶液中加入定量并且过量的 KI，反应置换出 I_2，然后用 $Na_2S_2O_3$ 标准溶液滴定生成的 I_2，其反应为：

$$Cr_2O_7^{2-}+14H^++6I^- \longrightarrow 2Cr^{3+}+3I_2+7H_2O$$

$$2S_2O_3^{2-}+I_2 \longrightarrow 2I^-+S_4O_6^{2-}$$

4. 间接滴定法

当待测物质不能与标准溶液发生反应时，可采用间接滴定法。即先将待测物质通过一定的化学反应后，再用适当的标准溶液滴定反应产物。例如，用 $KMnO_4$ 测定试样中 Ca^{2+} 含量时，Ca^{2+} 不能与 $KMnO_4$ 反应，可先加过量的 $(NH_4)_2C_2O_4$ 使 Ca^{2+} 定量沉淀为 CaC_2O_4，然后加 H_2SO_4 使生成的沉淀溶解，再用 $KMnO_4$ 标准溶液滴定与 Ca^{2+} 结合的 $C_2O_4^{2-}$，从而可间接求出 Ca^{2+} 的含量，具体反应为：

$$Ca^{2+} + C_2O_4^{2-} = CaC_2O_4 \downarrow$$

$$CaC_2O_4 + H_2SO_4 = CaSO_4 + H_2C_2O_4$$

$$2MnO_4^- + 5C_2O_4^{2-} + 16H^+ = 2Mn^{2+} + 10CO_2 \uparrow + 8H_2O$$

则 Ca^{2+} 与 MnO_4^- 的关系为 $5Ca^{2+} \sim 2MnO_4^-$，即可算出 Ca^{2+} 的含量。

(四) 标准溶液的配制和标定

1. 基准物

用以直接配制标准溶液或标定溶液浓度的物质称为基准物。常用的基准物有银、铜、锌、铝、铁等纯金属及其氧化物、重铬酸钾、碳酸钾、氯化钠、邻苯二甲酸氢钾、草酸、硼砂等纯化合物。

根据所需配制溶液的浓度和体积计算出所需基准物的质量，然后准确称取该质量的基准物，溶解后定量转移至容量瓶中，用蒸馏水定容至刻度，即可得到所需浓度的标准溶液。例如，需配制 1000mL 浓度为 0.01000mol/L 的 $K_2Cr_2O_7$ 溶液，通过计算应称取 $K_2Cr_2O_7$ 2.9420g，准确称量后放于烧杯中，加水溶解后定量转移至 1000mL 容量瓶，再加蒸馏水稀释至刻度即可。

2. 标准溶液浓度的标定

很多物质因纯度不够或不稳定等原因不具备基准物的条件，不能直接配制标准溶液，应采用间接法（标定法）配制，即先配制成近似浓度的溶液，然后用基准物或另一种标准溶液标定粗配的溶液，从而求出其准确浓度，此操作过程称为“标定”。通常可用基准物进行标定或用标准溶液进行标定。

(五) 滴定分析法的计算

1. 滴定分析计算的依据

滴定分析的依据是当两物质完全反应时，两物质的物质的量之比恰好等于化学反应式表示的两物质的系数比。假设滴定反应中待测物质 A 与标准溶液 B（滴定剂）的反应为：

$$aA + bB = cC + dD$$

当达到化学计量点时：

$$n_A : n_B = a : b \tag{3-1}$$

式中 n_A——A 物质的物质的量，mol；

n_B——B 物质的物质的量，mol；

a,b——反应式中 A 物质和 B 物质的系数。

根据式(3-1) 可得：

$$n_A = \frac{a}{b} \times n_B \text{ 或 } n_B = \frac{b}{a} \times n_A \tag{3-2}$$

2. 滴定分析计算实例

(1) 利用基准物标定待测溶液　由式(3-2)：

$$n_A = \frac{a}{b} \times n_B$$

得
$$c_A V_A = \frac{a}{b} \times \frac{m_B}{M_B} \times 10^3$$

则
$$c_A = \frac{a}{b} \times \frac{m_B}{M_B V_A} \times 10^3 \qquad (3\text{-}3)$$

式中 A——待标定物质；

B——基准物；

c_A——待标定溶液 A 的浓度，mol/L；

V_A——终点时消耗的待标定溶液 A 的体积，mL；

m_B——基准物 B 的质量，g；

M_B——基准物 B 的摩尔质量，g/mol；

a,b——标定反应式中 A 物质和 B 物质的系数。

【例 3-1】 称取 0.1240g 无水碳酸钠基准物，溶解后加入甲基橙为指示剂，标定 HCl 溶液的浓度，当滴定至溶液呈橙色时，消耗盐酸溶液 23.12mL。计算盐酸溶液的准确浓度（已知 $M_{Na_2CO_3}=106.0$g/mol）。

解： 该滴定反应为 $2HCl + Na_2CO_3 \longrightarrow 2NaCl + CO_2\uparrow + H_2O$

根据式(3-3) 得：

$$c_{HCl} = \frac{2 \times m_{Na_2CO_3}}{M_{Na_2CO_3} V_{HCl}} \times 10^3 = \frac{2 \times 0.1240}{106.0 \times 23.12} \times 10^3 = 0.1012 \text{ (mol/L)}$$

(2) 利用标准溶液标定待测溶液的浓度 由式(3-2) 可得：

$$c_A V_A = \frac{a}{b} c_B V_B$$

则
$$c_A = \frac{a}{b} \times \frac{c_B V_B}{V_A} \qquad (3\text{-}4)$$

【例 3-2】 准确吸取 NaOH 溶液 25.00mL，用浓度为 0.1000mol/L 的 H_2SO_4 标准溶液滴定，终点时消耗 H_2SO_4 22.35mL，求 NaOH 溶液的浓度。

解： 该滴定反应为 $H_2SO_4 + 2NaOH \longrightarrow Na_2SO_4 + 2H_2O$

根据式(3-4) 得：

$$c_{NaOH} = \frac{2c_{H_2SO_4} V_{H_2SO_4}}{V_{NaOH}} = \frac{2 \times 0.1000 \times 22.35}{25.00} = 0.1788 \text{ (mol/L)}$$

(3) 待测组分质量分数的计算 假设试样的质量为 m_s，则被测组分 B 在试样中的质量分数为：

$$w_B = \frac{m_B}{m_s} \times 100\%$$

由式(3-3) 可得：
$$m_B = \frac{b}{a} \times c_A V_A M_B \times 10^{-3}$$

则
$$w_B = \frac{b}{a} \times \frac{c_A V_A M_B \times 10^{-3}}{m_s} \times 100\% \qquad (3\text{-}5)$$

【例 3-3】 用浓度为 0.1000mol/L 的 HCl 标准溶液滴定 Na_2CO_3 试样，已知 Na_2CO_3 试样的质量为 0.1756g，滴定至终点消耗 HCl 32.06mL。计算试样中 Na_2CO_3 的质量分数（已知 $M_{Na_2CO_3}=106.0$g/mol）。

解： 该滴定反应为 $2HCl + Na_2CO_3 \longrightarrow 2NaCl + CO_2\uparrow + H_2O$

根据式(3-5) 得：

$$w_{Na_2CO_3}=\frac{1}{2}\times\frac{c_{HCl}V_{HCl}M_{Na_2CO_3}\times10^{-3}}{m_{Na_2CO_3}}\times100\%$$

$$=\frac{1}{2}\times\frac{0.1000\times32.06\times106.0\times10^{-3}}{0.1756}\times100\%$$

$$=96.76\%$$

第二节　化学分析法

一、酸碱滴定法

（一）酸碱滴定法概述

以酸碱反应为基础建立的滴定分析方法称为酸碱滴定法，它是应用很广泛的基本滴定方法之一。

酸碱质子理论认为：凡能给出质子（H^+）的物质称为酸；凡能接受质子（H^+）的物质称为碱。按照酸碱质子理论，HAc、HCl、HCO_3^-、NH_4^+、H_2O 等能给出质子，所以称为酸；而 Ac^-、OH^-、NH_3、CO_3^{2-}、HS^- 等能接受质子，所以称为碱。它们之间的关系为：

$$\text{酸}\rightleftharpoons\text{碱}+\text{质子}$$

$$HA\rightleftharpoons A^-+H^+$$

$$HAc\rightleftharpoons Ac^-+H^+$$

$$NH_4^+\rightleftharpoons NH_3+H^+$$

$$HCO_3^-\rightleftharpoons CO_3^{2-}+H^+$$

酸 HA 给出质子后剩余的部分 A^- 能接受质子，为碱；而碱 A^- 接受质子后变成相应的 HA，为酸。HA 与 A^- 之间只差一个质子，称为一对共轭酸碱对，HA 称为 A^- 的共轭酸，A^- 称为 HA 的共轭碱。酸碱反应的实质是质子的传递过程，即质子从酸传递给碱。

（二）酸碱滴定法的应用示例

1. 工业硫酸纯度的测定

硫酸是强酸，可用 NaOH 标准溶液滴定，其反应为：

$$H_2SO_4+2NaOH = Na_2SO_4+2H_2O$$

指示剂可选用甲基橙、甲基红或甲基红-亚甲基蓝混合指示剂。

准确称取工业硫酸，准确至 0.0002g，注入盛有 50mL 水的锥形瓶中，冷却后加 2 滴 0.1%甲基橙指示液，用 NaOH 标准溶液滴定至溶液呈淡黄色即为终点。由标准溶液的浓度及滴定消耗的体积计算硫酸的纯度。

2. 铵盐中氮的测定

蛋白质、生物碱及土壤、肥料、饲料、食品等含氮化合物中氮含量的测定也可采用酸碱滴定法。测定时，先将试样经适当处理使各种含氮化合物中的氮转化为铵盐（NH_4^+），然后再进行测定。NH_4^+ 的酸性较弱，不能用标准碱溶液直接滴定。常用的测定方法有蒸馏法和甲醛法两种。

（1）蒸馏法　把 $(NH_4)_2SO_4$ 或 NH_4Cl 铵盐试样溶液置于蒸馏瓶中，加过量的 NaOH 溶液使 NH_4^+ 转化为 NH_3，然后加热蒸馏，蒸出的 NH_3 用过量的已知浓度的 HCl 标准溶液吸收生成的 NH_4Cl，然后再以 NaOH 标准溶液返滴过量的 HCl，即可间接求出 $(NH_4)_2SO_4$ 或 NH_4Cl 的含量。

(2) 甲醛法　利用甲醛与铵盐中的 NH_4^+ 反应生成 H^+、六亚甲基四胺和 H_2O：

$$4NH_4^+ + 6HCHO \longrightarrow (CH_2)_6N_4H^+ + 3H^+ + 6H_2O$$

然后以酚酞为指示剂，用 NaOH 标准溶液滴定生成的酸，至溶液呈微红色。

二、配位滴定法

(一) 配位滴定法概述

配位滴定法是利用形成配合物反应进行滴定的分析方法，又称络合滴定法。配合物的形成和解离是一种化学平衡，如果该反应用于配位滴定，必须符合以下条件。

① 生成的配合物要有确定的组成，即在一定条件下生成形式一定的配合物。

② 生成的配合物要有足够的稳定性。

③ 生成配合物的反应速率要快。

④ 要有适当的确定化学计量点的方法。

例如，用 $AgNO_3$ 标准溶液滴定氰化物，其反应为：

$$Ag^+ + 2CN^- \rightleftharpoons [Ag(CN)_2]^-$$

在化学计量点时，微过量的 Ag^+ 与 $[Ag(CN)_2]^-$ 形成白色沉淀，使溶液变浑浊指示终点。

$$Ag^+ + [Ag(CN)_2]^- \rightleftharpoons Ag[Ag(CN)_2]\downarrow\text{(白色)}$$

目前常用的有机配位剂是氨羧配位剂，其中以乙二胺四乙酸（EDTA）及其二钠盐应用最广泛。EDTA 与金属离子的配位特点如下。

① EDTA 可以和大部分金属离子形成非常稳定的配合物。

② EDTA 与金属离子配位反应的配位比大多为 1∶1。

③ EDTA 与大多数金属离子形成的配合物易溶于水，并且配位反应速率较快。

④ EDTA 与无色金属离子形成无色配合物，与有色金属离子生成颜色更深的配合物。

配位滴定中常使用金属指示剂指示滴定终点，该指示剂是一种配位剂，能与金属离子生成与其本身颜色显著不同的有色配合物，从而可指示滴定过程中金属离子浓度的变化。常见的金属指示剂有铬黑 T、二甲酚橙（XO）等。

(二) 配位滴定方式及其应用示例

1. 直接滴定法

若待测金属离子与 EDTA 的配位反应满足滴定分析法的要求，即可采用直接滴定法。用 EDTA 直接滴定，根据消耗的 EDTA 标准溶液体积计算出试样中待测组分的含量。以水的总硬度的测定为例。

水中 Ca^{2+}、Mg^{2+} 含量常用硬度表示。测定水的总硬度时，先加入 NH_3-NH_4Cl 的缓冲溶液调节水样的 pH=10，再加入铬黑 T 指示剂；滴入 EDTA，先后与 Ca^{2+}、Mg^{2+} 配位；化学计量点时，溶液呈现指示剂铬黑 T 的颜色（纯蓝色），终点到达，停止滴定。根据消耗的 EDTA 的体积即可计算出水的总硬度。

直接滴定法操作简便，引入的误差较少，因此在可能的情况下应尽可能采用直接滴定法。

2. 返滴定法

返滴定法是先在待测离子溶液中加入一定量的过量的 EDTA 标准溶液，然后用另一种金属离子标准溶液回滴过量的 EDTA。根据两种标准溶液的浓度和用量，即可求出待测离子的含量。

例如，测定 Al^{3+} 时，由于 Al^{3+} 与 EDTA 的配位反应速率较慢，此外，Al^{3+} 对二甲酚橙、铬黑T等多种指示剂有封闭作用，因此不能用直接滴定法测定，可采用返滴定法。先将 Al^{3+} 溶液调至 pH＝3.5，加入定量且过量的 EDTA 标准溶液，加热使 Al^{3+} 与 EDTA 完全反应，再调 pH＝5～6，加入二甲酚橙指示剂，用锌标准溶液返滴定过量的 EDTA，进而可求出 Al^{3+} 的含量。

3. 置换滴定法

当待测离子和 EDTA 形成的配合物不稳定时，可采用置换滴定法。置换滴定法首先通过置换反应定量置换出金属离子或 EDTA，然后再进行滴定。

例如，测定 Ag^{+} 时，由于 Ag^{+} 与 EDTA 的配合物不稳定，不能用 EDTA 直接滴定，可采用置换滴定法。在待测 Ag^{+} 溶液中加入过量的 $[Ni(CN)_4]^{2-}$，则发生反应：

$$2Ag^{+} + [Ni(CN)_4]^{2-} \rightleftharpoons 2[Ag(CN)_2]^{-} + Ni^{2+}$$

然后用 NH_3-NH_4Cl 缓冲溶液调节 pH＝10，加入紫脲酸铵指示剂，用 EDTA 标准溶液滴定置换出来的 Ni^{2+}，进而可求出 Ag^{+} 的含量。

三、氧化还原滴定法

（一）氧化还原滴定法概述

以氧化还原反应为基础的滴定分析法称为氧化还原滴定法。氧化还原反应的实质是氧化剂与还原剂之间的电子转移，反应机理比较复杂，常常伴有副反应，同时反应多为分步进行，需较长时间才能完成。因此，氧化还原滴定法中，反应条件的控制十分重要。与酸碱滴定法和配位滴定法比较，氧化还原滴定法的应用十分广泛，除了可以用于无机物分析，还可用于有机物分析，许多具有氧化性或还原性的有机化合物都可以用氧化还原滴定法测定。

氧化还原滴定过程中可用电位法确定滴定终点，也可用指示剂来指示终点。常用的指示剂有以下三类。

（1）自身指示剂　在氧化还原滴定中，有些标准溶液或被滴定物质本身有颜色，如反应后变为无色或浅色物质，则滴定时不必另加指示剂。例如，在高锰酸钾法中，MnO_4^{-} 本身显紫红色，用它滴定无色或浅色还原剂溶液时，就不必另加指示剂。

（2）专属指示剂　有的物质本身并不具有氧化性或还原性，但它能与氧化剂或还原剂产生特殊的颜色，因而可以指示滴定终点。如碘量法中，通常使用淀粉作为指示剂。

（3）氧化还原指示剂　这类指示剂在滴定过程中，也发生氧化还原反应，其氧化型和还原型具有不同颜色，它随溶液电位的不同而改变颜色。

（二）常见的氧化还原滴定法及其应用示例

1. 高锰酸钾法

高锰酸钾是一种强氧化剂。在酸性溶液中，$KMnO_4$ 获得5个电子还原为 Mn^{2+}；在中性或碱性溶液中，获得3个电子还原为 MnO_2。由于在中性或碱性溶液中有 MnO_2 棕色沉淀形成，影响滴定终点观察。因此，高锰酸钾法一般在强酸条件下使用。

高锰酸钾氧化能力很强，能直接滴定许多还原性物质，如 Fe^{2+}、As^{3+}、Sb^{3+}、CrO_4^{2-} 和 H_2O_2 等。高锰酸根呈红紫色，而被还原后的 Mn^{2+} 在浓度低时，几乎无色，因此，一般用微过量的 MnO_4^{-} 本身的颜色指示滴定终点。

以 H_2O_2 的测定为例，反应为：

$$2MnO_4^{-} + 5H_2O_2 + 6H^{+} \rightleftharpoons 2Mn^{2+} + 5O_2\uparrow + 8H_2O$$

此反应在室温下于 H_2SO_4 介质中即可顺利进行滴定。开始时反应较慢，随着 Mn^{2+} 生成而加速反应，也可以先加入少量 Mn^{2+} 作为催化剂。

2. 碘量法

碘量法是利用 I_2 的氧化性和 I^- 的还原性进行滴定的分析方法。其基本反应是：

$$I_2+2e \rightleftharpoons 2I^-$$

由于固体 I_2 在水中的溶解度很小，在实际应用时通常将 I_2 溶解在 KI 溶液中。

利用碘作为标准溶液直接滴定一些还原物质的方法称为直接碘量法。这种方法适用于测定一些较强的还原性物质，如 Sn^{2+}、Sb^{3+}、As_2O_3、S^{2-}、SO_3^{2-} 等。这些反应只能在微酸性或近中性溶液中进行。由于 I_2 的氧化能力不强，能被 I_2 氧化的物质有限，所以直接碘量法受到一定的限制。

间接碘量法是利用 I^- 的还原性使其与氧化性物质反应，析出 I_2，再用还原剂 $Na_2S_2O_3$ 标准溶液滴定，间接测定一些物质含量的方法。其基本反应为：

$$2I^- -2e \rightleftharpoons I_2$$

$$I_2+2S_2O_3^{2-} \rightleftharpoons 2I^- +S_4O_6^{2-}$$

间接碘量法必须在中性或弱酸性条件下进行。因为，在碱性溶液中，I_2 与 $Na_2S_2O_3$ 会发生副反应；若在强酸性溶液中，$Na_2S_2O_3$ 容易发生分解，而 I^- 在酸性溶液中容易被空气中的 O_2 氧化。

例如，测定铜合金（黄铜或青铜）的铜含量，将试样置于 $HCl+H_2O_2$ 溶液中，加热分解除去过量的 H_2O_2。在弱酸性溶液中，铜与过量的 KI 作用析出相应量的 I_2，用 $Na_2S_2O_3$ 标准溶液滴定析出的 I_2，即可求出铜的含量。其主要反应如下：

$$Cu+2HCl+H_2O_2 \rightleftharpoons CuCl_2+2H_2O$$

$$2Cu^{2+}+4I^- \rightleftharpoons 2CuI\downarrow +I_2\downarrow$$

$$I_2+2S_2O_3^{2-} \rightleftharpoons 2I^- +S_4O_6^{2-}$$

加入过量 KI，使 Cu^{2+} 的还原趋于完全。由于 CuI 沉淀强烈地吸附 I_2，使测定结果偏低。故在近终点时，加入适量 KSCN，使 CuI 转化为溶解度更小的 CuSCN，转化过程中释放出 I_2，反应生成的 I^- 又可以利用，这样就可使用较少的 KI 而使反应进行得更完全。

四、沉淀滴定法

（一）沉淀滴定法概述

沉淀滴定法是以沉淀反应为基础的一种滴定分析法。虽然能形成沉淀的反应很多，但并不是所有的沉淀反应都能用于滴定分析。用于滴定分析的沉淀反应必须符合下列几个条件。

① 生成的沉淀具有恒定的组成，而且溶解度很小。

② 沉淀反应必须迅速、定量地进行。

③ 有合适的方法确定终点。

由于受上述条件的限制，有实际应用价值的沉淀滴定法并不多，目前应用较多的沉淀滴定法是以硝酸银标准溶液作为滴定剂，生成难溶银盐的测定方法，称为银量法。银量法的滴定反应为：

$$Ag^+ +X^- \rightleftharpoons AgX\downarrow \text{（X 为卤素）}$$

用银量法可以对 Cl^-、Br^-、I^-、Ag^+、CN^-、SCN^- 等离子进行测定，也可测定经处理后能定量地产生这些离子的有机物。此外，$K_4[Fe(CN)_6]$ 与 Zn^{2+}，Hg^{2+} 与 S^{2-}，Ba^{2+} 与 SO_4^{2-} 等形成沉淀的反应也可用于滴定，但其实际应用不及银量法普遍。

银量法可分为直接法和间接法。直接法是用 $AgNO_3$ 标准溶液直接滴定被沉淀的物质；间接法是于待测定试液中先加入一定过量的 $AgNO_3$ 标准溶液，再用 NH_4SCN 标准溶液来滴定剩余的 $AgNO_3$ 溶液。其滴定反应为：

$$Ag^+ +SCN^- \rightleftharpoons AgSCN\downarrow$$

(二) 银量法及其应用

银量法按滴定终点确定方法的不同可分为摩尔法、佛尔哈德法和法扬司法。

1. 摩尔法

摩尔法是以 $AgNO_3$ 为标准溶液、以铬酸钾（K_2CrO_4）为指示剂指示终点的滴定分析法，试液中卤素含量的测定常采用此法。例如，在含有 Cl^- 的中性溶液中，加入 K_2CrO_4 指示剂（黄色），用 $AgNO_3$ 标准溶液滴定。在加入 $AgNO_3$ 标准溶液后，$AgNO_3$ 标准溶液中的 Ag^+ 先与 Cl^- 生成白色 AgCl 沉淀，当试液中的 Cl^- 与 Ag^+ 反应完全时，过量一点的 Ag^+ 和 CrO_4^{2-} 反应，生成砖红色的 Ag_2CrO_4 沉淀，指示终点。其反应为：

$$Ag^+ + Cl^- \xlongequal{\quad} AgCl\downarrow\text{(白色)}$$

$$2Ag^+ + CrO_4^{2-} \xlongequal{\quad} Ag_2CrO_4\downarrow\text{(砖红色)}$$

指示剂 K_2CrO_4 的用量对于指示终点有较大影响。CrO_4^{2-} 浓度过高或过低，Ag_2CrO_4 沉淀的析出就会过早或推迟，因而产生一定的终点误差。

2. 佛尔哈德法

佛尔哈德法以铁铵矾作为指示剂，用于测定 Ag^+ 和卤素离子含量，此法可用直接滴定和返滴定两种方式进行。

(1) 直接滴定法测定 Ag^+　在含有 Ag^+ 的酸性溶液中，加入铁铵矾［$NH_4Fe(SO_4)_2 \cdot 5H_2O$］指示剂，用 NH_4SCN 标准溶液直接滴定。滴定过程中，生成 AgSCN 白色沉淀，当加入 NH_4SCN 标准溶液与试液中被测定的 Ag^+ 反应完全时（化学计量点），稍过量的 SCN^- 即与铁铵矾中的 Fe^{3+} 反应，生成红色的 $FeSCN^{2+}$ 配合物，指示终点到达。其反应为：

$$Ag^+ + SCN^- \xlongequal{\quad} AgSCN\downarrow\text{(白色)}$$

$$Fe^{3+} + SCN^- \xlongequal{\quad} FeSCN^{2+}\downarrow\text{(红色)}$$

(2) 返滴定法测定卤素离子　用佛尔哈德法测定卤素时采用返滴定法，即在含有卤素离子的 HNO_3 溶液中先加入已知过量的 $AgNO_3$ 标准溶液，再以铁铵矾作为指示剂，用 NH_4SCN 标准溶液回滴剩余的 Ag^+。其反应为：

$$Ag^+ + X^- \xlongequal{\quad} AgX\downarrow$$

$$Ag^+ + SCN^- \xlongequal{\quad} AgSCN\downarrow\text{(白色)}$$

$$Fe^{3+} + SCN^- \xlongequal{\quad} FeSCN^{2+}\downarrow\text{(红色)}$$

由于滴定在 HNO_3 介质中进行，许多弱酸盐如 PO_4^{3-}、AsO_4^{3-}、S_2^- 等都不干扰卤素离子的测定，因此该法选择性较高。

3. 法扬司法

法扬司法用有色有机化合物（也称有机染料）作为吸附指示剂，这类指示剂当被胶体微粒吸附到表面上时，会由于分子结构发生变化而发生颜色变化，从而可指示滴定终点。

五、重量分析法

(一) 重量分析法概述

重量分析法是通过物理或化学反应将被测组分与试样中的其他组分分离，转化为一定的称量形式，由称得的称量形式的质量计算得到被测组分的含量。

重量分析法根据分离方法的不同，一般分为气化法、沉淀法、电质量法和萃取法几种方法。

1. 气化法

也称挥发法，适用于挥发性组分的测定。一般是用加热或蒸馏等方法使被测组分转化为挥发性物质逸出，然后根据试样质量的减少来计算试样中该组分的含量。例如，测乙醇中的不挥发物，量取一定量的试样注入蒸发皿中，用水浴使乙醇等可挥发物质气化跑掉，经烘干，称出残渣质量，计算求出乙醇中不挥发物的含量。

2. 沉淀法

沉淀法是重量分析法的主要方法。这种方法是在被测溶液中，加入沉淀剂使被测组分生成难溶化合物沉淀下来，经分离、烘干或灼烧至质量恒定后称量，由称得的质量可求得其被测组分的含量。例如，在测定试样中的铁时，先将试样制备成一定浓度的溶液，然后加入过量的稀氨水溶液，使生成氢氧化铁沉淀，经灼烧得到三氧化二铁，根据三氧化二铁的质量可以求出试样中铁的含量。沉淀法的测定步骤是：

$$试样\xrightarrow{溶解}试液\xrightarrow{沉淀剂}沉淀形式\xrightarrow{过滤、洗涤、烘干或灼烧}称量形式\xrightarrow{恒重}计算含量$$

沉淀法的关键是获得纯净的沉淀形式和理想的称量形式。

3. 电质量法

电质量法是利用电解原理，使待测金属离子在电极上还原析出，然后根据电极增加的质量计算被测组分的含量。这种方法适用于主体含量高的金属或金属盐类的测定。

4. 萃取法

萃取法是利用有机溶剂将被测组分从试样中萃取出来，然后再将溶剂处理掉，称量萃取物的质量，计算被测组分的含量。

(二) 重量分析法的应用示例

1. 钢铁及合金中 Ni^{2+} 的测定

钢铁及合金中镍的测定，重量法中选用丁二酮肟为沉淀剂，在弱酸性溶液（pH>5）或氨性溶液中，它与 Ni^{2+} 生成丁二酮肟镍［$Ni(C_4H_7O_2N_2)_2$］鲜红色的沉淀，沉淀经烘干后称量，可得到满意的测定效果。

2. 四苯硼酸钠沉淀法测定钾

四苯硼酸钠是测定钾的良好沉淀剂，反应生成四苯硼酸钾沉淀［$KB(C_6H_5)_4$］。四苯硼酸钾具有溶解度小、组成稳定、热稳定性好（最低分解温度为265℃）、可烘干后直接称重等优点。

第三节 仪器分析法

一、仪器分析法概述

仪器分析是指采用较为特殊或复杂的仪器设备，通过测量物质的某些物理或物理化学性质参数及变化来确定其化学组成、成分含量或结构的分析方法。

(一) 仪器分析法的分类

根据物质所产生的可测信号不同，常把仪器分析法分为以下几类。

1. 光学分析法

光学分析法是基于物质发射光或光与物质相互作用而建立起来的一类分析方法，可分为非光谱法与光谱法。

(1) 非光谱法　非光谱法是指不以光的波长为特征信号，而是通过测量光的某些性质如反射、折射、干涉、衍射或偏振等变化建立起来的方法。常见的非光谱法有折射法、干涉法、散射浊度法、旋光法、X射线衍射法和电子衍射法等。

(2) 光谱法　光谱法是基于与光作用时，物质内部量子化能级之间跃迁所产生的发射、吸收和散射等现象而建立起来的分析方法。光谱法可分为原子光谱法和分子光谱法；根据作用形式不同，光谱法可分为发射光谱法、吸收光谱法、荧光光谱法、拉曼光谱法等。

2. 电化学分析法

电化学分析法是基于物质的电化学性质，应用电化学的基本原理和技术而建立的分析方法。测量时需将待测试液构成一个化学电池的组成部分，通过测量该电池的某些电参数，如电导（电阻）、电位、电流、电量等的变化来对物质进行分析。根据测量参数的不同，可分为电导分析法、电位分析法、电解库仑分析法及伏安和极谱分析法等。

3. 色谱分析法

色谱分析法是根据混合物中各组分在互不相溶的两相（固定相和流动相）中吸附能力、分配系数或其他形式作用力的差异而建立的分离分析方法。当流动相是气体时称为气相色谱法，流动相是液体时称为液相色谱法。

色谱法是高效的分离方法，将其与各种现代仪器方法联用，即所谓的联用技术，是解决复杂物质的分离和分析问题最有效的手段。

4. 其他方法

（1）质谱法　试样在离子源中被电离成带电离子，然后在质量分析器中按质荷比（m/z）不同被分离成不同离子束而被检测器分别检测，得到强度随质荷比变化的质谱图。该法可用于同位素分析，元素或有机物的定性、定量分析，也是有机化合物结构鉴定的有力手段。

（2）热分析法　是根据物质的质量、体积、热导或反应热与温度之间关系而建立起来的方法，可用于成分分析，但更多用于热力学、动力学和化学反应机理等方面的研究。属于这一类方法的有热导法、热焓法、热质量分析法、差热分析法、差示扫描量热法等。

（3）放射化学分析法　是根据放射性同位素的性质来进行分析的方法，包括同位素稀释法、放射性滴定法和活化分析法等。

（二）分析仪器的组成

不同仪器分析方法所使用的仪器不同，即使同一种分析方法也可用多种类型的分析仪器，并且自动化程度越高，仪器内部的组成就越复杂。但究其本质，所有的分析仪器均是由信号发生器、检测器（传感器）、信号处理器和读出装置四个基本部件组成，如图 3-2 所示。

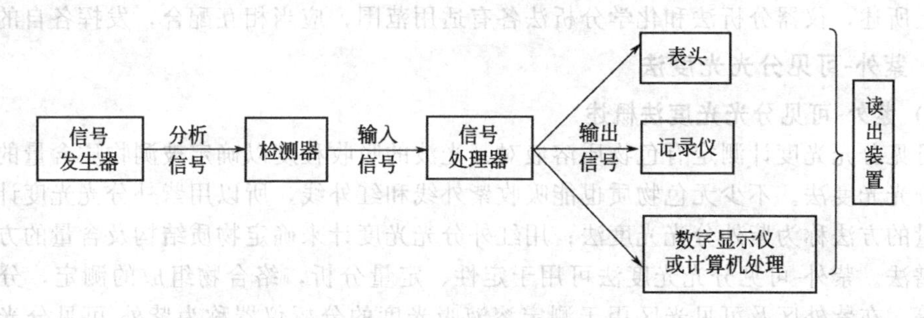

图 3-2　分析仪器的组成方框图

（1）信号发生器　其功能是使样品产生可测信号，它可以是样品本身，如 pH 计的信号发生器就是溶液中的氢离子活度。而紫外-可见分光光度计的信号发生器除样品外，还包括光源（氘灯、钨灯、氙灯）。

（2）检测器　又称传感器，它是将某种类型的信号转换成可测定的电信号的器件。在电化学分析法的仪器中，传感器是各种类型的电极；色谱法中的传感器是各种类型的检测器，如热导检测器、氢火焰离子化检测器等；光学分析法中的传感器是光电管、光电倍增管等。

传感器的性能优劣和使用正确与否将直接影响测定结果。

(3) 信号处理器 其作用是将微弱的电信号用电子元件组成的电路加以放大，以便读出装置指示或记录。

(4) 读出装置 其作用是将信号处理器放大的信号显示出来，其形式有表头、数字显示器、记录仪、打印机、荧光屏或用计算机处理等。

(三) 分析仪器的性能表征

仪器分析方法繁多，往往实现同一个测定目标有很多方法可以选择，此时除了要对样品信息，包括测定目标、准确度要求、样品量大小、样品中待测物质的浓度范围、可能存在的干扰组分及待分析的样品数目等充分了解外，还需熟知各种仪器的基本性能。

表征仪器性能的参数主要有分析对象、测定的准确度和精密度、方法的灵敏度、检出限、线性范围和选择性等。除此之外，分析速度、分析难度和方便性、对操作者的技能要求、仪器维护及实用性、分析测试费用等因素也在考虑范围内。

1. 灵敏度

待测组分浓度（或含量）改变时所引起的仪器信号的改变，反映了仪器或方法识别微小浓度或含量变化的能力，该值越大，仪器或方法的灵敏度越高。

2. 检出限

仪器检出限是指分析仪器能检出与仪器自身的随机噪声相区别的小信号的能力。检出限综合体现了分析方法的灵敏度和精密度，是评价仪器性能及分析方法的主要技术指标。

3. 线性范围

线性范围又称动态范围，是指与测量信号呈线性关系的试样浓度范围。试样浓度处在线性范围内才可准确测定，因此线性范围越宽对测定越有利，不同方法线性范围不同。

(四) 仪器分析法和化学分析法的比较

与经典的化学分析法相比，仪器分析法灵敏度高，操作简便，分析速度快，选择性好，所需试样少，用途广泛，能适应各种分析要求等。但仪器分析法仅适于测定含量较低的试样，且相对误差均较大（通常为1%～10%或更大）；仪器结构比较复杂，价格比较昂贵，且有些仪器对测试条件要求较高；大多数仪器分析法都是相对的分析方法，必须要使用相应的化学纯品作为标准物质。

综上所述，仪器分析法和化学分析法各有适用范围，应当相互配合，发挥各自的优势。

二、紫外-可见分光光度法

(一) 紫外-可见分光光度法概述

用可见分光光度计测定有色物质溶液对某光波的吸收程度以确定被测物质含量的方法称为可见分光光度法。不少无色物质也能吸收紫外线和红外线，所以用紫外分光光度计来测定物质含量的方法称为紫外分光光度法；用红外分光光度计来确定物质结构及含量的方法称为红外光谱法。紫外-可见分光光度法可用于定性、定量分析，络合物组成的测定，分子结构的测定等。在紫外区及可见光区用于测定溶液吸光度的分析仪器称为紫外-可见分光光度计（简称分光光度计）。

(二) 紫外-可见分光光度法的应用

1. 定性分析

每一种化合物都有它自己的特征吸收，不同的化合物有不同的吸收光谱，可作为定性分析的依据。可见，紫外吸收光谱目前应用于定性分析，主要是测定某些官能团（如羰基、芳香烃、硝基和共轭二烯烃等基团）存在与否，对非吸收介质中的强吸收杂质的鉴定、痕量杂质的存在与否的鉴定等。

2. 定量分析

紫外-可见分光光度法的最广泛和最重要的用途是做微量成分的定量分析，它在工业生产和科学研究中都占有十分重要的地位。

如果样品是单组分的，且遵守吸收定律，这时只要测出被测吸光物质的最大吸收波长，就可在此波长下，选用适当的参比溶液，测量试液的吸光度，然后再用工作曲线法或比较法求得分析结果。

（1）工作曲线法　工作曲线法又称标准曲线法，它是实际工作中使用最多的一种定量方法。工作曲线的绘制方法是：配制4个以上浓度不同的待测组分的标准溶液，以空白溶液为参比溶液，在选定的波长下，分别测定各标准溶液的吸光度。以标准溶液浓度为横坐标，吸光度为纵坐标，在坐标纸上绘制曲线（或在工作站绘制曲线），此曲线即称为工作曲线（或称标准曲线），如图3-3所示。

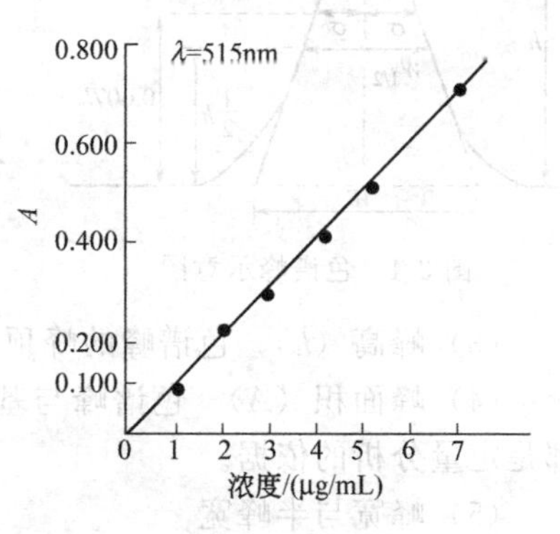

图3-3　工作曲线

在测定样品时，应按照相同的方法制备待测试液，在相同测量条件下测量待测试液的吸光度，然后在工作曲线上查出待测试液浓度。

（2）比较法　这种方法是用一个已知浓度的标准溶液 C_s，在一定条件下，测得其吸光度 A_s，然后在相同条件下，测得待测试液 C_x 的吸光度 A_x，则：

$$C_x=\frac{A_x}{A_s}C_s$$

三、色谱法

（一）色谱法概述

色谱法又称层析法，是根据物质的物理化学性质进行分离分析多组分混合物的一种分离分析方法。色谱法的特点是高效能、高灵敏度、高选择性和分析速度快。

1. 色谱法的分类

色谱法有多种分类方法，按两相的状态分为气相色谱法（GC）和液相色谱法（LC）两大类；按色谱过程中的分离原理可分为吸附色谱法、分配色谱法、离子交换色谱法和凝胶色谱法等；按操作形式可分为柱色谱法、平面色谱法。

2. 色谱法的基本分离原理

实现色谱分离的基本条件是必须具备相对运动的两相，其中一相固定不动，称为固定相；另一相是携带组分向前运动的流动体，称为流动相。样品中的组分随流动相经过固定相时，与固定相发生作用，各组分结构、性质不同，它们与固定相作用的强度也不同，因而，不同的物质在两相之间的分配会不同，这使其随流动相运动速度各不相同，即在固定相上停留的时间也就不同，由此而被分离。

（二）气相色谱法

气相色谱法（GC）是以气体为流动相的柱色谱法，又称气相层析法。气相色谱法具有分离效能高、选择性好、检测灵敏度高、样品用量少、操作简单以及分析速度快等优点，广泛应用在石油化工、有机合成、医药卫生、生物化学、食品、化妆品和环境保护等领域。

1. 气相色谱基本术语

（1）基线　在操作条件下，没有样品仅有流动相进入检测器时的流出曲线称为基线。实验条件稳定时基线通常为一水平直线（图3-4中的水平直线部分）。

（2）色谱峰 色谱流出曲线上的突起部分称为色谱峰，如图 3-4 所示。理论上色谱峰为对称的正态分布曲线，实际上一般情况下的色谱峰都是非对称的色谱峰，主要有拖尾峰［图 3-5(a)］、前伸峰［图 3-5(b)］、分叉峰［图 3-5(c)］和馒头峰［图 3-5(d)］等。

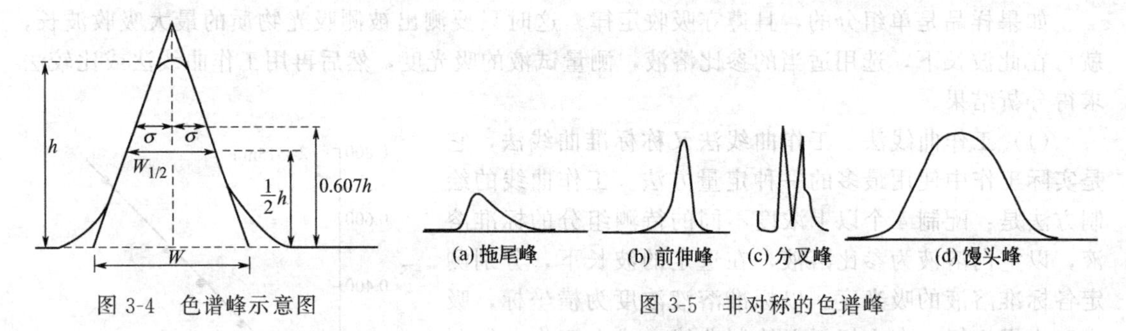

图 3-4 色谱峰示意图　　图 3-5 非对称的色谱峰

（3）峰高（h） 色谱峰的峰顶至基线的垂直距离为峰高，如图 3-4 所示。

（4）峰面积（A） 色谱峰与基线所包围的面积为峰面积。在色谱法中，峰高和峰面积都是定量分析的依据。

（5）峰宽与半峰宽

① 标准差（σ） 标准差是指正态分布曲线上两拐点间距离的一半。正常峰的 σ 为 0.607 倍峰高处的峰宽的一半。σ 越小，流出的峰形越窄，说明流出组分越集中，柱效越高，越有利于组分的分离。

② 峰宽（W） 通过色谱峰两侧的拐点作切线，在基线上的截距为峰宽，如图 3-4 所示。峰宽是衡量柱效的依据。

③半峰宽（$W_{1/2}$） 峰高一半处的峰宽称为半峰宽，如图 3-4 所示。峰宽与标准差及半峰宽的关系为：

$$W=4\sigma=1.699W_{1/2}$$

（6）保留值 保留值是用来描述各组分色谱峰在色谱图中的位置，在一定实验条件下，组分的保留值具有特征性，是色谱定性的参数。

2. 气相色谱仪的结构

气相色谱仪的结构包括载气系统、进样系统、分离系统、检测系统、温度控制系统和信号记录系统。其组成方框图如图 3-6 所示。气相色谱仪示意图如图 3-7 所示。

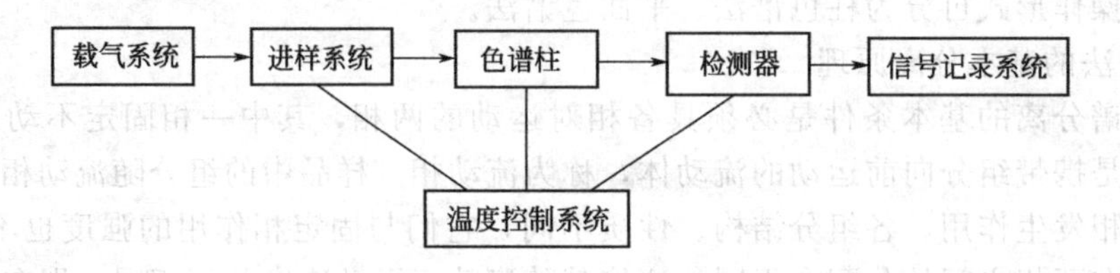

图 3-6 气相色谱仪组成方框图

（1）载气系统 气相色谱中的流动相称为载气。载气系统包括气源、气体净化器、气体流速控制和测量器。气体从载气瓶经减压阀、流量控制器和压力调节阀，然后通过色谱柱，由检测器排出，形成气路系统。整个系统保持密封，不能有气体泄漏。气路系统的作用是提供纯净、流量稳定的载气。应用最多的载气是氢气和氮气。

（2）进样系统 进样系统包括进样器、气化室和温控装置。进样系统的作用是将样品引入气化室并使其瞬间被气化，然后被载气带入分离系统。

① 进样器 进样量的大小、进样时间的长短，直接影响色谱柱的分离和测定结果。样

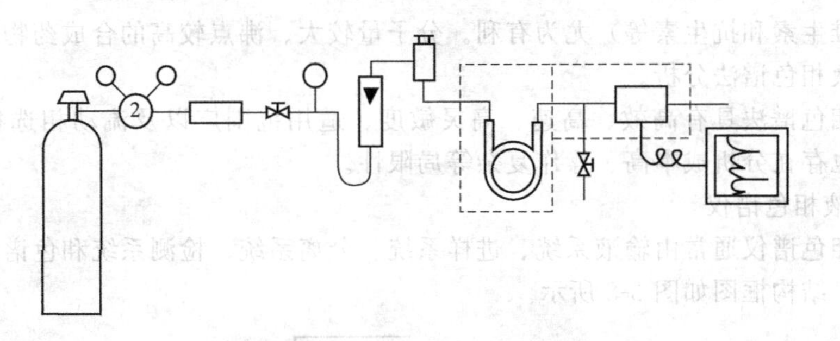

图 3-7　气相色谱仪示意图

品常采用微量注射器取样。一般液体试样的进样量以 0.1～2μL 为宜，气体试样为 0.5～3mL。

② 气化室　气化室是让样品在其中瞬间气化而不分解。常用金属块制成气化室，一般装有石英或玻璃衬管，可以防止气化的样品和金属接触分解，同时有利于及时清洗和更换。

气化温度是一项重要的参数，在保证试样不分解的情况下，可适当提高气化室温度，有利于分离。一般气化室温度等于或稍高于试样的沸点，以保证试样的瞬间气化。气化室温度应高于柱温 30～50℃。

(3) 分离系统　分离系统包括色谱柱和柱室。分离系统的功能是使试样在柱内运行并得到分离。

色谱柱由固定相与柱管组成，是气相色谱仪的关键部分。根据柱的粗细可分为填充柱和毛细管柱。填充柱的制备比较简单，但是分离效率较低。毛细管柱分离效果好，但是制备较复杂，样品负荷量小。

(4) 检测系统　检测系统的作用是将载气中待分离组分的浓度或质量信号转变成电信号，由记录器记录成色谱图，供定性、定量分析用。检测器是将经色谱柱分离后的各组分的浓度（或质量）的变化转化为电信号（电压或电流）的装置。常用的检测器有热导检测器、氢火焰离子化检测器等。

(5) 温度控制系统　温度控制系统负责对气化室、色谱柱室、检测室及辅助部分进行加热，并自动控制温度的变化。正确选择和控制各处温度是完成分析任务的重要条件。

(6) 记录系统　记录系统包括放大器、记录仪或数据处理器。它负责记录并处理由检测器输入的信号，对试样给出定性或定量的分析。

3. 定性与定量分析

(1) 气相色谱定性分析　大量实验结果表明，在一定的色谱条件下，各种物质都有一定的保留值或确定的色谱数据，并且不受其他组分的影响。因此，可以用标准物与未知物的保留值是否相同来定性。但是，在相同色谱条件下，不同物质也可能具有相似或相同的保留值。对于一个完全未知的混合样品单靠色谱法定性是有困难的。在实际分析任务中，大多数成分已知，或者可以根据样品来源、生产工艺、用途等信息推测样品的大致组成和可能存在的杂质的情况下，通常利用简单的气相色谱法就能解决问题。

(2) 气相色谱定量分析　气相色谱的定量分析是对峰高或者峰面积进行定量，在某些条件限定下，色谱的峰高或峰面积与所测组分的数量（或浓度）成正比。

(三) 高效液相色谱法

高效液相色谱法（HPLC）与气相色谱法不同，高效液相色谱法分析对象很广，它只要求样品能制成溶液而不需要气化，因此不受样品挥发性的约束。对于挥发性低、热稳定性差、分子量大的高分子化合物以及离子型化合物（如氨基酸、蛋白质、生物碱酸、核酸、甾体、类脂、维生素和抗生素等）尤为有利。分子量较大、沸点较高的合成药物以及无机盐类都可用高效液相色谱法分析。

高效液相色谱法具有高效、高速、高灵敏度、适用范围广以及流动相选择范围宽等优点。同时，也存在分析成本高、操作复杂等局限性。

1. 高效液相色谱仪

高效液相色谱仪通常由输液系统、进样系统、分离系统、检测系统和色谱数据处理系统五部分组成，结构框图如图 3-8 所示。

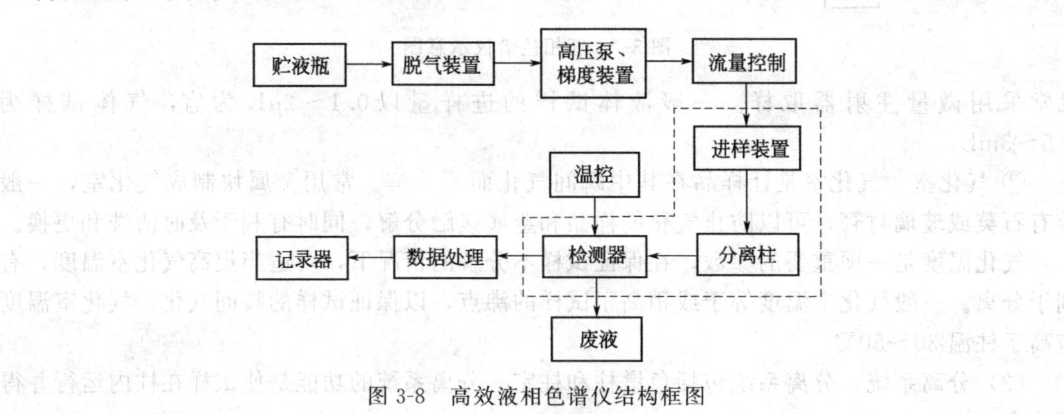

图 3-8　高效液相色谱仪结构框图

（1）输液系统　输液系统提供流动相，作用是将流动相以高压连续不断地输送到色谱系统，以保证试样在色谱柱中完成分离。

（2）进样系统　进样系统作用是将试样引入色谱柱，安装在色谱柱的进口处。目前主要应用的有高压进样阀和自动进样器两种。

（3）分离系统　分离系统是高效液相色谱最重要的部分，其核心是色谱柱，有的还配有柱温箱。常用的色谱柱有正相柱、反相柱、离子交换柱和凝胶色谱柱。分析样品时，应根据分离分析目的、样品的性质和量的多少及现有的设备条件等选择合适的色谱柱。

（4）检测系统　检测器是高效液相色谱仪的三大关键部件（高压输液泵、色谱柱、检测器）之一，作用是将色谱柱分离洗脱后的组分浓度转化为电信号，并做相应处理后输送给记录仪或计算机。目前应用较广泛的检测器有紫外检测器、荧光检测器、示差折光检测器和电化学检测器等。

（5）色谱数据处理系统　高效液相色谱的分析结果已广泛使用微机和色谱数据工作站来记录和处理色谱分析的数据。微机也可以控制自动进样装置，达到准确、定时进样，提高仪器的准确度和精密度。色谱管理软件的使用，实现了全系统的自动化控制。

2. 定性与定量分析

高效液相色谱法主要用于复杂成分混合物的分离、定性与定量，其定性与定量方法与气相色谱法相似。

思考与习题

3-1. 物质 A 和 B 的真实质量分别为 1.7766g 和 0.1777g，而用分析天平称得 A 和 B 的质量分别为 1.7765g 和 0.1776g。分别计算两者的绝对误差和相对误差。

3-2. 根据有效数字修约规则，将下列数据修约成 3 位有效数字：0.5252，8.045。

3-3. 根据有效数字运算规则计算下列各式：

（1）$2.345+4.3+2.568$

（2）$0.0120\times42.25\times0.0124560$

(3) $\frac{1.20\times12.16\times3.10}{0.0023535}$

3-4. 计算下列溶液的pH值：0.01mol/L HAc溶液；0.10mol/L NaAc溶液。

3-5. 称取邻苯二甲酸氢钾基准物0.5026g，标定NaOH溶液，滴定至终点时用去NaOH溶液21.88mL，求NaOH的浓度（已知$M_{邻苯二甲酸氢钾}=204.2g/mol$）。

3-6. 称取混合碱试样1.2000g，溶于水，用0.5000mol/L的HCl溶液滴定至酚酞褪色，又用去30.00mL。然后加入甲基橙，继续滴加HCl溶液至橙色，又用去5.00mL。请问试样中含有何种组分？其百分含量各为多少？

3-7. 酚酞和甲基橙是最常用的酸碱指示剂，它们的变色范围是多少？

3-8. 简述酸碱滴定法、配位滴定法、氧化还原滴定法、沉淀滴定法的基本概念。

3-9. 简要说明色谱法的基本原理。

3-10. 气相色谱仪的基本设备包括哪几部分？各有什么作用？

3-11. 高效液相色谱法与气相色谱法相比具有哪些优点？

3-12. 高效液相色谱仪由哪几部分组成？

第四章　化工生产基础知识

第一节　化工生产中的常用术语与基本概念

一、成品、半成品和副产品

1. 成品

在生产过程中，原料经过多个工序的处理，最后一个工序所得到的产品称为成品。

2. 半成品

当原料在经过多个工序的处理过程中，其任意一个中间工序所得到的产品，均可称为半成品或中间产品。

3. 副产品

在生产过程中，附带生产出来的非主要产品，称为副产品。副产品与产品是相对的。主要是根据企业的需要来决定。

二、转化率、选择性和收率

1. 转化率

参加反应的原料量占投入反应器的原料量的百分比称为转化率。它表示原料被转化的程度，转化率的大小，说明参加反应的原料量的多少。转化率越大，参加反应的原料越多；反之则越少。一般投入反应器的原料不可能完全参加反应，因此，转化率通常小于100%。

工业生产中有单程转化率和总转化率，它们的区别在于系统划分的不同，单程转化率以生产过程中的反应器为系统，其表达式为：

$$单程转化率=\frac{投入反应器的原料量-从反应器输出的原料量}{投入反应器的原料量}\times 100\%$$

总转化率以整个生产过程为系统，其表达式为：

$$总转化率=\frac{投入过程的原料量-从过程输出的原料量}{投入反应器的原料量}\times 100\%$$

原料量的单位为kg（千克）或kmol（千摩尔）。

【例4-1】 乙炔与乙酸催化合成乙酸乙烯酯工艺流程如图4-1所示，已知新鲜乙炔的流量为600kg/h，混合乙炔的流量为5000kg/h，反应后乙炔的流量为4450kg/h，循环乙炔的流量为4400kg/h，释放乙炔的流量为50kg/h，计算乙炔的单程转化率和全程总转化率。

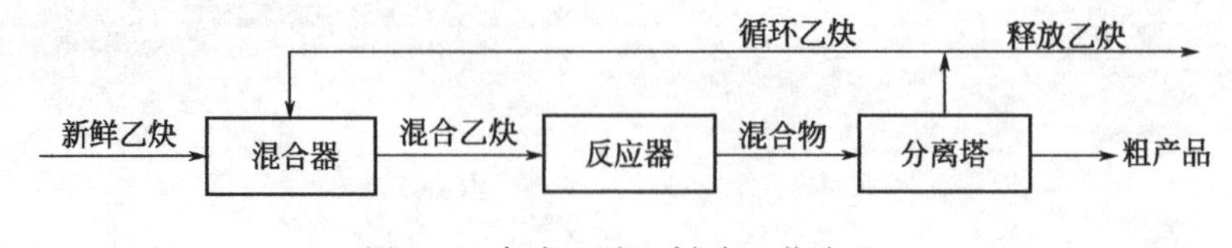

图4-1　合成乙酸乙烯酯工艺流程

解：

$$乙炔单程转化率=\frac{5000-4450}{5000}\times 100\%=11\%$$

$$乙炔全程总转化率=\frac{600-50}{600}\times100\%=91.67\%$$

在以上计算中，以反应器为反应体系，计算出原料乙炔的转化率即单程转化率为11%，若以包括循环系统在内的反应器、分离器和混合器为反应体系，原料乙炔进行循环利用，乙炔在反应器中进行的反应过程虽并没有变化，但乙炔的总转化率提高到91.67%，乙炔的利用率大大提高。因此，在实际生产中，尤其对低单程转化率反应过程，采用循环的方法，是提高原料利用率最主要和最有效的方法。

2. 选择性

在规定的生产条件下，会同时发生不同的反应，即主反应和副反应；除得到目的产物外，还有副产物，所以转化了的原料中，只有一定比例的原料生成目的产物。通常用选择性来表示参加反应的原料实际转化为目的产物的比例，衡量参加主、副反应的原料量之间的关系。

$$选择性=\frac{生成目的产物所消耗的原料量}{参加化学反应的原料量}\times100\%$$

也可以以目的产物的实际产量与理论产量的比值表示，即：

$$选择性=\frac{目的产物的实际产量}{按某反应原料的转化总量计算所得的目的产物的理论产量}\times100\%$$

转化率和选择性是从不同角度来表示某一反应的进行情况。转化率仅表示投入的原料量在反应过程中的转化程度，它不表明这些生成物是目的产物还是副产物。选择性只说明被转化的原料中生成目的产物的程度，但不说明有多少原料参加了反应。

3. 收率（产率）

在实际生产中，在获得高转化率的同时，也要获得较高的收率。为了描述这两个方面的关系，常采用收率这个概念。

$$某产物的收率=原料转化率\times目的产物的选择性\times100\%$$

$$某产物的收率=\frac{参加反应的原料量}{投入反应器的原料量}\times\frac{生成目的产物所消耗的原料量}{参加反应的原料量}\times100\%$$

或
$$=\frac{生成目的产物所消耗的原料量}{投入反应器的原料量}\times100\%$$

在生产过程中，要想获得一种产品，往往要经过几个阶段的操作过程，如反应、分离、精制等。为了说明生产中不同阶段的生产操作情况，常以阶段收率衡量。阶段收率就是生产中各阶段操作程序的收率。各阶段收率的乘积就是该产品的总收率，简称收率。

【例 4-2】 由乙烯制取二氯乙烷。反应式为：$C_2H_4+Cl_2\longrightarrow CH_2ClCH_2Cl$。已知通入反应器的乙烯量为600kg/h，乙烯含量为92%（质量分数）。反应后得到二氯乙烷量为1700kg/h，并测得尾气中乙烯量为40kg/h。试求乙烯的转化率、二氯乙烷的选择性及收率。

解：（1）参加反应的乙烯量为：600×92%－40＝512（kg/h）

投入反应器的乙烯量为：600×92%＝552（kg/h）

$$乙烯的转化率=\frac{参加反应的原料量}{投入反应器的原料量}\times100\%=\frac{512}{552}\times100\%=92.75\%$$

（2）设生成1700kg/h二氯乙烷所需乙烯量为χkg/h。

$$CH_2=CH_2+Cl_2\longrightarrow CH_2ClCH_2Cl$$

摩尔质量	28	99
	χ	1700

$$\chi=1700\times\frac{28}{99}=480.81$$

$$二氯乙烷的选择性=\frac{480.81}{512}\times100\%=93.91\%$$

(3) 二氯乙烷的收率＝乙烯的转化率×二氯乙烷的选择性×100%

$$=92.75\%\times93.91\%\times100\%=87.1\%$$

或　$$二氯乙烷的收率=\frac{生成二氯乙烷所消耗的乙烯量}{投入反应器的乙烯量}\times100\%=\frac{480.81}{552}\times100\%=87.1\%$$

答：乙烯的转化率为92.75%，二氯乙烷的转化率和收率分别为93.91%、87.1%。

三、生产能力和生产强度

1. 生产能力

生产能力是指在采用先进的技术定额和完善的劳动组织等情况下，设备在单位时间内生产产品的最大可能性。一般以设备的设计能力计算。例如，泵的生产能力以 m^3/h 表示。

2. 生产强度

生产强度是指设备的单位容积或单位面积（或底面积），在单位时间内得到的产物量，常表示为产物 $kg/(m^3\cdot h)$ 或 $kg/(m^2\cdot h)$。具有相同化学或物理过程的装置（设备），可用生产强度指标比较其优劣。设备内进行的过程速率越快，该设备的生产强度就越高，设备生产能力也就越大。

第二节　物料衡算与能量衡算

物料衡算与能量衡算是化工工艺计算的主要方法，其中物料衡算是化工工艺计算中最基本、最重要的方法，也是能量衡算和其他工艺计算的基础。

一、物料衡算

物料衡算的理论依据是质量守恒定律，即在一个孤立物系中，不论物质发生任何变化，它的质量始终不变（不包括核反应）。

在进行物料衡算之前，要掌握两个基本概念——系统和环境。在化工计算中，为了计算方便，总是事先人为地将与计算有关的一定种类和质量的物料以及设备所组成的整体划分出来作为研究对象，这种整体就称为系统，又称体系。体系可以是一个设备或几个设备，也可以是一个单元操作或整个化工过程。系统以外的所有物质及设备称为环境。

根据质量守恒定律，在一个稳定的生产过程中，对某一个体系，输入体系的物料量应该等于输出物料量与体系内积累量之和，即：

$$\sum W_{输入}=\sum W_{输出}+\sum W_{积累}$$

式中　$W_{输入}$——投入设备的物料量总和，kg；

$W_{输出}$——输出设备的物料量总和，kg；

$W_{积累}$——体系内积累的物料量总和，kg。

列物料衡算式时应该注意，物料平衡是指质量平衡，不是体积或物质的量平衡。

通过物料衡算，可以核算化工生产的原料量、产量与损耗量；确定设备生产能力及其主要尺寸；判断操作过程进行的好坏和对经济效益进行评价等。

二、能量衡算

在化工生产中，除发生物质变化外，还伴有能量的变化，在化工设备中所涉及的能量主要表现为热量的变化。根据能量守恒定律，对于一个稳定的生产过程，向系统或设备输入的热量等于输出的热量与损失热量之和，即：

$$\sum Q_{入}=\sum Q_{出}+\sum Q_{损}$$

式中　$\sum Q_{入}$——输入的热量总和，kJ；

$\sum Q_{出}$——输出的热量总和，kJ；

$\sum Q_{损}$——损失的热量总和，kJ。

按照这一规律对系统或设备进行的计算，称为热量衡算。

通过热量衡算，可以核算热量消耗的程度，确定经济合理的热量消耗方案、热能综合利用途径，及选择最适宜的生产资料等。

第三节　化工生产的技术经济指标

衡量一个厂、车间，乃至一个生产装置的好与坏，一般需看技术经济指标的完成情况。技术经济指标主要包括以下内容。

1. 生产规模

生产规模是指主、副产品的年生产量，以 t/a 或 kg/a 表示。

2. 原料消耗定额

原料消耗定额是指生产单位产品所消耗的原料或辅助材料量。即每生产 1t 100%的产品所需要原料或辅助材料量。

$$原料消耗定额=\frac{原料量}{产品量}$$

3. 动力消耗定额

动力消耗定额是指生产每吨产品所需要水、电、汽和燃料等的消耗量。水可分为河水、地下水和净化水；电可分为外购电与自发电；蒸汽要注明压力；燃料要注明品种与规格，或把燃料消耗都折合成标准煤。消耗定额的高低，说明生产工艺水平的高低及操作技术水平的好坏。高产低耗，才能降低成本。

4. 产品质量指标

产品质量指标是指产品质量的优劣程度。质量指标一般分为等级率、合格率、正品率等。

5. 工业总产值

工业总产值是以货币形式表现的工业产品总量。

$$工业总产值=产品产量\times 产品价格(元)$$

如果有几个产品，则工业总产值为各产品产值之和。

产品价格一般采用不变价格。如没有不变价格时，则采用市场价格。

6. 全员劳动生产率

全员劳动生产率是指全体职工在生产中的劳动效率。是反映工业企业生产效率高低和劳动力节约情况的重要指标。

$$全员劳动生产率=\frac{工业总产值(或总产量)}{全部职工平均人数}$$

7. 产品成本

以货币形式表现的企业生产和销售产品的费用支出，一般按成本项目计算。它是反映企业消耗水平的综合性指标。产品成本按其包括费用范围的不同，可分为车间成本、工厂成本和销售产品的完全成本。

(1) 车间成本　工业企业为生产一定种类和数量的产品（劳务或作用），在车间范围内所消耗的费用。它包括原材料、辅助材料、燃料、动力、车间生产人员工资及附加费、车间经费、停工损失、废品损失等。

(2) 工厂成本　工业企业为生产一定种类和数量的产品（劳务或作业）所发生的全部费用，即工业产品的生产成本，按车间成本加上企业管理费计。

(3) 完全成本　工业企业为生产和销售产品（劳务或作业）而支付的全部费用，按工厂成本加上销售费计。

8. 产品利税

“利税”是利润和税收的合称，反映的是企业的经济效益和对国家税收方面的贡献。

利润指的是税后利润，指销售利润（利润总额）扣除企业所得税后的余额。利润总额是指企业（集团）付清一切账项后剩下的金额（含所得税在内），包括营业利润、补贴收入、投资净收益、营业外收支净额及其他业务利润等，其结果为正值即盈利，若为负值，则为亏损。

实现利税是指实现的净利润加上实现的所有税金之和。

税金是指企业（集团）在一定时期进行经营活动，按现行税法的规定向国家所履行的义务。包括除所得税以外的各种税金：增值税、消费税、资源税、营业税、城市维护建设税、教育费附加和防洪费及管理费中的耕地占用税、车船使用税、土地使用税、印花税等。

思考与习题

4-1. 化工生产的基本任务是什么？

4-2. 化工生产有哪些特点？

4-3. 什么叫物料衡算和热量衡算？

4-4. 以乙烷为原料生产乙烯时，在一定的生产条件下，投入反应器的乙烷量为1500kg/h，参加反应的乙烷量为1125kg/h，求乙烷的转化率。

4-5. 由乙烷裂解制乙烯，投入反应器的乙烷量为5000kg/h，裂解气中含未反应的乙烷量为1000kg/h，获得的乙烯量为3400kg/h。试求乙烷的转化率和乙烯的产率。

4-6. 尝试对您所在生产车间进行大致技术经济核算。

第二篇　化工生产单元操作知识

第五章　物料输送与非均相分离技术

第一节　流体力学

一、流体的基本物理量

（一）密度与比容

1. 流体的密度

相对密度也称比重。是指流体的密度与4℃水的密度之比。用符号 d^0 来表示，即：

$$d^0=\frac{\rho}{\rho_{4℃,水}}=\frac{\rho}{1000} \tag{5-1}$$

式中　$\rho_{4℃,水}$——4℃水的密度，1000kg/m³。

因此，流体的相对密度乘以1000即得流体的密度。

2. 气体的密度

液体密度可在手册上查取，气体的密度一般通过计算得到，压力不高时可按理想气体来处理。

由理想气体状态方程：

$$PV=nRT=\frac{m}{M}RT$$

得

$$\rho=\frac{m}{V}=\frac{PM}{RT} \tag{5-2}$$

或者

$$\rho=\rho_0\ \frac{T_0}{T}\times\frac{P}{P_0} \tag{5-3}$$

式中　ρ_0——标准状态下气体的密度，$\rho_0=\frac{m}{22.4}$，kg/m³；

T_0，P_0——标准状态，$T_0=273\text{K}$，$P_0=101.3\text{kPa}$。

3. 混合物的密度

（1）混合液体　混合液体的密度根据混合前后总体积不变的原则计算，以1kg混合液体为基准，则：

$$\frac{1}{\rho}=\frac{X_{W1}}{\rho_1}+\frac{X_{W2}}{\rho_2}+\cdots+\frac{X_{Wn}}{\rho_n}=\sum\frac{X_{Wi}}{\rho_i} \tag{5-4}$$

式中　ρ_i——混合液体中 i 组分的密度，kg/m³；

X_{Wi}——混合液体中 i 组分的质量分率。

注意：此式只适用于混合前后总体积不变的物系。

（2）混合气体　混合气体的密度根据混合前后总质量不变的原则计算，即用平均分子量计算：

$$\rho=\frac{PM_{均}}{RT} \tag{5-5}$$

$$M_{均}=M_1x_1+M_2x_2+\cdots+M_nx_n=\sum M_ix_i \tag{5-6}$$

式中　M_i——混合气体中 i 组分的分子量，kg/kmol；

x_i——混合气体中 i 组分的摩尔分率。

4. 比容

单位质量流体所具有的体积称为流体的比容。用符号 v 表示，单位为 m^3/kg。比容也即密度的倒数，即：

$$v=\frac{1}{\rho} \tag{5-7}$$

（二）压力（压强）

1. 单位

压力的单位为帕斯卡，简称帕，用符号 Pa 表示。常用的压力单位还有：MPa（兆帕）；kPa（千帕）；atm（标准大气压）；at 或 kgf/cm^2（工程大气压）；mH_2O（米水柱）；mmHg（毫米汞柱）。注意用液柱高度表示压力单位时，液柱名称不能漏掉。其换算关系为：

$1MPa=10^3kPa=10^6Pa$，$1atm=101.3kPa=1.033at=760mmHg$ 柱$=10.33mH_2O$ 柱

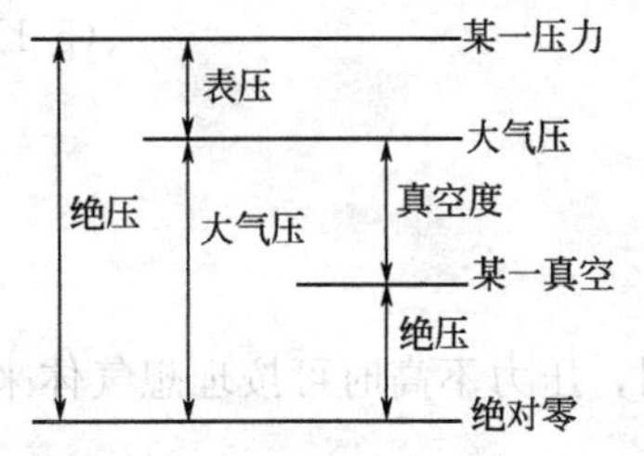

图 5-1　表压、绝压及真空度的关系

2. 表压、绝压与真空度

流体的压力可以用仪表来测取。但不管什么样的压力表，表上反映出的压力都是设备内的实际压力与大气压力之差，称为表压，而设备内的实际压力称为绝压，即表压＝绝压－大气压。当设备内的实际压力小于大气压时，表上测出的压力称为真空度。即真空度＝大气压－绝压。上述关系可用图 5-1 形象说明。

应当指出，大气压随地区而不同，也随季节而不同，对于表压和真空度应有注明。如 200kPa（表压），300mmHg（真空度），若无注明则表示绝压。真空度也称负表压，现在有的真空表上的读数就是负值，那就是表压。

（三）流量与流速

1. 流量

（1）体积流量　体积流量简称流量，是指单位时间流过某一截面的流体体积。用符号 V_s 或 V_h 表示，单位为 m^3/s 或 m^3/h。

（2）质量流量　质量流量是指单位时间流过某一截面的流体质量。用符号 G_s 或 G_h 表示，单位为 kg/s 或 kg/h。

两者之间的关系为：

$$G_s=V_s\rho \tag{5-8}$$

2. 流速

（1）流速　流速是指单位时间流体质点流过的距离。用符号 u 表示，单位为 m/s。流体在流动过程中，在同一截面上各流体质点的流速是不均等的。因此通常说的流速是指某一截面上的平均流速，用体积流量除以流通截面积 S 得到，即：

$$u=\frac{V_s}{S} \tag{5-9}$$

（2）质量流速　质量流速是指单位时间、单位流通截面积流过的流体质量。用符号 w 表示，单位为 $kg/(m^2 \cdot s)$。表达式为：

$$w=\frac{G_s}{S} \tag{5-10}$$

流速与质量流速之间的关系为：

$$w=u\rho \tag{5-11}$$

对圆形管道，管道内径为 d，则横截面 $S=\frac{\pi}{4}d^2$，所以 $V_s=uS=u\frac{\pi}{4}d^2=\frac{G_s}{\rho}$，变形得：

$$d=\sqrt{\frac{4V_s}{\pi u}}=\sqrt{\frac{4G_s}{\pi u\rho}} \tag{5-12}$$

上式可用来初估管道直径。从式(5-12) 可知，对于流体的同一流速，如流速大，所需的管径就小，可节省管材料，减少设备基建费用；但流速大，流体阻力较大，输送流体的动力消耗增大，即操作费用增大。

（四）黏度

黏度是衡量流体流动性能的另一物理量，用符号 μ 表示。流体的黏度越小就越容易流动；黏度越大就越难流动。不同流速的流体之间存在着阻碍相对运动的摩擦力，称为内摩擦力，流体的黏度就是这种内摩擦力的表示与量度。黏度大的流体，流动时能量消耗大，即阻力损失大，反之亦然。黏度的数值由实验测定，其单位为 Pa·s（SI 制）。

流体的黏度值随温度而变化。一般有两个特点：一是液体的黏度比气体大得多；二是液体的黏度随温度的升高而减小，气体的黏度随温度的升高而增大。压力对黏度的影响不大，除了在极高或极低压力下才考虑其对气体黏度的影响外，一般情况下不予考虑。纯组分的黏度值可在手册上查取。

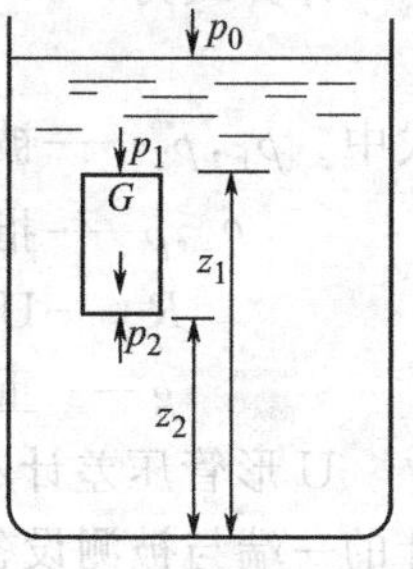

图 5-2　流体静力学基本方程式推导

二、静力学基本方程式

（一）静力学基本方程式

静止的流体在重力和压力作用下达到平衡，处于相对静止状态。重力是不变的，但静止流体内部各点的压力是不同的。静止流体内部压力变化的规律可用静力学基本方程式来描述，如图 5-2 所示，即：

$$p_2=p_1+(z_2-z_1)\rho g=p_0+h\rho g \tag{5-13}$$

式中　z_2-z_1——流体质点与基准水平面之间的距离，m；

p_1——压力，Pa；

ρ——流体的密度，kg/m^3；

g——重力加速度，m/s^2；

p_0——液面压力，Pa；

h——流体的深度，m。

静力学基本方程式适用于重力场中静止流体。由静力学基本方程式可知在静止的、连通着的、同一种流体的、同一水平面上各点的静压强相等，此水平面即为等压面。在静止流体内部，任意一点的压力变化以后，必然引起各点的压力发生同样大小的变化。

（二）静力学基本方程式的应用

以流体静力学为理论基础的测压仪表，称为液柱压差计，可用来测量流体的压力或压力差。最常见的是 U 形管压差计。

U形管压差计的结构如图5-3(a)所示。带有刻度的U形透明玻璃管，内装指示液。指示液与被测流体不互溶，不发生化学反应，密度一般要大于被测流体的密度。常用的指示液有汞、水、四氯化碳等。

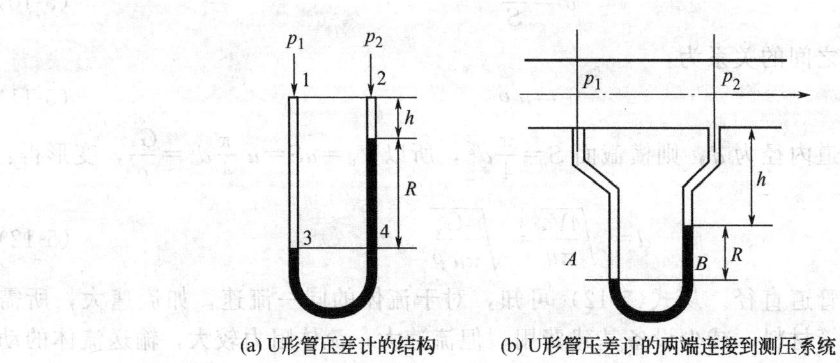

图5-3　U形管压差计

将U形管压差计的两端连接到测压系统中，如图5-3(b)所示。由于U形管两端所受压力不相等（$p_1>p_2$），所以在U形管的两侧出现指示液的高度差R，R就称为U形管压差计的读数。读数的大小与被测压差有关。

计算式为：

$$p_1-p_2=R(\rho_s-\rho)g \tag{5-14}$$

式中　p_1,p_2——被测流体两点的压强，Pa；

ρ_s,ρ——指示液及被测流体的密度，kg/m^3；

R——U形管压差计中指示液位差，m；

g——重力加速度，m/s^2。

U形管压差计不但可用来测取两点间的压差，也可测取某一处的压力。将U形管压差计的一端与被测设备连接，另一端与大气相通，这时压差计上的读数R所反映的是被测点的压力与大气压之差，即表压；如R读数在被测点一侧，则读数R反映的是真空度。

若被测流体是气体，则式(5-14)中的ρ可以忽略。式(5-14)改写为：

$$p_1-p_2=R\rho_s g \tag{5-15}$$

如指示液密度小于被测流体密度，则在安装时U形管应倒置，则式(5-14)改写为：

$$p_1-p_2=R(\rho-\rho_s)g \tag{5-16}$$

三、连续性方程式

如图5-4所示，流体在1-1和2-2截面间作稳定流动，流体从1-1截面流入，从2-2截面流出。当管路中流体形成稳定流动时，管中必定充满流体，也就是流体必定是连续流动的。

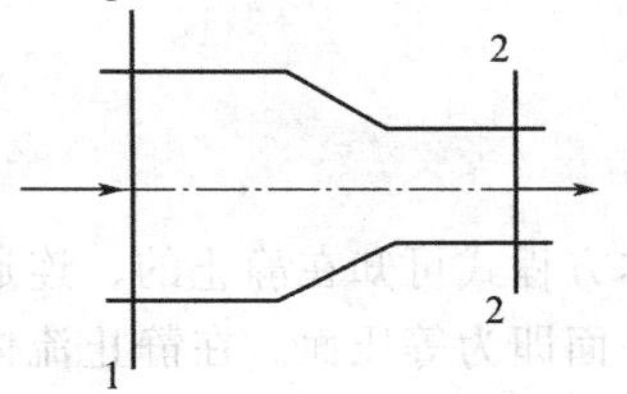

图5-4　连续性方程式

对系统作物料衡算。由质量守恒定律$G_{s1}=G_{s2}$得连续性方程式：

$$u_1S_1\rho_1=u_2S_2\rho_2 \tag{5-17}$$

若流体为不可压缩流体，则密度为常量。即：

$$\rho_1=\rho_2$$

则

$$u_1S_1=u_2S_2=V_s \tag{5-18}$$

即对于不可压缩流体，在稳定流动系统中，各个截面的体积流量相等。若流通截面又为圆形管路，则 $S=\frac{\pi}{4}d^2$。所以有：

$$u_1 d_1^2 = u_2 d_2^2 \quad 或 \quad \frac{u_1}{u_2}=\frac{d_2^2}{d_1^2} \tag{5-19}$$

即在稳定流动系统中，流体流过不同大小的截面时，其流速与管径的平方成反比。

四、伯努利方程式

在稳定流动系统中，流体的机械能衡算式，称为伯努利方程式。如图 5-5 所示的系统，根据能量守恒定律得伯努利方程式：

$$z_1 g+\frac{p_1}{\rho}+\frac{u_1^2}{2}+W_e=z_2 g+\frac{p_2}{\rho}+\frac{u_2^2}{2}+E_f \tag{5-20}$$

或

$$z_1+\frac{p_1}{\rho g}+\frac{u_1^2}{2g}+H_e=z_2+\frac{p_2}{\rho g}+\frac{u_2^2}{2g}+h_f \tag{5-21a}$$

式中 zg——单位质量流体所具有的位能，J/kg；

z——单位质量流体所具有的位能，称为位压头，m；

$\frac{p}{\rho}$——单位质量流体所具有的静压能，J/kg；

$\frac{p}{\rho g}$——单位质量流体所具有的静压能，称为静压头，m；

$\frac{u^2}{2}$——单位质量流体所具有的动能，J/kg；

$\frac{u^2}{2g}$——单位质量流体所具有的动能，称为动压头，m；

W_e——输送机械外加给单位质量流体的能量，J/kg；

H_e——输送机械外加给单位质量流体的能量，也称外加压头，m；

E_f——单位质量流体损失的能量，J/kg；

h_f——单位质量流体损失的能量，也称损失压头，m。

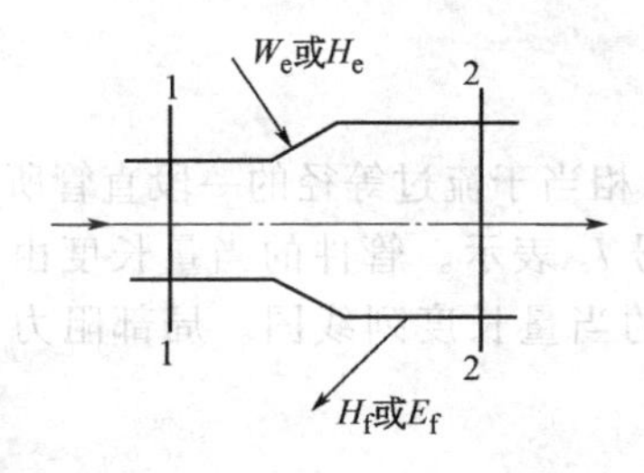

图 5-5　伯努利系统示意图

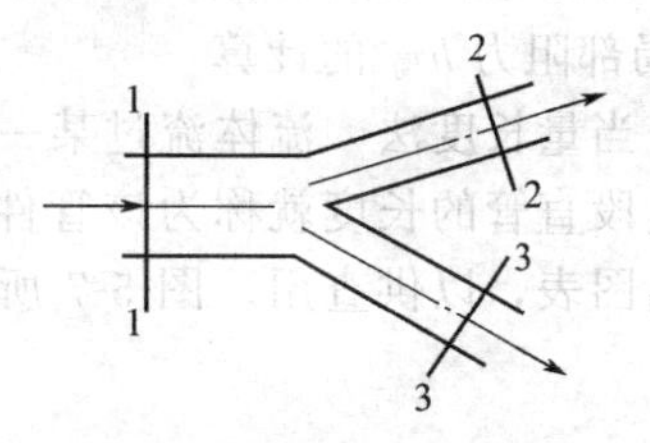

图 5-6　分支管路

对于分支管路，如图 5-6 所示，伯努利方程式为：

$$z_1+\frac{p_1}{\rho}+\frac{u_1^2}{2}=z_2+\frac{p_2}{\rho}+\frac{u_2^2}{2}+E_{f1\text{-}2}=z_3+\frac{p_3}{\rho}+\frac{u_3^2}{2}+E_{f1\text{-}3} \tag{5-21b}$$

五、流体阻力

(一) 流体的流动形态及其判定

1. 流体的流动形态

雷诺通过大量的实验提出流体在管内的流动形态有两种——层流和湍流。当流体的流量较小时，流速也较小，流体质点只沿管轴方向作直线运动，而无其他方向上的运动，这种流动形态被称为层流（或滞流）。层流时流体的阻力只来自于流体本身的内摩擦力。当流量增加到一定值时，流体的流速较大，流体质点的速度的大小和方向在急剧改变，质点间相互碰撞混合，甚至产生旋涡，这种流动形态被称为湍流（或紊流）。湍流时，流体的阻力除来自于流体本身的内摩擦力以外，还因为质点间的相互碰撞而消耗了大量的能量。因此，湍流时流体的阻力损失较大。

2. 雷诺数及流动形态的判定

雷诺通过大量的实验总结出影响流体流动形态的因素主要有管内径 d、流体的流速 u、流体的密度ρ和流体的黏度 μ 四个物理量，并将四个物理量用因次分析法组成一个无因次数群，称为雷诺数，用符号 Re 表示，可用其来判断流体的流动形态。

$$Re=\frac{du\rho}{\mu} \tag{5-22}$$

实验证明，对于圆形管路，一般 $Re<2000$ 为层流，$Re>4000$ 为湍流。

3. 非圆形管路的当量直径

流体在非圆形管路中流动时，Re 中的管径 d 应用当量直径来取代。当量直径定义式为：

$$d_e=4r_H=4\times\frac{\text{流通截面积}}{\text{润湿周边长度}} \tag{5-23}$$

（二）流体阻力的估算

流体阻力包括通过直管的阻力（也称沿程阻力）和通过一些阀门、弯头等管件的局部阻力。

1. 直管阻力 $h_{直}$ 的计算

流体沿直管的阻力 $h_{直}$ 与管长 l、动压头成正比，与管内径 d 成反比，即：

$$h_{直}=\lambda\frac{l}{d}\times\frac{u^2}{2g} \tag{5-24}$$

式中 λ——比例系数，称为摩擦系数。

摩擦系数λ与雷诺数Re 和管子的粗糙度有关。在层流区，λ与粗糙度无关，$\lambda=\frac{C}{Re}$，不同形状的流通截面有不同的常数 C 值，圆形管路 $C=64$，非圆形管路中的 C 值可查取。其他区域λ需要查莫迪图及相关手册确定。

2. 局部阻力 $h_{局}$ 的计算

（1）当量长度法 流体流过某一管件所遇到的阻力相当于流过等径的一段直管所遇到的阻力，这段直管的长度就称为该管件当量长度，用符号 l_e 表示。管件的当量长度由实验测取，列出图表，以供查用。图 5-7 所示为管件与阀门的当量长度列线图。局部阻力的计算式为：

$$h_{局}=\lambda\frac{l_e}{d}\times\frac{u^2}{2g} \tag{5-25}$$

（2）阻力系数法 阻力系数法就是用实验直接测出通过管件所遇到的阻力与动压头之间的比例系数，这个比例系数就称为阻力系数，用符号ξ表示。局部阻力的计算式为：

$$h_{局}=\xi\frac{u^2}{2g} \tag{5-26}$$

常用管件的阻力系数可在手册上查取。表 5-1 为管件与阀门的阻力系数。

（3）管路总阻力的计算 管路总阻力是指流体从系统的一个截面流到另一个截面遇到的所有阻力损失。

$$h_f=h_{直}+\sum h_{局}=\lambda\frac{l+\sum l_e}{d}\times\frac{u^2}{2g}=\left(\lambda\frac{l}{d}+\sum\xi\right)\frac{u^2}{2g} \tag{5-27}$$

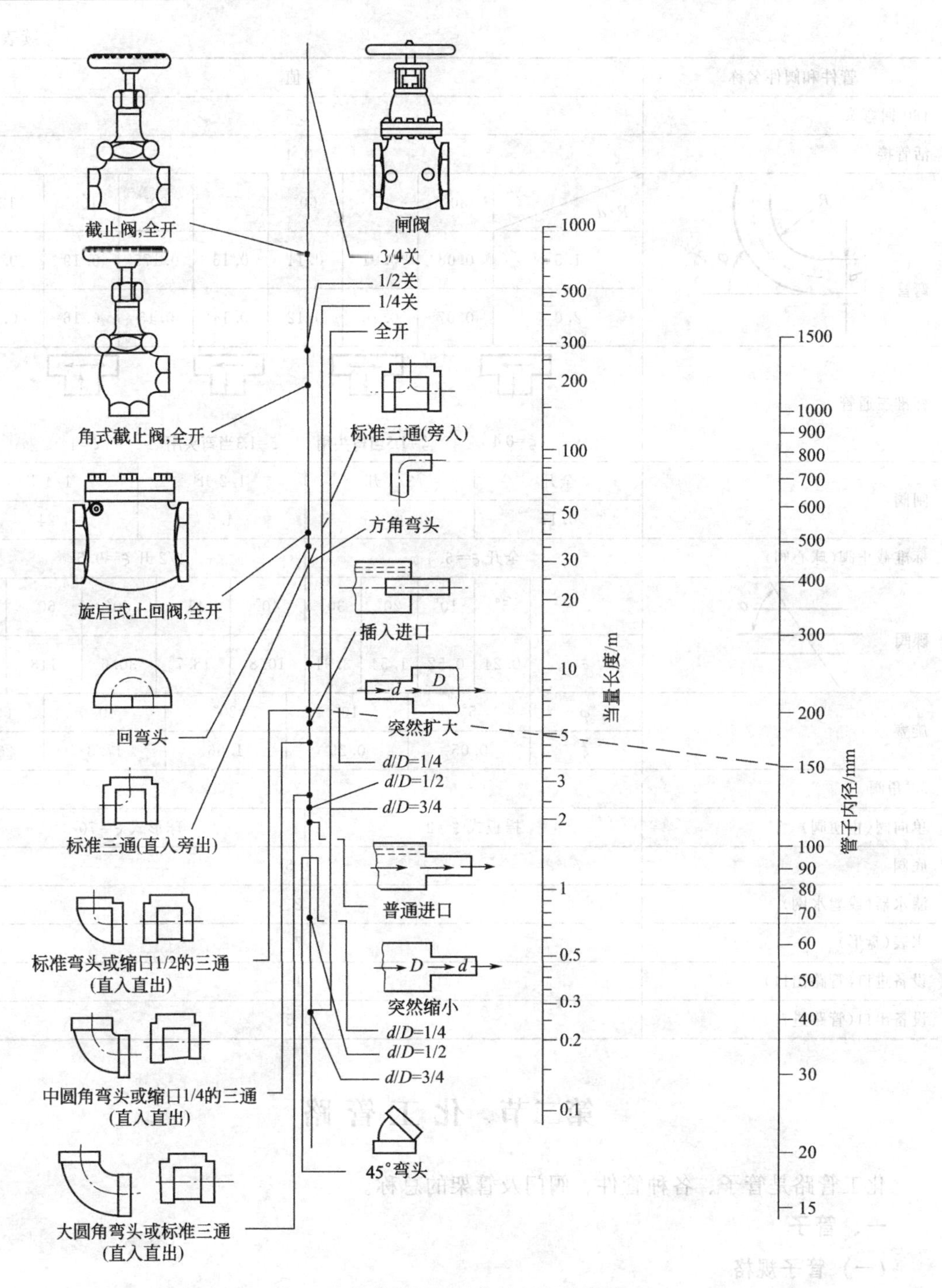

图 5-7 管件与阀门的当量长度列线图

在同一系统中，最好采用同一种方法计算。

表 5-1 管件与阀门的阻力系数

管件和阀件名称	ξ值	
标准弯头	45°,ξ=0.35	90°,ξ=0.75
90°方形弯头	1.3	

续表

<table>
<tr><th>管件和阀件名称</th><th colspan="10">ξ值</th></tr>
<tr><td>180°回弯头</td><td colspan="10">1.5</td></tr>
<tr><td>活管接</td><td colspan="10">0.4</td></tr>
<tr><td rowspan="3">弯管</td><td colspan="4">R/d \ φ</td><td>30°</td><td>45°</td><td>60°</td><td>75°</td><td>90°</td><td>105°</td><td>120°</td></tr>
<tr><td colspan="4">1.5</td><td>0.08</td><td>0.01</td><td>0.14</td><td>0.16</td><td>0.175</td><td>0.19</td><td>0.20</td></tr>
<tr><td colspan="4">2.0</td><td>0.07</td><td>0.10</td><td>0.12</td><td>0.14</td><td>0.15</td><td>0.16</td><td>0.17</td></tr>
<tr><td>标准三通管</td><td colspan="3">$\xi=0.4$</td><td colspan="2">$\xi=1.5$当弯头用</td><td colspan="3">$\xi=1.3$当弯头用</td><td colspan="2">$\xi=1$</td></tr>
<tr><td rowspan="2">闸阀</td><td colspan="3">全开</td><td colspan="2">3/4 开</td><td colspan="3">1/2 开</td><td colspan="2">1/4 开</td></tr>
<tr><td colspan="3">0.17</td><td colspan="2">0.9</td><td colspan="3">4.5</td><td colspan="2">24</td></tr>
<tr><td>标准截止阀(球心阀)</td><td colspan="5">全开 $\xi=6.4$</td><td colspan="5">1/2 开 $\xi=9.5$</td></tr>
<tr><td rowspan="2">碟阀</td><td>α</td><td>5°</td><td>10°</td><td>20°</td><td>30°</td><td>40°</td><td>45°</td><td>50°</td><td>60°</td><td>70°</td></tr>
<tr><td>ξ</td><td>0.24</td><td>0.52</td><td>1.54</td><td>3.91</td><td>10.8</td><td>18.7</td><td>30.6</td><td>118</td><td>751</td></tr>
<tr><td rowspan="2">旋塞</td><td>φ</td><td colspan="2">5°</td><td colspan="2">10°</td><td colspan="2">20°</td><td colspan="2">40°</td><td>60°</td></tr>
<tr><td>ξ</td><td colspan="2">0.05</td><td colspan="2">0.29</td><td colspan="2">1.66</td><td colspan="2">17.3</td><td>206</td></tr>
<tr><td>90°角阀</td><td colspan="10">5</td></tr>
<tr><td>单向阀(止逆阀)</td><td colspan="5">摇板式 $\xi=2$</td><td colspan="5">球形式 $\xi=70$</td></tr>
<tr><td>底阀</td><td colspan="10">1.5</td></tr>
<tr><td>滤水器(或滤水网)</td><td colspan="10">2</td></tr>
<tr><td>水表(盘形)</td><td colspan="10">7</td></tr>
<tr><td>设备进口(管路出口)</td><td colspan="10">1</td></tr>
<tr><td>设备出口(管路进口)</td><td colspan="10">0.5</td></tr>
</table>

第三节　化工管路

化工管路是管子、各种管件、阀门及管架的总称。

一、管子

(一) 管子规格

表示管子规格的方式一般有以下两种。

1. 公称直径 *DN*

铸铁管、水煤气管的规格用公称直径 *DN* 表示。铸铁管的公称直径 *DN* 表示的是管内径，例如 *DN*100 的铸铁管，其外径是 118mm，壁厚为 9mm，内径为 100mm。水煤气管的公称直径 *DN*（或 ϕ 英寸）既不表示内径，也不表示外径，例如 *DN*50（$\phi 2'$）的水煤气管，其外径为 60mm，普通级壁厚为 3.5mm，内径为 53mm。因此，使用时应注意。

2. ϕ 外径×壁厚

无缝钢管等一些管子的壁厚变化较大，故不宜采用公称直径法。因此，一般都采用ϕ外径×壁厚表示法。例如，$\phi108\times4$ 的无缝钢管，其外径为 108mm，壁厚为 4mm，内径为 100mm。

（二）管子材质

1. 钢管

根据其材质不同，又分为普通钢管、合金钢管、耐酸钢管（不锈钢管）等。按制造方法不同，可分为水煤气管和无缝钢管。

水煤气管也称有缝钢管，大多用低碳钢制成，通常用来输送压力较低的水、暖气、压缩空气等。无缝钢管是化工生产中使用最多的一种管型，它的特点是质地均匀，强度高。广泛应用于压强较大、温度较高的物料输送。

2. 铸铁管

铸铁管通常用作埋于地下的给水总管、煤气管和污水管，也可以用来输送碱液和浓硫酸等腐蚀性介质。其优点是价格便宜，具有一定的耐腐蚀性，但比较笨重，强度低，不宜在有压力的条件下输送有毒、有害、容易爆炸以及像蒸汽一类的高温流体。

3. 有色金属管

有色金属管的种类很多，化工生产中常用的有铜管、铅管、铝管等。铜管（紫铜管）的导热性特别好，适用于做某些特殊性能的换热器；由于它特别容易弯曲成形，故也用来作为机械设备的润滑系统或油压系统以及某些仪表管路等。

4. 非金属管

非金属管包括玻璃、陶瓷、橡胶、塑料等制成的管子以及在金属表面衬上玻璃、陶瓷的管子等。以塑料管为最常见。塑料的品种很多，目前最常用的有聚氯乙烯管、聚乙烯管以及在金属表面喷涂聚丙烯、聚四氟乙烯的管道等。塑料管具有良好的耐腐蚀性以及重量轻、价格低、容易加工等突出优点，缺点是强度较低，耐热性差，但随着性能的不断改进，在很多方面将可以取代金属管。

二、管件与阀门

（一）管件

管路中所用各种零件，统称为管件。根据它在管路中的作用不同可以分成以下五类。

1. 改变管路方向

如图 5-8(a) 所示，通常将其统称为弯头。

2. 连接支管

如图 5-8(b) 所示，通常把它们统称为三通、四通。

3. 连接两段管道

如图 5-8(c)、(d)、(e) 所示，其中，图 5-8(c) 称为外接头，俗称管箍；图 5-8(d) 称为内接头，俗称对丝；图 5-8(e) 称为活接头，俗称油任。

4. 改变管路直径

如图 5-8(f)、(g) 所示，通常把前者称为大小头，把后者称为内外螺纹管接头，俗称内外丝或补芯。

5. 堵塞管路

如图 5-8(h)、(i) 所示，它们分别称为丝堵和盲板。

必须指出，管件与管子一样也是标准化、系列化的。选用时必须注意和管子规格一致。

（二）阀门

为对生产进行有效的控制，在操作时必须对管路中的流体流量和压强等进行适当的调

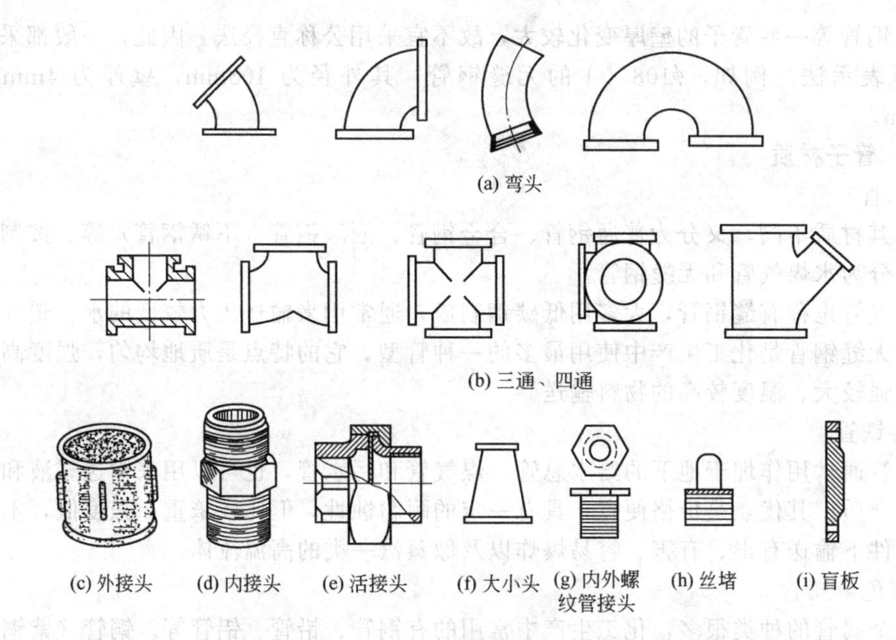

图 5-8　常用管件

节，或者开启和关闭，或者防止流体回流等。阀门就是用来实现这种操作的装置。化工生产中比较常用的有以下几种。

(1) 截止阀　也称球形阀，如图 5-9 所示。其关键零件是阀体内的阀座和阀盘，通过手轮使阀杆上下移动，可以改变阀盘与阀座之间的距离，从而达到开启、切断以及调节流量的目的。

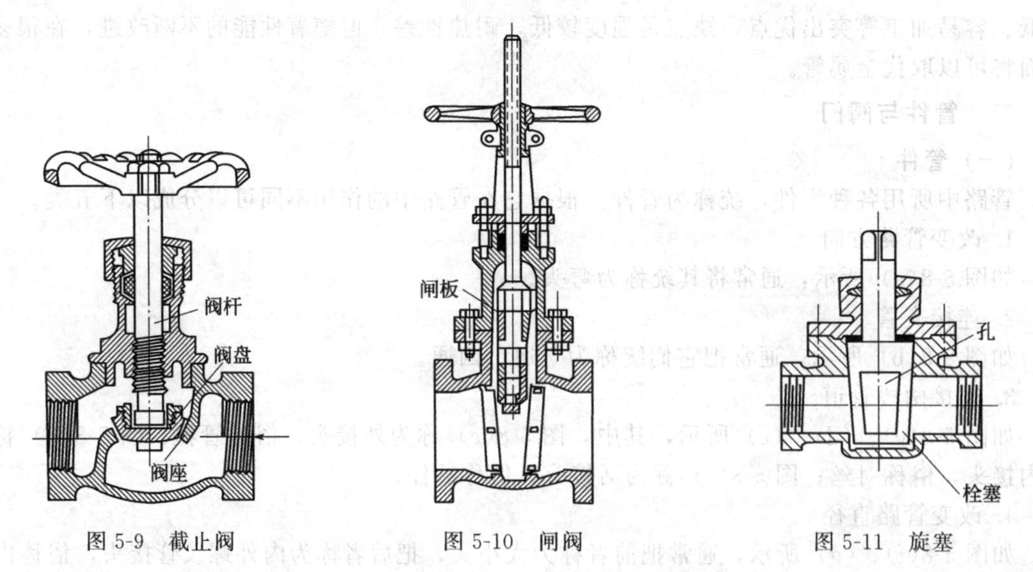

图 5-9　截止阀　　图 5-10　闸阀　　图 5-11　旋塞

截止阀严密可靠，可以准确地调节流量，但对流体的阻力比较大，常用于蒸汽、压缩空气、真空管路以及一般流体的管路中，但不适用于带有固体颗粒和黏度较大的介质。

安装截止阀时，应保证流体从阀盘的下部向上流动，即下进上出。否则，在流体压强较大的情况下难以打开。

(2) 闸（板）阀　如图 5-10 所示，闸阀相当于在管道中插入一块和管径相等的闸门，闸门通过手轮来进行升降，从而达到启闭管路的目的。

闸阀的形体较大，造价较高，制造和维修都比较困难，但全开时对流体的阻力小，常用于开启和切断，一般不用来调节流量的大小，也不适用于含有固体颗粒的料液。

(3) 旋塞　如图 5-11 所示，旋塞是用来调节流体流量的阀门中最简单的一种，又称“考克”。它的主要部件是一个全空心铸件。中间插入一个锥形旋塞，旋塞的中间有一个通孔，并可以在阀体内自由旋转，当旋塞的孔正朝着阀体的进口时，流体就从旋塞中通过；当它旋转 90°时，其孔完全被阀门挡住，流体则不能通过而完全切断。

旋塞的优点是结构简单，启闭迅速，全开时对流体阻力小，可适用于带固体颗粒的流体。其缺点是不能精密地调节流量，旋转时比较费劲，不适用于口径较大、压力较高或温度较低的场合。

(4) 球阀　如图 5-12 所示，球阀的阀瓣是一个中间有通道的球体，球体环绕自身的轴心作 90°旋转以达到开闭，有快速开闭的特点。

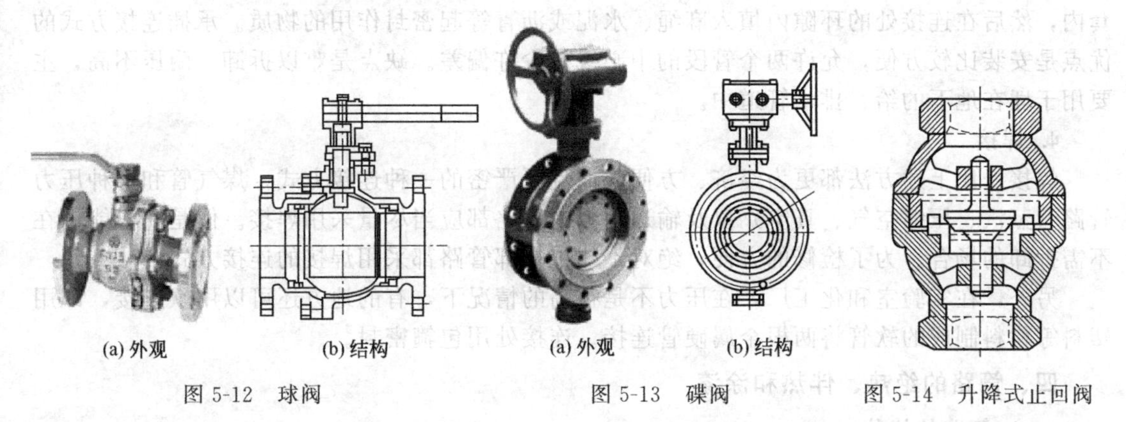
(a) 外观　(b) 结构　(a) 外观　(b) 结构

图 5-12　球阀　图 5-13　碟阀　图 5-14　升降式止回阀

球阀一般用于需要快速启闭或要求阻力小的场合，可用于水、汽油等介质，也适用于浆液和黏性流体。

(5) 碟阀　如图 5-13 所示，碟阀的启闭件是一个圆盘形的阀板，在阀体内绕自身的轴线旋转，从而启闭或调节阀门开度。碟阀的阀杆和阀板本身没有自锁能力，为了阀板的定位，在阀门开闭的手轮、蜗轮蜗杆或执行机构上需加有定位装置，使阀板在任何开度可定住，还能改善碟阀的操作特性。

除此以外，还有用来控制流体只能朝一个方向流动并能自动启闭的止回阀（又称单向阀，图 5-14）等。随着化工生产的发展，新工艺、新设备不断出现，对管件与阀件的要求也越来越高，一些新型阀件不断出现，可参见生产厂家产品样本。

三、管路的连接方式

管路的连接包括管子与管子、管子与各种管件、阀门以及设备接口处的连接。目前，工程上常用的是以下几种连接方式，如图 5-15 所示。

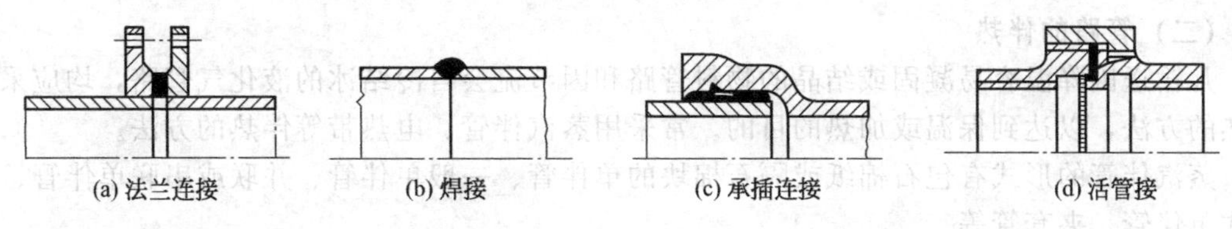
(a) 法兰连接　(b) 焊接　(c) 承插连接　(d) 活管接

图 5-15　管路的连接方式

1. 法兰连接

法兰连接是工程上最常用的一种连接方式。法兰与钢管通过螺纹连接或焊接在一起，铸铁管的法兰则与管身铸为一体。法兰与法兰之间装上密封垫片。比较常用的垫片材料有石棉板、聚四氟乙烯塑料、橡胶或软金属片等。其优点是拆装方便，密封可靠，适用的温度、压力、管径范围大。缺点是价格稍高。

2. 螺纹连接

螺纹连接是借助于一个带有螺纹的“活管接”将两根管路连接起来的一种连接方式。主要用于管径较小（<65mm）、压力也不大（<10MPa）的有缝钢管（水、煤气管）。螺纹连接是先在管的连接端铰出外螺纹丝口，然后用管件“活管接”将其连接。为了保证连接处的密封，通常在螺纹连接处缠以涂有涂料的麻丝、聚四氟乙烯薄膜（俗称生料带）等。螺纹连接的优点是拆装方便，密封性能比较好，但可靠性没有法兰连接好。

3. 承插连接

承插连接适用于铸铁管、陶瓷管和水泥管。它是将管子的小端插在另一根管子大端的插套内，然后在连接处的环隙内填入麻绳、水泥或沥青等起密封作用的物质。承插连接方式的优点是安装比较方便，允许两个管段的中心线有少许偏差。缺点是难以拆卸，耐压不高，主要用于埋在地下的给、排水管道中。

4. 焊接

焊接是比上述方法都更为经济、方便，而且更严密的一种连接方式。煤气管和各种压力管路（蒸汽、压缩空气、真空）以及输送物料的管路都应当尽量采用焊接。但是它只能用在不需拆卸的场合。为了检修的方便，绝对不能把全部管路都采用焊接的连接方式。

另外，在实验室和化工厂，在压力不是很高的情况下，有的地方还可以用软连接，即用塑料等材料制成的软管将两根金属硬管连接。连接处用包箍密封。

四、管路的绝热、伴热和涂漆

（一）管路的绝热

1. 管路绝热的目的

管路绝热的目的是减少管内介质与外界的热传导，以达到节能、防冻及满足工艺条件、改善劳动条件等要求。管路的绝热按其用途可分为保温、保冷和加热保护三种类型。管路的绝热层结构由绝热层、防潮层、保护层三部分组成。

2. 保温材料

常用的保温材料有膨胀珍珠岩、玻璃棉、矿渣棉、岩棉、膨胀蛭石、泡沫塑料、聚苯乙烯泡沫塑料、泡沫混凝土、石棉硅藻土等。

3. 保温结构

管路的保温结构由保温层和保护层两部分组成。合理选择保温结构，对保温效果、投资费用、能量损失、使用寿命及外观等有着至关重要的作用。保温结构应满足其热损失不超过标准值，并有足够的机械强度和结构简单等要求。

常用保温结构的施工方法有涂抹法、预制装配法、缠绕法和填充法四种。

（二）管路的伴热

凡输送因降温容易凝固或结晶的物料管路和因节流会自冷结冰的液化气管路，均应采用伴热的方法，以达到保温或加热的目的。常采用蒸汽伴管、电热带等伴热的方法。

蒸汽伴管的形式有包石棉纸或隔石棉块的单伴管、一般单伴管、并联或串联单伴管、缠绕式单伴管、夹套管等。

电热带是利用电能补充管道内介质的热损失，具有效率高、运行可靠、维修少等特点。

（三）管路的涂漆

为了防止管子表面不受外界的腐蚀，常对管路进行涂漆处理。

按漆的作用划分，可分为底漆和面漆。常用的底漆有红丹油性防锈漆、红丹酚醛防锈漆、铁红醇酸底漆等；常用的面漆有酚醛漆、醇酸漆、沥青漆、过氯乙烯漆、醇酸耐热漆、环氧树脂漆等。涂漆施工的程序为：第一层底漆或防锈漆，第二层面漆，第三层罩光清漆。

此外，为了操作、管理和检修的方便，应在不同介质的管道表面或保温层表面，涂不同颜色的漆和色圈（通常每隔 2m 有一个色圈，其宽度为 50～100mm），以区别各管路输送的介质种类。

常用化工管路的涂色见表 5-2。管路的涂色也可根据各厂的具体情况自行调整或补充。

表 5-2　常用化工管路的涂色

管路类型	底色	色圈	管路类型	底色	色圈
过热蒸汽管	红		酸液管	红	
饱和蒸汽管	红	黄	碱液管	粉红	
蒸汽管(不分类)	白		油类管	棕	
压缩空气管	深蓝		给水管	绿	
氧气管	天蓝		排水管	绿	红
氨气管	黄		纯水管	绿	白
氮气管	黑		凝结水管	绿	蓝
燃料气管	紫		消防水管	橙黄	

第三节　流体输送机械

一、流体输送机械

向流体做功以提高流体机械能的装置就是流体输送机械。

（一）离心泵

离心泵是应用最广泛的液体输送机械，离心泵具有以下优点。

① 结构简单，操作容易，便于调节和自控。

② 流量均匀，效率较高。

③ 流量和扬程的适用范围较广。

④ 适用于输送腐蚀性或含有悬浮物的液体。

1. 离心泵的类型

（1）清水泵　清水泵是化工生产最常用的泵型，适宜输送清水或黏度与水相近、无腐蚀以及无固体颗粒的液体。清水泵中 IS 型、D 型、SH 型几种最常用，其中以 IS 型泵最为先进，它具有结构可靠、振动小、噪声小、节能等显著特点。IS 型泵结构如图 5-16 所示，它只有一个叶轮，从泵的一侧吸液，叶轮装在伸出轴承外的轴端处，如同伸出的手臂一样，故称为单级单吸悬臂式离心水泵。

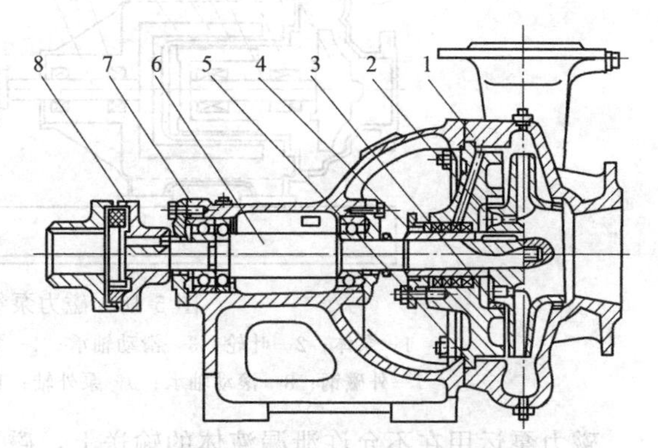

图 5-16　IS 型泵结构示意图

1—泵壳；2—叶轮；3—密封环；4—护轴套；5—后盖；6—泵轴；7—托架；8—联轴器部件

（2）耐腐蚀泵　用来输送酸、碱等腐蚀性液体的离心泵应采用耐腐蚀泵。耐腐蚀泵结构一般与单级单吸悬臂式离心水泵相似，但与腐蚀性液体接触的部件用耐腐蚀材料制成，且多采用机械密封装置。

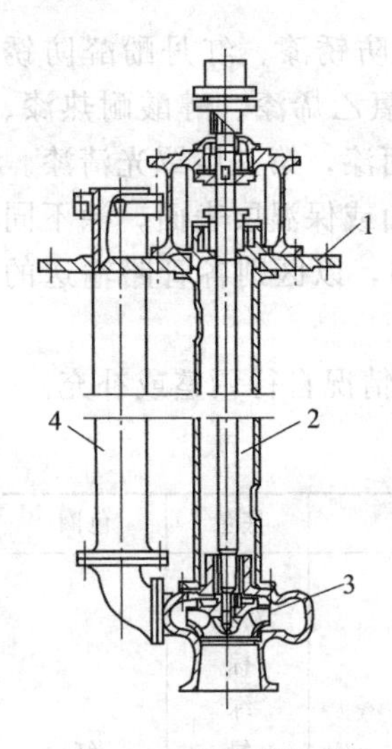

图 5-17　液下泵结构示意图

1—安装平板；2—轴套管；3—泵体；4—压出导管

（3）油泵　油泵在炼油和石油化工等装置中广泛使用，国产油泵的系列代号为 Y，也称 Y 型泵。油泵采用双端面机械密封，在输送管路上装有逆止阀，动力装置采用防爆或隔爆电机。油泵的抗汽蚀性能好，单级泵的转速不宜过高，多级泵的第一级叶轮为双吸叶轮，有的还装有诱导轮，以提高泵的抗汽蚀性能。当输送 200℃以上的油品时，一般采用中心支承的方式，以防热变形不均匀。另外，轴封装置和轴承常装有冷却水夹套。

（4）液下泵　图 5-17 所示为液下泵结构示意图，又称潜液泵。它的泵体通常置于贮槽液面以下，实际上是一种将泵轴伸长并竖直安置的离心泵。由于泵体浸在液体内，因此对轴封的要求不高，适用于输送化工生产中比较贵重的、具有腐蚀性的料液，既节省了空间，又改善了操作环境；缺点是泵的机械效率不高。液下泵的结构形式有蜗壳式、螺桨式、透平式等多种，可单级，也可多级，视扬程和结构而定。

（5）磁力泵　磁力泵只有静密封而无动密封，用于输送液体时能保证一滴不漏。它利用磁体无接触地透过非磁导体（隔离套）进行动力传输。如图 5-18 所示的磁力泵为标准型结构，由泵体、叶轮、内磁钢、外磁钢、隔离套、泵内轴、泵外轴、滑动轴承、滚动轴承、联轴器、电机、底座等组成（有些小型的磁力泵，将外磁钢与电机轴连在一起，省去泵外轴、滚动轴承和联轴器等部件）。

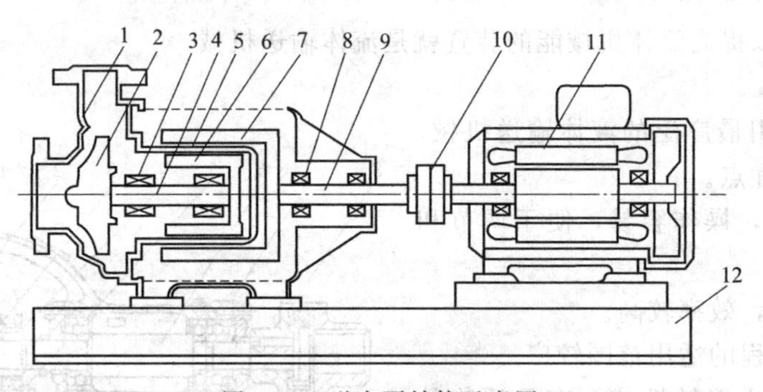

图 5-18　磁力泵结构示意图

1—泵体；2—叶轮；3—滑动轴承；4—泵内轴；5—隔离套；6—内磁钢；7—外磁钢；8—滚动轴承；9—泵外轴；10—联轴器；11—电机；12—底座

磁力泵运用在不允许泄漏液体的输送上，磁力泵零部件较少，且无须密封液或气体冲洗系统。

（6）屏蔽泵　屏蔽泵属于离心式无密封泵，泵和驱动电机都被封闭在一个被泵送介质充满的压力容器内，此压力容器只有静密封，取消了传统离心泵的旋转轴密封装置，能做到完全无泄漏，结构如图 5-19 所示。屏蔽泵常用来输送一些对泄漏有严格要求的有毒有害液体。它利用被输送液体来润滑及冷却，去除了原有的润滑系统，其泵轴与电动机轴合为一根，避免了原来易产生两轴对中不好而产生

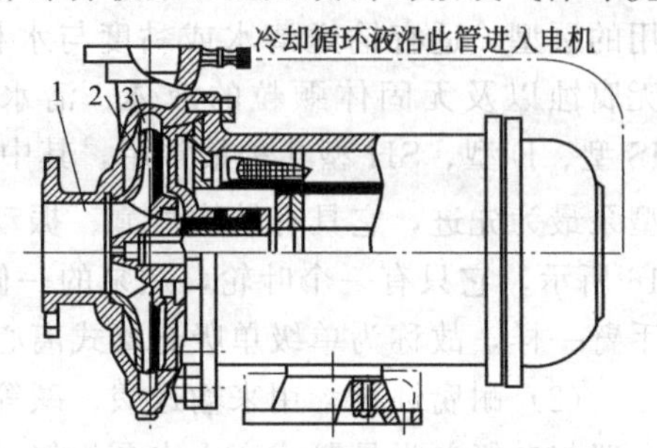

图 5-19　基本型屏蔽泵

1—吸入口；2—叶轮；3—集液室

的振动问题。

(7) 杂质泵　杂质泵用于输送悬浮液及稠厚的浆液等，不易被杂质堵塞、耐磨、容易拆洗，其系列代号为P，又细分为污水泵PW、砂泵PS、泥浆泵PN等。这类泵叶轮流道宽，叶片数目少，常采用半闭式或开式叶轮。大多数杂质泵内带有保护套和衬板，以便磨损后更换。但由于流动损失较大，杂质泵效率较低。输送平均直径小于0.3mm颗粒的泵，称为泥浆泵；输送大于0.3mm颗粒的泵，称为砂泵。专用来输送污水的泵称为污水泵，一般具有防缠绕、无堵塞的特点，主要用于生活污水、废水、雨水的提升排送，污水处理厂的污染废水排放，及市政工程、建筑工地、矿山等场合的废水、带悬浮颗粒及长纤维水的抽提。

2. 离心泵的主要性能参数与特性曲线

图5-20所示为消防泵的铭牌（消防泵是一种多级离心泵），标注了该泵的主要性能参数，便于人们正确地选择和使用。离心泵的主要性能参数有流量、扬程、轴功率、效率等，离心泵性能间的关系通常用特性曲线来表示。

图5-20　消防泵的铭牌

(1) 离心泵的主要性能参数

① 流量Q　离心泵的流量是指离心泵在单位时间内排送到管路系统的液体体积，常用单位为L/s或m^3/h。离心泵的流量与泵的结构、尺寸（主要指叶轮直径和宽度）及转速等有关。

② 扬程H　离心泵的扬程又称压头，它是指离心泵对单位重量（1N）的液体所能提供的有效机械能量，其单位为J/N或m（液柱）。其大小取决于泵的形式、规格（叶轮直径、叶片的弯曲程度等）、转速、流量以及与液体的黏度有关。

③ 效率η　离心泵在输送液体的过程中，当外界能量通过叶轮传给液体时，不可避免地会有能量损失，常用泵的效率η来反映设备能量损失的大小。

④ 轴功率P　离心泵的轴功率是指泵所需的功率。当泵直接由电机带动时，它即是电机带给泵轴的功率，单位为J/s或W。离心泵的轴功率通常随设备的尺寸、流体的黏度、流量等的增大而增大，其值可用功率表等装置进行测量。

有效功率P_e是指液体从叶轮获得的能量，单位为J/s或W。由于存在水力损失、机械损失和容积损失等能量损失，故轴功率必大于有效功率，即：

$$\eta=\frac{P_e}{P}\times 100\% \tag{5-28}$$

离心泵的有效功率P_e与泵的流量Q及扬程H的关系满足下式：

因为
$$P_e=\frac{QH\rho g}{3600}$$

所以
$$\eta=\frac{QH\rho g}{3600P}\times 100\%$$

或
$$P=\frac{QH\rho g}{3600\eta}\times 100\% \tag{5-29}$$

(2) 离心泵的特性曲线　将实验测得的离心泵的流量Q与扬程H、轴功率P及机械效率η的关系，通过用特定的坐标系绘成一组关系曲线，称为离心泵的特性曲线或工作性能曲线。此曲线通常由泵的制造厂家提供并附于离心泵样本或说明书中，供用户选择和操作离心泵时参考。离心泵的特性曲线由H-Q、P-Q及η-Q三条曲线组成，如图5-21所示。

① H-Q曲线　反映泵的扬程与流量的关系。通常离心泵的扬程随流量的增大而下降（在流量极小时可能有例外）。

② N-Q 曲线　反映泵的轴功率与流量的关系。离心泵的轴功率随流量的增大而上升，流量为零时轴功率最小。所以，在离心泵启动前应先关闭泵的出口阀门，以减小启动电流达到保护电机的目的。

③ η-Q 曲线　反映泵的效率与流量的关系。由图 5-21 可知，随着流量的不断增大，离心泵的效率将上升并达到一个最大值，此后流量再加大，离心泵的效率会下降。这说明在一定转速下，离心泵存在一个最高效率点，通常称为设计点。离心泵在与最高效率点相对应的压头、流量下工作是最经济的。离心泵的铭牌上标明的参数指标就是该泵的最佳工况参数，即效率最高点对应的参数。在选用离心泵时，应使离心泵在该点附近工作（如图中波折号所示的范围）。一般操作时效率应不低于最高效率的 92%。

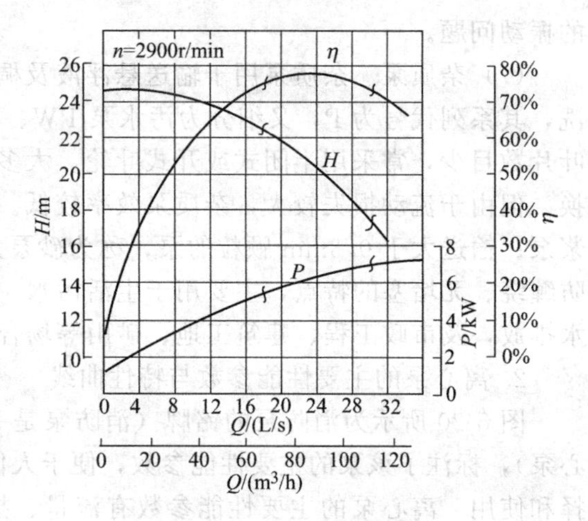

图 5-21　离心泵的特性曲线

3. 离心泵性能的主要影响因素

(1) 液体性质对离心泵特性曲线的影响

① 密度的影响　液体的密度对离心泵的扬程、流量、机械效率无影响，但对泵的轴功率有影响。当被输送液体的密度与水的不同时，原离心泵特性曲线中的 P-Q 曲线不再适用，此时泵的轴功率需重新计算。

② 黏度的影响　若被输送液体的黏度大于常温下清水的黏度，则泵体内部液体的能量损失增大，因此泵的扬程、流量都要减小，效率下降，而轴功率增大，亦即泵的特性曲线发生改变，对小型泵的影响尤为显著。

(2) 转速对离心泵特性的影响　当泵的转速变化在 ±20%、泵的机械效率可视为不变时，不同转速下泵的流量 Q、扬程 H、轴功率 P 与转速 n 的近似关系称为离心泵的比例定律，如下：

$$\frac{Q_1}{Q_2}=\frac{n_1}{n_2};\quad \frac{H_1}{H_2}=\left(\frac{n_1}{n_2}\right)^2;\quad \frac{P_1}{P_2}=\left(\frac{n_1}{n_2}\right)^3 \tag{5-30}$$

(3) 叶轮直径对离心泵性能的影响　当泵的转速一定时，其扬程、流量与叶轮直径有关。对某一型号的离心泵，将其原叶轮的外周进行“切割”，如叶轮车削前后外径变化不超过 5% 且出口处的宽度基本不变时，叶轮直径和泵的流量 Q、扬程 H、轴功率 P 的近似关系称为切割定律，如下：

$$\frac{Q_1}{Q_2}=\frac{D_1}{D_2};\quad \frac{H_1}{H_2}=\left(\frac{D_1}{D_2}\right)^2;\quad \frac{P_1}{P_2}=\left(\frac{D_1}{D_2}\right)^3 \tag{5-31}$$

4. 离心泵的工作点与流量调节

(1) 管路特性曲线　离心泵的实际工作情况应该由离心泵的特性曲线和管路本身的特性共同决定。如图 5-22 所示的 Q_e-H_e 曲线称为管路特性曲线，它表示在特定管路系统中，在特定操作条件下，流体流经该管路时所需要的压头 H_e 与流量 Q_e 的关系。此线的形状由管路布局与操作条件来确定，而与泵的性能无关。

(2) 离心泵的工作点　如果把离心泵的特性曲线 Q-H 与其所在管路的特性曲线 Q_e-H_e 绘于同一坐标图上，如图 5-22 所示。两线交点 M 称为泵在该管路上的工作点。该点所对应的流量和压头既能满足管路系统的要求，又为离心泵所能提供，即 $Q=Q_e$，$H=H_e$。换言

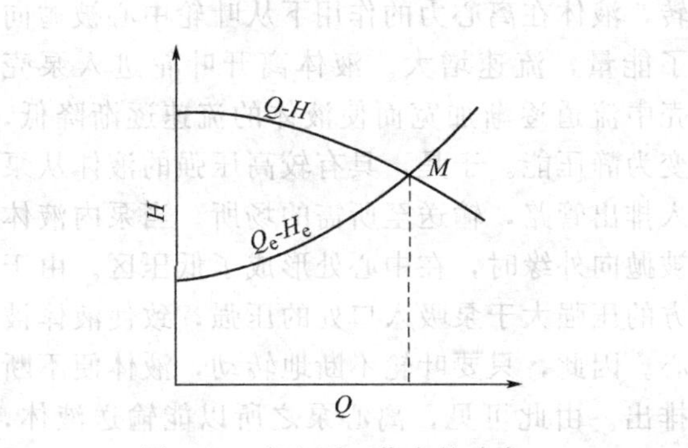

图 5-22 离心泵工作点的确定

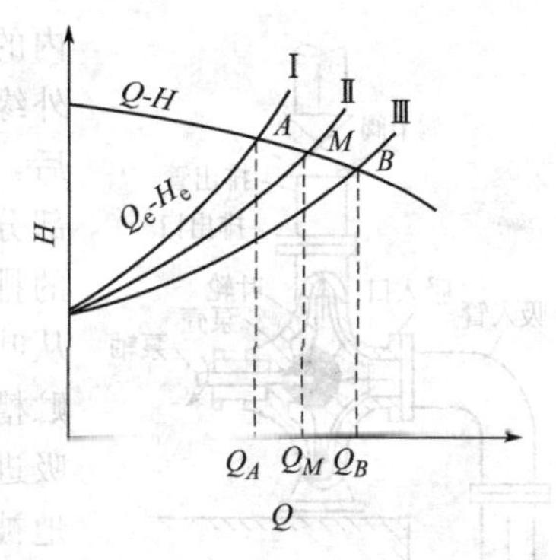

图 5-23 阀门开度对工作点的影响

Ⅰ—阀门关小；Ⅱ—初始；Ⅲ—阀门开大

之，对所选定的离心泵，以一定转速在此特定管路系统运转时，只能在这一点工作。

(3) 离心泵的流量调节　由于离心泵的工作点为泵的特性和管路特性所决定，因此改变两种特性曲线之一均可达到调节流量的目的。通过管路特性曲线的变化来改变工作点的调整方法是最为常用的一种方法。改变离心泵的出口管路上调节的开度，就会改变管路的局部阻力，从而使管路特性曲线发生变化，离心泵的工作点也随之发生变化。例如，当阀门关小时，管路的局部阻力加大，管路特性曲线变陡，如图 5-23 中曲线Ⅰ所示。工作点由 M 点移至 A 点，流量由 Q_M降到 Q_A。当阀门开大时，管路局部阻力减小，管路特性曲线变得平坦，如图 5-23 中曲线Ⅲ所示，工作点移至 B 点，流量加大到 Q_B。

5. 离心泵的并联和串联操作

(1) 离心泵的并联操作　将两台型号相同的离心泵并联操作，如图 5-24 所示，且各自的吸入管路相同，则两泵的流量和扬程必各自相同。在同一扬程下，两台并联泵的流量等于单台泵的两倍。但由于流量增大使管路流动阻力增加，因此两台泵并联后的总流量必低于原单台泵流量的两倍。

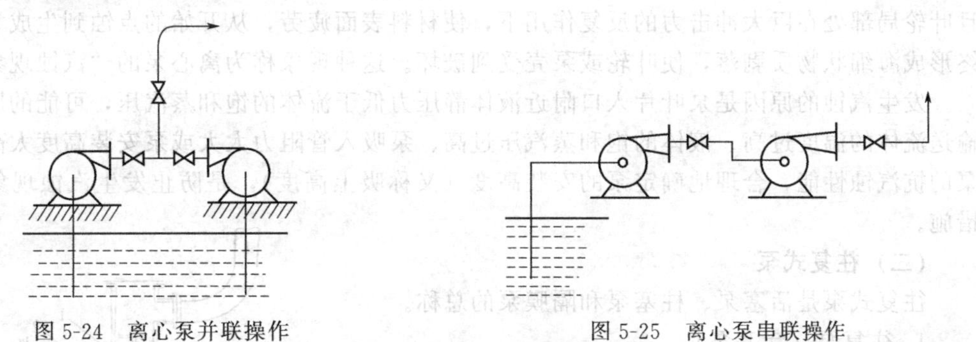
图 5-24 离心泵并联操作　　图 5-25 离心泵串联操作

(2) 离心泵的串联操作　将两台型号相同的离心泵串联操作，如图 5-25 所示，则每台泵的扬程和流量也是各自相同的，因此在同一流量下，两台串联泵的扬程为单台泵的两倍。同样扬程增大使管路流动阻力增加，两台泵串联操作的总扬程必低于单台泵扬程的两倍。

6. 离心泵的工作原理

离心泵的装置简图如图 5-26 所示，它的基本部件是旋转的叶轮和固定的泵壳。具有若干弯曲叶片的叶轮安装在泵壳内并紧固于泵轴上，泵轴可由电动机带动旋转。泵壳中央的吸入口和吸入管路相连接，在吸入管路底部装有底阀。泵壳旁侧的排出口与排出管路相连接，其上装有调节阀。

离心泵在启动前需向壳内灌满被输送的液体，启动后泵轴带动叶轮一起旋转，迫使叶片

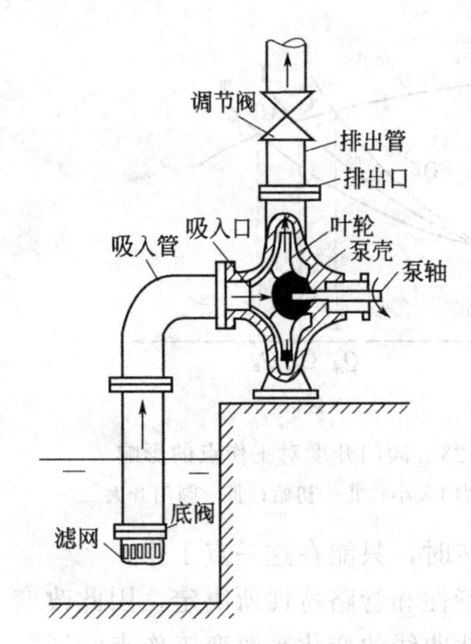

图 5-26　离心泵的装置简图

内的液体旋转，液体在离心力的作用下从叶轮中心被抛向外缘并获得了能量，流速增大。液体离开叶轮进入泵壳后，由于泵壳中流道逐渐加宽而使液体的流速逐渐降低，部分动能转变为静压能。于是，具有较高压强的液体从泵的排出口进入排出管路，输送至所需的场所。当泵内液体从叶轮中心被抛向外缘时，在中心处形成了低压区。由于贮槽液面上方的压强大于泵吸入口处的压强，致使液体被吸进叶轮中心。因此，只要叶轮不断地转动，液体便不断地被吸入和排出。由此可见，离心泵之所以能输送液体，主要是依靠高速旋转的叶轮。液体在离心力的作用下获得了能量以提高压强。

7. 离心泵的不正常现象

(1) 气缚　离心泵启动时，若泵内存有空气，由于空气的密度很低，旋转后产生的离心力小，因而叶轮中心处所形成的低压不足以将贮槽内的液体吸入泵内，虽启动离心泵也不能输送液体，这种现象称为气缚，表示离心泵无自吸能力，所以启动前必须向壳体内灌满液体，即“灌泵排气”。若泵的位置低于槽内液面，则启动时就无须灌泵。离心泵装置中吸入管路的底阀一般是单向底阀，可以防止启动前所灌入的液体从泵内流出。

(2) 汽蚀　从离心泵的工作原理可知，在离心泵的叶轮中心（叶片入口）附近形成低压区，但吸入口的低压是有限制的，当减小到等于或小于输送温度下液体的饱和蒸汽压时，根据沸腾原理，液体将在泵的吸入口附近沸腾汽化并产生大量的气泡；这些气泡随同液体从泵低压区流向高压区后，在高压作用下迅速凝结或破裂，此时周围的液体以极高的速度冲向原气泡所占据的空间，在冲击点处产生几万千帕的压力，冲击频率可高达几万赫兹至几十万赫兹；由于冲击作用使泵壳振动并产生噪声，离心泵的性能下降，流量、压头和效率均降低，且叶轮局部处在巨大冲击力的反复作用下，使材料表面疲劳，从开始的点蚀到生成裂缝，最终形成海绵状物质剥落，使叶轮或泵壳受到破坏。这种现象称为离心泵的“汽蚀现象”。

发生汽蚀的原因是泵叶片入口附近液体静压力低于流体的饱和蒸汽压，可能的原因有被输送流体的温度过高、液体的饱和蒸汽压过高、泵吸入管阻力太大或泵安装高度太高。根据泵的抗汽蚀性能，合理地确定泵的安装高度（又称吸上高度），是防止发生汽蚀现象的有效措施。

(二) 往复式泵

往复式泵是活塞泵、柱塞泵和隔膜泵的总称。

1. 往复泵（活塞泵）

往复泵是一种容积式泵，在化工生产过程中应用较为广泛，主要适用于小流量、高扬程的场合，输送高黏度液体时的效果也比离心泵好，不能输送腐蚀性液体和有固体粒子的悬浮液。它是依靠活塞的往复运动并依次开启吸入阀和排出阀，从而吸入和排出液体。

(1) 往复泵的结构　图 5-27 所示为往复泵的工作原理。主要部件有泵缸、活塞、活塞杆、吸液阀和排出阀。活塞杆与传动机构相连接而作往复运动。吸液阀和排出阀均为单向阀。泵缸内活塞与阀门之间的空间为工作室。当

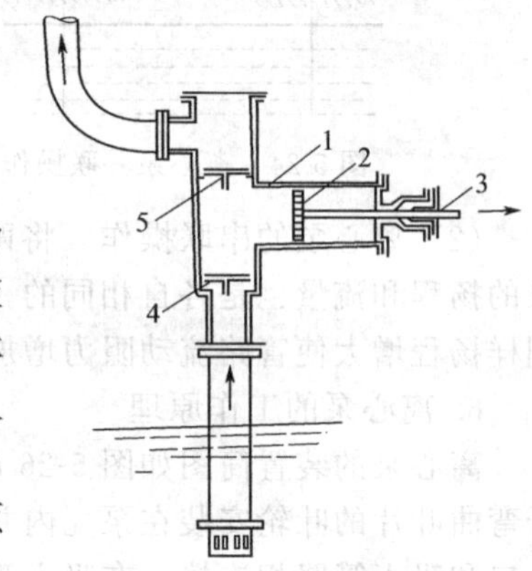

图 5-27　往复泵的工作原理

1—泵缸；2—活塞；3—活塞杆；4—吸液阀；5—排出阀

活塞自左向右移动时，工作室的容积增大，形成低压，将液体经吸液阀吸入泵缸内。在吸液体时，排出阀因受排出管内液体压力作用而关闭。当活塞移到右端点时，工作室的容积最大，吸入的液体量也最多。此后，活塞便改为由右向左移动，泵缸内液体受到挤压而使其压力增大，致使吸液阀关闭而推开排出阀将液体排出，活塞移到左端点后排液完毕，完成了一个工作循环。此后活塞又向右移动，开始另一个工作循环。这就是单动往复泵工作原理。为了改善单动泵流量的不均匀性，常采用双动泵或三联泵。双动泵的工作原理如图 5-28 所示，在活塞两侧的泵体内都装有吸入阀和排出阀，活塞往复一次，吸液和排液各两次，使吸入管路和排出管路总有液体流过，所以送液连续，但流量曲线仍有起伏。三联泵实质上为三台单动泵并联构成，它是在传动轴上按 120°均布了三个曲柄连杆，当传动轴每旋转一周则三个曲柄连杆带动所连接的活塞依次作往复运动各一次，因而排液量较为均匀。

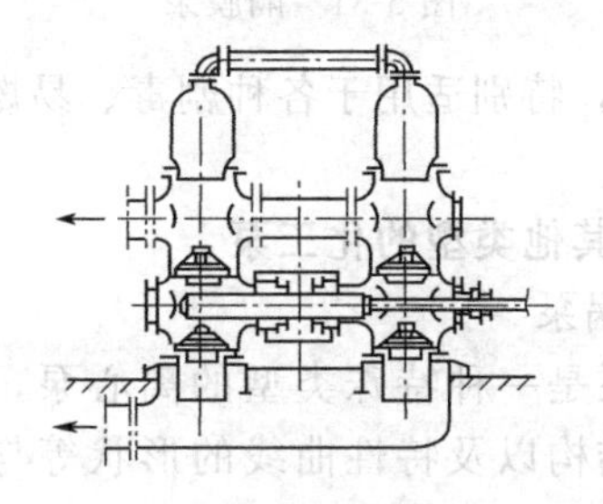

图 5-28　双动泵的工作原理

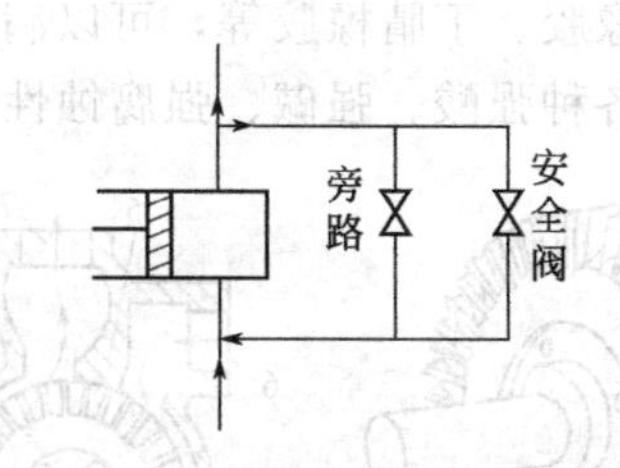

图 5-29　往复泵的旁路调节系统

（2）往复泵的特性　往复泵的流量只与泵的几何尺寸和活塞的往复次数有关，而与泵的扬程及管路情况无关，即无论在什么扬程下工作，只要往复一次，泵就排出一定体积的液体，所以往复泵是一种典型的容积式泵。往复泵的扬程与泵的几何尺寸无关，只要泵的机械强度及原动机的功率允许，输送系统要求多高的扬程，往复泵就可提供多大的扬程。往复泵的吸上真空度也随泵安装地区的大气压强、输送液体的性质和温度而变，所以往复泵的吸上高度也有一定的限制。往复泵在开动之前，泵内无须充满液体，即往复泵有自吸作用。

（3）流量调节　往复泵及其他正位移泵启动时不能把出口阀关闭，也不能用出口阀调节流量，一般采用回路调节装置。往复泵通常用旁路调节流量，其调节系统如图 5-29 所示。泵启动后液体经吸入管路进入泵内，经排出阀排出，并有部分液体经旁路阀返回吸入管内，从而改变了主管路中的液体流量，可见旁路调节并没有改变往复泵的总流量。这种调节方法简便可行，但不经济，一般适用于流量变化较小的经常性调节。

2. 计量泵

在连续或半连续的生产过程中，往往需要按照工艺流程的要求来精确地输送定量的液体，有时还需要将若干种液体按比例地输送，计量泵就是为了满足这些要求而设计制造的。

计量泵是往复泵的一种，从基本构造和操作原理看和往复泵相同，图 5-30 所示是柱塞式计量泵。它们都是通过偏心轮把电机的旋转运动变成柱塞的往复运动。由于偏心轮的偏心距离可以调整，使柱塞的冲程随之改变。若单位时间内柱塞的往复次数不变，则泵的流量与柱塞的冲程成正比，所以可通过调节冲程而达到比较严格地控制和调节流量的目的。送液量的精确度一般在±1%以内，有的甚至可达±0.5%。

3. 隔膜泵

隔膜泵最大的特点是采用隔膜薄膜片将柱塞与被输送的液体隔开，隔膜一侧均用耐腐蚀材料或复合材料制成，如图 5-31 所示；另一侧则装有水、油或其他液体。当工作时，借助柱塞在隔膜泵缸内作往复运动，迫使隔膜交替地向两边弯曲，使其完成吸入和排出的工作过程，被输送介质不与柱塞接触，所以介质绝对不会向外泄漏。根据不同介质，隔膜分为氯丁

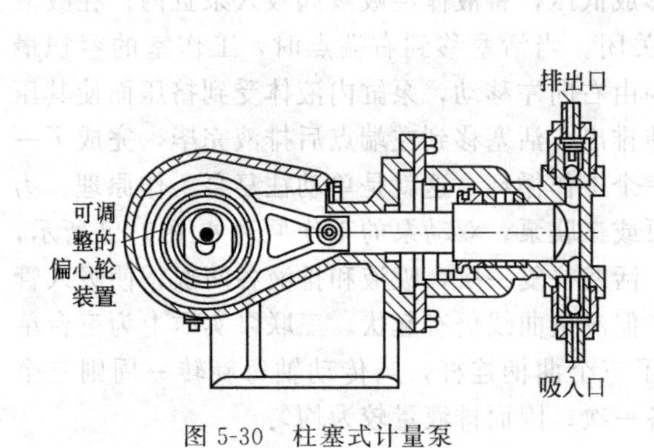

图 5-30　柱塞式计量泵

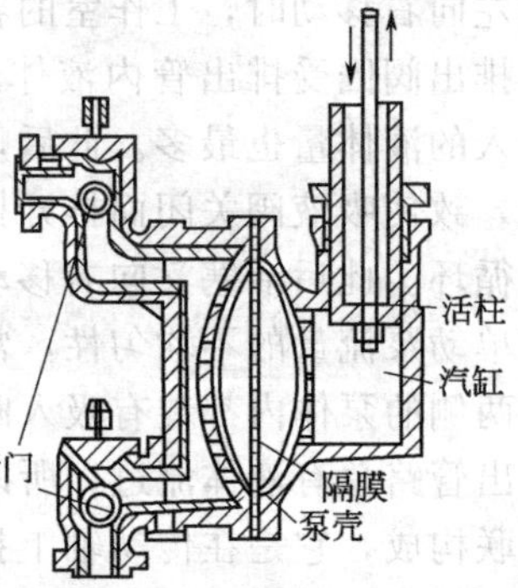

图 5-31　隔膜泵

橡胶、氟橡胶、丁腈橡胶等，可以满足不同场合的要求，特别适用于各种剧毒、易燃、易挥发液体，各种强酸、强碱、强腐蚀性液体等介质的输送。

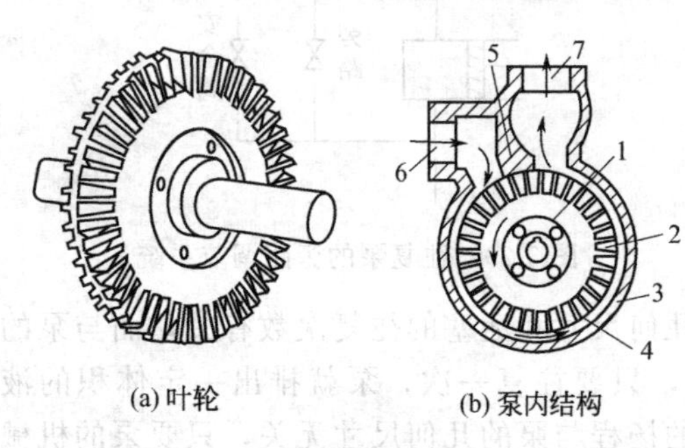

图 5-32　旋涡泵

1—叶轮；2—叶片；3—泵壳；4—引液道；5—间壁；6—进口；7—出口

（三）其他类型的化工泵

1. 旋涡泵

旋涡泵是一种特殊类型的离心泵，但其工作过程、结构以及特性曲线的形状等与离心泵和其他类型泵都不大相同。

旋涡泵由泵壳和叶轮组成。它的叶轮由一个四周铣有凹槽的圆盘构成，叶片呈辐射状排列，如图 5-32(a) 所示。泵内结构情况如图 5-32(b) 所示，叶轮上有叶片，在泵壳内旋转，壳内有引液道，吸入口和排出口之间有间壁，间壁与叶轮之间的缝隙很小，使吸入腔和排出腔得以分隔开。旋涡泵工作时，液体按叶轮的旋转方向沿着流道流动。进入叶轮叶片间的液体，受叶片的推动，与叶轮一起运动。叶片间的液体与叶轮的圆周速度可认为相等，而与泵流道内液体的圆周速度不同，液体质点可从叶轮叶片间的流道中流出后进入泵的流道中，将一部分动量传递给泵流道中的液流。同时，有一部分能量较低的液体又进入叶轮，液体依靠纵向旋涡在流道内每经过一次叶轮就得到一次能量，因此可以达到很高的扬程。

旋涡泵适用于要求输送量小、压头高而黏度不大的液体。液体在叶片与引液道之间的反复迂回靠离心力的作用，故旋涡泵在开动前也要灌满液体。当流量减小时，压头升高很快，轴功率也增大，所以应避免此类泵在太小的流量或出口阀全关的情况下作长时间运转，以保证泵和电机的安全。启动旋涡泵时，出口阀必须全开。为此也采用正位移泵所用的回流支路来调节流量。

2. 旋转泵

（1）齿轮泵　如图 5-33 所示，齿轮泵是一种容积泵，由一对相互啮合的齿轮在相互啮合的过程中引起的空间容积的变化来输送液体。

两齿轮与泵体之间形成吸入和排出两个空间。当齿轮按图中所示的箭头方向转动时，吸入空间内两轮的齿互相拨开，呈容积增大的趋势，从而形成低压将液体吸入，然后分为两路沿泵内壁被齿轮嵌住，并随齿轮转动而达到排出空间。排出空间内两轮的

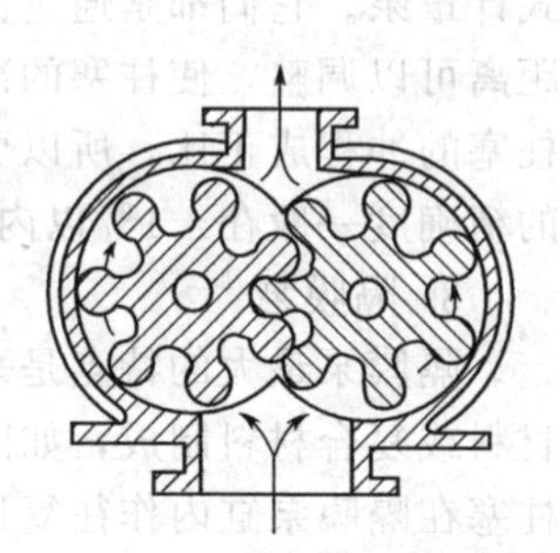
图 5-33　齿轮泵

齿互相合拢，呈容积减小的趋势，于是形成高压而将液体排出。

齿轮泵运转时转速等于常数，流量均匀，尺寸小而转动轻便，结构简单紧凑，坚固耐用，维护和保养方便，扬程高而流量小，适用于输送黏稠液体以及膏状物，如润滑油、燃料油，可作为润滑油泵、燃料油泵、输油泵和液压传动装置中的液压泵。但不宜输送黏度低的液体，不能输送含有固体粒子的悬浮液，以防齿轮磨损影响泵的使用寿命。

(2) 螺杆泵 螺杆泵属于转子容积泵，按螺杆根数，通常可分为单螺杆泵、双螺杆泵、三螺杆泵和五螺杆泵等几种，它们的工作原理基本相似，只是螺杆齿形的几何形状有所差异，适用范围有所不同。

图 5-34(a) 所示为单螺杆泵，螺杆在具有内螺纹的泵壳中偏心转动，将液体沿轴向推进，最终由排出口排出。图 5-34(b) 所示为双螺杆泵，其实际上与齿轮泵十分相似，它利用两根相互啮合的螺杆来排送液体。液体从螺杆两端进入，由中央排出。图 5-34(c) 所示为三螺杆泵，其主要零件是一个泵套和三根相互啮合的螺杆，其中一根与原动机连接的称为主动螺杆（简称主杆），另外两根对称配置于主动螺杆的两侧，称为从动螺杆。这四个零件组装在一起就形成一个个彼此隔离的密封腔，把泵的吸入口与排出口隔开。当主动螺杆转动时，密封腔内的液体沿轴向移动，从吸入口被推至排出口。

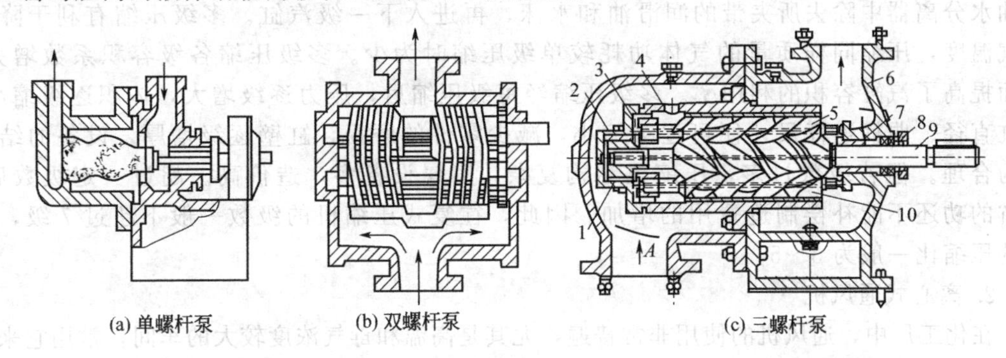

图 5-34 螺杆泵

1—侧盖；2,3—轴承；4—衬套；5,10—从动螺杆；6—泵体；7—密封；8—压差；9—主动螺杆

螺杆泵的特点是压力和流量稳定，脉动很小；液体在泵内作连续而均匀的直线流动，无搅拌现象；螺杆越长，则扬程越高；三螺杆泵具有较强的自吸能力，无须装置底阀或抽真空的附属设备；相互啮合的螺杆磨损甚少，泵的使用寿命长；泵的噪声和振动极小，可在高速下运转。适用于输送不含固体颗粒的润滑性液体，可作为一般润滑油泵、输油泵、燃料油泵、胶液输送泵和液压传动装置中的供压泵。

(四) 气体输送与压缩机械

气体输送机械通常根据终压（出口表压力）或出口压力与进口压力之比（称为压缩比）来进行分类。终压（表压）不大于 15kPa 的为通风机；终压（表压）为 15～300kPa，压缩比小于 4 的为鼓风机；终压（表压）在 300kPa 以上，压缩比大于 4 的为压缩机；将低于大气压的气体从容器或设备内抽到大气中的为真空泵。

气体输送机械按其结构与工作原理也可分为离心式、往复式、旋转式和流体作用式。

1. 往复式压缩机

往复式压缩机的构造、工作原理与往复泵相似，其依靠活塞的往复运动而将气体吸入和压出。图 5-35 所示为立式单动、双缸往复式压缩机。

由若干个串联的汽缸，将气体分级逐渐压缩到所需的压强。每压缩一次称为一级，在一

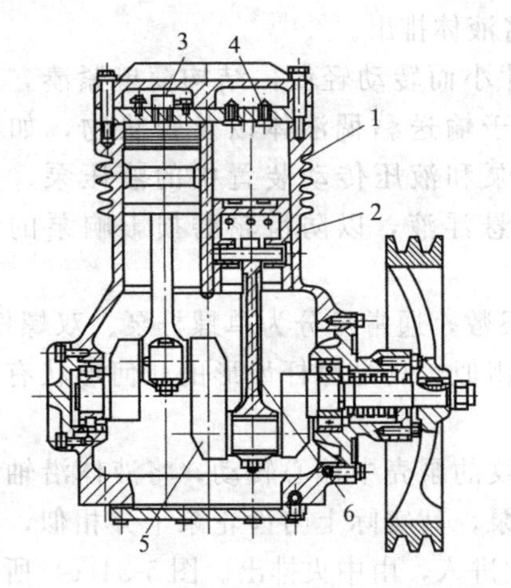

图 5-35 立式单动、双缸往复式压缩机

1—汽缸体；2—活塞；3—排气阀；
4—吸气阀；5—曲轴；6—连杆；

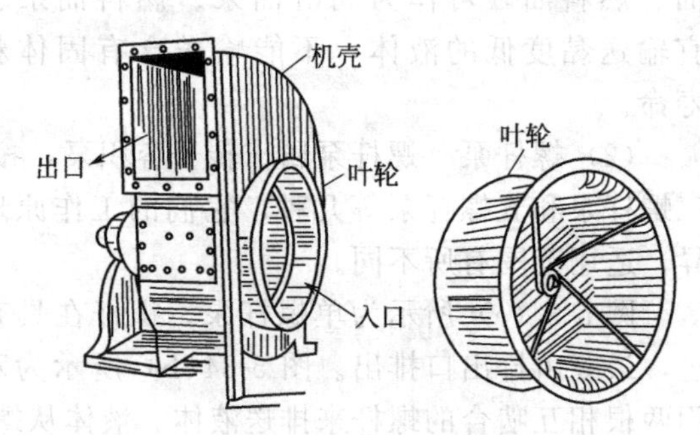

图 5-36 离心式通风机

台压缩机中连续压缩的次数，就是级数。气体经过每一级压缩后，在冷却器中被冷却，在油水分离器中除去所夹带的润滑油和水沫，再进入下一级汽缸。多级压缩有利于降低排气温度，压缩同样质量的气体功耗较单级压缩时为少。多级压缩各级容积系数增大，从而提高了汽缸容积的利用率。多级压缩经每级压缩后，压力逐级增大，体积逐级缩小，汽缸直径、曲柄连杆尺寸便可逐级缩小，减少零件的磨损，缸壁逐级增厚，设备的结构更为合理。但若级数过多，压缩机结构复杂，附属设备多，造价高。超过一定级数后，所省的功还不能补偿制造费用的增加。因此，往复式压缩机的级数一般不超过 7 级，每级的压缩比一般为 3～5。

2. 离心式通风机

在化工厂中，通风机的使用非常普遍，尤其是高温和毒气浓度较大的车间，常用它来输送新鲜空气，排除有害气体和降温等。离心式通风机按所产生的风压不同，可分为低压（出口风压低于 1kPa)、中压（出口风压为 1～2.94kPa)、高压（出口风压为 2.94～14.7kPa）三类，中、低压离心式通风机主要用于换气，高压离心式通风机则主要用来输送气体。

离心式通风机的工作原理和离心泵相似，结构如图 5-36 所示，它的机壳也是蜗壳形的，其断面沿叶轮旋转方向渐渐扩大，出口气体的流道断面有方形和圆形两种，机壳用钢板焊接而成。叶轮由前盘、后盘、叶片和轮毂组成，一般采用焊接与铆接结构。一般低、中压通风机的叶轮上的叶片多是平直的，与轴心形成辐射状安装。中、高压通风机的叶片则是弯曲的，所以高压通风机的外形与结构与单级离心泵更为相似。

3. 离心式鼓风机

离心式鼓风机又称透平鼓风机，常采用多级（级数范围 2～9 级)，故其基本结构和工作原理与多级离心泵较为相似。图 5-37 所示为五级离心式鼓风机，气体由吸气口吸入后，经过第一级的叶轮和第一级扩压器，由扩压器进入回流室，然后转入第二级叶轮入口，再依次逐级通过以后的叶轮和扩压器，最后经过蜗形壳由排气口排出，其出口表压力可达 300kPa。

由于在离心式鼓风机中气体的压缩比不大，所以无须设置冷却装置，各级叶轮的直径也大致上相等。

4. 罗茨鼓风机

罗茨鼓风机结构简单，运行稳定，效率高，便于维护和保养；并且由于工作转子不需要

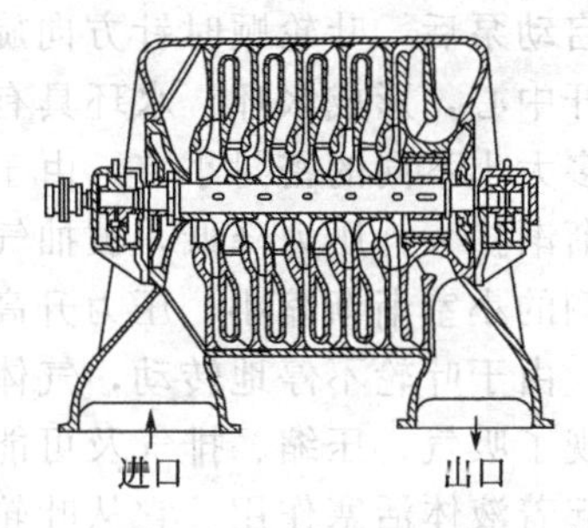

图 5-37 离心式鼓风机

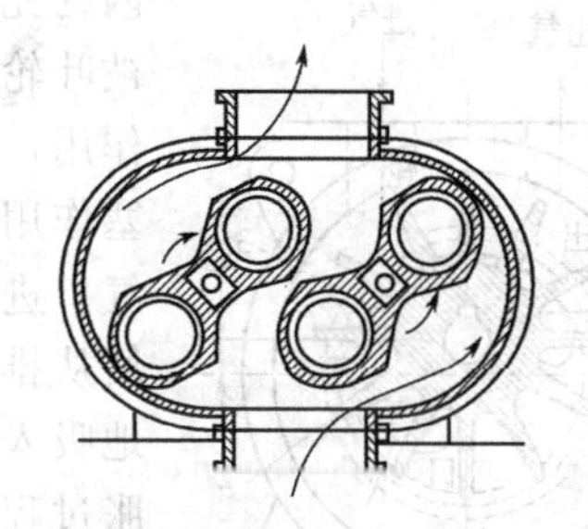
图 5-38 罗茨鼓风机工作原理

润滑，所输送的气体纯净、干燥，在工业生产中广泛应用。

罗茨鼓风机的工作原理与齿轮泵相似，如图 5-38 所示。机壳内有两个特殊形状的转子，通常为腰形或三角形，两转子通过主、从动轴上一对同步齿轮的作用，以同步等速向相反方向旋转，将气体从吸入口吸入，气流经过旋转的转子压入腔体，随着腔体内转子旋转腰形容积变小，气体受挤压排出出口，被送入管道或容器内。

罗茨鼓风机的输风量与转速成正比，当风机转速一定时，输送的风量不随出口阻力变化，大体保持不变，故称为定容式鼓风机。罗茨鼓风机的出口应安装气体稳压罐（又称缓冲罐），并配置安全阀。出口阀门不能完全关闭，一般采用回流支路调节流量。此外，操作温度不宜高于 85℃，以免因转子受热膨胀而发生碰撞和摩擦，降低设备的机械效率。

5. 真空泵

（1）往复式真空泵　往复式真空泵也称活塞式真空泵，其构造与往复式压缩机基本相同。即由活塞、气阀、汽缸、泵体、十字头、连杆、阀杆和曲轴等主要部件组成，如图 5-39 所示。

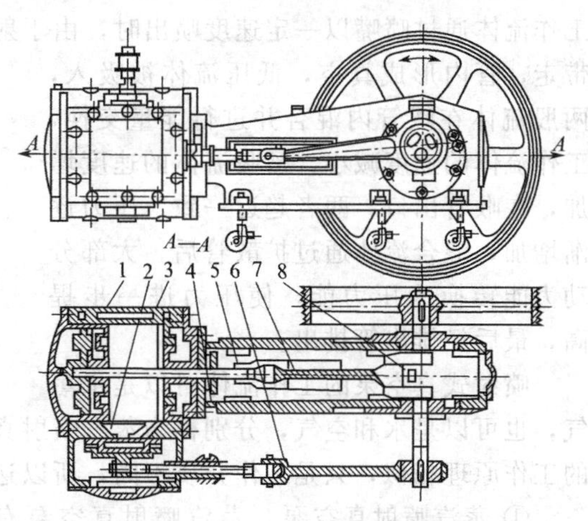

图 5-39 往复式真空泵

1—活塞；2—气阀；3—汽缸；4—泵体；5—十字头；6—阀杆；7—连杆；8—曲轴

往复式真空泵是用曲轴连杆机构的往复运动来带动泵缸内活塞的往复运动，使活塞前后的泵缸容积不断变化，达到吸入和排出气体的目的。汽缸内铸有气室，气室上装有气阀，活塞上装有 2～3 个胀圈，胀圈把汽缸隔成活塞前后的两个工作室，这样活塞在汽缸内往复运动时，气体就不由高压侧窜向低压侧。当工作室的容积扩大时，被抽气体被吸入，当工作室的容积被缩小时，气体由于被压缩而排出。如此往复运动，就达到了使设备内产生真空的目的。

往复式真空泵可以用于抽设备内的空气或无腐蚀性气体，也可以抽带有少量灰尘或蒸汽的气体。但被抽气体含有灰尘时，进气管须加装过滤器；被抽气体中含有大量蒸汽时，须在进气管前加装冷凝器；被抽气体含有腐蚀性气体时，在泵前须加装中和装置；被抽气体温度超过 35℃时，要加装冷却装置；被抽气体中含大量液体时，须在进气管前加装分离器。由于往复式真空泵存在转速低、排量不均匀、结构复杂、零件多、易于磨损等缺陷，近年来已有被其他形式的真空泵取代的趋势。

（2）水环真空泵　水环真空泵是液环泵的一种，能量转换的介质是水，所以称为水环泵。水环真空泵如图 5-40 所示，是在外壳内偏心地装有叶轮，其上有辐射状的叶片。泵壳

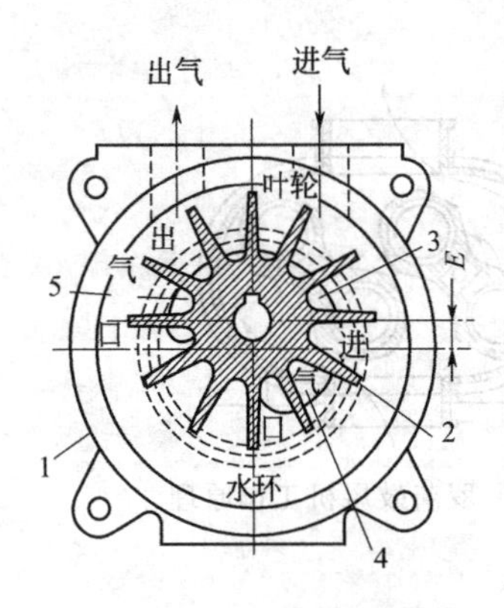

图 5-40 水环真空泵
1—外壳；2—叶轮；
3—水环；4—吸入口；
5—压出口

内约充有一半容积的水，启动泵后，叶轮顺时针方向旋转，水被叶轮带动形成水环并离开中心，形成水环。水环具有液封的作用，与叶片之间形成许多大小不同的密封小室，由于水的活塞作用，叶轮右侧的小室渐渐扩大，压力降低，被抽气体由进气口进入吸气室，叶轮左侧的小室渐渐缩小，压力升高，气体便从排出室经排气口排出，由于叶轮不停地转动，气体就不停地吸入和排出。这样便实现了吸气、压缩、排气及可能有的膨胀过程。在水环泵内，水起着液体活塞作用。它从叶轮处获得动能，通过液体活塞作用将动能传递给气体，这就是水环泵内部的能量转换过程。

当被抽吸的气体不宜与水接触时，泵内可充以其他液体，故又称液环真空泵。

此类型泵的结构较为简单、紧凑，易于制造和维修。因旋转部分无机械摩擦，故使用寿命较长，操作性能可靠。适宜抽吸含有液体的气体，尤其在抽吸有腐蚀性或爆炸性气体时更为适宜，且气体中不含固体颗粒。但这种真空泵效率较低，所能造成的真空度受泵体中液体的温度（或饱和蒸汽压）所限制。

(3) 喷射式真空泵　喷射式真空泵是利用流体流动时的能量转化以达到输送流体的装置，故又称流体动力泵。

喷射式真空泵主要由喷嘴、喉管和扩散管等组成，如图 5-41 所示。当具有一定压力的工作流体通过喷嘴以一定速度喷出时，由于射流质点的横向紊动扩散作用，将吸入管的空气带走，管内形成真空，低压流体被吸入，两股流体在喉管内混合并进行能量交换，工作流体的速度减小，被吸流体的速度增加，在喉管出口，两者趋近一致，压力逐渐增加，混合流体通过扩散管后，大部分动力能转换为压力能，使压力进一步提高，最后经排出管排出。

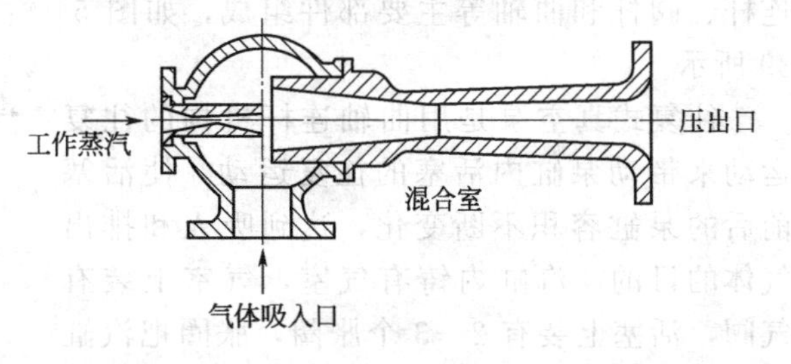

图 5-41 喷射式真空泵工作原理

喷射式真空泵的工作流体可以是水蒸气，也可以是水和空气，分别称为蒸汽喷射真空泵、水喷射真空泵和空气喷射真空泵。它们的工作原理相似，只是工作介质不同，所以达到的真空度也不同。

① 蒸汽喷射真空泵　蒸汽喷射真空泵有单级和多级之分，单级蒸汽喷射泵仅可得到 90%的真空，而多级蒸汽喷射泵可得到 95%以上的真空。工程上最多采用五级蒸汽喷射泵，其极限真空（绝压）可达 1.3Pa。图 5-42 所示为三级蒸汽喷射泵，工作蒸汽与吸入的气体先进入第一级喷射泵，经冷凝器使蒸汽冷凝，气体则进入第二级喷射泵，然后通过第三级喷射泵，最后由排气泵将气体排出。开动泵为辅助喷射泵，与主体喷射泵并联，用以增加启动速度。当系统达到指定的真空时，则开动泵切断，各冷凝器中的水和冷凝液均流入液封槽中。喷射泵与液封槽保持一定的位差，以保证在要求的真空下空气不经过下水管进入真空系统。冷凝器的作用主要是用来冷凝工作蒸汽和被抽气体中的可凝蒸汽，以降低下级喷射器的抽气负荷。

作为蒸汽喷射真空泵来说，工作压力高时，膨胀比增大，抽气效率较高，工作蒸汽耗量就少，经济指标较好。但工作压力过高时，投资增加，反而不经济。通常工作蒸汽压力取

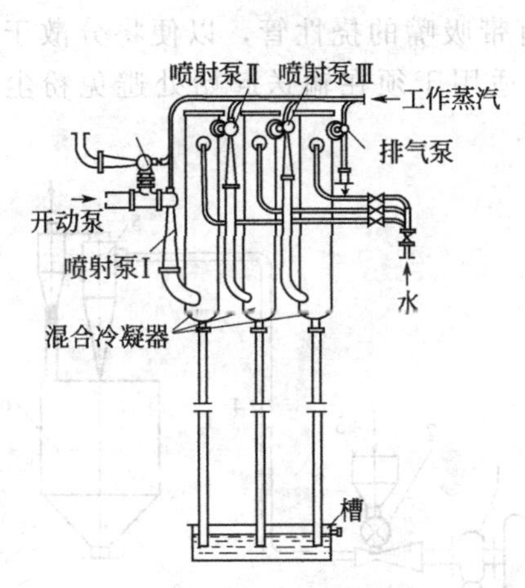

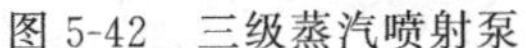
图 5-42　三级蒸汽喷射泵

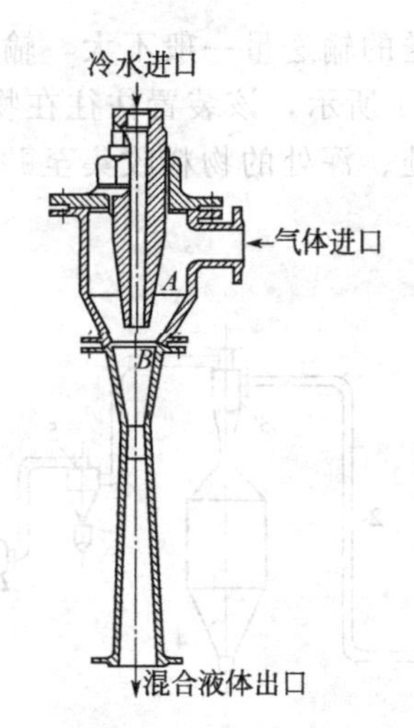

图 5-43　水喷射真空泵的喷射器结构

392～981kPa 为适合，一般情况也不要低于 245kPa。工作蒸汽应选用饱和或过热蒸汽，通常要将工作蒸汽过热 10～30℃为宜。

②水喷射真空泵　水喷射真空泵装置由喷射器、水罐、离心清水泵、气液分离器、底座等部分组成。离心清水泵的入口同水罐相连通，出口通过管路同喷射器入口相通。当离心清水泵启动后，工作介质水便连续不断地从水罐中打入喷射器中，在喷射器内完成工作过程，将被抽系统的气体连同水组成的混合液体又排向水罐中。水喷射真空泵的喷射器结构如图 5-43 所示。

喷射泵构造简单、紧凑，没有活动部件，制造时可采用各种材料，适应性强。但是效率低，蒸汽耗量大。故一般多作为真空泵使用，而不作为输送设备使用。

二、流体输送方法

化工生产中流体的输送方法有以下三种。

① 动力输送　动力输送就是借助于输送机械直接施加于流体动能或静压能来输送流体。

② 压力输送　用压缩空气或氮气等惰性气体在被输送液体的液面上加压，将液体压送到目标设备；对气体直接采用气体压缩。

③ 真空抽料　在物料受槽中抽真空，将被输送物料吸入受槽。

第四节　固体物料输送

固体物料的输送方式很多，一般可分为间歇输送和连续输送两类。间歇输送是指用车、船或专用容器输送，本书不予叙述。连续输送又可分为气力输送和机械输送两类。

一、固体气力输送

运用风机（或其他气源）使管道内形成一定速度的气流，将粉粒状物料沿一定的管道从一处输送到另一处，称为气力输送。

(一) 按气流压力分类

1. 吸引式

输送管中的压力低于常压的输送称为吸引式气力输送。气源真空度不超过 10kPa 的称为低真空式，主要用于近距离、小输送量的细粉尘的除尘清扫；气源真空度在 10～50kPa 之间的称为高真空式，主要用于粒度不大、密度介于 1000～1500kg/m³ 之间颗粒的输送。

吸引式输送的输送量一般不大，输送距离也不超过100m。真空吸引式气力输送的典型流程如图5-44所示，该装置往往在物料吸入口处设有带吸嘴的挠性管，以便将分散于各处的或在低处、深处的物料收集至贮仓。此输送方式适用于须在输送起始处避免粉尘飞扬的场合。

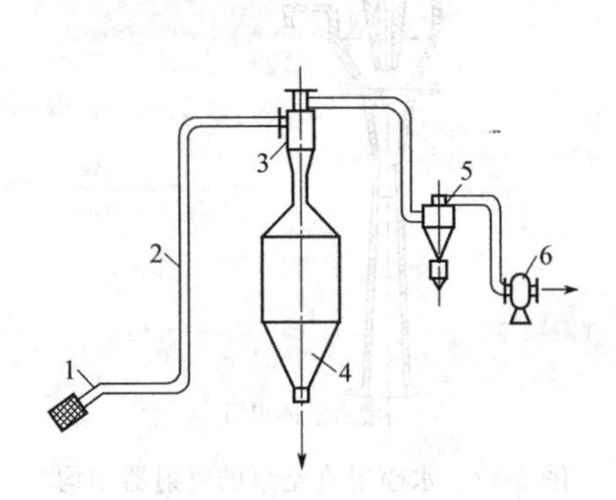

图5-44　真空吸引式气力输送的典型流程
1—吸嘴；2—输送管；3—一次旋风分离器；4—料仓；5—二次旋风分离器；6—风机

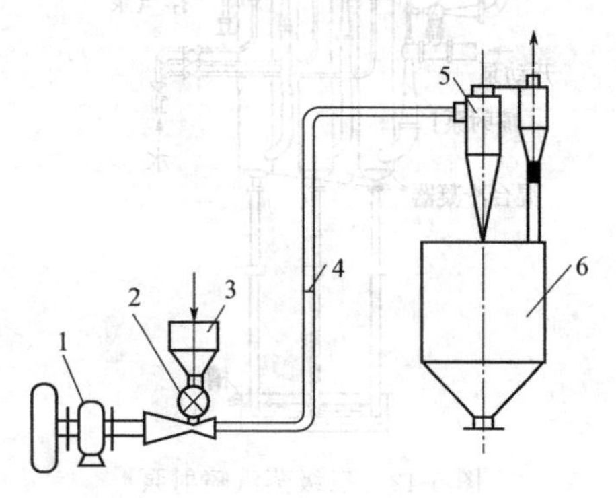

图5-45　低压压送式气力输送的典型流程
1—罗茨鼓风机；2—回转加料机；3—加料斗；4—输送管；5—旋风分离器；6—料仓

2. 压送式

输送管中的压力高于常压的输送称为压送式气力输送。按照气源的表压可分为低压和高压两种。气源表压力不超过50kPa的为低压式。这种输送方式在一般化工厂中用得最多，适用于少量粉粒状物料的近距离输送。高压式输送的气源表压力可高达700kPa，用于大量粉粒状物料的输送，输送距离可长达600～700m。低压压送式气力输送的典型流程如图5-45所示。

（二）按气流中固气比（混合比）分类

在气力输送中，将单位质量气体所输送的固体质量称为混合比R（或固气比），其表达式为：

$$R=\frac{G_s}{G} \tag{5-32}$$

式中　G_s——单位管道面积上单位时间内加入的固体质量，kg/(s·m²)；

G——气体质量流速，kg/(s·m²)。

（1）稀相输送　固气比在25以下（通常为0.1～5）时的气力输送为稀相输送。它的输送距离不长，一般在100m以下，目前在我国应用较多。在稀相输送中气流的速度较高（一般为18～30m/s），颗粒呈悬浮状态。

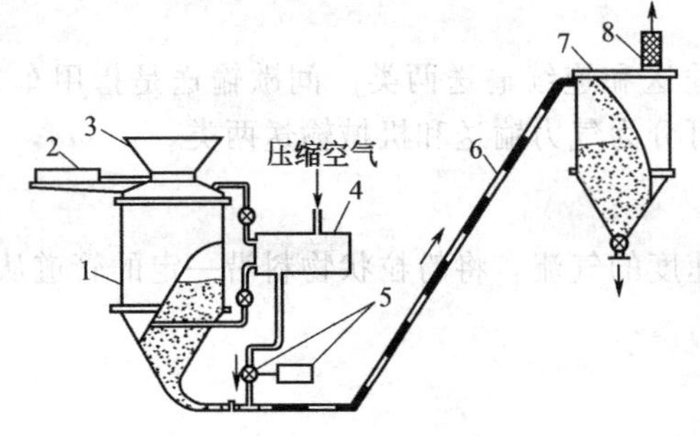

图5-46　脉冲式密相输送装置
1—发送罐；2—气相密封插板；3—料斗；4—气体分配器；5—脉冲式发生器和电磁阀；6—输送管路；7—收槽；8—袋滤器

（2）密相输送　一般当固气比大于25时采用密相输送。如图5-46所示，压缩空气通过发送罐内的喷气环将粉料吹松，另一股表压为150～300kPa的气流通过脉冲式发生器以20～40r/min间断地吹入输料管入口处，将流出的粉料割成料栓，凭借空气的压力推动料栓在输送管道中向前移动。密相输送的特点是低风量、高风压，物料在管内呈流态化或柱塞状运动。此类装置的输送能力大，输送距离可长达100～1000m，尾部所需的气固分离设备简单。由于物料或多或少呈集团状低速运动，物料的破碎及管道磨损较轻，但操作较困难。目前密相输送广泛应用于水泥、塑料粉、纯碱、催化剂等粉状物料的输送。

二、固体机械输送

(一) 带式输送机

带式输送机又称皮带输送机、胶带输送机，是过程工业（也称流程工业）中应用最为普遍的一种连续输送机械，可用于块状、颗粒状物料及整件物料进行水平方向或倾斜方向运送，同时还可用作选择、检查、包装、清洗和预处理操作台等。

带式输送机如图 5-47 所示。其工作时，在传动机构的作用下，驱动辊筒 8 作顺时针方向旋转；借助驱动辊筒 8 的外表面和环形带 6 的内表面之间的摩擦力的作用使环形带 6 向前运动；当启动正常后，将待输送物料从装料漏斗 3 加载至环形带 6 上，并随输送带向前运送至工作位置。当需要改变输送方向时，卸载装置 7 即将物料卸至另一方向的输送带上继续输送；如不需要改变输送方向，则无须使用卸载装置 7，物料直接从环形带 6 右端卸出。

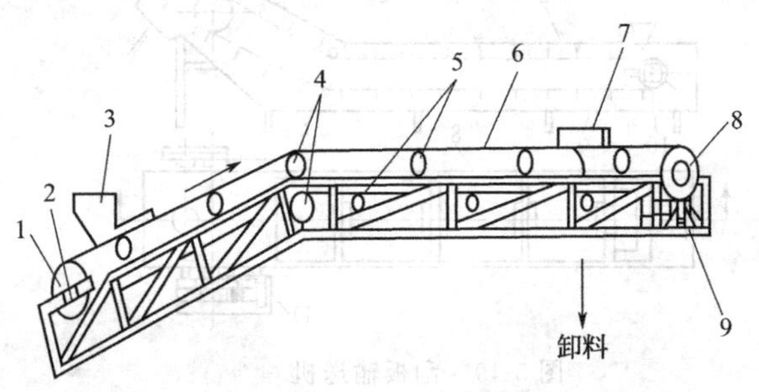

图 5-47　带式输送机

1—张紧辊筒；2—张紧装置；3—装料漏斗；4—改向辊筒；5—支承托辊；6—环形带；7—卸载装置；8—驱动辊筒；9—驱动装置

带式输送机工作速度范围广，输送距离长，所需动力不大，结构简单可靠，使用方便，适应性广，维修和检修容易，无噪声，能够在全机身中任何地方进行卸料和装料。但输送轻质粉状物料时易飞扬，倾斜角度不能太大，造价较高，若改向输送需多台机联合使用。

(二) 螺旋输送机

螺旋输送机是一种不带挠性构件的连续输送机，它利用旋转的螺旋轴将被输送物料在固定的机壳内向前推送。螺旋输送机如图 5-48 所示，主要由料槽、轴承、中间轴承、螺旋轴以及传动装置与支架等组成。螺旋输送机传动装置装在槽头或槽尾，沿机器长度方向常安装有多个进、出料口，并使用平板闸门启闭。螺旋输送机构造简单，横截面的尺寸小，制造成本低，便于中间加料和卸料，操作安全方便，密封性好。但物料与机壳和螺旋之间都存在较大摩擦力，动力消耗较大，叶片可能对物料造成严重的挤压粉碎及损伤，相互磨损严重，运输距离不宜太长（30m 以下），过载能力低。主要用于各种干燥松散的粉状、粒状、小块状物料的输送，如面粉输送。输送过程中还可以对物料进行搅拌、混合等操作。另外，还有一种螺距不等（或内径不等）的螺旋输送机，如在绞肉机、压榨机中的螺旋，它在输送的同时又可以对物料产生挤压作用。但螺旋输送机不宜输送黏性大、易结块以及大块状的物料。

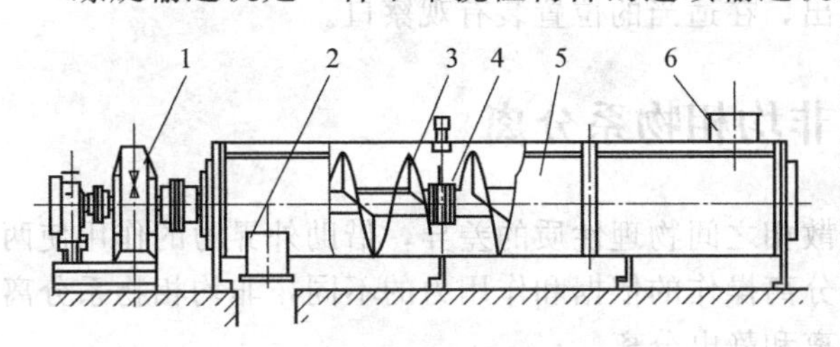

图 5-48　螺旋输送机

1—驱动装置；2—出料口；3—螺旋轴；4—中间吊挂轴承；5—壳体；6—进料口

(三) 刮板输送机

刮板输送机用于水平或小于 45°的倾斜输送，可以输送粒料、粉料和小块状物料。刮板输送机构造简单，装卸料方便，输送距离长。缺点是刮板和输送槽磨损较大。

刮板输送机如图 5-49 所示，主要由刮板、牵引链、驱动链轮和驱动装置等组成。刮板输送机工作时由牵引链带动刮板运动，刮板推动物料向前输送。输送物料时有上刮式和下刮式。上面行程为工作行程，下面为空行程的输送方式为上刮式；反之为下刮式。张紧装置安装在张紧链轮轴承座上，采用螺旋式张紧（参见带式输送机张紧装置）。当输送机工作一段时间后，应检查牵引链的松紧度，并及时进行调整。

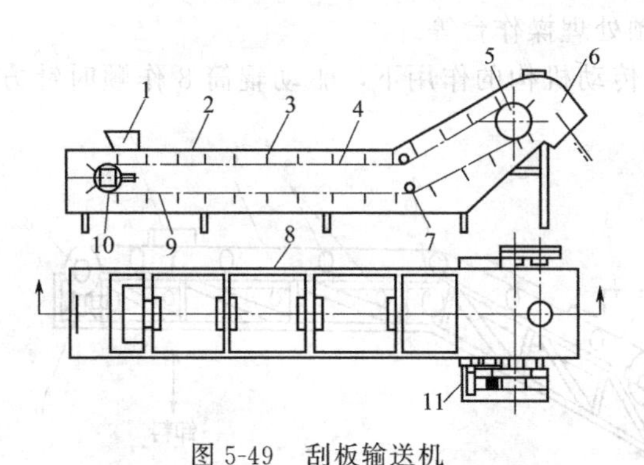

图 5-49　刮板输送机

1—进料斗；2—上盖；3—刮板；4,9—牵引链；5—驱动链轮；6—卸料斗；7—滚轮；8—输送槽；10—张紧链轮；11—减速机

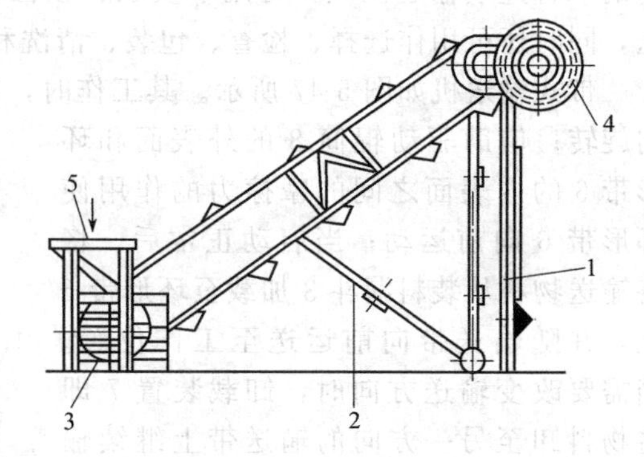

图 5-50　斗式提升机

1—进料斗；2—上盖；3—刮板；4—传动装置；5—装料口

（四）斗式提升机

斗式提升机是一种应用较为广泛的粉体垂直输送设备。由于其具有结构简单、横截面的外形尺寸小、占地面积小、系统布置紧凑、良好的密封性及提升高度大等优点，在粉体垂直输送中得到普遍应用。斗式提升机如图 5-50 所示，它是用胶带或链条作为牵引件，将一个个料斗固定在牵引件上，牵引件由上下转动鼓轮张紧并带动运行。物料从提升机下部加入料斗内，提升至顶部时，料斗绕过转轮，物料便从斗内卸出，从而将低处物料升至高处。这种机械的运行部件装在机壳内，防止灰尘飞出，在适当的位置装有观察口。

第五节　非均相物系分离

非均相物系分离就是利用连续相和分散相之间物理性质的差异，借助外界力的作用使两相产生相对运动而实现分离的方法。按照分离操作的依据和作用力的不同，非均相物系分离技术主要有沉降分离、过滤分离、湿法分离和静电分离。

一、沉降分离

非均相混合物在某种力场（重力场、离心力场或电场）的作用下，其中的分散相（颗粒）与连续相之间发生相对运动，颗粒定向流到器壁、器底或其他沉积表面，从而实现颗粒与流体的分离，这种方法称为沉降分离。沉降分离有重力沉降、离心沉降和电沉降。前两种沉降是利用颗粒与流体的密度不同，在重力或离心力的作用下颗粒与流体产生相对运动；电沉降则是使颗粒带电并利用电场的作用使颗粒与流体产生相对运动。

（一）重力沉降设备

1. 连续沉降槽

连续沉降槽是一种初步分离悬浮液的设备。图 5-51 所示为典型的连续沉降槽。它主要由一个大直径的浅槽、进料槽道与料井、转动机构与转耙组成。操作时料浆通过进料槽道由位于中央的圆筒形料井送至液面以下 0.3～1m 处，分散到槽的横截面上。要求料浆尽可能分布均匀，引起的扰动小。料浆中的颗粒向下沉降，清液向上流动，经槽顶四周的溢流堰流出。沉到槽底的颗粒沉渣由缓缓转动的耙拨向中心的卸料锥而后排出。连续沉降槽直径大，高度低，为了节省占地面积，有时将几个沉降槽叠在一起构成多层沉降槽，这时可用一根共同的轴带动各槽的耙。连续沉降槽构造简单，生产能力大，劳动条件好；但设备庞大，占地面积大，湿沉降的处理量大。

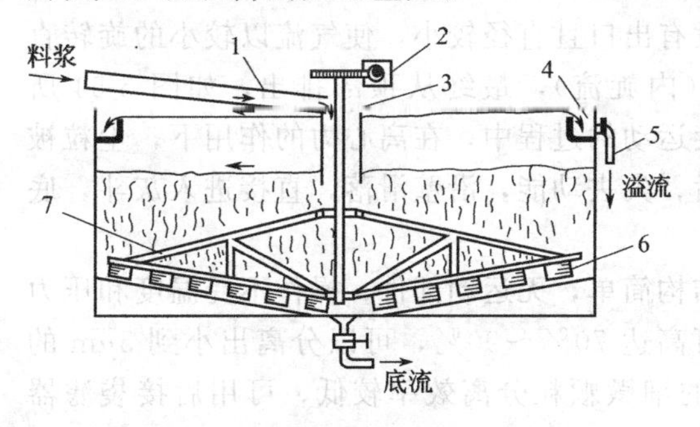

图 5-51　连续沉降槽

1—进料槽道；2—转动机构；3—料井；4—溢流槽；5—溢流管；6—叶片；7—转耙

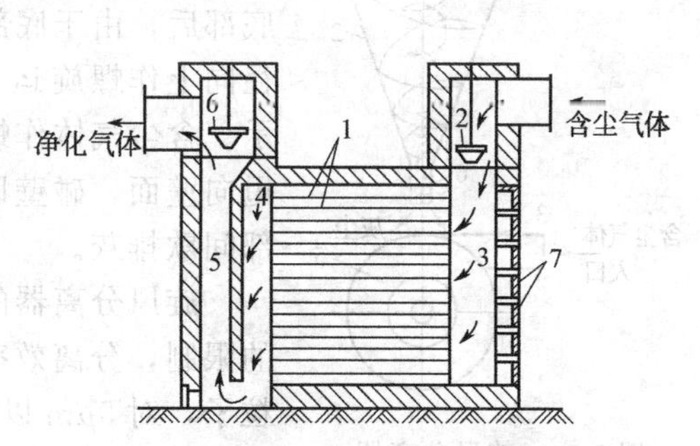

图 5-52　多层隔板式降尘室

1—隔板；2,6—调节阀；3—气体分配道；4—气体集聚道；5—气道；7—出灰口

2. 多层降尘室

多层隔板式降尘室是处理气固相混合物的设备。其结构如图 5-52 所示。在砖砌的降尘室中放置很多水平隔板（搁板），隔板间距通常为 40～100mm，目的是减小灰尘的沉降高度，以缩短沉降时间，同时增大了单位体积沉降器的沉降面积，即增大了沉降器的生产能力。

操作时含尘气体经气体分配道进入隔板缝隙，进、出口气量可通过流量调节阀调节；净化气体自隔板出口经气体集聚道汇集后再由出口气道排出，流动中颗粒沉降至隔板的表面，经过一定操作时间后，从除尘口将灰尘除去。为了保证连续生产，可将两个降尘室并联安装，操作时交替使用。

降尘室具有结构简单、操作成本低廉、对气流的阻力小、动力消耗少等优点。缺点是体积及占地面积较为庞大、分离效率低。适于分离重相颗粒直径在 75μm 以上的气相非均相混合物。

3. 降尘气道

降尘气道常用于含尘气体的预分离。结构如图 5-53 所示，其外形呈扁平状，下部设集灰斗，内设折流挡板。

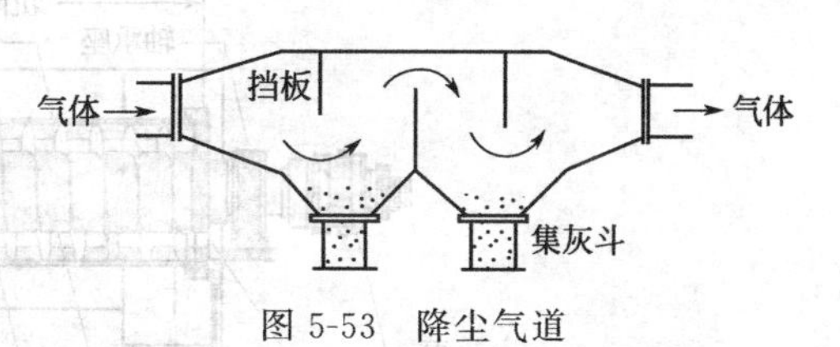

图 5-53　降尘气道

含尘气体进入降尘气道后，因流道截面扩大而流速减小，增加了气体的停留时间，使尘粒有足够的时间沉降到集灰斗内，即可达到分离要求。气道中折流挡板的作用有两个：一是增加了气体在气道中的行程，从而延长气体在设备中的停留时间；二是对气流形成干扰，使部分尘粒与挡板发生碰撞后失去动能，直接落入器底或集灰斗内。

降尘气道构造简单，由于降尘气道可直接安装在气体管道上，所以无须专门的操作，但分离效率不高。

（二）离心沉降设备

1. 旋风分离器

旋风分离器的基本结构与操作原理可用标准式旋风分离器来说明（图 5-54）。它是最简单的一种旋风分离器，主体上部为圆筒，下部为圆锥筒，顶部侧面为切线方向的矩形进口，

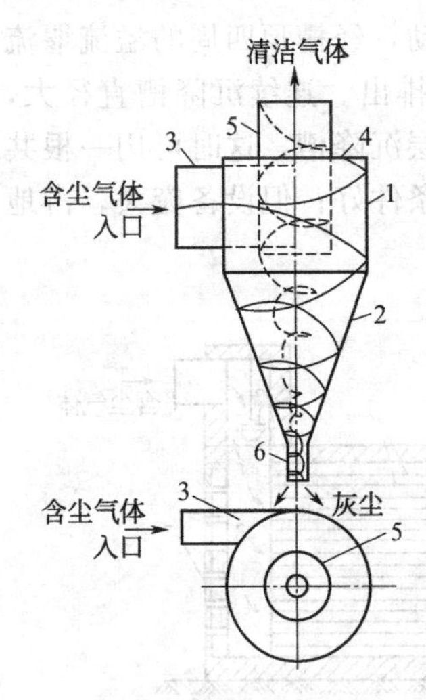

图 5-54　旋风分离器
1—外壳；2—锥形底；
3—气体入口管；4—上盖；
5—气体出口管；6—除尘管

上面中心为气体出口，排气管下口低于进气管下沿，底部集灰斗处要密封。标准式旋风分离器各部位尺寸用圆筒直径的倍数来表示。

含尘气体以20～30m/s的流速从进气管沿切向进入旋风分离器，受圆筒壁的约束旋转，作向下的螺旋运动（外旋流），到底部后，由于底部没有出口且直径较小，使气流以较小的旋转直径向上作螺旋运动（内旋流），最终从顶部排出，如图5-54所示。含尘气体作螺旋运动的过程中，在离心力的作用下，尘粒被甩向壁面，碰壁以后，失去动能，沿壁滑落，直接进入灰斗，底部间歇排灰。

旋风分离器的结构简单，无运动部件，操作不受温度和压力的限制，分离效率可高达70%～90%，可以分离出小到5μm的粒子，对5μm以下的细微颗粒分离效率较低，可用后接袋滤器或湿法除尘器的方法来捕集。其缺点是气体在器内的流动阻力较大，对器壁的磨损较严重，分离效率对气体流量的变化较为敏感等。对标准形式的旋风分离器加以改进，出现了一些新型的旋风分离器，其目的是降低阻力或提高分离效率。常见的有CLT、CLT/A、CLP/A、CLP/B等，其中，C表示除尘器，L表示离心式，A、B为产品类别。

2. 旋液分离器

旋液分离器的结构和操作原理与旋风分离器类似。旋液分离器可用于悬浮液的增稠或分级，也可用于液-液萃取等操作中形成的乳浊液的分离。

与旋风分离器比较，旋液分离器的特点是：形状细长，直径小，圆锥部分长，以利于颗粒的分离；中心经常有一个处于负压的气柱，有利于提高分离效果。

3. 螺旋卸料离心机

螺旋卸料离心机如图5-55所示，主要由高转速的转鼓、与转鼓转向相同且转速比转鼓略高或略低的螺旋和差速器等部件组成。

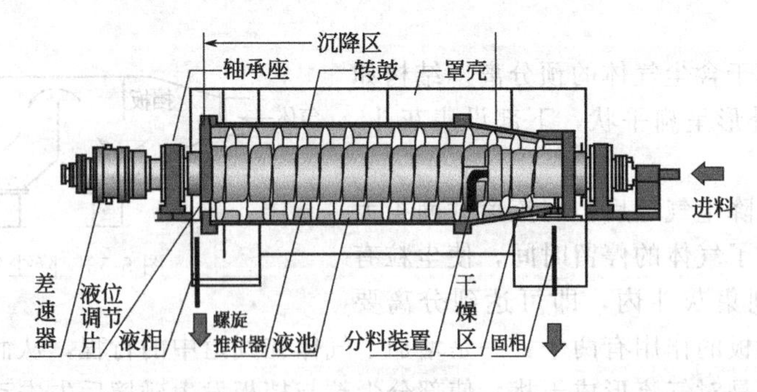

图 5-55　螺旋卸料离心机

当要分离的悬浮液进入离心机转鼓后，高速旋转的转鼓产生强大的离心力把比液相密度大的固相颗粒沉降到转鼓内壁，由于螺旋和转鼓的转速不同，二者存在有相对运动（即转速差），利用螺旋和转鼓的相对运动把沉积在转鼓内壁的固相推向转鼓小端出口处排出，分离后的清液从离心机另一端排出。差速器（齿轮箱）的作用是使转鼓和螺旋之间形成一定的转速差。

螺旋卸料离心机运转平稳，洗涤效果好，处理能力大，分离效率高，它可在全速运转时对悬浮液进行自动连续的进料、洗涤、脱水和卸料。螺旋卸料离心机适用于分离悬浮液固相在10%～80%、固相颗粒直径在0.05～5mm（0.2～2mm效果尤佳）范围内的线状或结晶状的固体颗粒，如柠檬酸、古龙酸、盐、硫铵、尿素等。

4. 碟片式高速离心机

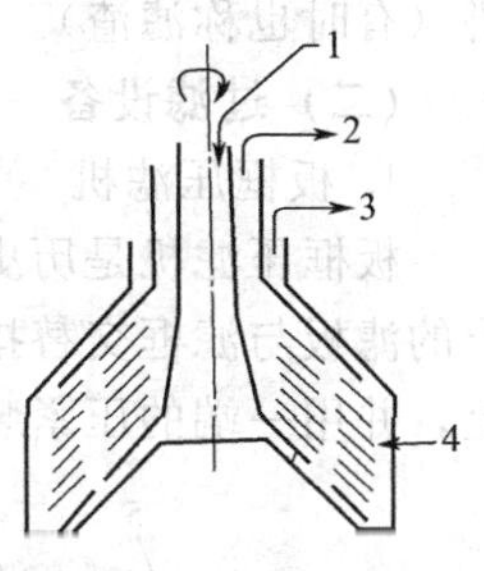

图5-56　碟片式高速离心机
1—加料口；2—轻液出口；3—重液出口；4—固体物积存区

图5-56为碟片式高速离心机。它的转鼓内装有50～100片平行的倒锥形碟片，碟片的半腰处开有孔，诸碟片上的孔串联成垂直的通道。转鼓与碟片通过一垂直轴由电动机带动高速旋转。要分离的液体混合物由空心转轴顶部进入，通过碟片半腰的开孔通道进入诸碟片之间，并随碟片转动，在离心力的作用下，密度大的液体或含细小颗粒的浓相趋向外周，沉于碟片的下侧，流向外缘，最后由上方的重液出口流出；轻液则趋向中心，沉于碟片上侧，流向中心，自上方的轻液出口流出。碟片的作用在于将液体分隔成很多薄层，缩短液滴（或颗粒）的水平沉降距离，提高分离效率，它可将粒径小到0.5μm的颗粒分离出来。

碟片式高速离心机转鼓容积大，分离效率高。但结构复杂，不易用耐腐蚀材料制成，不适用于分离腐蚀性的物料。此种设备可用于分离乳浊液和从液体中分离少量极细的固体颗粒，广泛用于润滑油脱水、牛乳脱脂、饮料澄清、催化剂分离等。

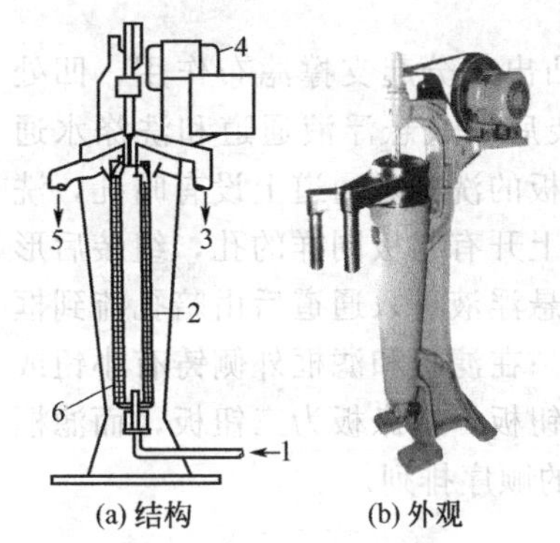

图5-57　管式超速离心机
1—加料口；2—转筒；3—轻液出口；4—电机；5—重液出口；6—挡板

5. 管式超速离心机

管式超速离心机如图5-57所示。主要由机身、传动系统、转鼓、集液盘、进液轴承座等组成。混合液从离心机底部进入转筒，筒内有垂直挡板，可使液体迅速随转筒高速旋转，同时自下而上流动，且料液在离心力场的作用下因其密度差的存在而分离。对于密度大的液相形成外环，密度小的液相形成内环，其流动到转鼓上部从各自的排液口排出，固体微粒沉积在转鼓壁上内壁形成沉渣层，待停机后人工卸出。

管式超速离心机分离效率极高，但处理能力较低，用于分离乳浊液时可连续操作，用来分离悬浮液时，可除去粒径在1μm左右的极细颗粒，故能分离其他离心沉降设备不能分离的物料。其分离能力强，结构简单，操作、维修方便，耗能低，占地面积小，低噪声，能适应物料的温度范围宽。

二、过滤分离

过滤是依据两相在固体多孔介质透过性的差异，在重力、压力差或离心力的作用下进行分离的操作技术。

（一）过滤过程

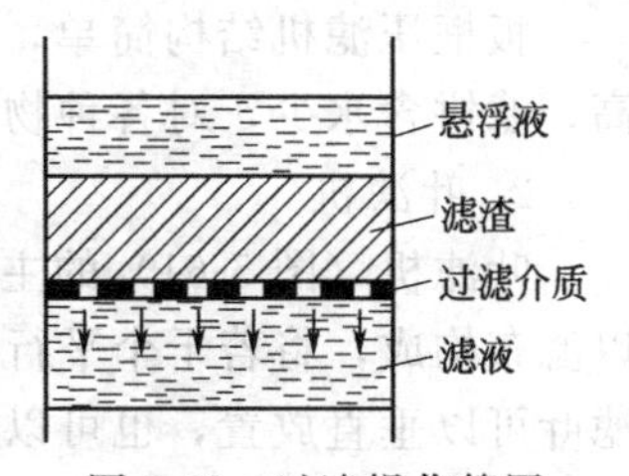

图5-58　过滤操作简图

过滤过程所用的基本构件是具有微细孔道的过滤介质（如织物），要分离的液体（或气体）混合物置于过滤介质一侧（图5-58）。在流动推动力的作用下，流体通过过滤介质的细孔道流到介质的另一侧，流体中的颗粒被介质截留，这样就实现了流体与颗粒的分离。用过滤分离悬浮液，通常悬浮液称为滤浆，分离得到的清液称为滤液，截留在过滤介质上的颗粒层称为滤饼（有时也称滤渣）。

（二）过滤设备

1. 板框压滤机

板框压滤机是历史最久，目前仍普遍使用的一种间歇操作的过滤设备，它由许多块正方形的滤板与滤框交替排列组合而成，板和框之间装有滤布，滤板与滤框靠支耳架在一对横梁上，并用一端的压紧装置将它们压紧。板框压滤机如图 5-59 所示。

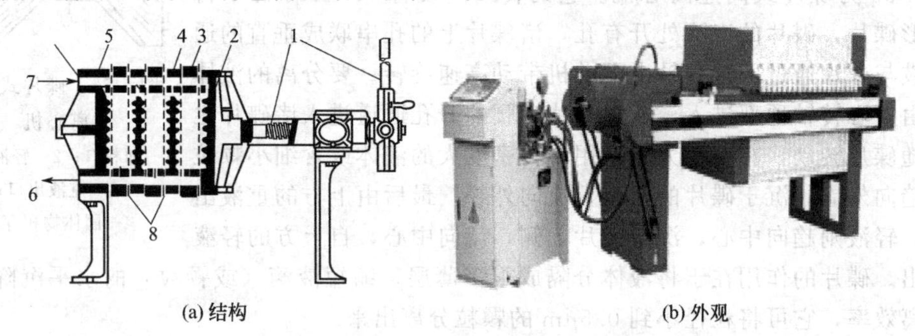

图 5-59　板框压滤机

1—压紧装置；2—可动头；3—滤框；4—滤板；5—固定头；6—滤液出口；7—滤浆进口；8—滤布

滤板和滤框如图 5-60 所示。滤板侧面设有凹凸纹路，凸出部分起支撑滤布作用，凹处形成的沟为滤液流道；上方两侧角上分别设有两个孔，组装后形成悬浮液通道和洗涤水通道；下方设有滤液出口。滤板有过滤板与洗涤板之分，洗涤板的洗涤水通道上设有暗孔，洗涤水进入通道后由暗孔流到两侧框内洗涤滤饼。滤框上方角上开有与板同样的孔，组装后形成悬浮液通道和洗涤水通道；在悬浮液通道上设有暗孔，使悬浮液进入通道后由暗孔流到框内；框的中间是空的，两侧装上滤布后形成累积滤饼的空间。在滤板和滤框外侧铸有小钮或其他标志，便于组装时按顺序排列。滤板中的非洗涤板为一钮板，洗涤板为三钮板，而滤框则是二钮，滤板与滤框装合时，按钮数以 1-2-3-2-1-2-3……的顺序排列。

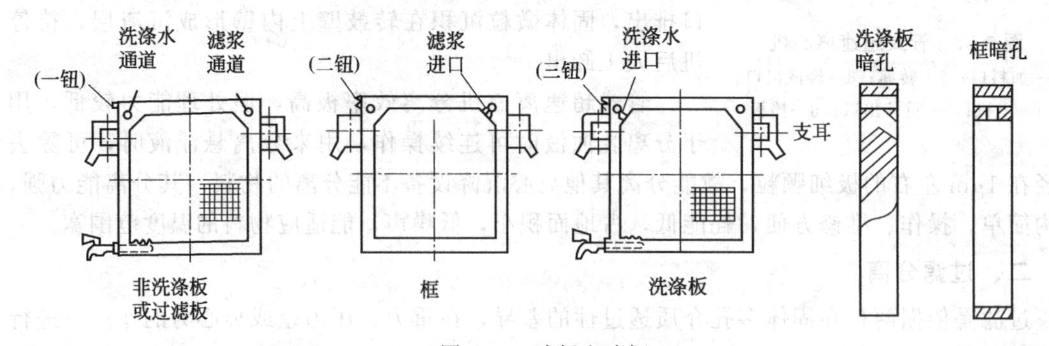

图 5-60　滤板和滤框

板框压滤机结构简单，制造容易，设备紧凑，过滤面积大，而占地面积小，操作压强高，滤饼含水少，对各种物料的适应能力强。但间歇手工操作，劳动强度大，生产效率低。

2. 叶滤机

叶滤机（图 5-61）的主要构件是矩形或圆形的滤叶。滤叶由金属丝网组成的框架上覆以滤布构成，将若干个平行排列的滤叶组装成一体，安装在密闭的机壳内，即构成叶滤机，滤叶可以垂直放置，也可以水平放置。

叶滤机也是间歇操作设备。悬浮液从叶滤机顶部进入，在压力作用下液体透过滤叶上的滤布，通过分配花板从底部排出，固体颗粒被截留在滤叶外部，当滤叶上滤饼厚度达到一定时，停止过滤，若需要洗涤，则以洗涤水进行洗涤，最后拆开卸料。

叶滤机设备紧凑，密闭操作，操作环境较好，过滤推动力大，劳动力较省，但结构比较复杂，造价较高。

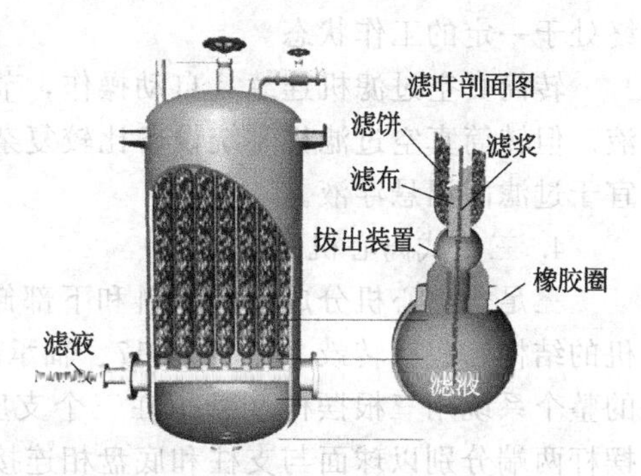

图 5-61　叶滤机

3. 转筒真空过滤机

转筒真空过滤机是工业上应用最广的一种连续操作的过滤设备。图 5-62 是整个装置示意图。转筒真空过滤机依靠真空系统造成的转筒内外的压差进行过滤。它的主体有：一是能转动的水平圆筒，即转筒（图 5-63），筒的表面有一层金属网，网上覆盖滤布，转筒内用隔板沿圆周分隔成互不相通的若干扇形小格；二是分配头，分配头由紧密相对贴合的转动盘与固定盘构成（图 5-63）。转动盘上有与转筒上扇形小格同样数量的缝隙，且一一对应，转动盘与转筒同步转动；固定盘固定在机架上，它与转动盘通过弹簧贴合在一起，固定盘上有三个凹槽，分别是吸滤液真空凹槽、吸洗涤水真空凹槽和通入压缩空气的凹槽；三是悬浮液料槽，一般为半圆筒形。辅助系统有抽真空系统和压缩空气系统，另外，还有刮刀、洗涤水喷头等。

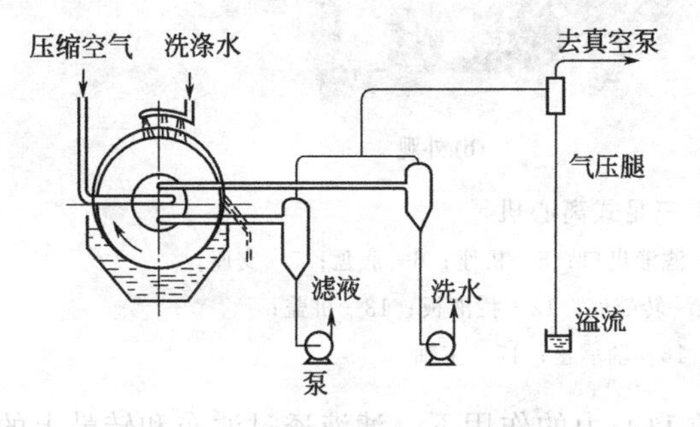

图 5-62　转筒真空过滤机装置示意图

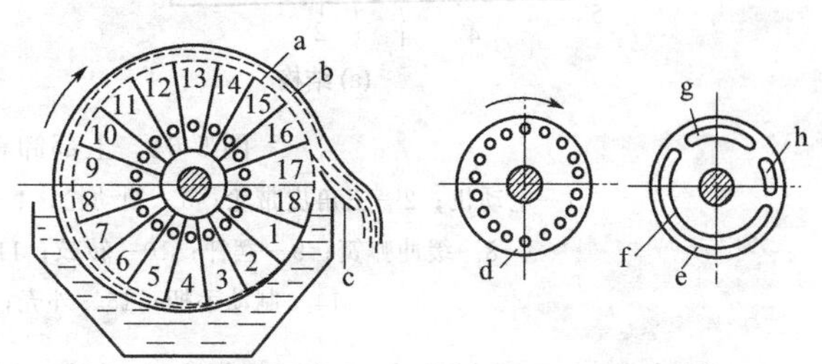

图 5-63　转筒及分配头的结构

a—转筒；b—滤饼；c—刮刀；d—转动盘；e—固定盘；f—吸滤液真空凹槽；g—吸洗涤水真空凹槽；h—通入压缩空气的凹槽

当扇形格 1 开始进入滤浆内时，转动盘上与扇形格 1 相通的小孔便与固定盘上的凹槽 f 相对，因而扇形格 1 与吸滤液的真空管道相通，扇形格 1 的过滤表面进行过滤，吸走滤液。图上扇形格 1～7 所处的位置均在进行过滤，称为过滤区。扇形格刚转出滤浆液面时（相当于扇形格 8、9 所处的位置）仍与凹槽 f 相通，此时真空系统继续抽吸留在滤饼中的滤液，这个区域称为吸干区，扇形格转到 12 的位置时，洗涤水喷洒在滤饼上，扇形格与固定盘上的与吸洗涤水管道连通的凹槽 g 相通，洗涤水被吸走，扇形格 12、13 所处的位置称为洗涤区。扇形格 11 对应于转动盘上的小孔位于凹槽 f 与 g 之间，不与任何管道相连通，该位置称为不工作区，由于不工作区的存在，当扇形格由一个区转入另一个区时各操作区不致互相串通。扇形格 14 的位置为吸干区，扇形格 15 为不工作区。扇形格 16、17 与固定盘上通压缩空气管道的凹槽 h 相通，压缩空气从扇形格 16、17 内穿过滤布向外吹，将转筒表面上沉积的滤饼吹松，随后由固定的刮刀将滤饼卸下，扇形格 16、17 的位置称为吹松区与卸料区。扇形格 18 为不工作区。如此连续运转，在整个转筒表面上构成了连续的过滤操作，过滤、洗涤、吸干、吹松、卸料等操作同时在转筒的不同位置进行，转筒真空过滤机的各个部位始终处于一定的工作状态。

转筒真空过滤机连续且自动操作，节省人力，适用于处理含易过滤颗粒浓度较高的悬浮液。但转筒真空过滤机系统设备比较复杂，投资大，依靠真空作为过滤推动力会受限制，不宜于过滤高温悬浮液。

4. 三足式离心机

三足式离心机分成上部卸料和下部卸料两大类。图 5-64 所示为上部卸料的三足式离心机的结构。包括转鼓 10、主轴 17、轴承座 16、三角皮带轮 2、电动机 1、外壳 15 和底盘 6 的整个系统用三根摆杆 9 悬吊在三个支座（三足）7 的球面座上，摆杆上装有缓冲弹簧 8，摆杆两端分别以球面与支柱和底盘相连接，另外，还有机座 5 和制动手柄 14 等。三足式离心机的轴短而粗，鼓底向上凸出，使转鼓重心靠近上轴承，这不仅使整机高度降低以利于操作，而且使转轴回转系统的临界转速远高于离心机的工作转速，减小振动，并由于支撑摆杆的挠性较大，使整个悬吊系统的固有频率远低于转鼓的转动频率，增大了减振效果。

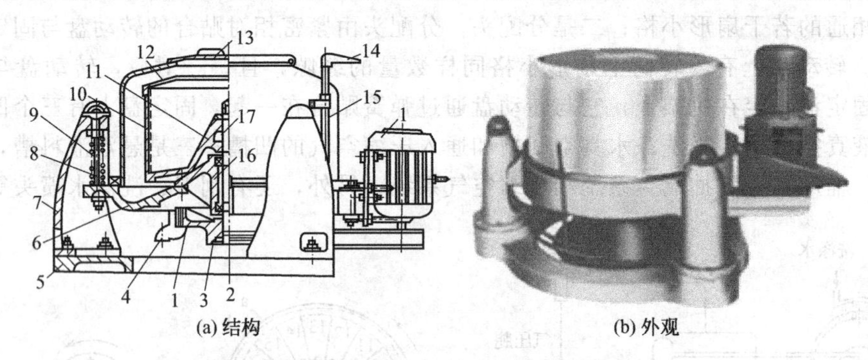

(a) 结构　　(b) 外观

图 5-64　上部卸料三足式离心机

1—电动机；2—三角皮带轮；3—制动轮；4—滤液出口；5—机座；6—底盘；7—支座；8—缓冲弹簧；9—摆杆；10—转鼓；11—转鼓底；12—拦液板；13—机盖；14—制动手柄；15—外壳；16—轴承座；17—主轴

操作时，在转鼓中加入待过滤的悬浮液，在离心力的作用下，滤液透过滤布和转鼓上的小孔进入外壳，然后再引至出口，固体则被截留在滤布上成为滤饼。待过滤了一定量的悬浮液，滤饼已达到一定厚度后，就停止加料。如需要洗涤滤饼或干燥滤饼，则应使转鼓再继续转动，待洗涤或干燥完毕再停车。

三足式离心机是过滤离心机中应用最广泛、适应性最好的一种设备，可用于分离固体从 10μm 的小颗粒至数毫米的大颗粒，甚至纤维状或成件的物料。三足式离心机结构简单，操作平稳，占地面积小，维修方便，价格低廉。适用于过滤周期较长、处理量不大、滤渣要求含液量较低的生产过程，过滤时间可根据滤渣湿含量的要求灵活控制，所以广泛用于小批量、多品种物料的分离。但因需人工卸除滤饼，劳动强度大。

5. 卧式刮刀卸料离心机

卧式刮刀卸料离心机是自动操作的间歇离心机。图 5-65 所示为卧式刮刀卸料离心机。它主要由转鼓、外壳、刮刀、溜槽、液压缸等组成。

操作时，进料阀门自动定时开启，悬浮液进入全速运转的鼓内，滤液经滤网及鼓壁小孔被甩到鼓外，再经机壳的排液口排出。被滤网截留的颗粒被耙齿均匀分布在滤网面上。当滤饼达到指定厚度时，进料阀门自动关闭，停止进料。随后冲洗阀门自动开启，洗涤水喷洒在滤饼上，洗涤滤饼，再甩干一定时间后，刮刀自动上升，滤饼被刮下，并经倾斜的溜槽排出。刮刀升至极限位置后自动退下，同时冲洗阀门又开启，对滤网进行冲洗，即完成一个操作循环，接着开始下一个循环的进料。此种离心机也可人工操纵，它的操作特点是加料、分离、洗涤、甩干、卸料、洗网等工序的循环操作都是在转鼓全速运转的情况下自动地依次进行。每一工序的操作时间可按预定要求实行自动控制。

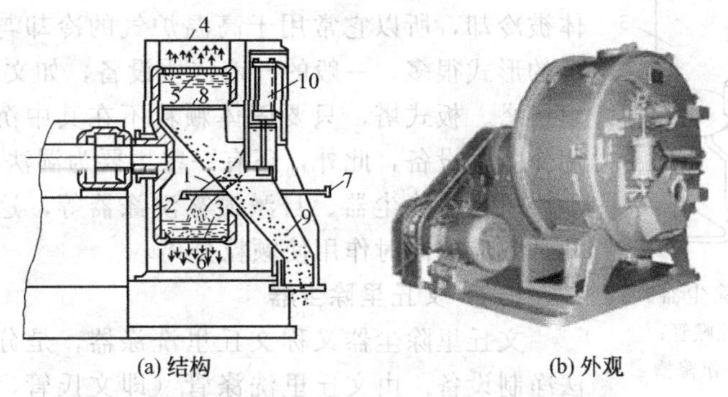

图 5-65　卧式刮刀卸料离心机

1—进料管；2—转鼓；3—滤网；4—外壳；5—滤饼；6—滤液；7—冲洗管；8—刮刀；9—溜槽；10—液压缸

卧式刮刀卸料离心机操作简便，生产能力大，适宜于大规模连续生产，但由于采用刮刀卸料，颗粒破碎严重，对于必须保持晶粒完整的物料不宜采用。

6. 活塞推料离心机

活塞推料离心机是自动连续操作的离心机，其结构如图 5-66 所示。活塞推料离心机主要由转鼓、活塞推送器、进料斗等组成。

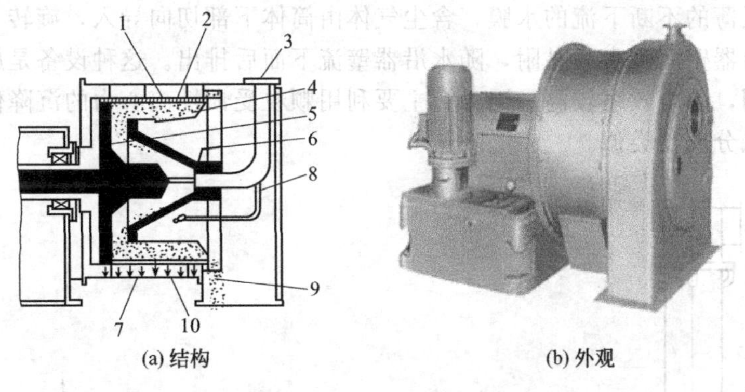

图 5-66　活塞推料离心机

1—转鼓；2—滤网；3—进料口；4—滤饼；5—活塞推送器；6—进料斗；7—滤液出口；8—冲洗管；9—固体排出口；10—洗涤水出口

活塞推料离心机的操作一直是在全速旋转下进行的，料浆不断由进料管送入，沿锥形进料斗的内壁流到转鼓的滤网上，滤液穿过滤网经滤液出口连续排出。积于滤网表面上的滤渣则被往复运动的活塞推送器沿转鼓内壁面推出，滤渣被推至出口的途中依次进行洗涤、甩干等过程。工作过程中加料、过滤、洗涤、甩干、卸料等操作在转鼓的不同部位同时进行，与转筒真空过滤机的工作过程相似。

活塞推料离心机的优点是颗粒破碎程度小，控制系统较简单，功率消耗也较均匀。因此活塞推料离心机主要用于浓度适中并能很快脱水和失去流动性的悬浮液。缺点是对悬浮液的浓度较敏感，若料浆太稀，则滤饼来不及生成，料液将直接流出转鼓；若料浆太稠，则流动性差，易使滤渣分布不均匀，引起转鼓振动。

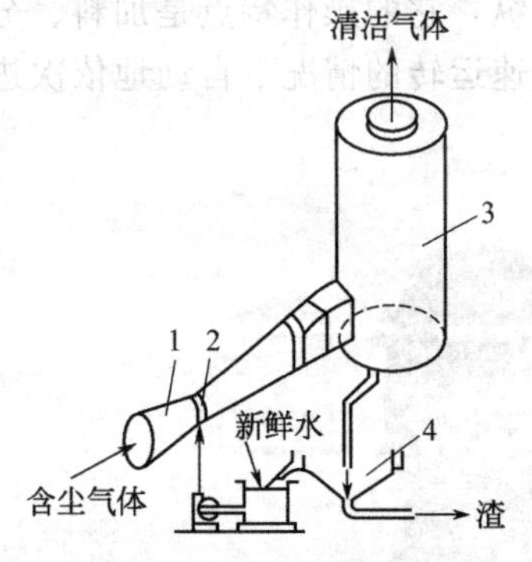

图 5-67　文丘里除尘器
1—洗涤管；2—有孔喉管；
3—旋风分离器；4—沉降槽

三、湿法分离

湿法分离是依据两相在增湿剂或洗涤剂中接触阻留情况不同，两相得以分离的操作技术。一般在湿法分离的同时气体被冷却，所以它常用于高温炉气的冷却与除尘。湿法除尘器的形式很多，一般的气液传质设备，如文丘里管、喷洒塔、填料塔、板式塔，只要固体颗粒不在其中沉积堵塞，都可以用作除尘设备，此外，还有一些主要为湿法除尘的专用设备，如旋风水膜除尘器、自激喷雾洗涤器等，这些设备往往利用几种效应的同时作用使颗粒分离。

（一）文丘里除尘器

文丘里除尘器又称文丘里洗涤器，是分离效率较高的湿法净制设备。由文丘里洗涤管（即文氏管，包括收缩管、喉管和扩散管三部分）和旋风分离器构成。如图 5-67 所示，液体由喉管外围的环形夹套经若干径向小孔引入，含尘气体以高速通过喉部把液体喷成很细的雾滴。悬浮的灰尘和液滴接触，被液体润湿捕集，进入旋风分离器被分离出来，气体即被净制。

文丘里除尘器结构简单，操作方便，除尘效率高（对于 0.5～1.5μm 的尘粒，分离效率可达 99%）；可单独使用，也可串联使用，可用来除去雾沫。缺点是压强降较大，一般为 1000～5000Pa；消耗能量较大。

（二）旋风水膜除尘器

图 5-68 所示为旋风水膜除尘器。设置在筒体上部的喷嘴由切向将水喷在器壁上，使内壁上形成一层很薄的不断下流的水膜，含尘气体由筒体下部切向导入，旋转上升，粉尘靠离心力的作用甩向器壁而为水膜黏附，随水沿器壁流下而后排出。这种设备是旋风分离与水膜除尘的综合利用，除尘效率较高。因为它主要利用颗粒受惯性离心力的沉降作用，所以它的操作原理与旋风分离器类似。

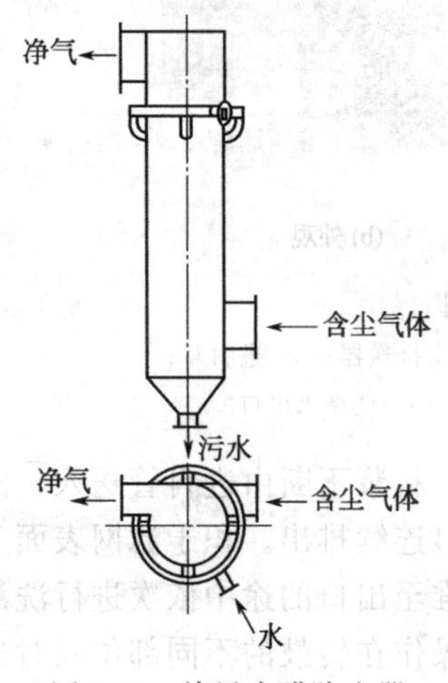

图 5-68　旋风水膜除尘器

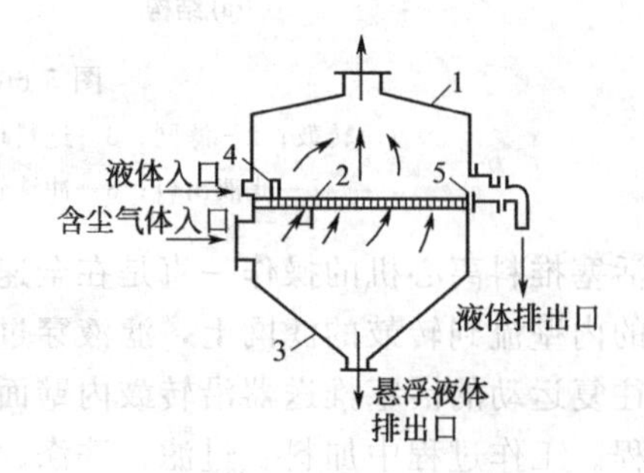

图 5-69　泡沫除尘器
1—外壳；2—筛板；3—锥形底；4—进液室；5—液流挡板

（三）泡沫除尘器

图 5-69 所示为泡沫除尘器。其外壳是圆形或方形，分成上下两室，中间隔有筛板，下室有锥形底。水或其他液体由上室的一侧靠近筛板处的进液室进入，受到经筛板上升的气体

的冲击，产生很多泡沫，在筛板上形成一层流动的泡沫层。含尘气体由下室进入，当它上升时，较大的灰尘被少部分下降的液体冲洗带走，由器底排出。气体中微小的灰尘在通过筛板后，被泡沫层截留，并随泡沫层经其另一侧的溢流挡板排出。净制后的气体由器顶排出。泡沫除尘器中，由于气液两相的接触面积很大，分离效率很高。若气体中所含的尘粒直径大于5μm，分离效率可达99%。为了提高分离效率，可设置双层或多层筛板。

（四）湍球塔

湍球塔是一种高效除尘设备，如图5-70所示，其主要构造是在塔内栅板间放置一定量的轻质空心塑料球。由于受到经栅板上升的气流冲击和液体喷淋，以及自身重力等多种力的作用，轻质空心塑料球悬浮起来，剧烈翻腾旋转，并互相碰撞，使气液得到充分接触，除尘效率很高。空心塑料球常用聚乙烯或聚丙烯等材料制成。

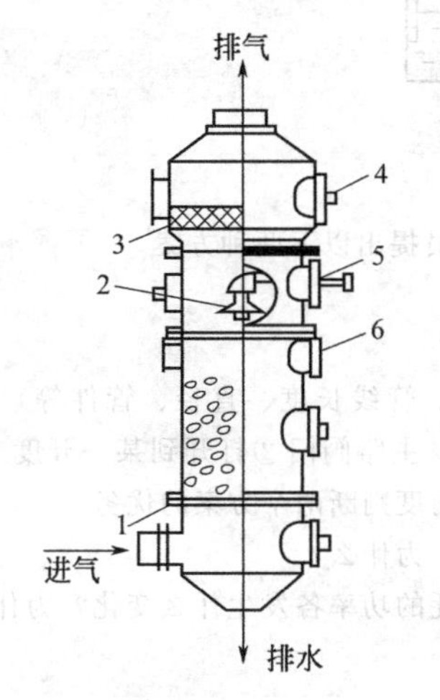

图5-70 湍球塔

1—栅板；2—喷嘴；3—除雾器；4—人孔；5—供水管；6—视镜

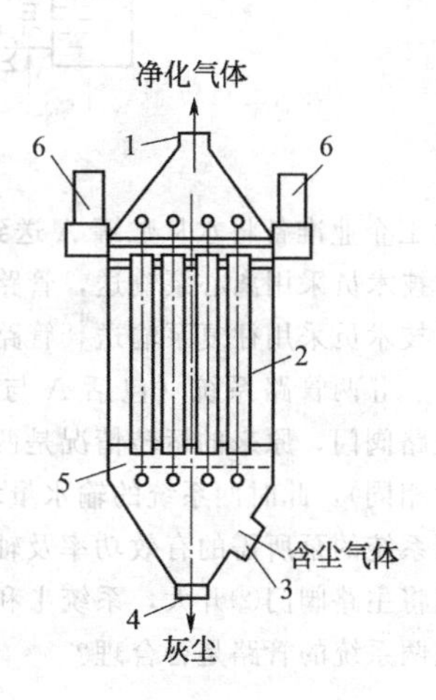

图5-71 静电除尘器

1—净气出口；2—收尘电极；3—含尘气体入口；4—灰尘出口；5—放电电极；6—绝缘箱

四、静电分离

静电分离是依据两相带电性的差异，在电场力的作用下进行分离的操作技术。当气体中含有某些极微细的尘粒或雾滴时，可用静电除尘器予以分离。含有悬浮尘粒或雾滴的气体通过金属板间的高压直流静电场，气体发生电离，生成带有正电荷与负电荷的离子。离子与尘粒或雾滴相遇而附于其上，使后者带有电荷而被电极所吸引，尘粒便从气体中除去。

图5-71所示为具有管状收尘电极的静电除尘器。静电除尘器能有效地捕集0.1μm甚至更小的烟尘或雾滴，分离效率可高达99.99%，阻力较小。气体处理量可以很大。低温操作时性能良好，也可用于500℃左右的高温气体除尘。缺点是设备费和运转费都较高，安装、维护、管理要求严格，所以一般只用于要求除尘效率高的场合。

思考与习题

5-1. 密度为1600kg/m^{3}的某液体经一管道输送到另一处，若要求3000kg/h，选择适当的管径。

5-2. 离心泵的工作点是怎样确定的？改变工作点的方法有哪些？是如何改变工作点的？

5-3. 离心泵的“气缚”是怎样产生的？为防止“气缚”现象的产生应采取哪些措施？

5-4. 离心泵的泵体为什么要加工成蜗壳形？从中可获得什么启发？

5-5. 什么是离心泵的汽蚀现象？它对泵的操作有何影响？如何防止？

5-6. 真空泵主要有哪些类型？各有何特点及适用于什么场合？

5-7. 如附图是某工程队为化工企业设备安装的施工方案。工艺要求是：用离心泵输送 60℃的水，分别提出了如图所示的三种安装方式。这三种安装方式的管路总长（包括管件的当量长度）可视为相同，试讨论：

（1）此三种安装方式是否都能将水送到高位槽？若能送到，其流量是否相等？

（2）此三种安装方式中，泵所需功率是否相等？

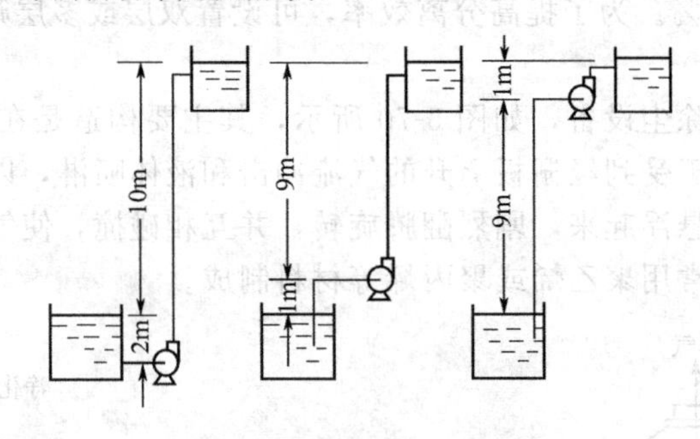

题 5-7　附图

5-8. 化工企业准备将水从贮罐 A 送到计量槽 B，工厂技术人员提出以下两种方案。

（1）甲技术员采用离心泵输送，管路设计如附图Ⅰ系统。

（2）乙技术员采用往复泵输送，管路设计如附图Ⅱ系统。

假设Ⅰ、Ⅱ两管路系统（包括 A 与 B 的位置与液面、压力、管线长度、直径、管件等）完全相同。①为循环支路阀门，原来的运转情况是两系统的支路阀门①关闭，主路阀门②打开到某一开度（两系统的阀门的开度相同），此时两系统的输水量均为 $10m^3/h$。试从下述角度判断两个方案的优劣。

（1）两系统的泵所需的有效功率及轴功率各为多少？哪个大？为什么？

（2）现将主路阀门②开大，系统Ⅰ和系统Ⅱ的输水量与泵消耗的功率各发生什么变化？为什么？

（3）此两系统的管路是否合理？

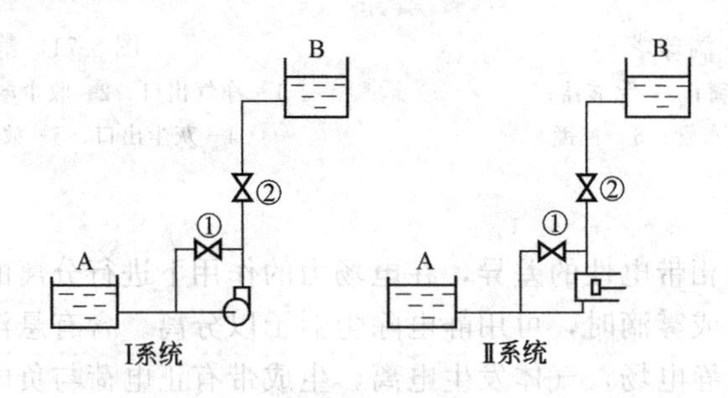

题 5-8　附图

5-9. 输送下列几种流体，应分别选用哪种类型的输送设备？

（1）往空气压缩机的汽缸中注润滑油。

（2）输送浓番茄汁至灌装机。

（3）输送含有粒状结晶的饱和盐溶液至过滤机。

（4）将水从水池送到冷却塔顶（塔高 30m，水流量 $500m^3/h$）。

（5）将洗衣粉浆液送到喷雾干燥器的喷头中（喷头内压力 10MPa，流量 $5m^3/h$）。

（6）配合 pH 控制器，将碱液按控制的流量加入参与化学反应的物流中。

（7）输送空气，气量 $500m^3/h$，出口压力 0.8MPa。

（8）输送空气，气量 $1000m^3/h$，出口压力 0.01MPa。

5-10. 一输水管路系统，安装有一台离心水泵。发现当打开出口阀门，并逐渐开大阀门时流量增加很少。现在拟采用增加同样型号的泵使输水量有较大的提高，试问应采取串联还是并联？为什么？

5-11. 化工厂从水塔引水至车间，水塔的水位可视为不变。送水管的内径为 50mm，管路总长为 L，流量为V，水塔水面与送水管出口间的垂直距离为h。由于扩产用水量增加50%，需对送水管进行改装。假设在各种情况下，摩擦系数不变。工程队提出的改造方案如下。

（1）将管路换成内径为75mm的管子［附图(a)］。

（2）将管路并联一根长度为$L/2$、内径为50mm的管子［附图(b)］。

（3）将管路并联一根长度为L、内径为25mm的管子［附图(c)］。

请为企业选择合理改造方案。若上述三个方案均不合理，请为企业提出改造方案。

5-12. 苯和甲苯的混合蒸气可视为理想气体，其中含苯0.60（体积分数）。试求30℃、102×10^3Pa绝对压强下该混合蒸气的平均密度？

5-13. 根据车间测定的数据，求绝对压力，以kPa表示。

（1）真空度为540mmHg。

（2）表压为4kgf/cm^2。

（3）表压为8.5mH_2O。已知当地大气压为1atm。

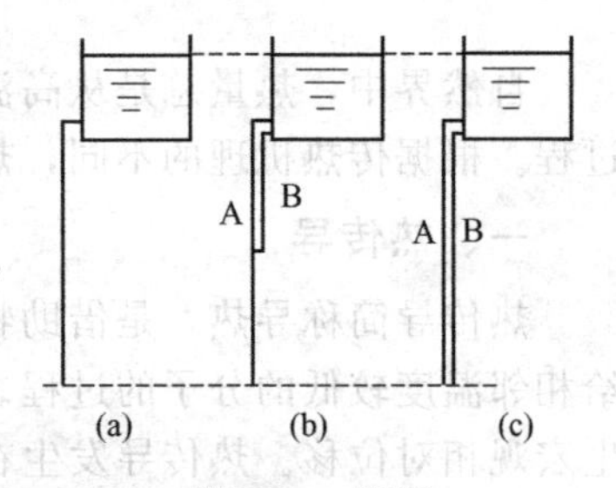

题5-15　附图

A—原有管路；B—新并联管路

5-14. 某化工厂锅炉中产生的蒸汽压力为0.2MPa，流量为13.0t/h，试选用合适的管材与管子规格。

5-15. 您所在单位有哪些固体输送设备？试简述其结构及原理。

5-16. 试说明往复泵的构造及工作原理。

5-17. 什么是正位移泵（系统）？如何实施流量调节？为什么？

5-18. 试述生产过程中常用过滤机械的类型及性能比较。

5-19. 生产过程中常用的湿法除尘设备有哪些？各有什么特点？

第六章　传热操作技术

第一节　传热的基本方式

自然界中，热量总是从高温物体自发地传递给低温物体。热量的这种传递过程也称传热过程。根据传热机理的不同，热量传递有三种基本方式：热传导、对流传热和辐射传热。

一、热传导

热传导简称导热，是借助物质的分子、原子或自由电子的运动将热能以动能的形式传递给相邻温度较低的分子的过程。导热的特点是：在传热过程中，物体内的分子或质点并不发生宏观相对位移。热传导发生在固体和静止流体内。

各种物质的导热本领不一样，金属比非金属的导热性能好，因此，常把金属称为热的良导体，一些不易导热的物体称为热的不良导体。用来衡量传热性能好坏的物理量称为传热系数。导热面积为 $1m^2$，厚度为 1m，两壁的温差为 1K，在单位时间内以导热方式所传递的热量，称为该物质的热导率，用符号 λ 表示，其单位为 J/(s·m·K) 或 W/(m·K)。热导率越大，导热性能越好，一般而言，固体金属的热导率最大，非金属的次之，液体的较小，而气体的最小。工程上常见物质的热导率可从有关手册中查得。

在生产中要知道单位时间内的导热量（即导热速率），可用导热速率方程（或称傅里叶定律）来确定，即：

$$Q=\lambda \frac{A}{\delta}(t_1-t_2) \tag{6-1}$$

式中　Q——导热速率，J/s 或 W；

λ——热导率，J/(s·m·K) 或 W/(m·K)；

A——导热面积，m^2；

δ——平壁厚度，m；

t_1，t_2——平壁两侧表面温度，K。

把式(6-1) 改写成下列形式，即为热流强度（热通量）：

$$q=\frac{Q}{A}=\frac{t_1-t_2}{\dfrac{\delta}{\lambda}}=\frac{\text{导热推动力}}{\text{导热热阻}} \tag{6-2}$$

则单层平壁进行热传导时，其导热热阻 $R=\dfrac{\delta}{\lambda}$。可见，平壁材料的热导率越小，平壁厚度越厚，则热传导阻力就越大。

在实际生产中常遇到的是多层不同材料组成的平壁的导热。在稳态导热时，各层的传热速率相等，三层平壁导热关系式如下：

$$\frac{Q}{A}=\frac{\Delta t_1}{\dfrac{\delta_1}{\lambda_1}}=\frac{\Delta t_2}{\dfrac{\delta_2}{\lambda_2}}=\frac{\Delta t_3}{\dfrac{\delta_3}{\lambda_3}}=\frac{\Delta t_1+\Delta t_2+\Delta t_3}{\dfrac{\delta_1}{\lambda_1}+\dfrac{\delta_2}{\lambda_2}+\dfrac{\delta_3}{\lambda_3}}=\frac{\Delta t}{R_1+R_2+R_3}=\frac{\Delta t}{\sum R} \tag{6-3}$$

可见，多层平壁的导热的总推动力等于各层导热的推动力之和；多层平壁的导热的总热阻等于各层导热的热阻之和。多层平壁的热传导如图 6-1 所示。

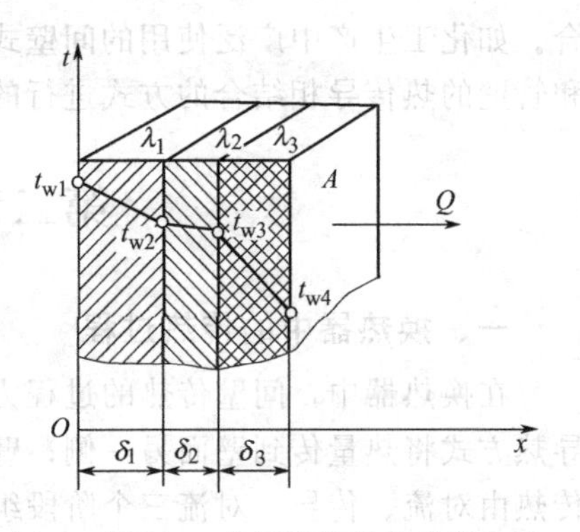

图 6-1　多层平壁的热传导

圆筒壁的导热在化工生产中也很常见，例如热量在管道和设备壁层上的传递及热力管道和设备的绝热保温等。

在化工生产中，经常见到圆筒形的设备和管道的导热或绝热保温，其导热过程与平壁导热的不同之处在于，圆筒壁的传热面积不再是常量，而是随半径而变，同时温度也随半径而变，但在稳定传热时传热速率依然是一定的。

对单层圆筒壁：

$$Q=\frac{2\pi l\lambda(t_1-t_2)}{\ln\dfrac{r_2}{r_1}}=\frac{t_1-t_2}{\dfrac{\ln(r_2/r_1)}{2\pi l\lambda}}=\frac{\Delta t}{R} \tag{6-4}$$

式中　r_1——圆筒内壁半径，m；

r_2——圆筒外壁半径，m；

l——圆筒长度，m。

与多层平壁一样，对三层圆筒壁：

$$Q=\frac{\Delta t_1+\Delta t_2+\Delta t_3}{R_1+R_2+R_3}=\frac{t_1-t_4}{\dfrac{\ln(r_2/r_1)}{2\pi l\lambda_1}+\dfrac{\ln(r_3/r_2)}{2\pi l\lambda_2}+\dfrac{\ln(r_4/r_3)}{2\pi l\lambda_3}}=\frac{2\pi l(t_1-t_4)}{\dfrac{1}{\lambda_1}\ln\dfrac{r_2}{r_1}+\dfrac{1}{\lambda_2}\ln\dfrac{r_3}{r_2}+\dfrac{1}{\lambda_3}\ln\dfrac{r_4}{r_3}} \tag{6-5}$$

二、对流传热

由于流体质点之间产生宏观相对位移而引起的热量传递，称为对流传热。对流传热仅发生在流体中。根据引起流体质点相对位移的原因不同，又可分为强制对流传热和自然对流传热。若相对运动是由外力作用（如泵、风机、搅拌器等）而引起的，称为强制对流传热；若相对运动是由于流体内部各部分温度不同而产生密度的差异，使流体质点发生相对运动的，则称为自然对流传热（如水壶中烧开水的过程）。流体在发生强制对流传热时，往往伴随着自然对流传热，但一般强制对流传热的强度比自然对流传热的强度大得多。对流传热只发生在流体内部或流体与固体壁面之间的传热。

从流体到固体壁或从固体壁到流体的传热过程，是一个以层流内层为主的导热和以层流内层以外的对流传热的综合过程，这种传热方式称为对流给热。对流给热的热阻主要集中在层流内层。

热流体对平壁壁面的给热速率为：

$$Q=\alpha A(t-t_{壁}) \tag{6-6}$$

式中　α——给热系数（或称对流传热系数），$W/(m^2\cdot K)$；

$t,t_{壁}$——流体主体的平均温度和壁面温度，K。

三、辐射传热

热量以电磁波形式传递的现象称为辐射。辐射传热是不同物体间相互辐射和吸收能量的结果。由此可知，辐射传热不仅是能量的传递，同时还伴有能量形式的转换。辐射传热的特点是不需要任何介质作为媒介，可在真空中进行。这是热辐射不同于其他传热方式的另一特点。只要温度在绝对零度以上的物体，都具有辐射的能力，但只有当物体温度较高时，辐射传热才能成为主要的传热方式。物体的温度越高，以辐射形式传递的热量越多。

实际上，传热过程往往不是以某种传热方式单独进行，而是两种或三种传热方式的组合。如化工生产中广泛使用的间壁式换热器中的传热，主要是以流体与管壁之间的对流传热和管壁的热传导相结合的方式进行的。

第二节 换热器中的传热

一、换热器中的传热过程

在换热器中，间壁传热的过程为：热流体以对流传热方式将热量传给壁面一侧；壁面以导热方式将热量传到壁面另一侧；壁面另一侧再以对流传热方式将热量传给冷流体。即间壁传热由对流、传导、对流三个阶段组成。

对两平壁壁面对流传热及壁上传导传热过程分析，整理得到整个传热过程的速率为：

$$Q=\frac{A\Delta t}{\frac{1}{\alpha_1}+\frac{\delta}{\lambda}+\frac{1}{\alpha_2}} \tag{6-7}$$

设

$$K=\frac{1}{\frac{1}{\alpha_1}+\frac{\delta}{\lambda}+\frac{1}{\alpha_2}} \tag{6-8}$$

则上式可简化为：

$$Q=KA\Delta t_m \tag{6-9}$$

式中 Q——间壁式换热器的传热速率，J/s 或 W；

K——总传热系数，$W/(m^2 \cdot K)$；

α_1，α_2——换热器壁内侧和壁外侧流体的给热系数，$W/(m^2 \cdot K)$；

Δt_m——传热平均温度差，K。

式(6-9) 称为传热速率方程式，从式中可以看出总传热系数 K 的物理意义是：当冷热流体的温差为 1K 时，单位时间通过 $1m^2$ 传热面积所传递的热量。可见传热系数 K 值越大，所传递的热量越多，换热器的传热效果越好，因此，K 值的大小是衡量换热器传热性能的一个重要标志。

当传热面为圆筒壁时两侧的传热面积不等，此时，选取传热基准面，K 值计算式不同。以换热管的平均传热面积为基准面，则 K 值计算式为：

$$\frac{1}{K_m}=\frac{1}{\alpha_i}\times\frac{S_m}{S_i}+\frac{\delta}{\lambda}+\frac{1}{\alpha_o}\times\frac{S_m}{S_o} \tag{6-10}$$

由于管壁面积可作如下计算，$S_m=\pi d_m l$，$S_i=\pi d_i l$，$S_o=\pi d_o l$，则式(6-10) 可简化为：

$$\frac{1}{K_m}=\frac{1}{\alpha_i}\times\frac{d_m}{d_i}+\frac{\delta}{\lambda}+\frac{1}{\alpha_o}\times\frac{d_m}{d_o} \tag{6-11}$$

式中 K_m——以换热管的平均传热面积为基准的总传热系数，$W/(m^2 \cdot K)$；

d_m——换热管的对数平均直径，$d_m=(d_o-d_i)/\ln\frac{d_o}{d_i}$，m；

d_i，d_o——换热管的内径、外径，m。

同理，可以推导得到分别以换热管内表面和外表面为传热基准面的 K 值：

$$\frac{1}{K_i}=\frac{1}{\alpha_i}+\frac{\delta}{\lambda}\times\frac{d_i}{d_m}+\frac{1}{\alpha_o}\times\frac{d_i}{d_o} \tag{6-12}$$

$$\frac{1}{K_o}=\frac{1}{\alpha_o}+\frac{\delta}{\lambda}\times\frac{d_o}{d_m}+\frac{1}{\alpha_i}\times\frac{d_o}{d_i} \tag{6-13}$$

式中 K_i，K_o——以换热管的内、外表面积为基准的总传热系数，$W/(m^2 \cdot K)$。

换热器在使用过程中，传热壁面常有污垢形成，对传热产生附加热阻，该热阻称为污垢热阻。通常，污垢热阻比传热壁面的热阻大得多，因而在传热计算中应考虑污垢热阻的影响。影响污垢热阻的因素很多，主要有流体的性质、传热壁面的材料、操作条件、清洗周期等。通常根据经验直接估计污垢热阻值，将其考虑在 K 中。

对于圆筒壁传热，则式(6-13) 可写为：

$$\frac{1}{K_o}=\frac{1}{\alpha_i}\times\frac{d_o}{d_i}+R_{i,垢}\frac{d_o}{d_i}+\frac{\delta}{\lambda}\times\frac{d_o}{d_m}+R_{o,垢}+\frac{1}{\alpha_o} \tag{6-14}$$

式中 $R_{i,垢}$，$R_{o,垢}$——传热面内、外侧的污垢热阻，$m^2 \cdot K/W$。

对于平壁传热：

$$\frac{1}{K}=\frac{1}{\alpha_i}+\frac{\delta}{\lambda}+\frac{1}{\alpha_o}+R_{i,垢}+R_{o,垢} \tag{6-15}$$

因垢层的厚度和热导率不好估算，工程上也常用垢层系数（$\alpha_垢$）来表示垢层热阻，其值为污垢热阻 $R_垢$ 的倒数，即 $\alpha_垢=1/R_垢$。

二、传热过程平均温度差 Δt_m 的计算

1. 恒温传热过程的传热平均温度差

当冷、热两流体在换热过程中均只发生恒温相变时，热流体温度 T 和冷流体温度 t 沿管壁始终保持不变，称为恒温传热。此时，各传热截面的传热温度差完全相同，并且流体的流动方向对传热温度差也没有影响。换热器的传热推动力可取任一传热截面上的温度差（常见于蒸发器的情况）：

$$\Delta t_m = T - t \tag{6-16}$$

2. 变温传热过程的传热平均温度差

在大多数情况下，间壁一侧或两侧流体的温度通常沿换热器管长而变化，对此类传热则称为变温传热。对于两侧流体的温度均发生变化的传热过程，传热平均温度差的大小还与两流体间的相对流动方向有关。在间壁式换热器中，冷热流体的流向可分为并流、逆流、错流和折流，如图 6-2 所示。

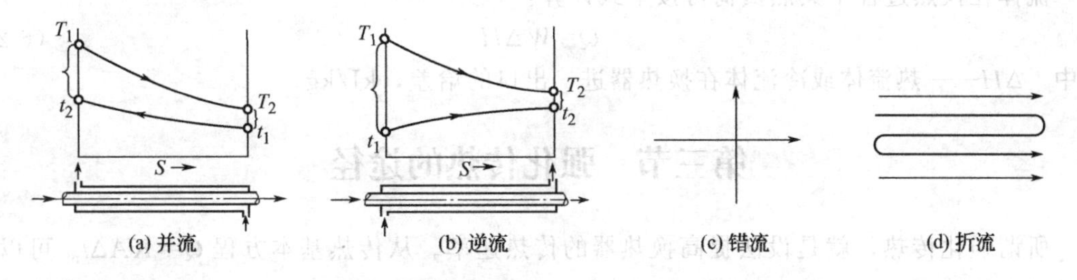

图 6-2 流体流向示意图

并流和逆流时，冷、热流体的平均温度差等于传热过程中的较大温度差 $\Delta t_{大}$ 和较小温度差 $\Delta t_{小}$ 的对数平均值：

$$\Delta t_m=\frac{\Delta t_{大}-\Delta t_{小}}{\ln\dfrac{\Delta t_{大}}{\Delta t_{小}}} \tag{6-17}$$

当换热器两端温度差 $\Delta t_{大}/\Delta t_{小}\leqslant 2$ 时，可近似用算术平均值来代替对数平均值，即：

$$\Delta t_m=\frac{\Delta t_{大}+\Delta t_{小}}{2} \tag{6-18}$$

错流、折流时的传热平均温度差通常是先按逆流流动计算出对数平均温度差 $\Delta t'_m$，再乘

以一个恒小于1的校正系数$\phi_{\Delta t}$，即：

$$\Delta t_m=\phi_{\Delta t}\Delta t'_m \tag{6-19}$$

式中 $\phi_{\Delta t}$——温差校正系数，其大小与流体的温度变化有关，可通过工程手册中温差修正系数图确定。

三、换热器中热负荷的计算

为达到一定的换热任务，要求换热器在单位时间内传递的热量称为换热器的热负荷，单位为J/s。热负荷由生产工艺条件决定，是换热器的生产任务。而换热器的传热速率是换热器单位时间内能够传递的热量，它是换热器本身的特性。满足工艺要求的换热器，其传热速率必须大于或等于热负荷。

根据工艺条件的不同，热负荷的计算方法有以下几种。

1. 无相变过程

当流体中无相变时，其热负荷的计算式为：

$$Q=Wc\Delta t \tag{6-20}$$

式中 W——热流体或冷流体的质量流量，kg/s；

c——热流体或冷流体的恒压比热容，kJ/(kg·K)；

Δt——热流体或冷流体在换热器进、出口温度差，K。

2. 有相变过程

若流体在换热过程中仅发生恒温相变，如蒸发或冷凝，其热负荷计算式为：

$$Q=Wr \tag{6-21}$$

式中 r——热流体或冷流体的汽化潜热，kJ/kg。

对多组分混合物，其热负荷可按下式计算：

$$Q=W\sum X_{wi}r_i \tag{6-22}$$

式中 X_{wi}——混合液中i组分的质量分率。

3. 不论有无相变过程

流体在换热过程中其热负荷可按下式计算：

$$Q=W\Delta H \tag{6-23}$$

式中 ΔH——热流体或冷流体在换热器进、出口的焓差，kJ/kg。

第三节 强化传热的途径

所谓强化传热，就是设法提高换热器的传热速率。从传热基本方程$Q=KA\Delta t_m$可以看出，增大传热面积A、提高传热推动力Δt_m以及提高传热系数K都可以达到强化传热的目的，但是，究竟从哪一方面着手实际效果更好，应作具体分析。

一、增大传热面积

增大传热面积，可以提高换热器的传热速率。但增大传热面积不能靠增大换热器的尺寸来实现，而是要从设备的结构入手，提高单位体积的传热面积。工业上往往通过改进传热面的结构来实现。现介绍几种主要形式。

1. 翅化面（肋化面）

用翅（肋）片来扩大传热面积和促进流体的湍动从而提高传热效率，是人们在改进传热面进程中最早推出的方法之一。翅化面的种类和形式很多，用材广泛，制造工艺多样，翅片管式换热器、板翅式换热器等均属此类。装于管外的翅片有轴向的、螺旋形的与径向的，如

图 6-3(a)、(b)、(c) 所示。除连续的翅片外，为了增强流体的湍动，也可在翅片上开孔或每隔一段距离令翅片断开或扭曲，如图 6-3(d)、(e) 所示。必要时还可采用内、外都有翅片的管子。翅片结构通常用于传热面两侧传热系数小的场合，对气体换热尤为有效。

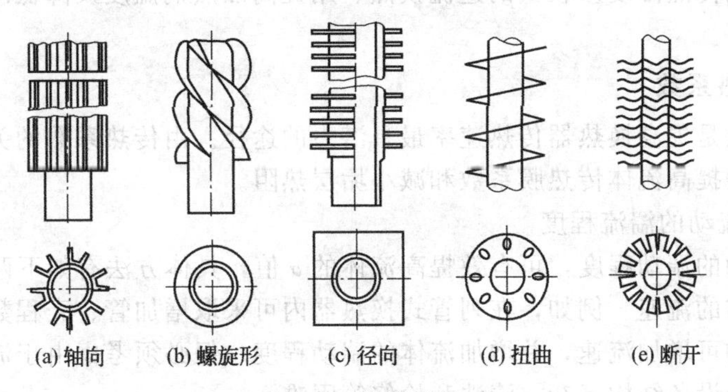

图 6-3 各类翅片

2. 异形表面

将传热面制成各种凹凸形、波纹形、扁平状等，使流道截面的形状和大小均发生变化，不仅使传热表面有所增加，还使流体在流道中的流动状态不断改变，增加扰动，减小边界层厚度，从而促使传热强化。强化传热管就是管壳式换热器中常用的结构，如图 6-4 所示的几种带翅片或异形表面的传热管，便是工程上在列管式换热器中经常使用的高效能传热管。

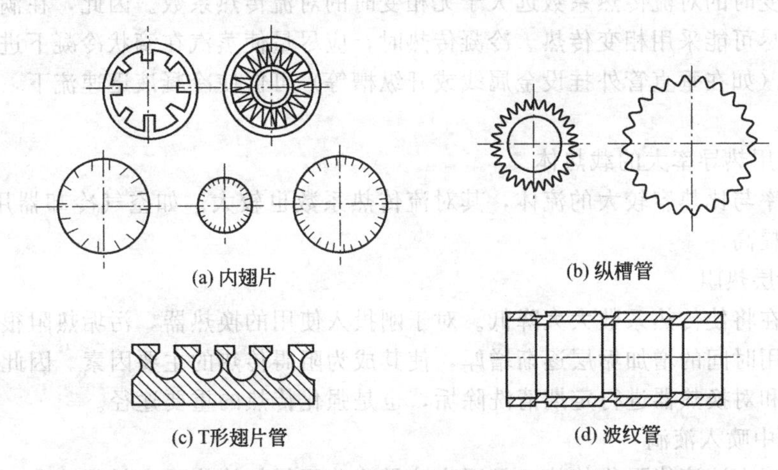

图 6-4 几种带翅片或异形表面的传热管

3. 多孔物质结构

将细小的金属颗粒烧结或涂覆于传热表面或填充于传热表面间，如图 6-5 所示。表面烧结法制成的多孔表面，不仅增大了传热面积，而且还改善了换热状况，对于沸腾传热过程的强化特别有效。

4. 采用小直径管

在管式换热器设计中，减小管子直径，可增加单位体积的传热面积，这是因为管径减小，可以在相同体积内布置更多的传热面，使换热器的结构更为紧凑。另外，减小管径后，使管内湍流换热的层流内层减薄，有利于传热的强化。

但上述方法提高传热面积、强化传热的同时，由于流道的变化，往往会使流动阻力有所增加，应综合比较，全面考虑。

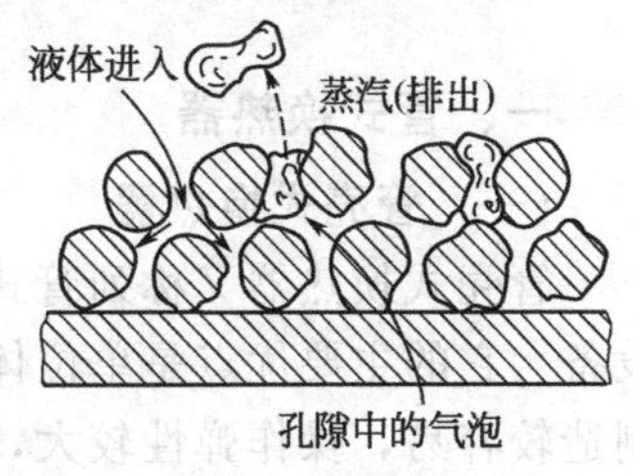

图 6-5 多孔表面

二、提高传热推动力

传热推动力即传热平均温度差。生产中常用增大传热平均温度差的方法来提高换热器的传热速率。如采用传热温度差较大的逆流换热、用提高加热剂温度及降低冷却剂温度的方法增大传热温度差等。

三、提高传热系数

提高传热系数是提高换热器传热速率最具潜力的途径。由传热系数的关系式可知，增大传热系数，主要是提高流体传热膜系数和减小垢层热阻。

1. 增加流体流动的湍流程度

增加流体流动的湍动程度，可有效提高流体的 α 值，具体方法有如下两个。

(1) 加大流体的流速　例如，在列管式换热器内可采取增加管、壳程数，在夹套式换热器内增加搅拌，均可增加流速，并增加流体的湍动程度。但必须考虑由于流速增加引起的流体阻力增大，以及设备结构复杂、清洗和检修等困难。

(2) 增加流体的人工扰动以减薄层流底层　例如，采用螺旋板式换热器；采用各种异形管或在管内加麻花铁、螺旋圈或金属卷片等添加物；采用波纹状或粗糙的换热面等都可提高对流传热强度。在列管式换热器的壳程中安装折流挡板，使流体流动方向不断改变，是提高壳程对流系数的重要方法。

2. 尽量采用有相变的流体

流体有相变时的对流传热系数远大于无相变时的对流传热系数。因此，在满足工艺条件的前提下，应尽可能采用相变传热。冷凝传热时，应尽量使蒸汽在滴状冷凝下进行，或采取一些有效措施（如在垂直管外挂设金属线或开纵槽等）可促使冷凝液迅速流下，使得冷凝膜系数显著提高。

3. 尽量采用热导率大的载热体

一般热导率与比热容较大的流体，其对流传热系数也较大。如空气冷却器用水冷却后，传热效果大大提高。

4. 减小垢层热阻

污垢的存在将使传热系数大大降低。对于刚投入使用的换热器，污垢热阻很小，可不予考虑，但随使用时间的增加垢层逐渐增厚，使其成为阻碍传热的主要因素。因此，防止换热器管壁的结垢和对换热器进行定期清洗除垢，也是强化传热的重要途径。

5. 在气流中喷入液滴

在气流中喷入液滴能强化传热，是因为液雾改善了气相放热强度低的缺点，当气相中液雾被固体壁面捕集时，气相换热变成了液膜换热，液膜表面蒸发传热强度极高，因而使传热得到强化。

第四节　换　热　器

一、管式换热器

（一）管壳式换热器

管壳式换热器又称列管式换热器，是目前化工生产中应用最为广泛的一种通用标准换热设备。它的主要优点是单位体积具有的传热面积较大以及传热效果较好，结构简单、坚固，制造较容易，操作弹性较大，适应性强等。

管壳式换热器如图 6-6 所示，主要由壳体、管束、管板、折流挡板和封头等部件组成。

壳体内装有管束，管束两端固定在管板上。管子在管板上的固定方法可采用胀接、焊接或胀焊结合法。管壳式换热器中，一种流体在管内流动，其行程称为管程；另一种流体在管外流动，其行程称为壳程。管束的壁面即为传热面。

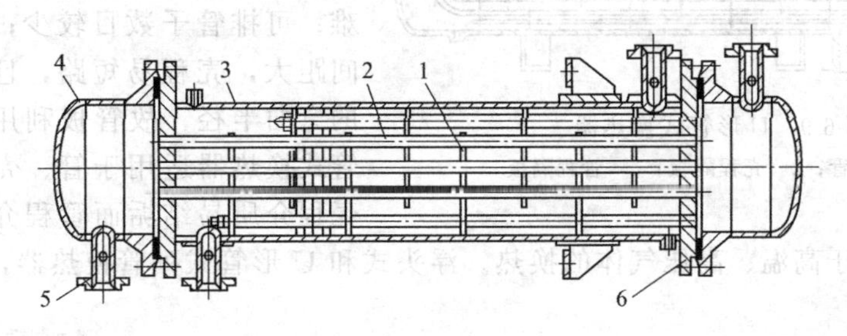

图 6-6　管壳式换热器

1—折流挡板；2—管束；3—壳体；4—封头；5—接管；6—管板

在管壳式换热器中，通常在其壳体内安装一定数量与管束相互垂直的折流挡板，可防止流体短路，迫使流体按规定路径多次错流通过管束；增加流体流速；增大流体的湍动程度。折流挡板的形式较多，其中以圆缺形（弓形）挡板为最常用。

管壳式换热器操作时，由于冷、热流体温度不同，使壳体和管束受热程度不同，其膨胀程度也不同，若冷、热流体温差较大（50℃以上）时，就可能由于热应力而引起设备变形，或使管子弯曲、从管板上松脱，甚至造成管子破裂或设备毁坏。因此必须从结构上考虑这种热膨胀的影响，采取各种补偿的办法，消除或减小热应力。常见的温差补偿措施有补偿圈补偿、浮头补偿和 U 形管补偿等。由此，列管式换热器也可分为以下三种形式。

(1) 固定管板式换热器——补偿圈补偿　图 6-7 所示为具有补偿圈的固定管板式换热器，即在外壳的适当部位焊上一个补偿圈（也称膨胀节），当外壳和管束热膨胀不同时，补偿圈发生弹性变形（拉伸或压缩），以适应外壳和管束不同的热膨胀程度。

其特点是：热补偿方法与设备结构简单，成本低，但受膨胀节强度的限制，壳程压力不能太高，且壳程检修和清洗困难。因此，此类换热器适用于壳程流体清洁且不结垢和不具腐蚀性，两流体温差不大（不大于 70℃）和壳程压力不高（一般不高于 600kPa）的场合。

(2) 浮头式换热器——浮头补偿　浮头式换热器如图 6-8 所示。其两端管板之一不与壳体固定连接，可以在壳体内沿轴向自由伸缩，该端称为浮头。此类换热器的优点是：当壳体与管束因温度不同而引起热膨胀时，管束连同浮头可在壳体内沿轴向自由伸缩，不会产生温差应力；且管束可以从壳内抽出，便于管内和管间的清洗。其缺点是：结构复杂，用材量大，造价高。浮头式换热器适用于壳体与管束温差较大或壳程流体容易结垢的场合。

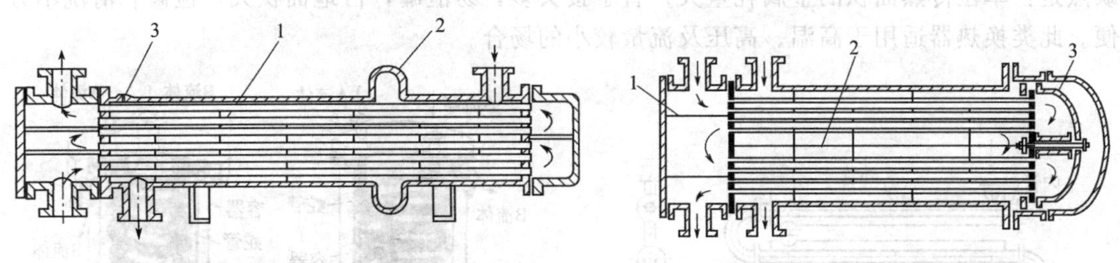

图 6-7　具有补偿圈的固定管板式换热器

1—挡板；2—补偿圈；3—放气嘴

图 6-8　浮头式换热器

1—管程隔板；2—壳程隔板；3—浮头

(3) U 形管式换热器——U 形管补偿　图 6-9 所示为 U 形管式换热器。把每根管子都弯成 U 形，两端固定在同一管板上，因此，每根管子皆可自由伸缩，从而解决了热补偿问

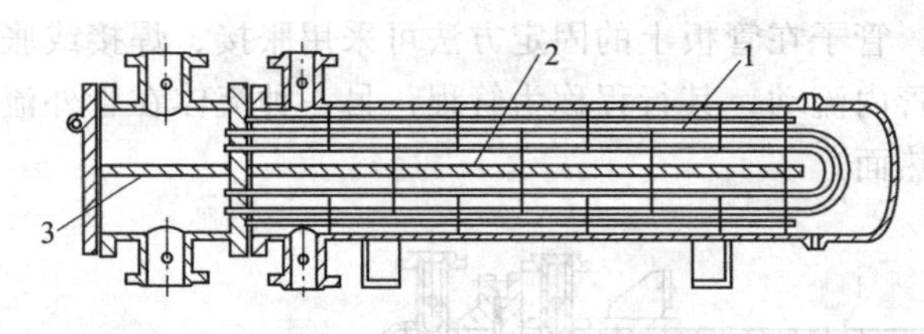

图 6-9　U 形管式换热器
1—U 形管；2—壳程隔板；3—管程隔板

题。U 形管式换热器的优点是：结构简单，运行可靠，造价低，重量轻；管间清洗较方便。其缺点是：管内清洗较困难；可排管子数目较少；管束最内层管间距大，壳程易短路，且因管子需一定的弯曲半径，故管板利用率较差。U 形管式换热器适用于管、壳程温差较大或壳程介质易结垢而管程介质不易结垢的场合，尤其适用于高温、高压气体的换热。浮头式和 U 形管式列管换热器，我国已有系列标准可供选用。

除上述三种常见的热补偿方式外，工业上有时还采用类似于浮头补偿的填料函式换热器。填料函式换热器如图 6-10 所示。其结构特点是管板只有一端与壳体固定，另一端采用填料函密封。管束可以自由伸缩，不会产生温差应力。该换热器的优点是：结构较浮头式换热器简单，造价低；管束可以从壳体内抽出，管、壳程均能进行清洗。其缺点是：填料函耐压不高，一般小于 4.0MPa；壳程介质可能通过填料函向外泄漏。填料函式换热器适用于管、壳程温差较大或介质易结垢需要经常清洗且壳程压力不高的场合。

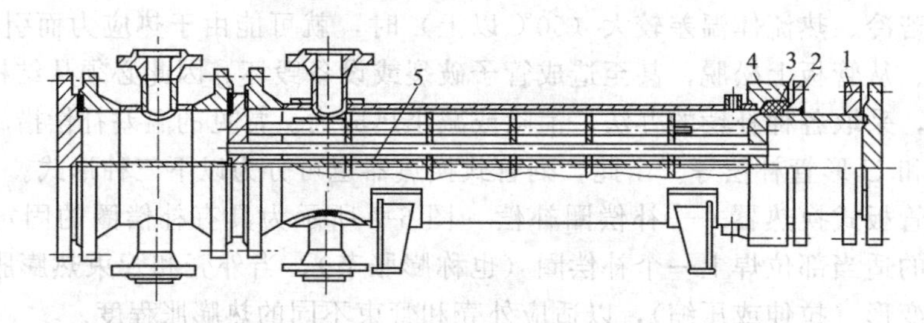

图 6-10　填料函式换热器
1—活动管板；2—填料压盖；3—填料；4—填料函；5—纵向隔板

(二) 套管式换热器

套管式换热器是由两种直径不同的标准管套在一起组成同心圆套管，然后将若干段这样的套管用 U 形肘管连接而成，其结构如图 6-11 所示。每一段套管称为一程，程数可根据所需传热面积的多少而增减。

套管式换热器的优点是：结构简单；能耐高压；传热面积可根据需要增减，适当选择内管和外管的直径，可使流体的流速增大，而且冷、热流体可作严格逆流，传热效果较好。其缺点是：单位传热面积的金属耗量大；管子接头多，易泄漏，占地面积大，检修和清洗不方便。此类换热器适用于高温、高压及流量较小的场合。

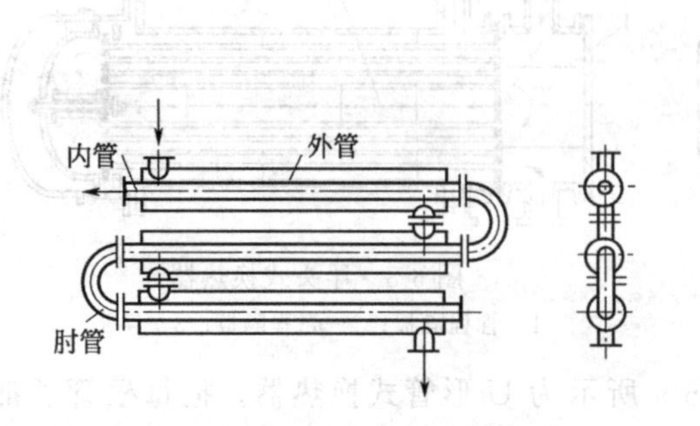

图 6-11　套管式换热器

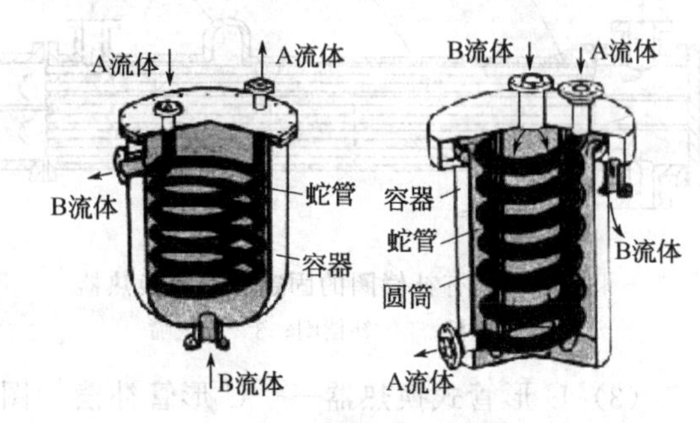

图 6-12　沉浸式蛇管换热器

（三）蛇管换热器

蛇管换热器根据操作方式不同，分为沉浸式和喷淋式两类。

1. 沉浸式蛇管换热器

沉浸式蛇管换热器如图 6-12 所示。此种换热器通常以金属管自弯绕而成，制成适应容器的形状沉浸在容器内的液体中。管内流体与容器内液体隔着管壁进行换热。此类换热器的优点是：结构简单，造价低廉，便于防腐，能承受高压。缺点是：管外对流传热系数小，常需加搅拌装置，以提高传热系数。

2. 喷淋式蛇管换热器

喷淋式蛇管换热器如图 6-13 所示。此类换热器常用作冷却器冷却管内热流体，且常用水作为喷淋冷却剂，故常称为水冷器。它将若干排蛇管垂直地固定在支架上，热流体自下部总管流入各排蛇管，从上部流出再汇入总管。冷却水由蛇管上方的喷淋装置均匀地喷洒在各排蛇管上，并沿着管外表面淋下。该装置通常置于室外通风处，冷却水在空气中汽化时可以带走部分热量，以提高冷却效果。与沉浸式蛇管换热器相比，喷淋式蛇管换热器具有检修和清洗方便、传热效果好等优点。缺点是：体积庞大，占地面积大；冷却水耗用量较大，喷淋不均匀等。

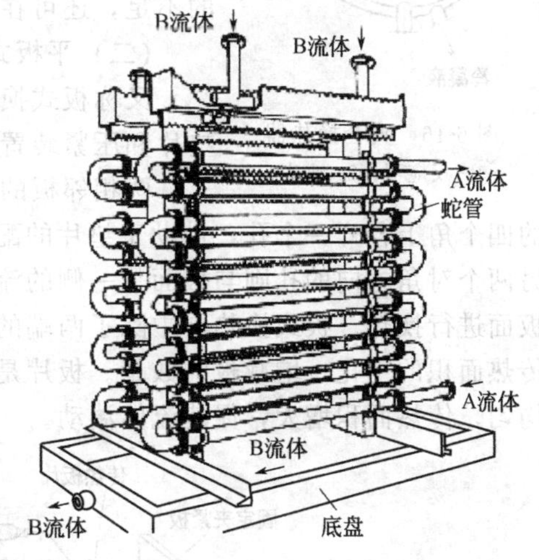

图 6-13　喷淋式蛇管换热器

（四）翅片管式换热器

翅片管式换热器又称管翅式换热器，如图 6-14 所示。其结构特点是在换热管的外表面或内表面（或同时）装有许多翅片。一般来说，当两种流体的对流传热系数之比超过 3∶1 时，可采用翅片管式换热器。

工业上常用翅片管式换热器作为空气冷却器。空冷器主要由翅片管束、风机和构架组成，如图 6-15 所示。热流体通过封头分配流入各管束，冷却后汇集在封头后排出。冷空气由安装在管束排下面的轴流式通风机强制向上吹过管束及其翅片，通风机也可以安装在管束上面，而将冷空气由底部引入。空冷器的主要缺点是装置比较庞大，占空间多，动力消耗也大。

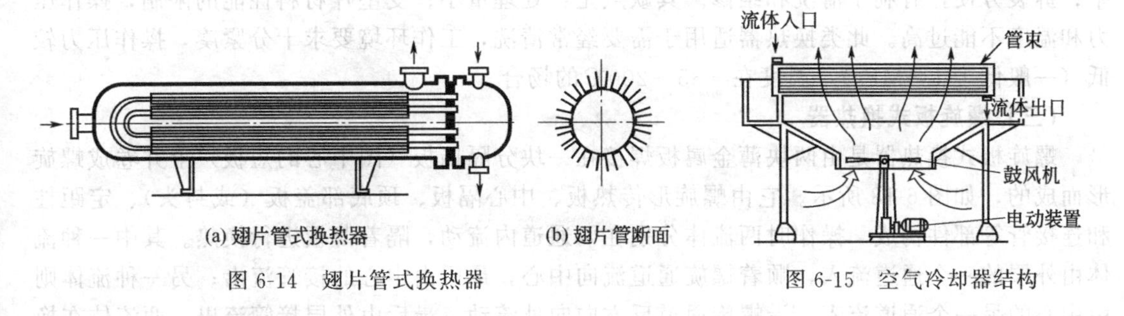

图 6-14　翅片管式换热器　　图 6-15　空气冷却器结构

二、板式换热器

（一）夹套换热器

该换热器结构简单，如图 6-16 所示。它由一个装在容器外部的夹套构成，夹套与器壁之间形成的密封空间为载热体的通道。容器内的物料和夹套内的加热剂或冷却剂隔着器壁进

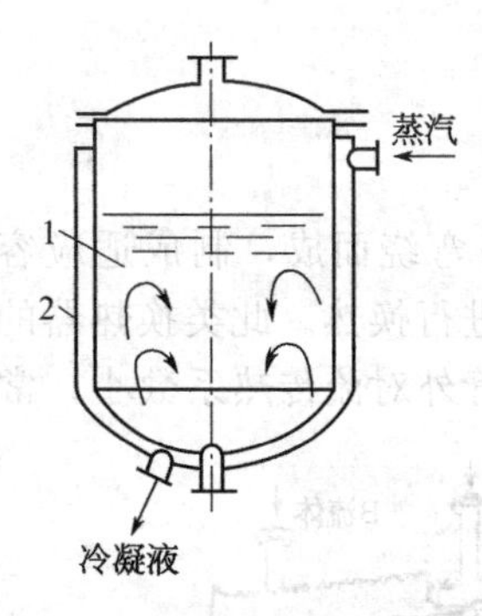

图 6-16 夹套换热器
1—反应器；2—夹套

行换热，器壁就是换热器的传热面。其优点是：结构简单，容易制造；可与反应器或容器构成一个整体，主要应用于反应过程的加热或冷却。其缺点是：传热面积小；容器内流体处于自然对流状态，传热效率低；夹套内部清洗困难。夹套内的加热剂和冷却剂一般只能使用不易结垢的水蒸气、冷却水和氨等。为提高其传热性能，可在容器内安装搅拌器，使容器内液体作强制对流；为了弥补传热面的不足，还可在容器内安装蛇管等。

（二）平板式换热器

又称板式换热器，其结构如图 6-17 所示。主要由传热板片、垫片和压紧装置三部分组成。若干板片叠加排列，夹紧组装于支架上，两相邻板的边缘衬有垫片，压紧后板间形成流体通道。每块板的四个角上各开一个孔，借助于垫片的配合，使两个对角方向的孔与板面一侧的流道相通，另两个对角方向的孔则与板面另一侧的流道相通。两流体分别在同一块板的两侧流过，通过板面进行换热。板式换热器中除了两端的两个板面外，每一块板面都是传热面，可根据所需传热面积的变化，增减板的数量。板片是板式换热器的核心部件，波纹状的板面使流体流动均匀，传热面积增大，促使流体湍动。

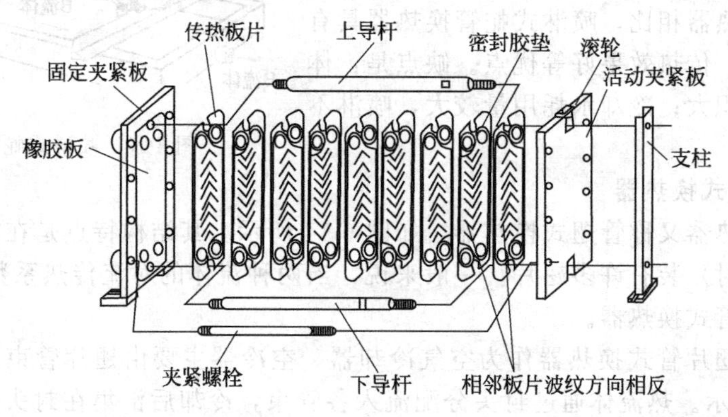

图 6-17 平板式换热器

平板式换热器的优点是：结构紧凑，单位体积设备提供的传热面积很大；其板面加工容易，组装灵活，可随时增减板数；板面波纹使流体湍动程度增强，从而具有较高的传热效率；拆装方便，有利于清洗和维修。其缺点是：处理量小；受垫片材料性能的限制，操作压力和温度不能过高。此类换热器适用于需要经常清洗，工作环境要求十分紧凑，操作压力较低（一般低于 1.5MPa），温度在－35～200℃的场合。

（三）螺旋板式换热器

螺旋板式换热器是由两块薄金属板焊接在一块分隔挡板（图中心的短板）上并卷成螺旋形而成的，如图 6-18 所示。它由螺旋形传热板、中心隔板、顶底部盖板（或封头）、定距柱和连接管等部件构成。操作时两流体分别在两通道内流动，隔着薄板进行换热。其中一种流体由外层的一个通道流入，顺着螺旋通道流向中心，最后由中心的接管流出；另一种流体则由中心的另一个通道流入，沿螺旋通道反方向向外流动，最后由外层接管流出。两流体在换热器内作逆流流动。按流体在流道内的流动方式和使用条件的不同，螺旋板式换热器可分为Ⅰ、Ⅱ、Ⅲ和 G 四种结构形式。

螺旋板式换热器的优点是：结构紧凑，单位体积的传热面积为管壳式换热器的 3 倍；流体流动的流道长，且两流体完全逆流（对Ⅰ型），可在较小的温差下操作，能利用低温热源和精密控制温度；总传热系数高；由于流体的流速较高，且具有惯性离心力作用，故不易结垢而堵塞。螺旋板式换热器的缺点是：操作压力和温度不宜太高，一般操作压力在 2MPa 以下，温度在 400℃以下；不易检修，因整个换热器为卷制而成，一旦发生泄漏，修理内部很困难。

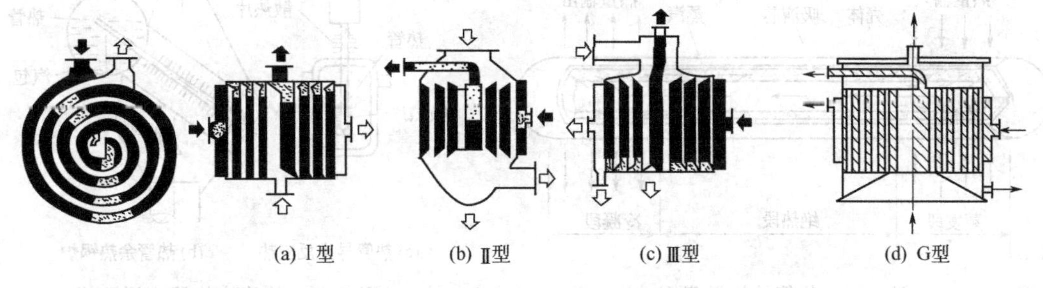

图 6-18 螺旋板式换热器

(四) 板翅式换热器

板翅式换热器也是一种新型的高效换热器，隔板、翅片和封条（侧条）构成了其结构的基本单元，如图 6-19 所示。在翅片两侧各安置一块金属平板，两边以侧条密封，并用钎焊焊牢，从而构成一个换热单元体。根据工艺的需要，将一定数量的单元体组合起来，并进行适当排列，然后焊在带有进出口的集流箱上，便构成具有逆流、错流或错逆流等多种形式的换热器。目前常用的翅片形式有光直形翅片、锯齿形翅片和多孔形翅片。

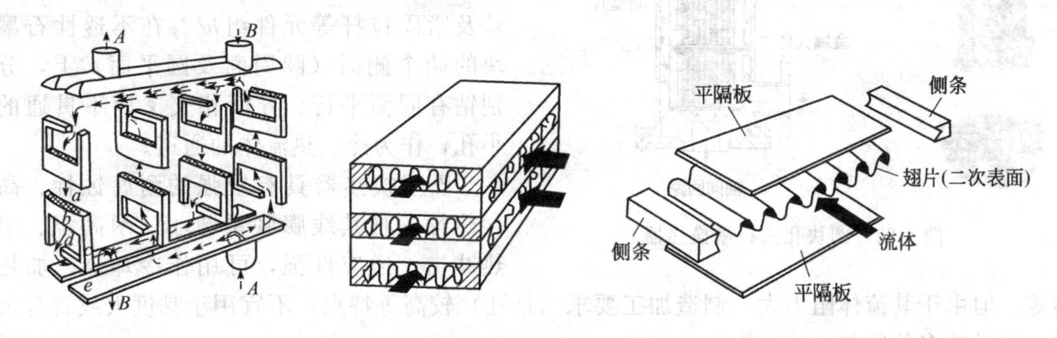

图 6-19 板翅式换热器

板翅式换热器的主要优点是：总传热系数高，传热效果好；结构紧凑；轻巧牢固；适应性强，操作范围广。板翅式换热器的缺点有：由于设备流道很小，故易堵塞，而且增大了压强降；换热器一旦结垢，清洗和检修很困难，所以处理的物料应较洁净或预先进行净制。由于隔板和翅片都由薄铝片制成，故要求介质对铝不发生腐蚀。

三、热管换热器

热管是一种新型换热元件，由热管组合而成的换热装置称为热管换热器。如图 6-20 所示，是一根热管的结构示意图。在一根密闭的金属管内充以适量特定的工作液体，紧靠管子内壁处装有金属丝网或纤维、布等多孔物质的吸液芯。全管沿轴向分成三段：蒸发段（又称热端）、绝热段（又称蒸汽输送段）和冷凝段（又称冷端）。当热源流体从管外流过时，热量通过管壁和吸液芯传给工作液体，并使其汽化，蒸汽沿管子的轴向流动，在冷端向冷流体释放出冷凝潜热而被冷源流体冷凝，然后在吸液芯的毛细管力作用下冷凝液流回蒸发段。从而完成了一个工作循环。如此反复循环，热量便不断地从热源流体传给冷源流体。由于热管传热过程传送的是汽化潜热，因此，其传热能力比一般间壁传热要高出几个数量级。热管换热器具有传热能力大、结构简单、工作可靠等优点。图 6-21 所示为热管换热器的两个应用示例。

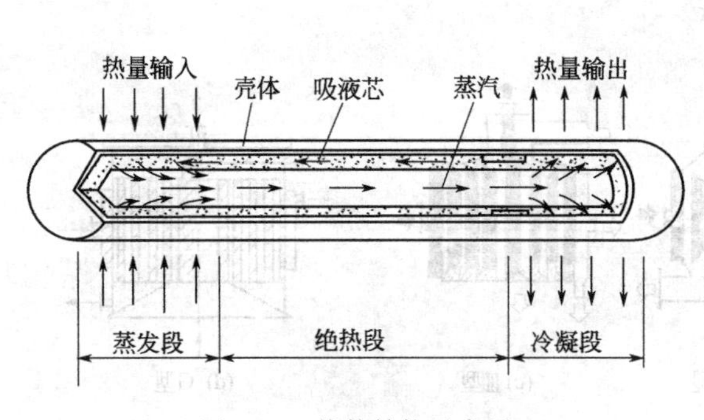

图 6-20　热管结构示意图

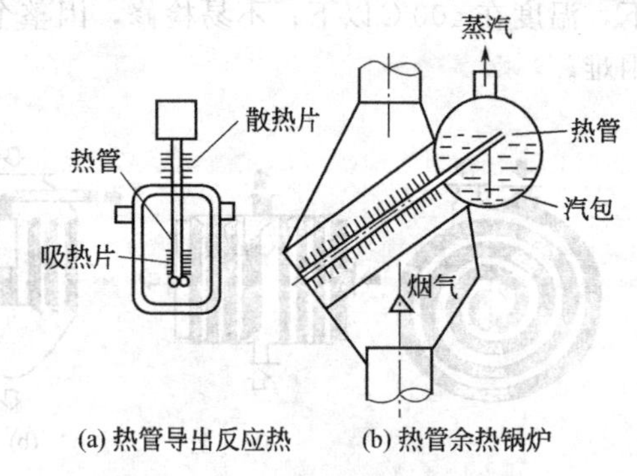

图 6-21　热管换热器应用示例

四、其他换热器

(一) 石墨换热器

石墨换热器按结构可分为列管式石墨热交换器、喷淋式石墨冷却器及块孔式石墨换热器。图 6-22 所示为圆块孔式石墨换热器。它由不透性石墨块、金属外壳、顶盖及紧固拉杆等元件组成。在不透性石墨块的两个侧面（圆周面及圆平面）上，分别钻有同面平行、异面相交叉而不贯通的小孔，作为冷、热流体的通道。

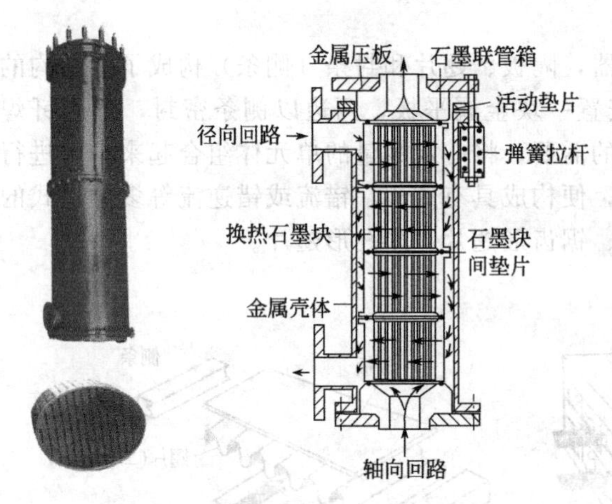

图 6-22　圆块孔式石墨换热器

石墨换热器具有较强的耐腐蚀性、高导热性，且其线膨胀系数小，耐高温、耐热冲击，适应性强，可用作冷却器、加热器等。但由于其流体阻力大，制造加工要求（钻孔）较高等特点，不宜用于黏度大或含有杂质、结晶较多的物料。

(二) 搪玻璃换热器

常见的搪玻璃换热器有片式、筒式和管式三种，其中以片式使用最广。图 6-23 所示为

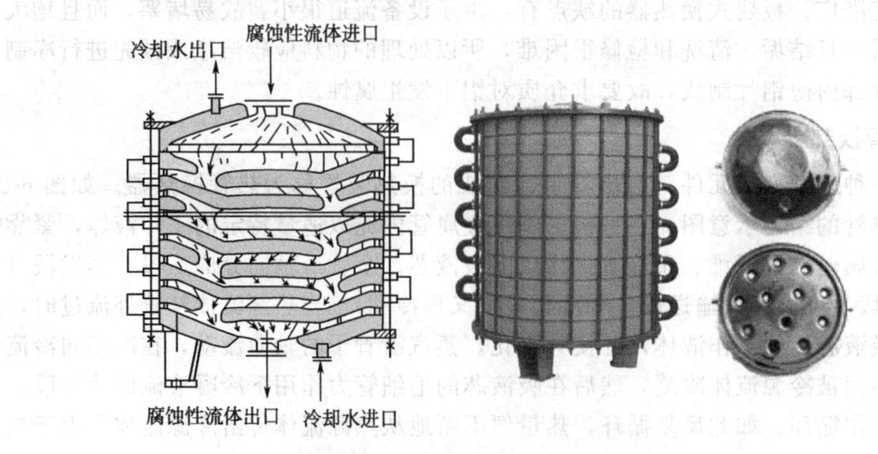

图 6-23　搪玻璃片式换热器

搪玻璃片式换热器。它是由盖、器身（双面搪玻璃带夹层的弧形片）、器底及垫圈（外包四氟橡胶垫）、U形铸铁管和紧固件等组成的中叠式组装结构。片式换热器具有结构紧凑、重量轻、热交换效率高、污垢系数小、耐压高、检修简便、耐腐蚀性能优良、密封可靠等优点。适用于各种有机、无机、化工、石油化工、医药、农药、染料、食品等工业系统中，带有腐蚀性的气相或液相介质在工艺流程中的热交换。

第五节　蒸　　发

一、概述

（一）蒸发概念

蒸发操作就是通过加热的方法将稀溶液中的一部分溶剂汽化并除去，从而使溶液浓度提高或析出固体产品的一种单元操作。用来实现蒸发操作的设备称为蒸发器。被蒸发的溶液中，溶剂应具有挥发性而溶质是不挥发的；蒸发时，需不断向溶液供热并及时移走被汽化的溶剂。蒸汽的排除，一般采用冷凝法。

在工业生产中常用水蒸气作为加热热源，而被蒸发的物料大都为水溶液，汽化出来的蒸汽仍然是水蒸气，为区别起见，我们把作热源用的蒸汽称为加热蒸汽或生蒸汽；把由溶剂汽化成的蒸汽称为二次蒸汽。

（二）蒸发操作的分类

工业上蒸发方法很多，通常根据如下的方法进行分类。

1. 按溶剂的汽化温度不同分

溶剂的汽化可分别在低于沸点和沸点时进行，当低于沸点时进行，称为自然蒸发。如海水制盐用太阳晒，此时溶剂的汽化只能在溶液的表面进行，蒸发速率缓慢，生产效率较低，故该法在其他工业生产中较少采用。若溶剂的汽化在沸点温度下进行，则称为沸腾蒸发，溶剂不仅在溶液的表面汽化，而且在溶液内部的各个部分同时汽化，蒸发速率大大提高。工业生产中普遍采用沸腾蒸发。

2. 按操作压力不同分

根据操作压力不同，蒸发操作可分为常压蒸发、加压蒸发和减压蒸发。化工生产中的蒸发操作大都采用减压蒸发，这是因为减压蒸发具有下述优点。

① 在加热蒸汽压力相同的情况下，减压蒸发时溶液的沸点低，可以增大传热温度差，当热负荷一定时，蒸发器的传热面积可以相应减小。

② 可以蒸发不耐高温的溶液，如高温下容易变质、聚合或分解的溶液。

③ 可以利用低压蒸汽或废气作为加热剂。

④ 操作温度低，损失于外界的热量也相应减小。

但减压蒸发也有一定的缺点，这主要是由于溶液的沸点降低，使得黏度增大，导致总传热系数下降；同时还要求配置如真空泵、缓冲罐、汽液分离器等辅助设备，使设备费用相应增加。

3. 按蒸发器的效数不同分（按二次蒸汽的利用情况分）

蒸发器串联的个数称为效数。根据效数不同（或二次蒸汽的利用情况），蒸发操作可分为单效蒸发和多效蒸发。单效蒸发，其特点是蒸发装置中只有一个蒸发器，蒸发时产生的二次蒸汽不再用于蒸发操作，单效蒸发主要应用在小批量、间歇生产的情况下。多效蒸发，其特点是将几个蒸发器串联操作，使加热蒸汽的热能得到多次利用。一般是把前一个蒸发器产生的二次蒸汽引到后一个蒸发器中作为加热蒸汽使用，最后一效产生的二次蒸汽进入冷凝器

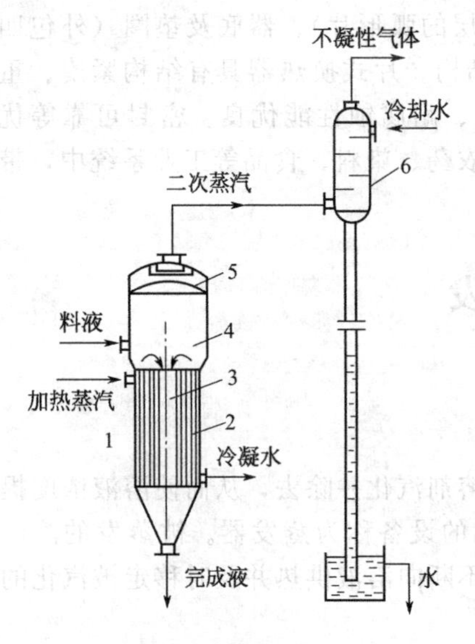

图 6-24　单效蒸发流程

1—加热室；2—加热管；3—中央循环管；4—蒸发室；5—除沫器；6—冷凝器

冷凝后排放掉。

二、单效蒸发流程

图 6-24 所示为单效蒸发流程。左面为其主体设备蒸发器，由上下两部分组成。它的下面部分是一个类似列管式换热器结构的、由若干垂直加热管组成的加热室 1，上面部分称为蒸发室（又称分离室）4，它的作用是提供蒸发空间并分离蒸汽中夹带的液滴。此外，蒸发设备还包括使液沫进一步分离的除沫器、除去二次蒸汽的冷凝器以及真空蒸发中采用的真空泵等辅助设备。操作时，加热剂（通常为饱和水蒸气）在加热管外冷凝放热，加热管内溶液，使之沸腾汽化。经过浓缩的溶液（称为完成液）从蒸发器底部排出；产生的蒸汽经分离室和除沫器将夹带的液滴分离后，与冷却水混合冷凝后排放，其中的不凝性气体从冷凝器的顶端排空。

三、多效蒸发与节能

（一）多效蒸发

1. 多效蒸发的原理

蒸发的操作费用主要是汽化溶剂（水）所消耗的蒸汽动力费。在单效蒸发中，从溶液中蒸发出 1kg 水，通常需要消耗 1kg 以上的加热蒸汽，单位加热蒸汽消耗量大于 1。因此，对于大规模的工业生产过程，需要蒸发大量水分时，如采用单效蒸发操作，必定消耗大量的加热蒸汽，这在经济上不合理。为减少加热蒸汽消耗量，可采用多效蒸发。

多效蒸发要求后效的操作压强和溶液的沸点均较前效为低，因此可引入前效的二次蒸汽作为后效的加热介质，即后效的加热室成为前效二次蒸汽的冷凝器，仅第一效需要消耗生蒸汽，其后各效均使用前一效的二次蒸汽作为热源，这样便大大提高加热蒸汽的利用率，同时降低冷凝器的负荷，减少了冷凝水量，节约了操作费用，这就是多效蒸发的操作原理。

2. 多效蒸发的流程

按照物料与蒸汽的相对流向的不同，多效蒸发有三种常见的加料流程，下面以三效蒸发为例进行说明。

（1）并流加料流程　并流加料又称顺流加料，即溶液与加热蒸汽的流向相同，都是由第一效顺序流至末效。并流加料流程如图 6-25 所示，是工业上最常见的加料方法。

并流加料流程的优点是：溶液借助于各效压力依次降低的特点，靠相邻两效的压差，溶液自动地从前效流入后效，无须用泵进行输送；因后一效的蒸发压力低于前一效，其沸点也较前一效低，故溶液进入后一效时便会发生自蒸发，多蒸发出一些水蒸气；此流程操作简便，容易控制。缺点是：随着溶液的逐效增浓，温度逐效降低，溶液的黏度则逐效增高，使传热系数逐效降低。

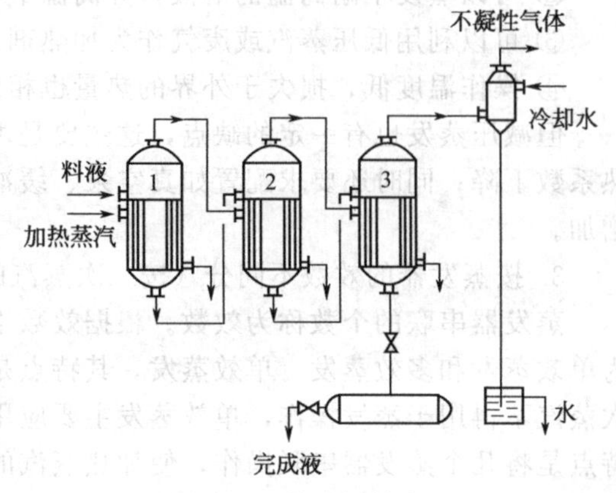

图 6-25　并流加料流程

（2）逆流加料流程 逆流加料流程如图 6-26 所示，加热蒸汽从第一效顺序流至末效，而原料液则由末效加入，然后用泵依次输送至前效，完成液最后从第一效底部排出。因原料液的流向与加热蒸汽流向相反，故称为逆流加料流程。

逆流加料流程的优点是：随着溶液浓度的逐效增加，其温度也随之升高。因此各效溶液的黏度较为接近，使各效的传热系数基本保持不变。其缺点是：效与效之间必须用泵来输送溶液，增加了电能消耗，使装置复杂化。

（3）平流加料流程 平流加料流程如图 6-27 所示，该流程中每一效都送入原料液，放出完成液，加热蒸汽的流向从第一效至末效逐效依次流动。这种加料法适用于在蒸发过程中不断有结晶析出的溶液，如某些盐溶液的浓缩。

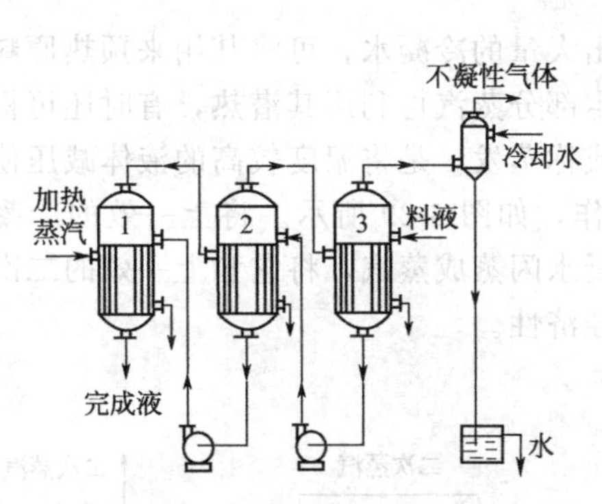

图 6-26 逆流加料流程

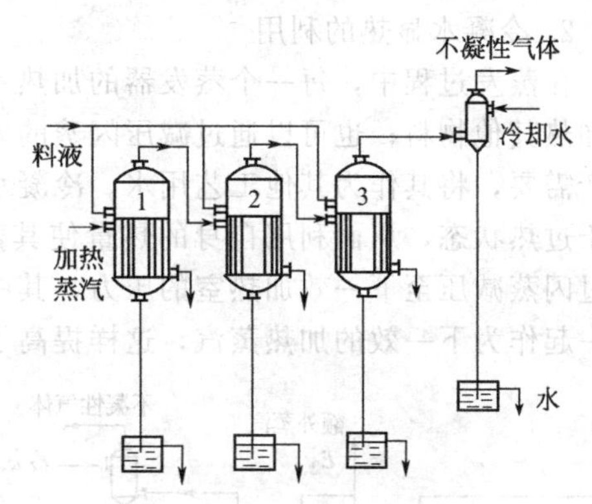

图 6-27 平流加料流程

（二）多效蒸发的经济性及效数的限制

1. 多效蒸发的经济性

多效蒸发提高了加热蒸汽的利用率，即经济性。对于蒸发等量的水分而言，采用多效时所需的加热蒸汽较单效时为少。表 6-1 列出了不同效数的单位蒸汽消耗量。

从表中可以看出，随着效数的增加，单位蒸汽消耗量减少，因此所能节省的加热蒸汽费用越多，但效数越多，设备费用也相应增加。目前工业生产中使用的多效蒸发装置一般都是二～三效。

表 6-1 单位蒸汽消耗量

效 数		单效	双效	三效	四效	五效
D/W /(kg 汽/kg 水)	理论值	1.0	0.50	0.33	0.25	0.20
	实际值	1.1	0.57	0.40	0.30	0.27

2. 多效蒸发中效数的限制及最佳效数

蒸发装置中效数越多，温度差损失越大，且对某些溶液的蒸发还可能发生总温度差损失等于或大于总有效温度差，此时蒸发操作就无法进行，所以多效蒸发的效数应有一定的限制。

多效蒸发中随着效数的增加，单位蒸汽的消耗量减少，使操作费用降低；另外，效数越多，装置的投资费用也越大。而且，随着效数的增加，虽然 $(D/W)_{min}$ 不断减少，但所节省的蒸汽消耗量也越来越少。同时，随着效数的增多，生产能力和强度也不断降低。因此，最佳效数要通过经济权衡决定，而单位生产能力的总费用为最低时的效数为最佳效数。

（三）提高加热蒸汽经济性的其他措施

为了提高加热蒸汽的经济性，除采用前面介绍的多效蒸发外，实际生产中还常采用一些其他节能措施。简单介绍如下。

1. 额外蒸汽的引出

在多效蒸发操作中，有时可将二次蒸汽引出一部分作为其他加热设备的热源，这部分蒸汽称为额外蒸汽。其流程如图 6-28 所示，这种操作，可使整个系统总的能量消耗下降，使加热蒸汽的经济性进一步提高。同时，由于进入冷凝器的二次蒸汽量减少，也降低了冷凝器的热负荷。其节能原理说明如下。

只要二次蒸汽的温度能够满足其他加热设备的需要，引出额外蒸汽的效数越往后移，引出等量的额外蒸汽所需补加的加热蒸汽量就越少，蒸汽的利用率越高。引出额外蒸汽是提高蒸汽总利用率的有效节能措施，目前该方法已在一些企业（如制糖厂）中得到广泛应用。

2. 冷凝水显热的利用

在蒸发过程中，每一个蒸发器的加热室都会排出大量的冷凝水，可将其用来预热原料液或加热其他物料；也可以通过减压闪蒸的方法，产生部分蒸汽再利用其潜热，有时还可根据生产需要，将其作为其他工艺用水。冷凝水的闪蒸或称蒸发，是将温度较高的液体减压使其处于过热状态，从而利用自身的热量使其蒸发的操作，如图 6-29 所示。将上一效的冷凝水通过闪蒸减压至下一效加热室的压力，其中部分冷凝水闪蒸成蒸汽，将它和上一效的二次蒸汽一起作为下一效的加热蒸汽，这样提高了蒸汽的经济性。

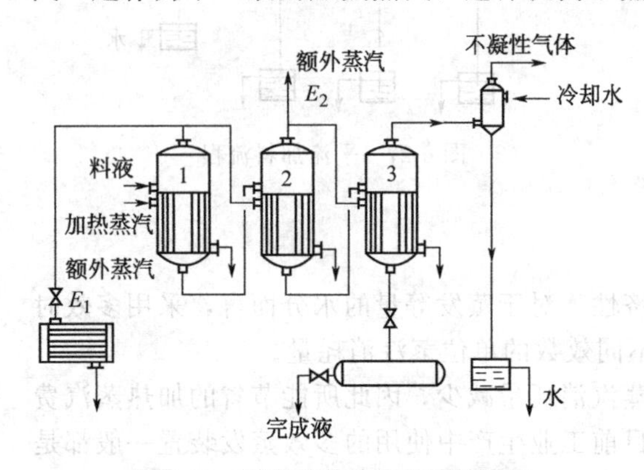

图 6-28　引出额外蒸汽的蒸发流程

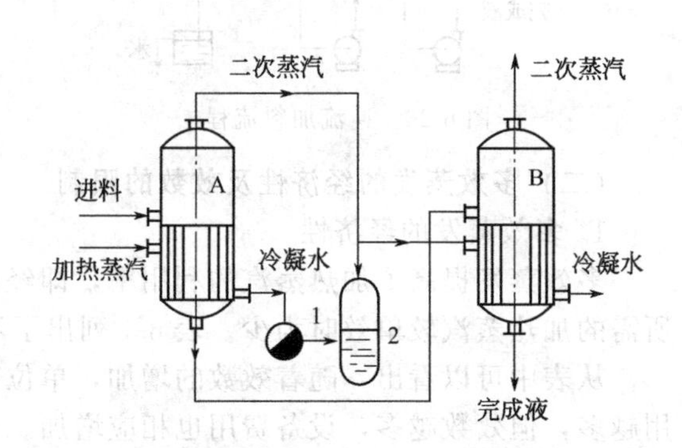

图 6-29　冷凝水的闪蒸

A，B—蒸发器；1—冷凝水排出器；2—冷凝水闪蒸器

3. 热泵蒸发

所谓热泵蒸发，即二次蒸汽的再压缩，其流程如图 6-30 所示，单效蒸发时，可将二次蒸汽绝热压缩以提高其温度（超过溶液的沸点），然后送回加热室作为加热蒸汽重新利用。这种方法称为热泵蒸发。采用热泵蒸发只需在蒸发器开车阶段供应加热蒸汽，当操作达到稳定后，就不再需要加热蒸汽，只需提供使二次蒸汽升压所需压缩机动力，因而可节省大量的加热蒸汽。通常单效蒸发时，二次蒸汽的潜热全部由冷凝器内的冷却水带走，而在热泵蒸发操作中，二次蒸汽的潜热被循环利用，而且不消耗冷却水，这便是热泵蒸发节能的原因所在。

二次蒸汽再压缩的方法有两种，即机械压缩和蒸汽动力压缩。机械压缩如图 6-30(a) 所示。图 6-30(b) 所示为蒸汽动力压缩，它是采用蒸汽喷射泵，以少量高压蒸汽为动力将部分二次蒸汽压缩并混合后一起进入加热室作为加热剂用。

实践证明，设计合理的蒸汽再压缩蒸发器的能量利用率相当于 3～5 效的多效蒸发装置。其节能效果与加热室和蒸发室的温度差有关，也即和压力差有关。如果温度差较大而引起压缩比过大，其经济性将大大降低。故热泵蒸发不适合于沸点升高较大的溶液的蒸发。此外，压缩机的投资费用大，并且需要经常进行维修和保养。鉴于这些不足，热泵蒸发在一定程度上限制了它在生产中的应用。

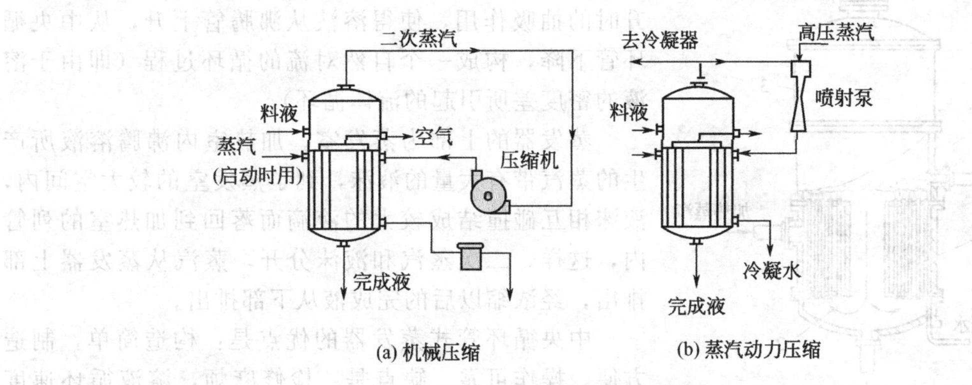

图 6-30　二次蒸汽再蒸发流程

4. 多级多效闪蒸

利用闪蒸的原理，现已开发出一种新的、经济性和多效蒸发相当的蒸发方法，其流程如图 6-31 所示，稀溶液经加热器加热至一定温度后进入减压的闪蒸室，闪蒸出部分水而溶液被浓缩；闪蒸产生的蒸汽用来预热进加热器的稀溶液以回收其热量，本身变为冷凝液后排出。由于闪蒸时放出的热量较小（上述流程一般只能蒸发进料中的百分之几的水），为增加闪蒸的热量，常使大部分浓缩后的溶液进行再循环，其循环量往往为进料量的几倍到几十倍。闪蒸为一绝热过程，闪蒸产生的水蒸气的温度等于闪蒸室压力下的饱和温度。为增大预热时的传热温度差，常采用使上述减压过程逐级进行的方法，也即为实际生产中的再循环多级闪蒸。考虑到再循环时，闪蒸室通过的全部是高浓度溶液，沸点上升较大，故仿照多效蒸发，使溶液以不同浓度在多个闪蒸室（或相应称为不同的效）中分别进行循环。

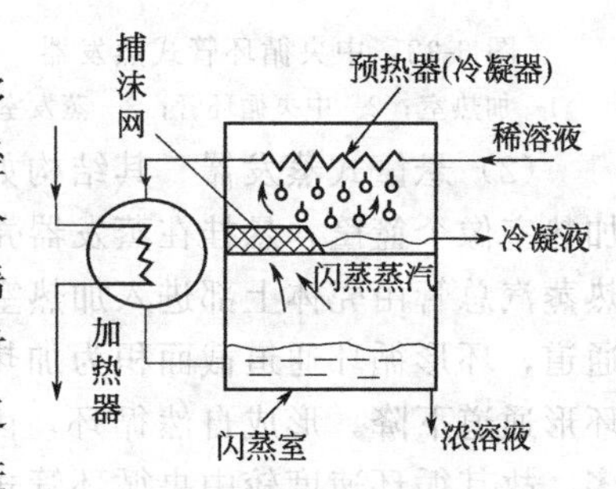

图 6-31　闪蒸流程

多级闪蒸可利用低压蒸汽作为热源，设备简单紧凑，不需要高大的厂房，其最大的优点是蒸发过程在闪蒸室中进行，解决了物料在加热管管壁结垢的问题，其经济性也较高，因而近年来应用渐广。它的主要缺点是动力消耗较大，需要较大的传热面积，也不适用于沸点上升较大物料的蒸发。

四、蒸发器

（一）蒸发器的形式与结构

蒸发器可采用直接加热的方法，也可采用间接加热的方法。工业上经常采用间接蒸汽加热的蒸发器，对间接加热蒸发器，根据溶液在加热室的流动情况大致可分为循环型蒸发器和膜式蒸发器两大类。

1. 循环型蒸发器

这类蒸发器的特点是：溶液都在蒸发器中作循环流动。由于引起循环的原因不同，又可分为自然循环与强制循环两类。

(1) 中央循环管式蒸发器　这种蒸发器目前在工业上应用最广泛，其结构如图 6-32 所示，加热室如同列管式换热器一样，为 1～2m 长的竖式管束组成，称为沸腾管，但中间有一个直径较大的管子，称为中央循环管，它的截面积约等于其余加热管总面积的 40%～60%，由于它的截面积较大，管内的液体量比单根小管中要多；而单根小管的传热效果比中

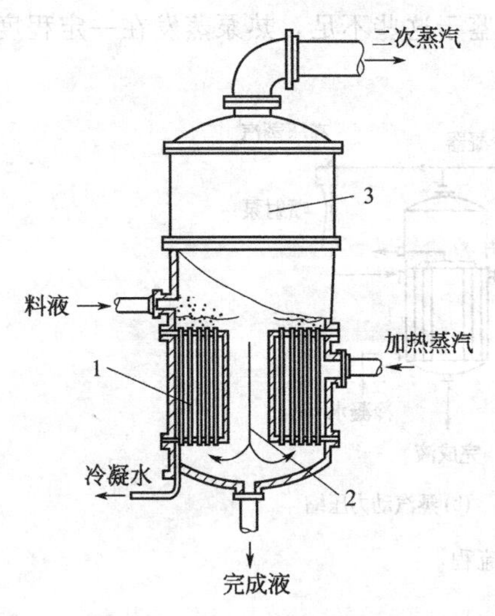

图 6-32 中央循环管式蒸发器
1—加热室；2—中央循环管；3—蒸发室

央循环管好，使小管内的液体温度比大管中高，因而造成两种管内液体存在密度差，再加上二次蒸汽在上升时的抽吸作用，使得溶液从沸腾管上升，从中央循环管下降，构成一个自然对流的循环过程（即由于溶液的密度差所引起的流体循环）。

蒸发器的上部为蒸发室。加热室内沸腾溶液所产生的蒸汽带有大量的液沫，到了蒸发室的较大空间内，液沫相互碰撞结成较大的液滴而落回到加热室的列管内，这样，二次蒸汽和液沫分开，蒸汽从蒸发器上部排出，经浓缩以后的完成液从下部排出。

中央循环管式蒸发器的优点是：构造简单，制造方便，操作可靠。缺点是：检修麻烦，溶液循环速度低，一般在 0.4～0.5m/s 以下，故传热系数较小。它适用于大量稀溶液的蒸发及不易结晶、腐蚀性小的溶液的蒸发，不适用于黏度较大及容易结垢的溶液。

（2）悬筐式蒸发器 其结构如图 6-33 所示，它是中央循环管式蒸发器的改进形式，其加热室像个篮筐，悬挂在蒸发器壳体的下部，溶液循环原理与中央循环管式蒸发器相同。加热蒸汽总管由壳体上部进入加热室管间，管内为溶液。加热室外壁与壳体内壁之间形成环形通道，环形循环通道截面积为加热管总截面积的 100%～150%。溶液在加热管内上升，由环形通道下降，形成自然循环，因加热室内的溶液温度较环形循环通道中的溶液温度高得多，故其循环速度较中央循环管式蒸发器要高，一般为 1～1.5m/s。

悬筐式蒸发器的优点是：传热系数较大，热损失较小；此外，由于悬挂的加热室可以由蒸发器上方取出，故其清洗和检修都比较方便。其缺点是：结构复杂，金属消耗量大。适用于处理蒸发中易结垢或有结晶析出的溶液。

（3）外加热式蒸发器 其结构如图 6-34 所示，它主要是将加热室与蒸发室分开安装。

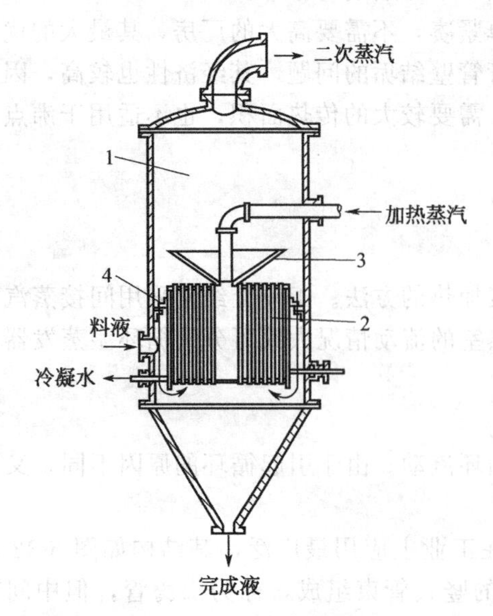

图 6-33 悬筐式蒸发器
1—蒸发室；2—加热室；3—除沫器；4—环形循环通道

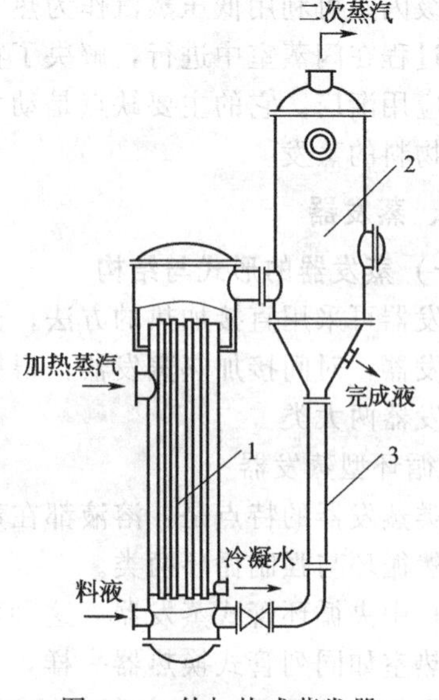

图 6-34 外加热式蒸发器
1—加热室；2—蒸发室；3—循环管

这样，一方面降低了整个设备的高度，便于清洗和更换加热室；另一方面由于循环管没有受到蒸汽加热，增大了循环管内和加热管内溶液的密度差，从而加快了溶液的自然循环速度，同时还便于检修和更换。

(4) 列文蒸发器　其结构如图 6-35 所示，是自然循环蒸发器中比较先进的一种形式，主要部件为加热室、沸腾室、循环管和蒸发室。它的主要结构特点是在加热室的上部有一段大管子，即在加热管的上面增加了一段液柱。这样，使加热管内的溶液所受的压力增大，因此溶液在加热管内达不到沸腾状态。随着溶液的循环上升，溶液所受的压强逐步减小，通过工艺条件的控制，使溶液在脱离加热管时开始沸腾，这样，溶液的沸腾层移到了加热室外进行，从而减少了溶液在加热管壁上因沸腾浓缩而析出结晶或结垢的机会。由于列文蒸发器具有这种特点，所以又称管外沸腾式蒸发器。

列文蒸发器的循环管截面积比一般自然循环蒸发器的截面积都要大，溶液循环时的阻力减小；而且加热管和循环管都相当长，循环管不受热，使得两个管段中的温度差、密度差较大，造成了比一般自然循环蒸发器更大的循环推动力，其传热系数接近于强制循环型蒸发器的数值，而不必付出额外的动力。因此，这种蒸发器在国内化工企业中，特别是一些大中型电化厂的烧碱生产中应用较广。列文蒸发器的主要缺点是：设备相当庞大，金属消耗量大，需要高大的厂房；另外，为了保证较高的溶液循环速度，要求有较大的温度差，因而要使用压力较高的加热蒸汽等。

(5) 强制循环型蒸发器　在一般的自然循环型蒸发器中，由于循环速度比较低，导致传热系数较小。为了处理黏度较大或容易析出结晶与结垢的溶液，以提高传热系数，可采用如图 6-36 所示的强制循环型蒸发器。

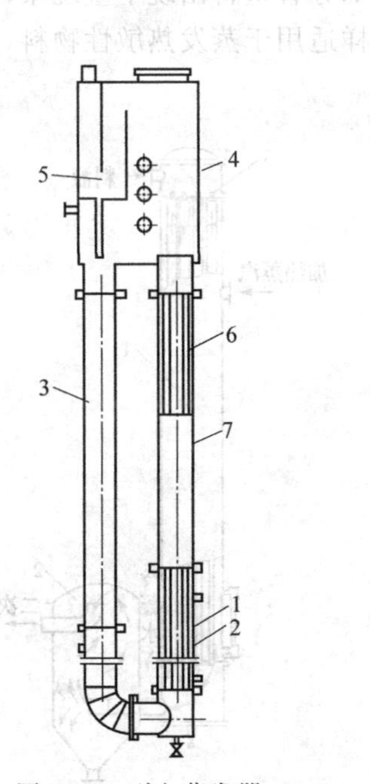

图 6-35　列文蒸发器

1—加热室；2—加热管；3—循环管；4—蒸发室；5—除沫器；6—挡板；7—沸腾室

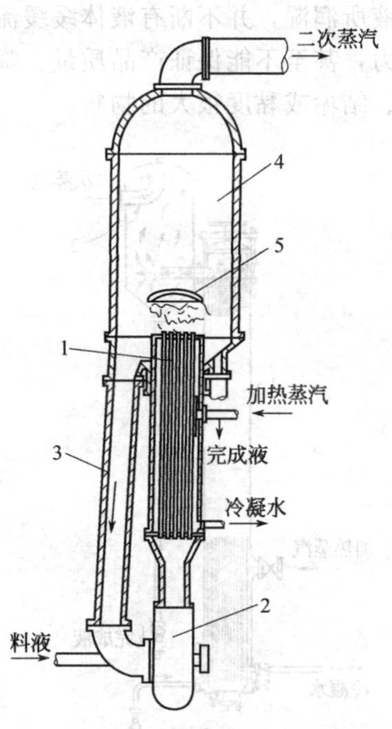

图 6-36　强制循环型蒸发器

1—加热管；2—循环泵；3—循环管；4—蒸发室；5—除沫器

所谓强制循环，就是利用外加动力（循环泵）促使溶液沿一定方向循环。循环速度的大小可通过调节循环泵的流量来控制。这种强制循环型蒸发器的优点是：传热系数较一般自然循环型蒸发器大得多，因此传热速率和生产能力较高。在相同的生产任务下，蒸发器的传热面积比较小。适于处理黏度大、易析出结晶和结垢的溶液。其缺点是：需要消耗动力和增加循环泵。

2. 膜式蒸发器

循环型蒸发器有一个共同缺点，即溶液在蒸发器内停留的时间较长，对热敏性物料容易造成分解和变质。而膜式蒸发器中，溶液沿加热管呈膜状流动（上升或下降），一次通过加热室即可浓缩到要求的浓度，其溶剂的蒸发速率极快，在加热管内的停留时间很短（几秒至十几秒）。另外，离开加热室的物料又得到及时冷却，故特别适用于热敏性物料的蒸发，对黏度大和容易起泡的溶液也较适用。它是目前被广泛使用的高效蒸发设备。

根据溶液在加热管内流动方向以及成膜原因的不同，膜式蒸发器可分为以下几种类型。

(1) 升膜式蒸发器　其结构如图 6-37 所示，它也是一种将加热室和蒸发室分离开的蒸发器。其加热室实际上就是一个加热管很长的立式列管换热器，料液由底部进入加热管，受热沸腾后迅速汽化；蒸汽在管内高速上升，料液受到高速上升蒸汽的带动，沿管壁呈膜状上升，并继续蒸发；汽液在顶部分离室内分离，二次蒸汽从顶部逸出，完成液则由底部排走。这种蒸发器适用于蒸发量较大、有热敏性和易产生泡沫的溶液，而不适用于有结晶析出或易结垢的物料。

(2) 降膜式蒸发器　其结构如图 6-38 所示，它与升膜式蒸发器的结构基本相同，其主要区别在于原料液由加热管的顶部加入，溶液在自身重力作用下沿管内壁呈膜状下降，并进行蒸发，浓缩后的液体从加热室的底部进入分离器内，并从底部排出，二次蒸汽由分离室顶部逸出。在该蒸发器中，每根加热管的顶部必须装有降膜分布器，以保证每根管子的内壁都能为料液所润湿，并不断有液体缓缓流过；否则，一部分管壁将出现干壁现象，达不到最大生产能力，甚至不能保证产品质量。降膜式蒸发器同样适用于蒸发热敏性物料，而不适用于易结晶、结垢或黏度很大的物料。

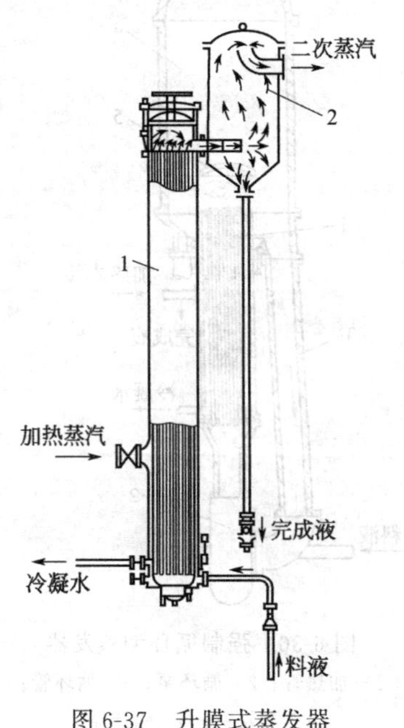

图 6-37　升膜式蒸发器

1—蒸发器；2—分离室

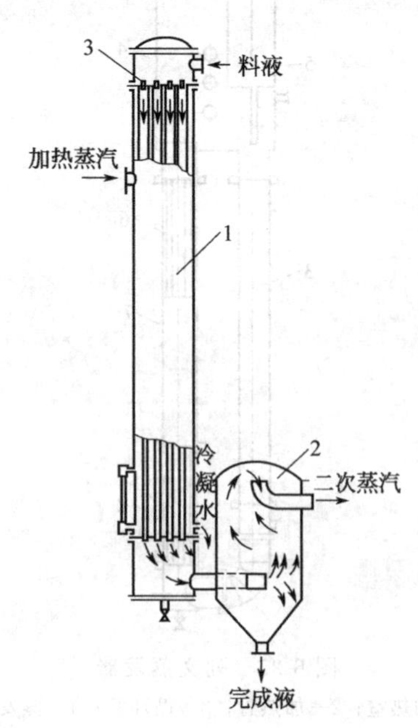

图 6-38　降膜式蒸发器

1—蒸发器；2—分离室；3—液膜分布器

(3) 升-降膜式蒸发器　将升膜和降膜蒸发器装在一个壳体中，即构成升-降膜式蒸发器，如图 6-39 所示。预热后的原料液先经升膜加热管上升，然后由降膜加热管下降，再在分离室中和二次蒸汽分离后即得完成液。

(4) 刮板薄膜式蒸发器　其结构如图 6-40 所示，这是一种利用外加动力成膜的单程型蒸发器。它有一个带加热夹套的壳体，壳体内装有旋转刮板，旋转刮板有固定的和活动的两种，前者与壳体内壁的间隙为 0.75～1.5mm，后者与器壁的间隙随旋转速度不同而异。溶液在蒸发器上部沿切向进入，利用旋转刮板的刮带和重力的作用，使液体在壳体内壁上形成旋转下降的液膜，并在下降过程中不断被蒸发浓缩，在底部得到完成液。

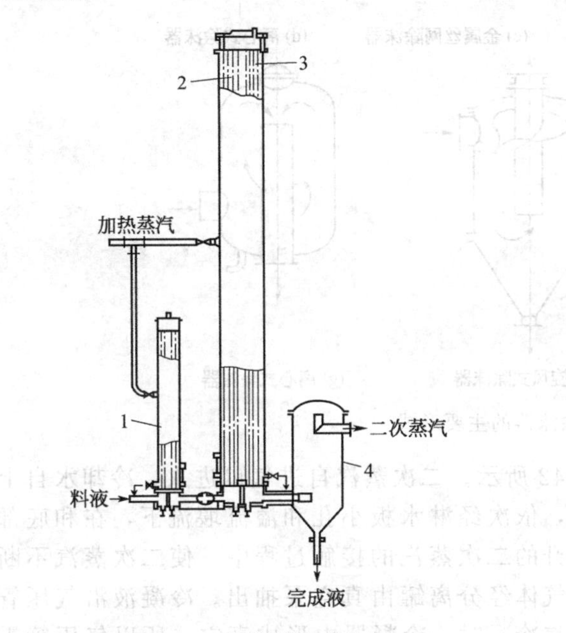

图 6-39　升-降膜式蒸发器

1—预热器；2—升膜加热室；3—降膜加热室；4—分离室

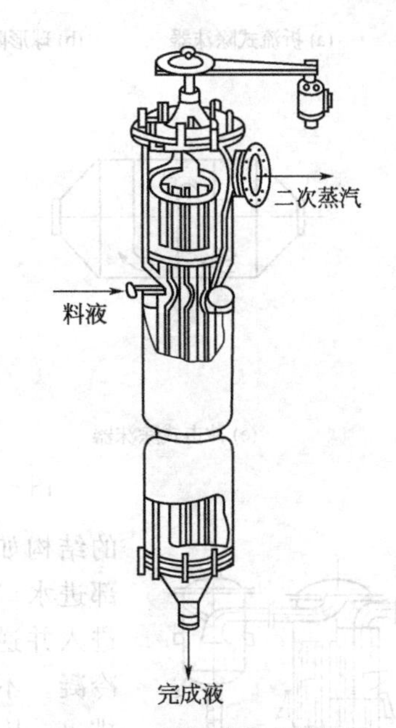

图 6-40　刮板薄膜式蒸发器

这种蒸发器的突出优点是：对物料的适应性非常强，对黏度高和容易结晶、结垢的物料均能适用。其缺点是：结构较为复杂，动力消耗大，受传热面积限制（一般为 3～4m^2，最大不超过 20m^2），故其处理量较小。

（二）蒸发器的辅助装置

蒸发器的辅助装置主要包括除沫器、冷凝器和真空装置。

1. 除沫器

蒸发操作时，二次蒸汽中夹带大量的液体，虽然在分离室中进行了分离，但是为了防止溶质损失或污染冷凝液体，还需设法减少夹带的液沫，因此在蒸汽出口附近设置除沫装置。除沫器的形式很多，图 6-41 所示为经常采用的形式，图 6-41 (a)～(d) 可直接安装在蒸发器的顶部，图 6-41 (e)～(g) 安装在蒸发器的外部。

2. 冷凝器和真空装置

要使蒸发操作连续进行，除了必须不断地提供溶剂汽化所需要的热量外，还必须及时排除二次蒸汽。通常采用的方法是使二次蒸汽冷凝。因此，冷凝器是一般蒸发操作中不可缺少的辅助设备之一，其作用是将二次蒸汽冷凝成液态水后排出。冷凝器有间壁式和直接接触式两类。除了二次蒸汽是有价值的产品需要回收或会严重污染冷却水的情况下，应采用间壁式冷凝器外，大多采用汽液直接接触式冷凝器来冷凝二次蒸汽。常见的逆流高位冷凝器

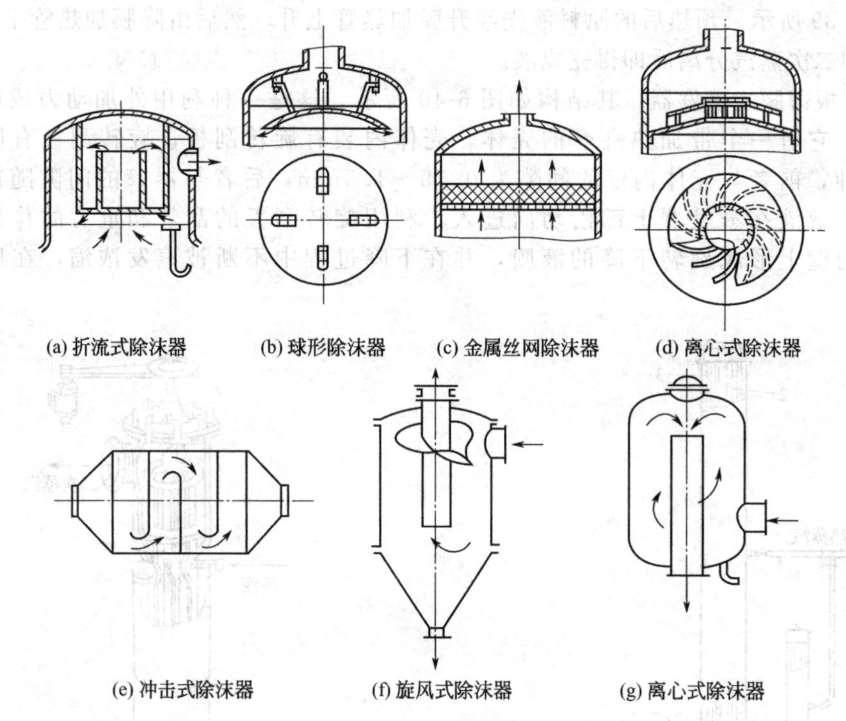

图 6-41 除沫器的主要形式

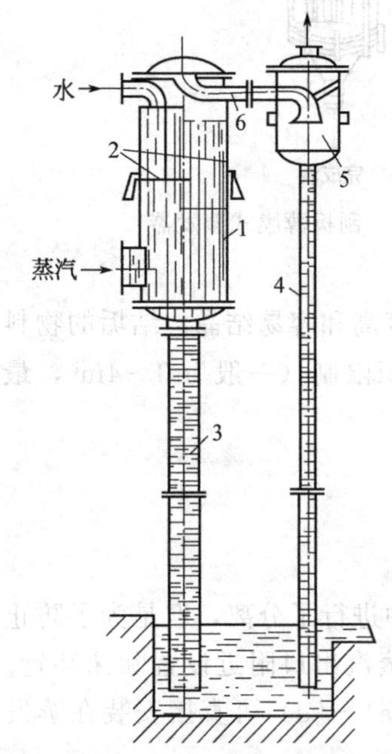

图 6-42 逆流高位冷凝器

1—外壳；2—淋水板；3,4—气压管；5—分离罐；6—不凝性气体管

的结构如图 6-42 所示。二次蒸汽自进气口进入，冷却水自上部进水口引入，依次经淋水板小孔和溢流堰流下，在和底部进入并逆流上升的二次蒸汽的接触过程中，使二次蒸汽不断冷凝。不凝性气体经分离罐由真空泵抽出。冷凝液沿气压管排出。因为蒸汽冷凝时，冷凝器中形成真空，所以气压管需要有一定的高度，才能使管中的冷凝水依靠重力的作用而排出。

当蒸发器采用减压操作时，无论采用哪一种冷凝器，均需在冷凝器后设置真空装置，不断排除二次蒸汽中的不凝性气体，从而维持蒸发操作所需的真空度。常用的真空装置有喷射泵、往复式真空泵以及水环式真空泵等。

3. 冷凝水排除器

加热蒸汽冷凝后生成的冷凝水必须要及时排除，否则冷凝水积聚于蒸发器加热室的管外，将占据一部分传热面积，降低传热效果。排除的方法是在冷凝水排出管路上安装冷凝水排除器（又称疏水器）。它的作用是在排除冷凝水的同时，阻止蒸汽的排出，以保证蒸汽的充分利用。冷凝水排除器有多种形式，其结构和工作原理这里不作介绍，读者可查阅有关资料。

思考与习题

6-1. 传热的基本方式有哪几种？各有什么特点？

6-2. 工业上有哪几种换热方法？化工生产中的传热过程主要要解决哪几个方面的问题？

6-3. 试说明对换热器进行分类的方法及其种类，应优先考虑哪种换热方法？为什么？

6-4. 列管式换热器中的温差应力是怎样产生的？为了克服其影响，可采取哪些措施？

6-5. 列管式换热器为何常采用多管程？在壳程中设置折流挡板的作用是什么？

6-6. 由两层不同材料组成的等厚平壁，温度分布如附图所示。试判断它们的热导率和热阻的大小，并说明理由。

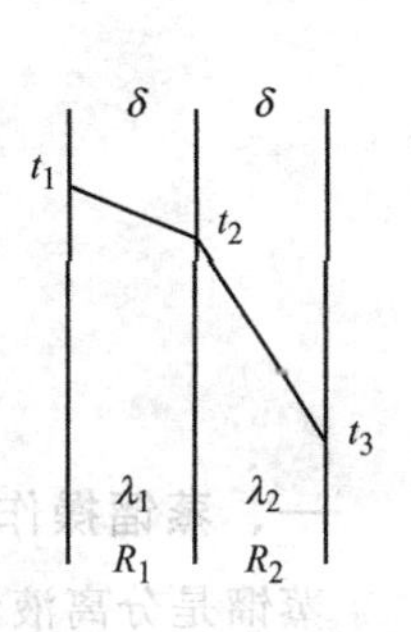

题 6-6　附图

6-7. 对流给热系数 α 的物理意义是什么？其影响因素有哪些？提高给热系数的措施有哪些？

6-8. 为什么说传热壁面的温度总应接近 α 较大侧的流体温度？（提示：用牛顿冷却定律解释）

6-9. 为什么滴状冷凝的对流传热系数要比膜状冷凝的高？

6-10. 夹套式换热器中，在壳层内通饱和水蒸气或冷却水时，对它们的流动方向有何要求？为什么？

6-11. 饱和蒸汽冷凝时，传热膜系数突然下降，可能的原因是什么？解决的措施有哪些？

6-12. 一套管式换热器用水冷却油，水走管内、油走管外，为强化传热，加翅片，翅片加在管的哪一侧更合适？为什么？

6-13. 什么是蒸发操作？其目的是什么？属于何过程？

6-14. 提高蒸发器的生产强度有哪些途径？如何优化蒸发操作？

6-15. 在蒸发操作的流程中，一般在最后都配备有真空泵，其作用是什么？

6-16. 常用的多效蒸发操作有哪几种流程？各有什么特点？

第七章　传质分离技术

第一节　蒸　　馏

一、蒸馏操作简介

蒸馏是分离液体均相混合物或气体均相混合物的单元操作，是最早实现工业化的典型单元操作。蒸馏利用混合物中各组分间挥发度的差异，通过加入或移出热量的方法，使液体混合物形成气液两相，两相进行质量传递和热量传递，易挥发组分在气相中增浓，难挥发组分在液相中增浓，实现混合物的分离。低沸点的组分称为“易挥发组分”，高沸点的组分称为“难挥发组分”。精馏借助“回流”技术，可以得到高纯度的产品。

蒸馏按操作方式可分为简单蒸馏、平衡蒸馏（闪蒸）、精馏和特殊蒸馏。对于易分离的物系或对分离要求不高的物系，可采用简单蒸馏或平衡蒸馏；对于较难分离的物系或对分离要求较高的物系可采用精馏；用普通方法不能分离的物系可采用特殊蒸馏，如水蒸气蒸馏、恒沸蒸馏、萃取蒸馏等。按操作压力分为常压蒸馏、加压蒸馏和减压蒸馏。一般沸点在高于室温低于 150℃的混合物通常在常压下进行蒸馏操作。

（一）简单蒸馏（微分蒸馏）

简单蒸馏是指使混合物在蒸馏釜中逐次地部分汽化，并不断地将生成的蒸汽移去冷凝器中冷凝，可使组分部分地分离，这种方法称为简单蒸馏，又称微分蒸馏。其装置如图 7-1 所示。

简单蒸馏是间歇操作，适用于分离相对挥发度相差较大、分离程度要求不高的混合物的粗略分离。

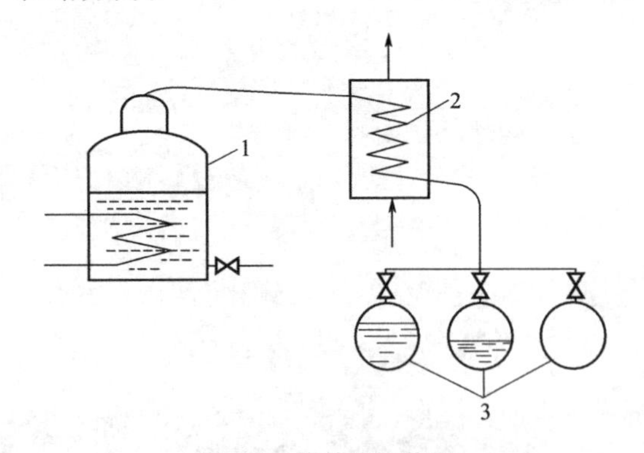

图 7-1　简单蒸馏装置

1—蒸馏釜；2—冷凝器；3—受槽

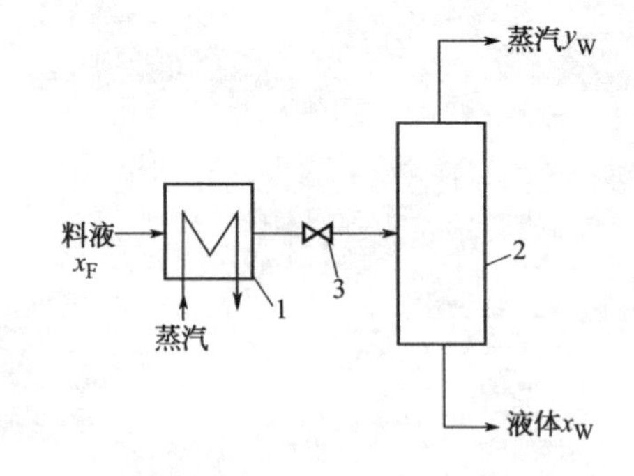

图 7-2　闪蒸装置

1—加热器；2—闪蒸罐；3—减压阀

（二）平衡蒸馏（闪蒸）

平衡蒸馏又称闪蒸，其装置如图 7-2 所示。料液连续地加入加热釜，加热至一定的温度后，经减压至预定压强后送入分离器，由于压强的降低使过热液体在减压情况下大量自蒸发，部分液体汽化，气相中含易挥发组分多，气相沿分离器上升至塔顶冷凝器全部冷凝成塔顶产品。未汽化的液相中难挥发组分浓度增加，液相组分沿分离器下降至塔底引出，成为塔底产品。

平衡蒸馏可以连续进料、移出蒸汽和液相，是连续、稳定的过程。平衡蒸馏可以得到稳定浓度的气相和液相，但分离程度仍然不高。要得到高程度的分离，需使用精馏。

（三）精馏

化工企业中的精馏操作是在直立圆形的精馏塔内进行，塔内装有若干层塔板或充填一定高度的填料。塔板和填料表面都是气液两相进行热量交换和质量交换的场所。结构如图 7-3 所示。精馏塔其他主要部件有塔底再沸器和塔顶冷凝器，有时还需配有原料液预热器、回流液泵等附属设备，才能实现整个操作。

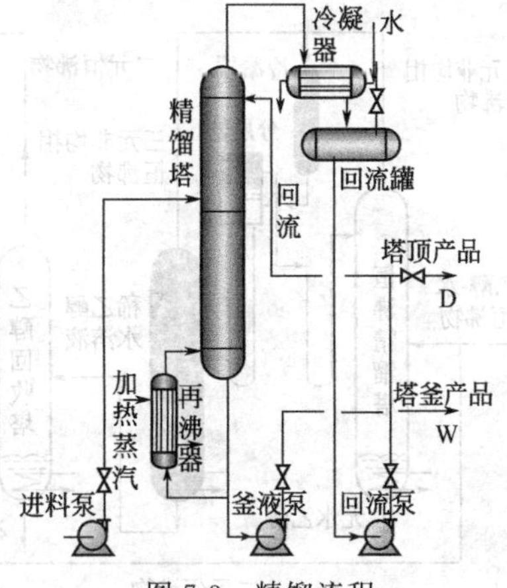

图 7-3　精馏流程

通过精馏塔设备，液相中的易挥发组分经过多次部分汽化，在气相中的浓度自下而上逐板增加，由塔顶可得到几乎纯的易挥发组分；气相中的难挥发组分经过多次部分冷凝，在液相中的浓度自上而下逐板增加，由塔底可得到几乎纯的难挥发组分，最终实现组分的完全分离。

在精馏塔中，温度是自上而下逐板增加，塔顶温度最低，塔釜温度最高。

（四）特殊蒸馏

1. 水蒸气蒸馏

若混合物在常压下沸点较高或在沸点时会分解，即可采用水蒸气蒸馏。水蒸气蒸馏是将水蒸气直接加热置于蒸馏釜中，从而降低被蒸馏产物的沸点，使被蒸馏物中的组分得以分离的操作（被蒸馏物与水蒸气完全或几乎不互溶）。

水蒸气蒸馏基本原理是根据道尔顿定律，相互不溶也不起化学作用的液体混合物的蒸汽总压，等于该温度下各组分饱和蒸汽压（即分压）之和。因此尽管各组分本身的沸点高于混合液的沸点，但当分压总和等于外界大气压时，液体混合物即开始沸腾并被蒸馏出来。水蒸气和被蒸馏的蒸汽各按其分压的比率逸出。将此蒸汽冷凝，所得馏出液分为两层，除去水即得产品 A。例如硝化苯、松节油、苯胺类及脂肪酸类物质的分离等都可使用水蒸气蒸馏的方法分离，一般水蒸气蒸馏都在减压条件下进行，降低其沸点。

2. 恒沸蒸馏

若混合物的沸点相近或互相重叠，可以利用恒沸蒸馏的方法来分离它们。在恒沸物中加入专门选择的溶剂，使溶剂与被分离混合物中的一个或几个组分形成新的恒沸混合物，从而使各组分间沸点差增加，达到分离的目的。而所组成的新的混合物（恒沸物），一般较原来任一组分的沸点为低。则蒸馏时，新的恒沸物从塔顶蒸出，塔底则为另一纯组分。要进行恒沸蒸馏，所加入的溶剂量必须保证塔内在分离过程终结之前始终有溶剂存在。图 7-4 所示为恒沸蒸馏流程。以乙醇与水为例，加入适量的溶剂苯于工业酒精中，即形成了三元恒沸物（沸点为 64.85℃，组成为：$x_{C_6H_6}=0.539$，$x_{H_2O}=0.233$，$x_{C_2H_5OH}=0.288$）。只要加入适量的苯，可使工业酒精中的水全部转移到三元恒沸物中去，则塔顶可得到三元恒沸物，塔底可得到几乎纯态的无水乙醇，又称无水酒精。塔顶的三元混合物经冷凝后，部分回流，余下的引入分层器，分为轻相和重相。轻相为 $x_{C_6H_6}=0.745$，$x_{H_2O}=0.038$，$x_{C_2H_5OH}=0.217$。全部作为回流液。重相送入苯回收塔，塔顶仍得到三元混合物，塔底得到的为稀乙醇，进入乙醇回收塔，塔顶得到的乙醇与水作为原料液加入，塔底得到的几乎为纯水。而苯在操作中是循环使用的。但由于损耗，间隔一段时间后，还需进行补充。

3. 萃取精馏

萃取精馏与恒沸蒸馏相似，在被分离的混合物中加入专门选择的第三组分——萃取剂，而此萃取剂有选择地与混合物中的某一组分完全互溶，所形成的互溶混合物的相对挥发度要比被分离混合物中所含组分的相对挥发度小得多。即增大了被分离的各组分的相对挥发度，从而使混合物得以分离的操作。图 7-5 所示为萃取精馏流程。

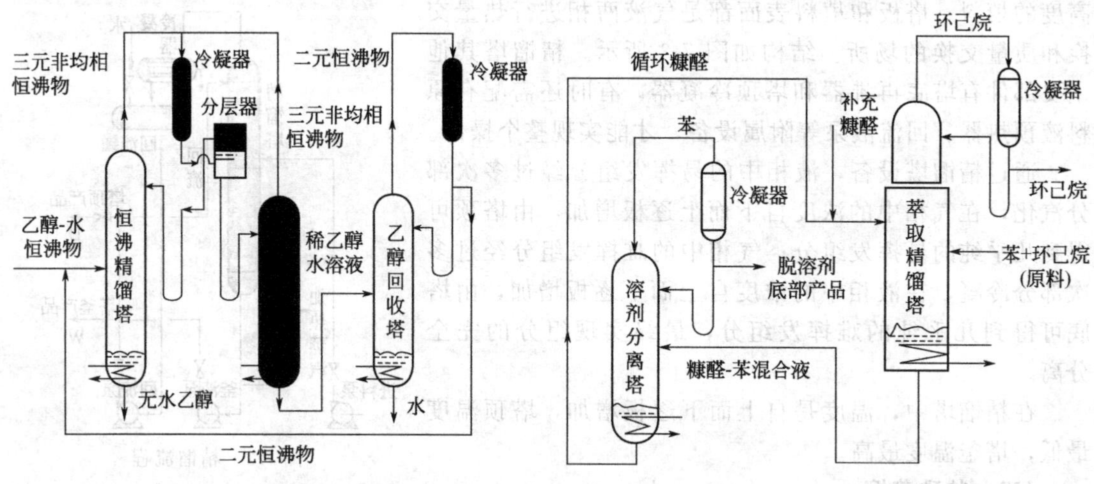

图 7-4　恒沸蒸馏流程　　　　图 7-5　萃取精馏流程

同理，萃取剂的选择要求萃取剂应使原组分之间相对挥发度发生显著变化，萃取剂的挥发度应低些，使沸点较纯组分为高，且不与原组分形成恒沸物。

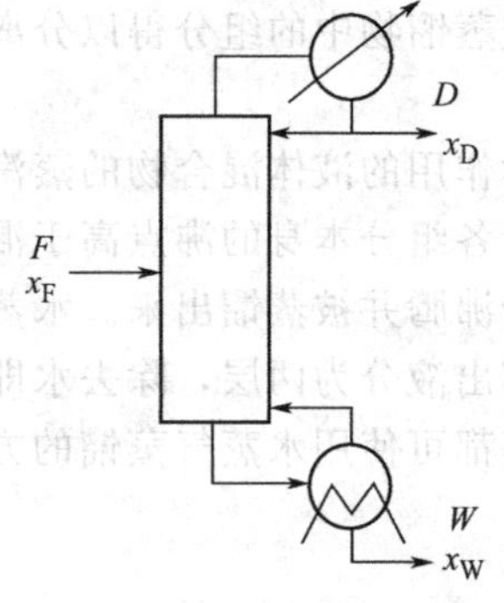

图 7-6　全塔的物料衡算

二、精馏过程的物料衡算

在连续精馏过程的物料衡算中基于两个基本假设：恒摩尔流的假设及理论板的概念。即精馏塔的精馏段内，从每一块塔板上升的蒸汽的（千）摩尔流量相等，提馏段也是如此，但两段的蒸汽流量不一定相等；在塔的精馏段内，从每一块塔板下降的液体的（千）摩尔流量都相等，提馏段也是如此，但两段的液体流量不一定相等。

如图 7-6 所示，对全塔建立物料衡算。

全塔总物料衡算式：

$$F=D+W \tag{7-1}$$

易挥发组分的物料衡算式：

$$Fx_F=Dx_D+Wx_W \tag{7-2}$$

式中 F——进塔的原料液流量，kmol/h；

x_F——料液中易挥发组分的摩尔分率；

D——塔顶产物（馏出液）的流量，kmol/h；

W——塔底产物（残液）的流量，kmol/h；

x_W——残液中易挥发组分的摩尔分率。

在精馏计算中，分离程度除去塔顶、塔底产品的浓度表示外，有时还用回收率来表示。馏出液中易挥发组分的回收率：

$$\frac{Dx_D}{Fx_F}\times 100\% \tag{7-3}$$

或釜液中难挥发组分的回收率：

$$\frac{W(1-x_W)}{F(1-x_F)}\times 100\% \tag{7-4}$$

在图解理论塔板数时，当跨过两操作线交点时，更换操作线。而跨过两操作线交点时的梯级即代表适宜的加料位置，此时理论塔板数为最少。

三、回流比

1. 全回流

塔顶蒸汽经冷凝后，全部回流至塔内，这种方式称为“全回流”。此时，塔顶产物为0。精馏段和提馏段操作线方程合二为一，此时所需的理论塔板数为最少。

2. 最小回流比（R_{min}）

当回流比减小至某一数值时，理论上为达到指定分离要求所需板数趋于无穷大，这是回流比的下限，称为“最小回流比”。最小回流比不仅取决于分离要求，还与料液的相对挥发度和料液组成以及进料的热状态有关。

3. 适宜回流比的选择

适宜回流比的确定，一般是经济衡算来确定，如图7-7所示。即操作费用和设备折旧费用的总和为最小时的回流比为适宜的回流比。

四、板式塔介绍

气、液传质设备可分为两类：板式塔和填料塔。气、液传质设备是为混合物的气、液两相提供多级的充分、有效的接触与及时、完全分离的条件。板式塔是逐级接触、混合物浓度发生阶跃式变化的气、液传质设备；填料塔是气、液两相微分接触，气、液的组成则发生连续变化的气、液传质设备。以下主要介绍板式塔。

（一）塔板结构

板式塔结构如图7-8(a)所示。塔体为一圆筒体，塔体内装有多层塔板。塔板设有气、液相通道，如筛孔及降液管、溢流堰等。

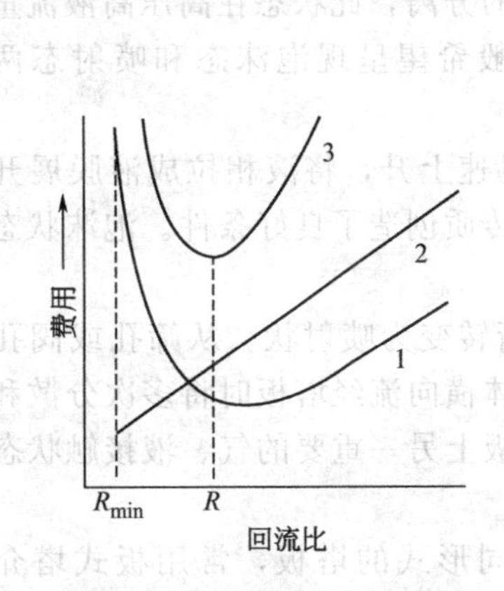

图7-7 最适宜回流比的确定

1—设备费用线；2—操作费用线；3—总费用线

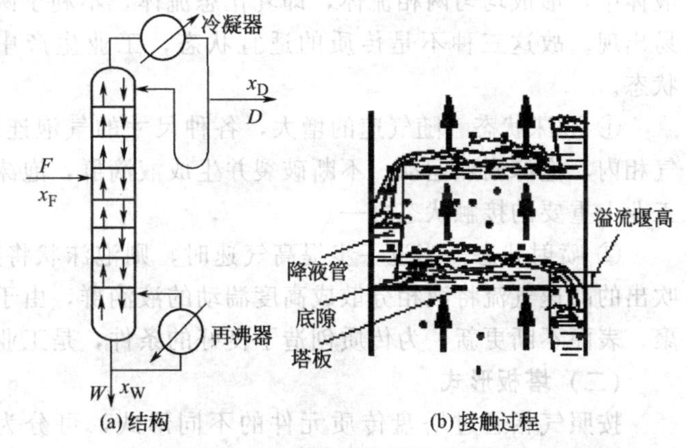

图7-8 板式塔结构及塔内的流动

1. 气、液相流程

再沸器加热釜液产生气相在塔内逐级上升，到塔顶由塔顶冷凝器冷凝，部分凝液返回塔顶作回流液。液体在逐级下降过程中与上升气相进行接触传质。具体接触过程如图7-8(b)所示。液体横向流过塔板，经溢流堰溢流进入降液管，液体在降液管内释放夹带的气体，从降液管底隙流至下一层塔板。塔板下方的气体穿过塔板上气相通道，如筛孔、浮阀等，进入塔板上的液层鼓泡，气、液接触进行传质。气相离开液层而奔向上一层塔板，进行多级的接触传质。

2. 塔内气、液两相的流动

(1) 塔内气、液两相异常流动

① 液泛 正常情况下，气、液两相在塔内总体上呈逆流流动，塔板上维持适宜的液层高度，气、液两相适宜接触状态，进行接触传质。如果由于某种原因，使得气、液两相流动不畅，使塔板上液层迅速积累，以致充满整个空间，破坏塔的正常操作，此现象称为液泛，也称淹塔。液泛开始时，塔的压降急剧上升，效率急剧下降。根据液泛发生原因不同，可分为两种不同性质的液泛。

a. 液沫夹带液泛。液沫夹带由两种原因引起：一是气相在液层中鼓泡，气泡破裂，将雾沫弹溅至上一层塔板；二是气相运动呈喷射状，将液体分散并可携带一部分液沫流动，随气速增大，使塔板阻力增大，上层塔板上液层增厚，塔板液流不畅，液层迅速积累，以致充满整个空间，即液泛。由此原因诱发的液泛称为液沫夹带液泛。开始发生液泛时的气速称为液泛气速 u_f。

b. 降液管内液泛。当塔内气、液两相流量较大，导致降液管内阻力及塔板阻力增大时，均会引起降液管液层升高。当降液管内液层高度难以维持塔板上液相畅通时，降液管内液层迅速上升，以致达到上一层塔板，逐渐充满塔板空间，称为降液管内液泛。

② 严重漏液 板式塔少量漏液不可避免，当气速进一步降低时，漏液量增大，导致塔板上难以维持正常操作所需的液面，无法操作。此漏液为严重漏液，相应的孔流气速为漏液点气速 u_0。

(2) 塔板上气、液流动状态 从筛板和浮阀塔板的生产实践发现，从严重漏液到液泛整个范围内存在有五种接触状态，即鼓泡状态、蜂窝状态、泡沫状态、喷射状态及乳化状态。

由于低气速下产生的不连续鼓泡群传质面积小，比较平静，而靠小径塔壁稳定的蜂窝状，其泡沫层湍动较差，不利于传质。而高速液流剪切作用下使气相形成小气泡均匀分布在液体中，形成均匀两相流体，即乳化态流体，不利于两相的分离，此状态在高压高液流量时易出现。故这三种不是传质的适宜状态，工业生产中一般希望呈现泡沫态和喷射态两种状态。

① 泡沫状态 随气速的增大，各种尺寸的气泡连串迅速上升，将液相拉成液膜展开在气相内，泡沫剧烈运动、不断破裂并生成液滴群，泡沫为传质创造了良好条件。泡沫状态是工业上重要的接触状态之一。

② 喷射状态 当进一步提高气速时，则泡沫状将逐渐转变为喷射状。从筛孔或阀孔中吹出的高速气流将液相分散成高度湍动的液滴群，由于液体横向流经塔板时将多次分散和凝聚，表面不断更新，为传质创造了良好的条件，是工业塔板上另一重要的气、液接触状态。

(二) 塔板形式

按照气相通过塔盘传质元件的不同形式，可分为不同形式的塔板，常用板式塔介绍如下。

1. 泡罩塔板

传质元件为泡罩，泡罩分为圆形和条形两种，多数选用圆形泡罩，如图 7-9 所示。泡罩边缘开有纵向齿缝，中心装升气管。升气管直接与塔板连接固定。塔板下方的气相进入升气管，然后从齿缝吹出与

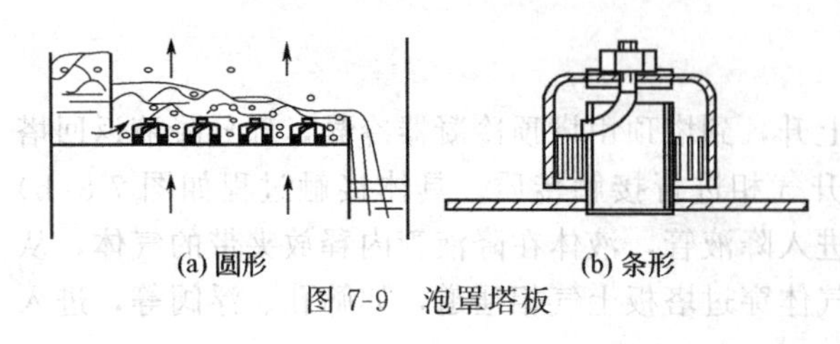

图 7-9 泡罩塔板

塔板上液相接触进行传质。由于升气管作用，避免了低气速下的漏液现象。该塔板操作弹性、塔板效率也比较高，运用较为广泛。缺点是结构复杂，塔板压降低，生产强度低，造价高。

2. 浮阀塔板

浮阀形式有圆形、方形、条形及伞形等。较多使用圆形浮阀，而圆形浮阀又分为多种形式，如图 7-10 所示。

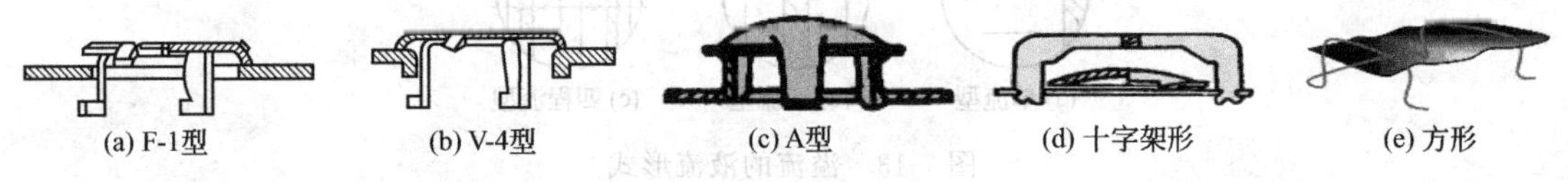

图 7-10　浮阀塔板

浮阀取消了泡罩塔的泡罩与升气管，改在塔上开孔，阀片上装有限位的三条腿，浮阀可随气速的变化上、下自由浮动，提高了塔板的操作弹性、降低塔板的压降，同时具有较高塔板效率，在生产中得到广泛的应用。

3. 筛板塔板

筛板塔板直接在塔板上按一定尺寸和一定排列方式开圆形筛孔，作为气相通道。气相穿过筛孔进入塔板上液相，进行接触传质。筛板塔板结构简单，造价低廉，塔板阻力小。

经研究和操作使用发现，如果设计合理、操作适当，筛板塔板不仅可满足生产所需要的弹性，而且效率较高。若将筛孔增大，堵塞问题也可解决。目前，筛板塔已发展为广泛应用的一种塔型。

4. 其他形式的塔板

在塔板上冲压出斜向舌形孔，张角在 20°左右，如图 7-11 所示。气相从斜孔中喷射出来，一方面将液相分散成液滴和雾沫，增大了两相传质面，同时驱动液相减小液面落差。液相在流动方向上，多次被分散和凝聚，使表面不断更新，传质面湍动加剧，提高了传质效率。

若将舌形板做成可浮动舌片与塔板铰链，如图 7-12 所示，称为浮舌塔板，可进一步提高其操作弹性。

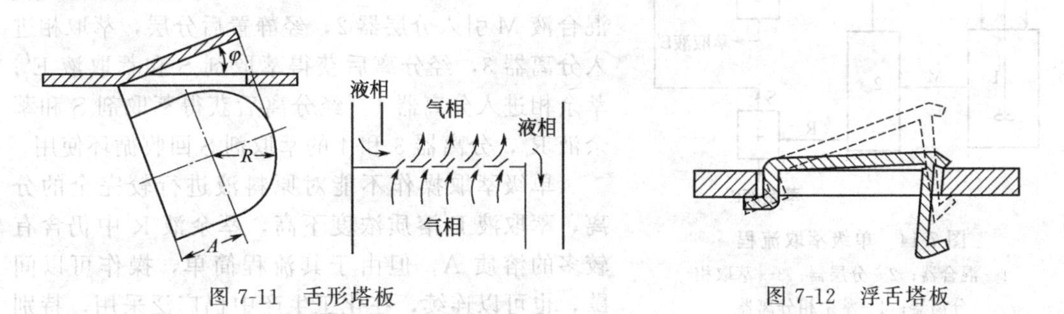

图 7-11　舌形塔板　　　　图 7-12　浮舌塔板

除以上介绍塔型，还有其他多种形式的塔板，如斜孔塔板、网孔塔板、垂直筛孔塔板、多降液管塔板、林德筛板、无溢流栅板和筛板等。

（三）塔板流型

液相在塔板上横向流过时分程的形式称为流型。液相从受液盘直接流向降液管的形式为单流型，如图 7-13(a) 所示。

当液体流量大，塔径也随之增大时，则可采用双流型，如图 7-13(b) 所示。两个降液管使液相从两侧流向中心降液管，或从中心流向两侧的降液管，这样减少了单程液相流量，

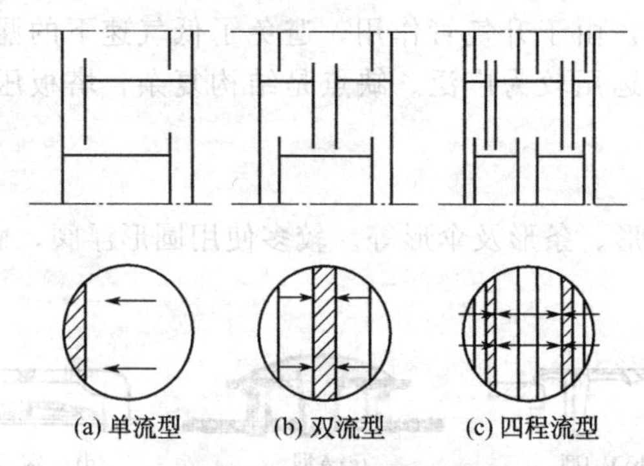

图 7-13　溢流的液流形式

缩短了流道长度，增大流通截面，从而使阻力减少，塔板液面落差减小，塔板压降分布比较均匀。

当流体流量继续增大，塔径扩大时，可选择四程流型、阶梯流型，一般情况下尽可能使用单流型，当 $D>2.2\mathrm{m}$ 时，考虑多流型。

第二节　萃　取

一、萃取操作简介

萃取是利用混合物各组分在另一溶剂中溶解度的差异而实现分离的单元操作，萃取在石油化工、生物化工和精细化工、湿法冶金及食品化工中应用广泛。

二、萃取流程

（一）单级萃取流程

单级萃取是液-液萃取中最简单的操作形式，一般用于间歇操作，也可以进行连续操作，如图 7-14 所示。

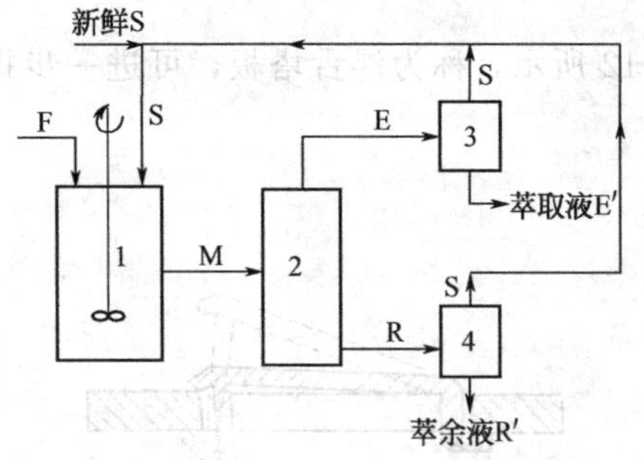

图 7-14　单级萃取流程
1—混合器；2—分层器；3—萃取相分离器；4—萃余相分离器

原料液 F 与萃取剂 S 一起加入混合器 1 内，并用搅拌器加以搅拌，使两种液体充分混合，然后将混合液 M 引入分层器 2，经静置后分层，萃取相进入分离器 3，经分离后获得萃取剂 S 和萃取液 E′；萃余相进入分离器 4，经分离后获得萃取剂 S 和萃余液 R′，分离器 3 和 4 的萃取剂 S 回收循环使用。

单级萃取操作不能对原料液进行较完全的分离，萃取液 E′溶质浓度不高，萃余液 R′中仍含有较多的溶质 A，但由于其流程简单，操作可以间歇，也可以连续，在化工生产中仍广泛采用，特别是当萃取剂分离能力大，分离效果好，或工艺对分离要求不高时，采用此种流程较为合适。

（二）多级错流接触萃取流程

多级错流接触萃取流程如图 7-15 所示。

多级错流接触萃取操作中，前级的萃余相为后级的原料，每级都加入新鲜溶剂，这种操作方式的传质推动力大，只要级数足够多，最终可得到溶质组成很低的萃余相，缺点是溶剂用量过多。

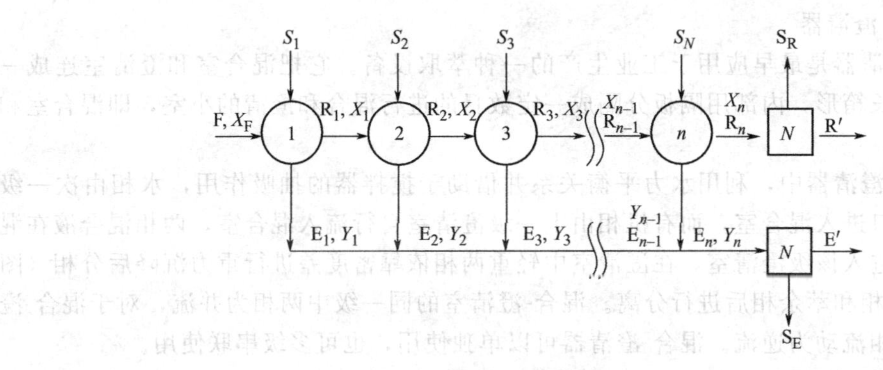

图 7-15　多级错流接触萃取流程

S_1，S_2，…，S_N—加入每一级的萃取剂用量；

X_1，X_2，…，X_n—每一级中萃余相的溶质组分的浓度（质量分数）；

Y_1，Y_2，…，Y_n—每一级中萃取相的溶质组分的浓度（质量分数）

（三）多级逆流接触萃取流程

多级逆流接触萃取操作一般是连续的，其分离效率高，溶剂用量少，在工业中得到广泛的应用。图 7-16 所示为多级逆流接触萃取流程。萃取剂采用循环使用，最终萃余相中可达到的溶质最低组成受溶剂中溶质组成限制，萃取相中溶质的最高组成受原料液中溶质组成制约。

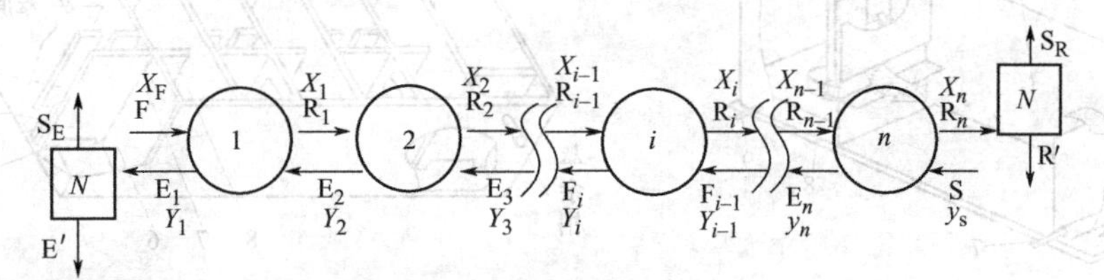

图 7-16　多级逆流接触萃取流程

（符号意义同图 7-15）

三、萃取设备

萃取设备是溶剂萃取过程中实现两相接触与分离的装置。工业萃取设备按照两相接触方式和产生对流的方法分成两大类：一类是通过两相的密度差产生的重力作用实现两相接触的设备；另一类是借助离心力的作用来实现两相混合与分离的设备。

（一）混合-澄清萃取桶

混合-澄清萃取桶是混合-澄清器的最简单的一种形式（图 7-17），在混合-澄清萃取桶内，混合和澄清两个过程按先后顺序间歇进行。桶底多做成盘形和半球形，使之在搅拌过程中没有死角，并且多在桶壁上装置挡板。操作时，只需向桶内加入进行萃取的水相和有机相，开动搅拌桨，当两相达到萃取平衡后，停止搅拌，静置分层，然后分别放出两相即可。

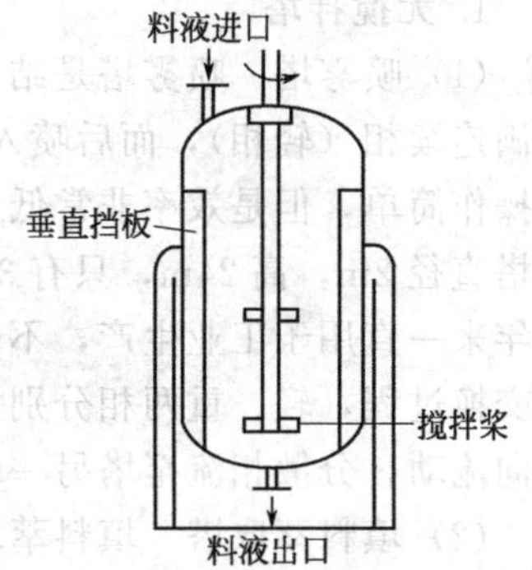

图 7-17　混合-澄清萃取桶

（二）混合-澄清器

为实现多级逆流萃取的连续操作过程，在单级混合-澄清桶的基础上，发展了多级混合-澄清设备。

1. 箱式混合-澄清器

箱式混合-澄清器是最早应用于工业生产的一种萃取设备。它把混合室和澄清室连成一个整体，外观为长箱形，内部用隔板分隔成一定数目的进行混合和澄清的小室，即混合室和澄清室。

在箱式混合-澄清器中，利用水力平衡关系并借助于搅拌器的抽吸作用，水相由次一级澄清室经过重相口进入混合室，而有机相由上一级澄清室自行流入混合室，两相混合液在混合室中搅拌后，进入该级澄清室，在澄清室中轻重两相依靠密度差进行重力沉降后分相（图7-18)，形成萃取相和萃余相后进行分离。混合-澄清室的同一级中两相为并流，对于混合-澄清器整体而言两相流动为逆流。混合-澄清器可以单独使用，也可多级串联使用。

2. 全逆流混合-澄清萃取器

全逆流混合-澄清萃取器的混合室开有两个相口，上相口进有机相和出混合相（出混合相的目的是出水相)，下相口进水相和出混合相（出混合相的目的是出有机相)，从而两相在混合室与澄清室中是全逆流流动的，此种装置的结构如图 7-19 所示，特点是结构简单、设备紧凑、级效率高、能耗低、溶剂损失少、污物不积累、操作简单、运行稳定。

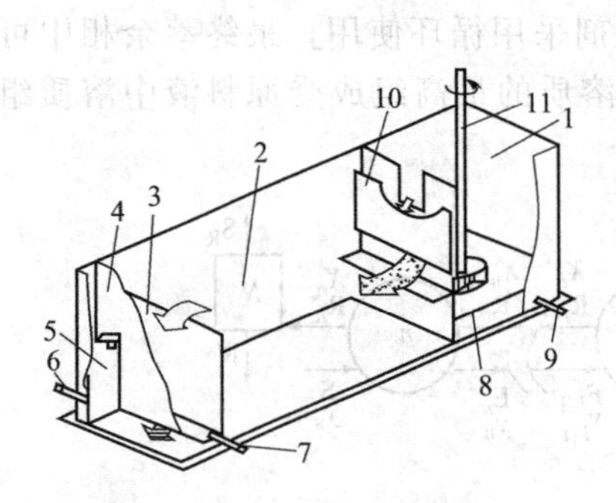

图 7-18 箱式混合-澄清器的结构

1—混合室；2—澄清室；3—有机相堰；4—水相室挡板；5—水相堰；6,9—水相出口；7—有机相出口；8—假底；10—混合相挡板；11—搅拌器

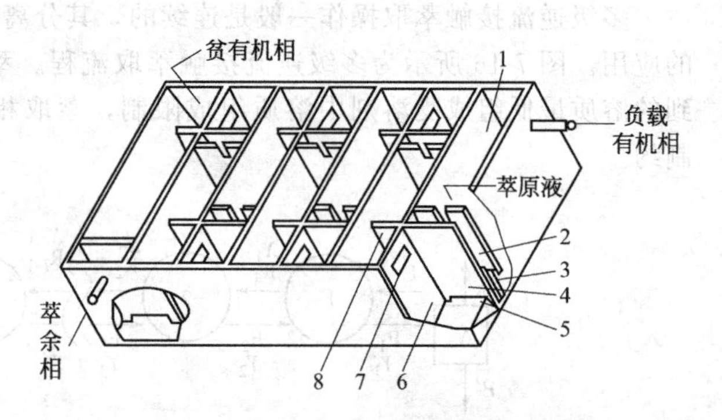

图 7-19 全逆流混合-澄清萃取器的结构

1—澄清室；2—轻相堰；3—重相堰；4—隔板；5—下相口；6—混合室；7—上相口；8—挡流板

(三) 萃取塔

1. 无搅拌塔

(1) 喷雾塔 喷雾塔是结构最简单的一种萃取设备，塔内无任何部件，运转时，塔内先充满连续相（轻相)，而后喷入分散相（重相)，实现两相的接触，如图 7-20(a) 所示。喷雾塔操作简单，但是效率非常低，通常 1～2 个理论级就需要 6～15m 的塔高。目前最大的喷雾塔直径 2m，高 24m，只有 3～3.5 个理论级，用于丙烷脱沥青工艺。喷雾塔结构简单，几十年来一直用于工业生产，不过多用于一些简单的操作过程。近年来，喷雾塔还用于液-液热交换过程，轻、重两相分别从塔的底部和顶部进入，其中一相经分散装置分散为液滴后沿轴向流动，分散相流至塔另一端后凝聚形成液层排出塔。

(2) 填料萃取塔 填料萃取塔的结构与气-液传质过程所用填料塔的结构一样，如图 7-20 (b) 所示。塔内充填适宜的填料，塔两端装有两相进、出口管。重相由上部进入，从下端排出，而轻相由下端进入，从顶部排出。连续相充满整个塔，分散相由分布器分散成液滴进入填料层，与连续相逆流接触进行萃取。填料萃取塔结构简单、造价低廉、操作方便，故在工业上有一定的应用。

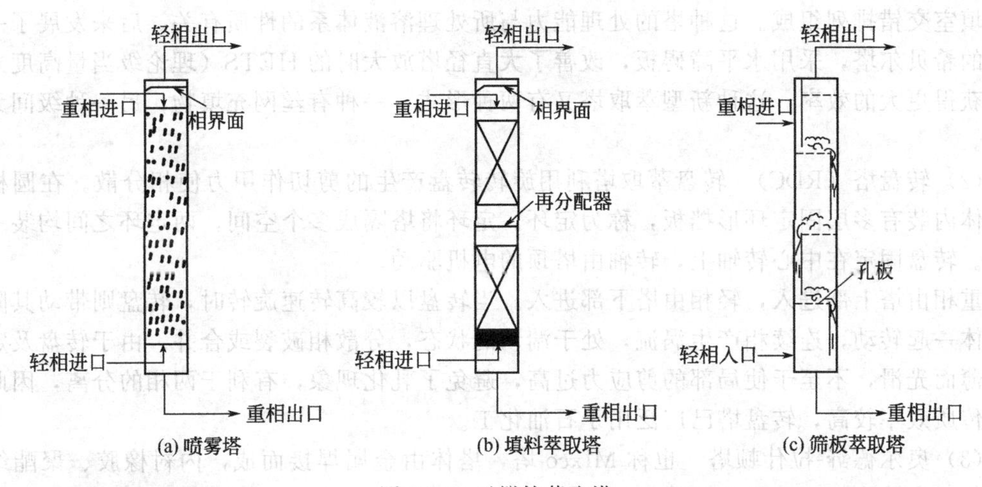

图 7-20　无搅拌萃取塔

(3) 筛板萃取塔　筛板萃取塔是逐级接触式萃取设备，依靠两相的密度差，在重力的作用下，使得两相进行分散和逆向流动。如图 7-20（c）所示，以轻相为分散相为例，轻相从塔下部进入，穿过筛板分散成细小的液滴进入筛板上的连续相即重相层。液滴在重相内浮升，穿过重相层的轻相液滴开始合并凝聚，聚集在上层筛板的下侧，当轻相再一次穿过筛板时，轻相再次分散，液滴表面得到更新。这样分散、凝聚交替进行，直至塔顶澄清、分层、排出；连续相（重相）横向流过塔板，在筛板上与分散相即轻相液滴接触和萃取后，由降液管流至下一层板。这样重复以上过程，直至塔底与轻相分离形成重相层排出。筛板萃取塔适用于所需理论级数较少、处理量大，而且物系具有腐蚀性的场合。

2. 机械搅拌塔

机械搅拌塔根据机械运动的形式可分为旋转搅拌塔和往复（或振动）筛板塔，典型形式如图 7-21 所示。现代的微分萃取器大多采用旋转搅拌结构，它可以增加塔内单位容积的界面积，提高两相接触效率，而且在塔内安装隔板，使返混的不良影响减至最小。在旋转搅拌塔中，最有名的是希贝尔（Scheibet）塔、转盘塔和奥尔德舒-拉什顿（Oldshue Rushton）多级混合塔。

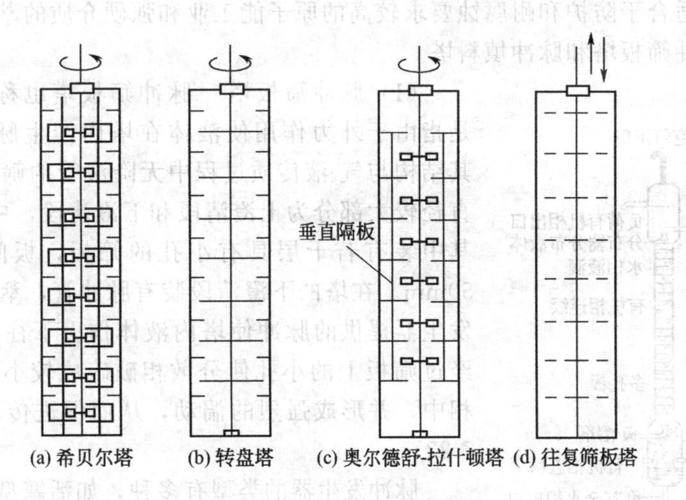

图 7-21　几种典型的机械搅拌塔

(1) 希贝尔塔　希贝尔塔由只有涡轮叶片搅拌器的混合室与孔隙率为 97%的多孔波纹

网充填室交错排列组成。这种塔的处理能力与所处理溶液体系的性质有关。后来发展了一种新型的希贝尔塔，采用水平障碍板，改善了大直径塔放大时的 HETS（理论级当量高度）并可以获得更大的效率。这种新型萃取塔又有两种形式：一种有丝网充填物；另一种级间无充填物。

（2）转盘塔（RDC） 转盘萃取塔利用旋转转盘产生的剪切作用力使相分散。在圆柱形的塔体内装有多层固定环形挡板，称为定环。定环将塔隔成多个空间，两定环之间均装一个转盘。转盘固定在中心转轴上，转轴由塔顶的电机驱动。

重相由塔上部进入，轻相由塔下部进入。当转盘以较高转速旋转时，转盘则带动其附近的液体一起转动，连续相产生涡流，处于湍动的状态，分散相破裂或合并。由于转盘及定环均较薄而光滑，不至于使局部的剪应力过高，避免了乳化现象，有利于两相的分离，因此转盘塔传质效率较高，转盘塔已广泛用于石油化工。

（3）奥尔德舒-拉什顿塔 也称 Mlxco 塔，塔体由金属焊接而成，内衬橡胶、聚酯纤维或其他耐腐蚀涂料，以防止液体的腐蚀。塔芯的结构比较简单，主要由两部分组成：一是沿塔高方向有一些环形隔板，呈水平状固定在四根垂直障碍板上，将塔体分隔成若干个隔室；二是固定在旋转轴上的若干个平桨油轮分别位于每个隔室的中央，搅拌轴由安装在塔顶的电动机驱动。

奥尔德舒-拉什顿塔主要用在液体黏度低或中等黏度的生产场合，适用的液体黏度可达 0.5Pa·s，密度差至少要有 $50kg/m^3$。它可以处理有固体悬浮物的液体。除用作液-液萃取外，还可作气体吸收、固体传质或作为化学反应器用。

（4）往复筛板塔 往复筛板萃取塔将若干层筛板按一定间距固定在中心轴上，由塔顶的传动机构驱动而作往复运动。往复筛板的孔径要比脉动筛板的孔径大，一般为 7～16mm。往复筛板塔主要有两种形式：第一种板为多孔型结构，具有大孔径、大孔隙度（约 58%）；第二种板为小孔径，孔的有效面积少或设有孔板的排液管或没有。往复筛板塔主要用于制药、石油化工等行业，这种塔特别适用于处理含有固体悬浮物的溶液。

3. 脉冲筛板塔

早期的脉冲塔是将筛板固定在垂直往复轴上，由轴的往复运动产生脉冲，后来发展了多种脉冲发生器，这些脉冲发生器在塔外产生脉冲能，传输入塔内。现在的脉冲塔内大多无运动部件，特别适合于防护和耐腐蚀要求较高的原子能工业和强硬介质的萃取体系。脉冲塔的主要形式有脉冲筛板塔和脉冲填料塔。

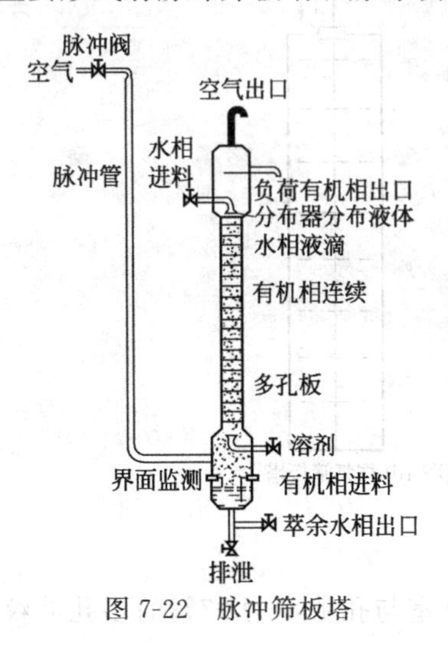

图 7-22 脉冲筛板塔

（1）脉冲筛板塔 脉冲筛板塔也称液体脉动筛板塔，是指由于外力作用使液体在塔内产生脉冲运动的筛板塔，其结构与气-液传质过程中无降液管的筛板塔类似。塔两端直径较大部分为上澄清段和下澄清段，中间为两相传质段，其中装有若干层具有小孔的筛板，板间距较小，一般为 50mm。在塔的下澄清段装有脉冲管，萃取操作时，由脉冲发生器提供的脉冲使塔内液体作上下往复运动，迫使液体经过筛板上的小孔使分散相破碎成较小的液滴分散在连续相中，并形成强烈的湍动，从而促进传质过程的进行（图 7-22）。

脉冲发生器的类型有多种，如活塞型、膜片型、风箱型等。脉冲筛板塔的优点是结构简单，传质效率高，但其生产能力一般有所下降，在化工生产中的应用受到一定限制。

(2) 脉冲填料塔　脉冲填料塔的构造与无搅拌填料塔相似，都由垂直塔体和填料组成。操作时两相逆流通过塔体，分别从塔的两端排出。

4. 离心萃取器

离心萃取器由于转速高、混合效果好，所以能大大缩短混合停留时间。又因为离心萃取器以离心力取代重力作用，因而又可加速两相的分离。其原理如图 7-23 所示。

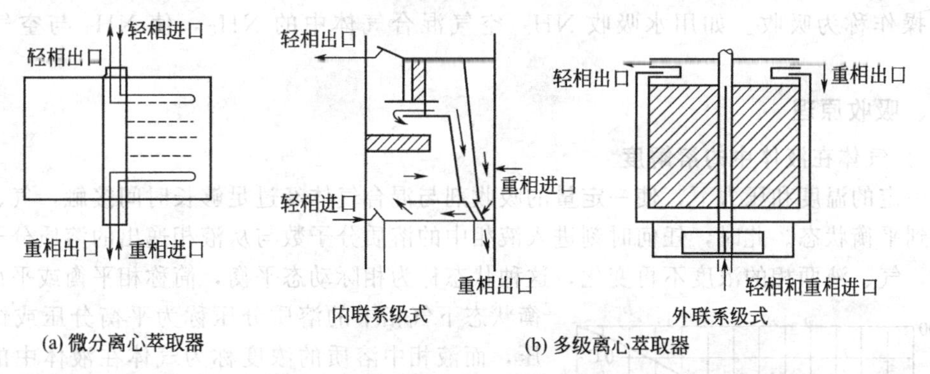

图 7-23　离心萃取器作用原理

离心萃取器结构紧凑，单位容积通量大，所以特别适用于化学稳定性差（如抗生素）、需要接触时间短、产品保留时间短或易于乳化、分离困难等体系的萃取。缺点是因其精密的结构，造价和维修费用都比其他类型萃取器的高。

(1) 转筒式离心萃取器　转筒式离心萃取器为单级接触式。重相和轻相由底部的三通管并流进入混合室，在搅拌桨的剧烈搅拌下，两相充分混合进行传质，然后共同进入高速旋转的转筒，在转筒中，混合液在离心力的作用下，重相被甩向转鼓外缘，而轻相则被挤向转鼓的中心。两相分别经轻、重相堰，流至相应的收集室，并经各自的排出口排出。转筒式离心萃取器的特点是：结构简单，效率高，易于控制，运行可靠。

(2) 路威斯特 (Luwesta) 离心萃取器　路威斯特 (Luwesta) 离心萃取器是一种多级逆流萃取器，如图 7-24 所示，为立式逐级接触式。主体是固定在壳体上并随之作高速旋转的环形盘。壳体中央有固定不动的垂直空心轴，轴上也装有圆形盘，盘上开有若干个喷出孔。空心轴由一个固定机壳和一根有通道的转轴组成，轴内的流通通道与固定在轴上的分配器和集液环相连。分配器和集液环分别装在轴和机壳的斜盘和挡板使两相离心并泵送，两相均在压力下从顶部给入，轻相与重相一起流入分配器，排出的混合相呈放射状运动，分成两相。各相的入口都有集液环，使其流下或流上至相邻的分配器，直至两相都从顶部排出。

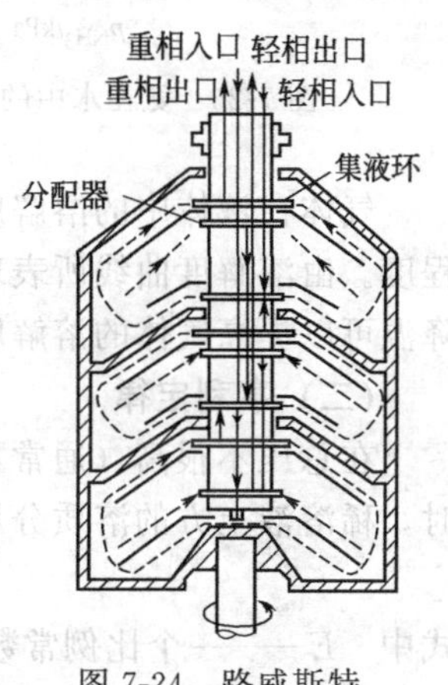

图 7-24　路威斯特离心萃取器

操作时，原料液与萃取剂均由空心轴的顶部加入，重液沿空心轴的通道流下至器底而进入第三级的外壳内，轻液由空心轴的通道流入第一级。在空心轴内，轻液与来自下一级的重液相混合，再经空心轴上的喷嘴沿转盘与上方固定盘之间的通道被甩至外壳的四周。重液由外部沿转盘与下方固定盘之间的通道而进入轴的中心，并由顶部排出，其流向为由第三级经第二级再到第一级。然后进入空心轴的排出通道，如图 7-24 中实线所示；轻液则由第一级经第二级再到第三级，然后进入空心轴的排出通道，如图 7-24 中虚线所示。两相均由器顶排出。

第三节　吸　收

一、吸收操作介绍

利用混合气体中各组分在同一种溶剂（吸收剂）中溶解度的不同而分离气体混合物的单元操作称为吸收。如用水吸收 NH_3/空气混合气体中的 NH_3，使 NH_3 与空气得以分离。

二、吸收原理

（一）气体在液体中的溶解度

在一定的温度和压力下，使一定量的吸收剂与混合气体经过足够长时间接触，气、液两相将达到平衡状态。此时，任何时刻进入液相中的溶质分子数与从液相逸出的溶质分子数恰好相等，气、液两相的浓度不再变化，这种状态称为相际动态平衡，简称相平衡或平衡。平衡状态下气相中的溶质分压称为平衡分压或饱和分压，而液相中溶质的浓度称为气体在液体中的溶解度或平衡浓度。

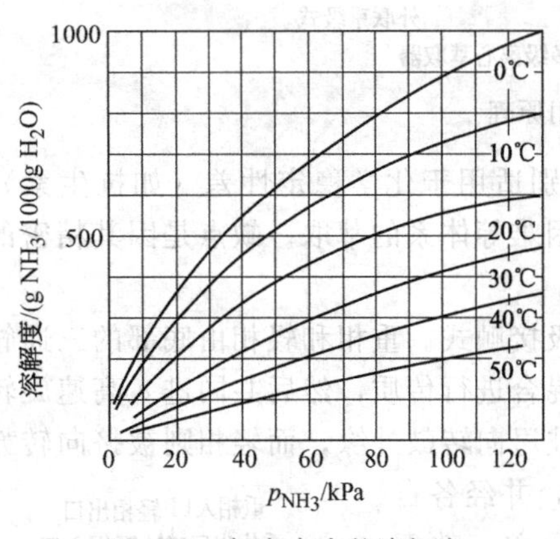

图 7-25　氨在水中的溶解度

气体在液体中的溶解度可通过实验测定。由实验结果绘成的曲线称为溶解度曲线，如图 7-25 所示。气体在液体中的溶解度曲线可从有关书籍、手册中查得。

溶解度的大小随物系、温度和压力而变。不同物质在同一溶剂中的溶解度不同，如氨气在水中的溶解度比空气大得多；温度升高，相同液相浓度下吸收质的平衡分压增高，说明溶质易由液相进入气相，溶解度减少；压力升高，溶解度增加。

气体在液体中的溶解度，表明在一定条件下气体溶质溶解于液体溶剂中可能达到的极限程度。由溶解度曲线所表现出的规律性可以得知，加压和降温对吸收操作有利，因为加压和降温可以提高气体的溶解度；反之，升温和减压则有利于解吸过程。

（二）亨利定律

在总压不很高（通常不超过 500kPa）、温度一定的条件下，气、液两相达到平衡状态时，稀溶液上方的溶质分压与该溶质在液相中的摩尔分数成正比，即：

$$p^* = Ex \tag{7-5}$$

式中　E——一个比例常数，称为亨利系数，Pa。

亨利定律表明了气、液两相达到平衡状态时，气相浓度与液相浓度的相平衡关系。E 值的大小可由实验测定，也可查有关手册。对于一定的气体溶质和溶剂，亨利系数随温度而变化。一般来说，温度升高则 E 增大，这体现了气体的溶解度随温度升高而减小的变化趋势。在同一溶剂中，难溶气体的 E 值很大，而易溶气体的 E 值则很小。

（三）吸收过程的机理

吸收过程的机理很复杂，人们先后提出了双膜理论、表面更新理论、溶质渗透理论、滞流边界层理论及界面动力状态理论等多种理论，其中应用最广泛的是双膜理论。双膜理论的基本论点如下。

① 在气、液两相相接触处，存在一个稳定的分界面，称为相界面。相界面的两侧分别

存在一层很薄的流体膜——气膜和液膜，膜内流体作层流流动，吸收质以分子扩散方式通过此两层膜。

② 在两膜层以外的气、液两相分别称为气相主体与液相主体。在气、液两相主体中，由于流体充分湍动混合，吸收质浓度均匀，没有浓度差，也没有传质阻力，浓度差全部集中在两个膜层中，即阻力集中在两膜层中。

实践表明，难溶气体的气相阻力很小，吸收过程的总阻力集中在液膜内，液膜阻力控制着整个过程的吸收速率，称为“液膜控制”或液相阻力控制。对此类吸收过程，要提高吸收速率，必须设法降低液相阻力才有效。

三、填料塔

(一) 填料塔的构造

图 7-26 所示为填料塔的结构示意图。填料塔的塔身是一直立式圆筒，底部装有填料支承板，填料以乱堆或整砌的方式放置在支承板上。填料的上方安装填料压板，以防被上升气流吹动。液体从塔顶经液体分布器喷淋到填料上，并沿填料表面流下。气体从塔底送入，经气体分布装置（小直径塔一般不设气体分布装置）分布后，与液体呈逆流连续通过填料层的空隙，在填料表面上，气、液两相密切接触进行传质。填料塔属于连续接触式气液传质设备，两相组成沿塔高连续变化，在正常操作状态下，气相为连续相，液相为分散相。当填料层较高时，填料需分段装填，段间设置液体再分布器。塔顶可安装除沫器以减少出口气体夹带液沫。塔体上开有人孔或手孔，便于安装、检修。

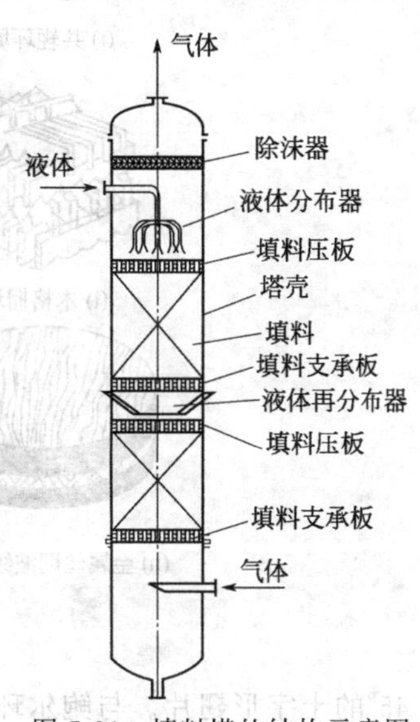

图 7-26　填料塔的结构示意图

填料塔具有结构简单、生产能力大、分离效率高、压降小、持液量小、操作弹性大等优点。填料塔的不足在于：总体造价较高；清洗、检修比较麻烦；当液体负荷小到不能有效润湿填料表面时，吸收效率将下降；不能直接用于悬浮物或易聚合物料等。

(二) 填料的类型

填料的种类很多，大致可分为实体填料和网体填料两大类。实体填料包括环形填料、鞍形填料以及栅板填料、波纹填料等由陶瓷、金属和塑料等材质制成的填料。网体填料主要是由金属丝网制成的各种填料。下面介绍几种常见的填料。

1. 拉西环填料

拉西环填料为外径与高度相等的圆环，如图 7-27(a) 所示。拉西环填料的气液分布较差，传质效率低，阻力大，气体通量小，目前工业上已较少应用。

2. 鲍尔环填料

如图 7-27(b) 所示，鲍尔环是对拉西环的改进，在拉西环的侧壁上开出两排长方形的窗孔，被切开的环壁的一侧仍与壁面相连，另一侧向环内弯曲，形成内伸的舌叶，诸舌叶的侧边在环中心相搭。鲍尔环由于环壁开孔，大大提高了环内空间及环内表面的利用率，气流阻力小，液体分布均匀。与拉西环相比，鲍尔环的气体通量可增加 50%以上，传质效率提高 30%左右。鲍尔环是一种应用较广的填料。

3. 阶梯环填料

如图 7-27(c) 所示，阶梯环是对鲍尔环的改进，在环壁上开有长方形孔，环内有两层交

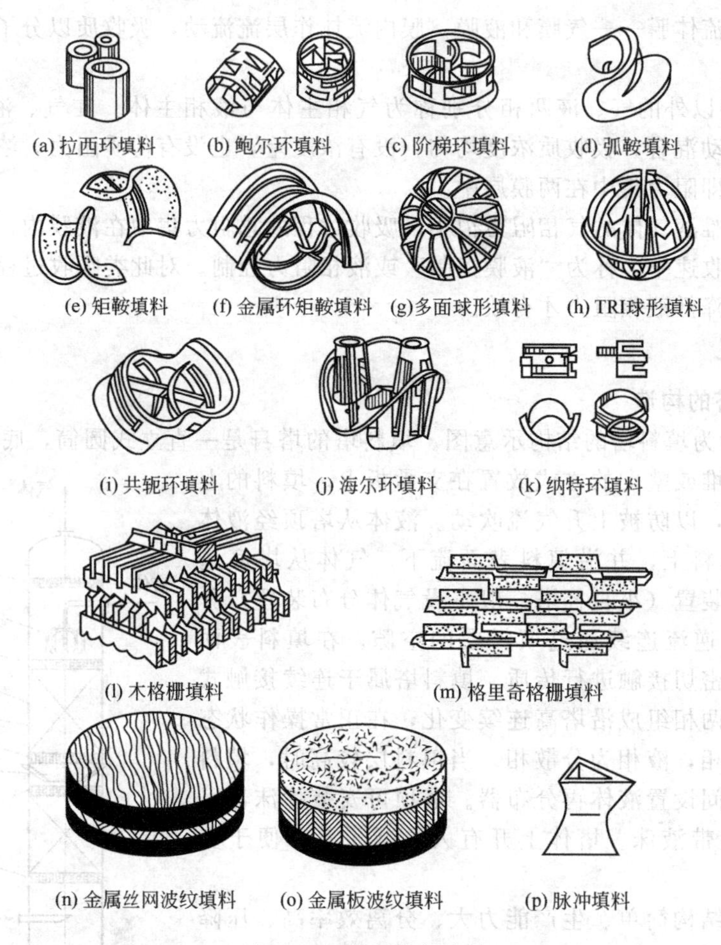

图 7-27　几种常见填料

错 45°的十字形翅片。与鲍尔环相比，阶梯环高度通常只有直径的一半，并在一端增加了一个锥形翻边，使填料之间由线接触为主变成以点接触为主，这样不但增加了填料间的空隙，同时成为液体沿填料表面流动的汇集分散点，可以促进液膜的表面更新，有利于传质效率的提高。阶梯环的综合性能优于鲍尔环，成为目前所使用的环形填料中最为优良的一种。

4. 弧鞍与矩鞍填料

弧鞍和矩鞍填料属于鞍形填料，弧鞍填料如图 7-27(d) 所示。弧鞍填料的特点是表面全部敞开，不分内外，液体在表面两侧均匀流动，表面利用率高，流道呈弧形，流动阻力小。其缺点是易发生套叠，致使一部分填料表面被重合，使传质效率降低。弧鞍填料强度较差，容易破碎，工业生产中应用不多。矩鞍填料如图 7-27(e) 所示，将弧鞍填料两端的弧形面改为矩形面，且两面大小不等，即成为矩鞍填料。矩鞍填料堆积时不会套叠，液体分布较均匀。矩鞍填料一般采用瓷质材料制成，其性能优于拉西环。目前，国内绝大多数应用瓷拉西环的场合，均已被瓷矩鞍填料所取代。

5. 金属环矩鞍填料

金属环矩鞍填料如图 7-27(f) 所示，环矩鞍填料是兼顾环形和鞍形结构特点而设计出的一种新型填料，该填料一般以金属材质制成，故又称金属环矩鞍填料。金属环矩鞍填料将环形填料和鞍形填料两者的优点集于一体，其综合性能优于鲍尔环和阶梯环，在填料中应用较多。

6. 球形填料

球形填料一般采用塑料注塑而成，其结构有多种，如图 7-27(g)、(h) 所示。球形填料的特点是球体为空心，可以允许气体、液体从其内部通过。由于球体结构的对称性，填料装填密度均匀，不易产生空穴和架桥，所以气液分散性能好。球形填料一般只适用于某些特定的场合，工程上应用较少。

7. 波纹填料

波纹填料如图 7-27(n)、(o) 所示。波纹填料是由许多波纹薄板组成的圆盘状填料，波纹与塔轴的倾角有 30°和 45°两种，组装时相邻两波纹板反向靠叠。各盘填料垂直装于塔内，相邻的两盘填料间交错 90°排列。

波纹填料按结构可分为网波纹填料和板波纹填料两大类，其材质又有金属、塑料和陶瓷等之分。

波纹填料的优点是结构紧凑，阻力小，传质效率高，处理能力大，比表面积大。波纹填料的缺点是不适于处理黏度大、易聚合或有悬浮物的物料，且装卸、清理困难，造价高。

除上述几种填料外，近年来不断有构型独特的新型填料开发出来，如共轭环填料、海尔环填料、纳特环填料等。

(三) 填料塔附件

填料塔附件主要有填料支承装置、液体分布装置、液体收集及再分布装置等。合理地选择和设计填料塔附件，对保证填料塔的正常操作及优良的传质性能十分重要。

1. 填料支承装置

填料支承装置的作用是支承塔内的填料，常用的填料支承装置有栅板型、孔管型、驼峰型等，如图 7-28 所示。支承装置的选择，主要的依据是塔径、填料种类和型号、塔体及填料的材质、气液流量等。

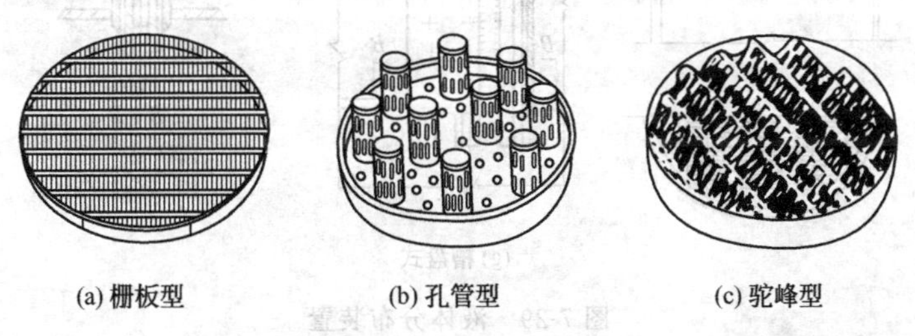

图 7-28 填料支承装置

2. 液体分布装置

液体分布装置能使液体均匀分布在填料的表面上。常用的液体分布装置有如下几种。

(1) 喷头式分布器 如图 7-29(a) 所示，液体由半球形喷头的小孔喷出，小孔作同心圆排列，喷洒角不超过 80°。这种分布器结构简单，只适用于直径小于 600mm 的塔中。因小孔容易堵塞，一般应用较少。

(2) 盘式分布器 有盘式筛孔型分布器、盘式溢流管式分布器等形式，如图 7-29(b)、(c) 所示。液体加至分布盘上，经筛孔或溢流管流下。分布盘直径为塔径的 60%～80%，此种分布器用于 $D \leqslant 800$mm 的塔中。

(3) 管式分布器 由不同结构形式的开孔管制成。其突出的特点是结构简单，供气体流过的自由截面大，阻力小。但小孔易堵塞，弹性一般较小。管式液体分布器使用十分广泛，多用于中等以下液体负荷的填料塔中。在减压精馏及丝网波纹填料塔中，由于液体负荷较小故常用。管式分布器有排管式、环管式等不同形状，如图 7-29(d)、(e) 所示。根据液体负荷情况，可做成单排或双排。

(4) 槽式液体分布器 通常由分流槽（又称主槽或一级槽）、分布槽（又称副槽或二级槽）构成。一级槽通过槽底开孔将液体初分成若干流股，分别加入其下方的液体分布槽。分布槽的槽底（或槽壁）上设有孔道（或导管），将液体均匀分布于填料层上，如图 7-29(f) 所示。

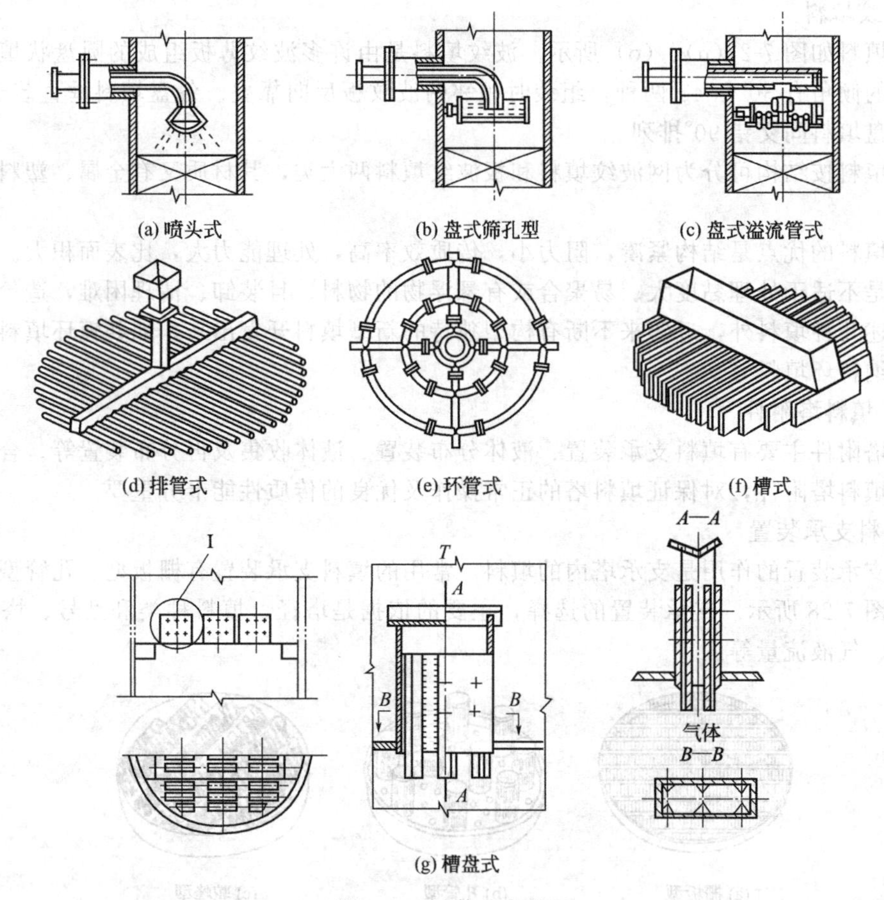

图 7-29 液体分布装置

槽式液体分布器具有较大的操作弹性和极好的抗污堵性，特别适用于大气液负荷及含有固体悬浮物、黏度高的液体的分离场合。由于槽式分布器具有优良的分布性能和抗污堵性能，应用范围非常广泛。

(5) 槽盘式分布器 是近年来开发的新型液体分布器，它将槽式及盘式分布器的优点有机地结合为一体，兼有集液、分液及分气三种功能，结构紧凑，操作弹性高达 10∶1。气液分布均匀，阻力较小，特别适用于易发生夹带、易堵塞的场合。槽盘式液体分布器的结构如图 7-29(g) 所示。

3. 液体收集及再分布装置

液体沿填料层向下流动时，有偏向塔壁流动的现象，这种现象称为壁流。壁流将导致填料层内气液分布不均匀，使传质效率下降。为减小壁流现象，可间隔一定高度在填料层内设置液体再分布装置。在通常情况下，一般将液体收集器及液体分布器同时使用，构成液体收集及再分布装置。槽盘式液体分布器兼有集液和分液的功能，故槽盘式液体分布器是优良的液体收集及再分布装置。

四、填料吸收塔流程

根据生产过程的特点和要求，工业生产中的吸收流程有如下几种。

（一）部分吸收剂循环流程

当吸收剂喷淋密度很小［如 1～1.5$m^3/(m^2 \cdot h)$］，不能保证填料表面的完全湿润，或者塔中需要排除的热量很大时，工业上就采用部分溶剂循环的吸收流程。图 7-30 所示为部分吸收剂循环的吸收流程。此流程的操作方法是：用泵从吸收塔抽出吸收剂，经过冷却器后再送回此塔中；从塔底取出其中一部分作为产品，同时加入新鲜吸收剂，其流量等于引出产品中的溶剂量，与循环量无关。吸收剂的抽出和新鲜吸收剂的加入，在泵前或泵后进行都可以，不过应先抽出而后补充。

在此种流程中，由于部分吸收剂循环使用，因此，吸收剂入塔组分含量较高，致使吸收平均推动力减小，同时，也就降低了气体混合物中吸收质的吸收率。另外，部分吸收剂的循环还需要额外的动力消耗。但是，它可以在不增加吸收剂用量的情况下增大喷淋密度，且可由循环的吸收剂将塔内的热量带入冷却器中移去，以减小塔内升温。因此，可保证在吸收剂耗用量较小时的吸收操作正常进行。

（二）吸收塔串联流程

当所需塔的尺寸过高，或从塔底流出的溶液温度太高，不能保证塔在适宜的温度下操作时，可将一个大塔分成几个小塔串联起来使用，组成吸收塔串联的流程。

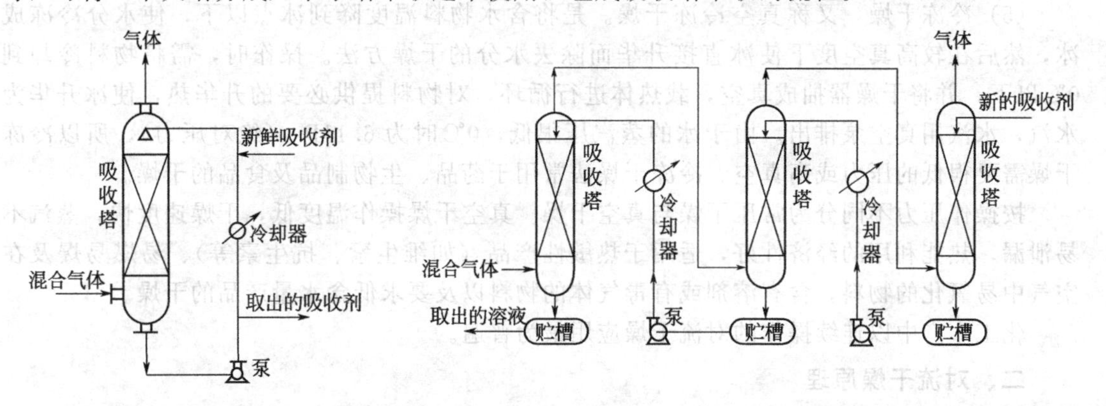

图 7-30　部分吸收剂循环的吸收流程　　图 7-31　串联的逆流吸收流程

图 7-31 所示为串联的逆流吸收流程。操作时，用泵将液体从一个吸收塔抽送至另一个吸收塔，并不循环使用，气体和液体则互成逆流流动。在吸收塔串联流程中，可根据操作的需要，在塔间的液体（气体）管路上设置冷却器（图 7-31），或使吸收塔系的全部或一部分采取吸收剂部分循环的操作。

在生产上，如果处理的气量较多，或所需塔径过大，还可以考虑由几个较小的塔并联操作，有时将气体通路作串联，液体通路作并联，或者将气体通路作并联，液体通路作串联，以满足生产要求。

第四节　干　　燥

一、干燥单元操作介绍

通过热能使湿水分从物料中汽化，并移除所生成的蒸汽来除去湿分的操作称为固体的干燥操作。

干燥按传热方式分为传导干燥、对流干燥、辐射干燥、介电加热干燥和冷冻干燥，以及上述两种或多种方式组合成的联合干燥。

（1）传导干燥　又称间接加热干燥，湿物料与加热介质不直接接触，热能以传导的方式通过固体壁面传给湿物料。此法热能利用率高，但物料温度不易控制，易过热而变质。

（2）对流干燥　又称直接加热干燥，载热体（即干燥介质，常为热气流）将热能以对流传热的方式传给与其接触的湿物料，使水分汽化并被带走。在对流干燥中，干燥介质的温度易于调节，物料不易过热，但干燥介质离开干燥器时，将相当大的一部分热能带走，热能的利用率低。

（3）辐射干燥　热能以热辐射（如红外线）的形式由辐射器发射到湿物料表面，被湿物料吸收再转变为热能，将水分加热汽化而达到干燥的目的。辐射器可分为电能的（如红外线灯泡）和热能的（如金属或陶瓷红外线发射板）两种。辐射干燥比上述的传导干燥或对流干燥的生产强度要大几十倍，产品干燥、均匀而洁净，但能耗高。

（4）介电加热干燥　此法是将待干燥物料置于高频电场内，由于高频电场的交互作用，使物料内部的极性分子（如水分子）产生振动，其振动能量使物料发热而达到干燥的目的。根据电场频率的不同，可将介电加热干燥分为两类：电场频率低于300MHz的称为高频加热；频率在300MHz～300GHz之间的超高频加热称为微波加热。此法加热速度快，加热均匀，热量利用率高；但投资大，操作费用较高（如更换磁控管等元件）。

（5）冷冻干燥　又称真空冷冻干燥。是将含水物料温度降到冰点以下，使水分冷冻成冰，然后在较高真空度下使冰直接升华而除去水分的干燥方法。操作时，需将物料冷却到0℃以下，并将干燥器抽成真空，载热体进行循环，对物料提供必要的升华热，使冰升华为水汽，水汽用真空泵排出。由于冰的蒸汽压很低，0℃时为6.11Pa（绝对压力），所以冷冻干燥需要很低的压力或高真空。冷冻干燥法常用于药品、生物制品及食品的干燥。

按操作压力不同分为常压干燥与真空干燥。真空干燥操作温度低，干燥速度快，蒸汽不易泄漏，热能利用的经济性好，适用于热敏性产品（如维生素、抗生素等）、易燃易爆及在空气中易氧化的物料，含有溶剂或有毒气体的物料以及要求低含水量产品的干燥。

化工生产中以连续操作的对流干燥应用最为普遍。

二、对流干燥原理

对流干燥是一个传热和传质相结合的过程。图7-32所示为典型对流干燥流程。空气经预热器预热至一定温度后进入干燥器，干燥器内热空气（气相）与湿物料（固相）直接接触，气-固两相间进行着热、质传递。

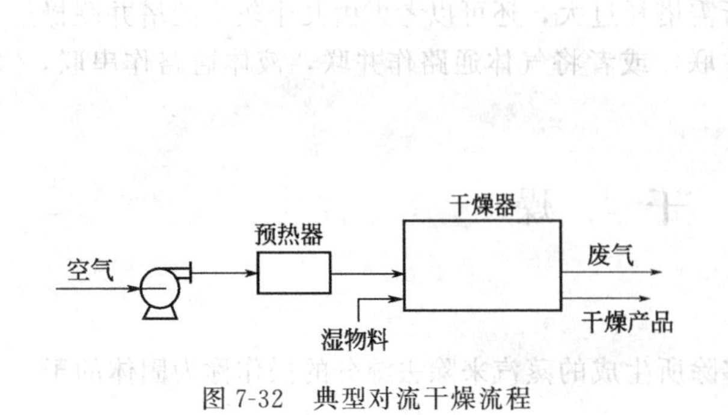

图7-32　典型对流干燥流程

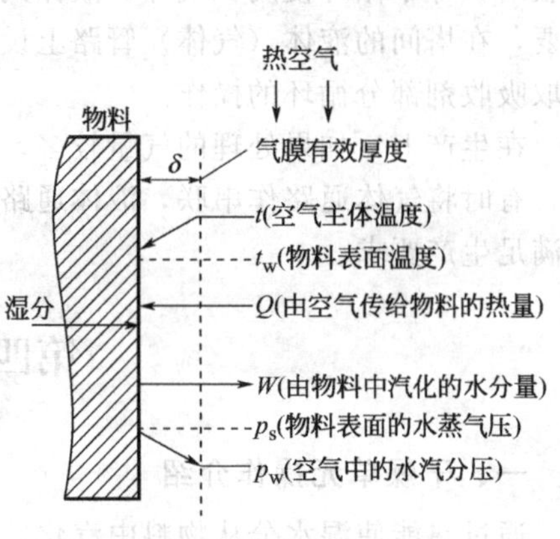

热空气
物料
气膜有效厚度
δ
t(空气主体温度)
t_w(物料表面温度)
湿分
Q(由空气传给物料的热量)
W(由物料中汽化的水分量)
p_s(物料表面的水蒸气压)
p_w(空气中的水汽分压)

图7-33　湿物料与空气之间的传热和传质过程

图 7-33 所示是湿物料与空气之间的传热和传质过程。在对流干燥过程中，温度较高的热空气将热量传给湿物料表面，大部分在此供水分汽化，还有一部分再由物料表面传至物料内部，这是一个热量传递过程，传热的方向是由气相到固相，热空气与湿物料的温差是传热的推动力；与此同时，由于物料表面水分受热汽化，使得水在物料内部与表面之间出现了浓度差，在此浓度差作用下，水分从物料内部扩散至表面并汽化，汽化后的蒸汽再通过湿物料与空气之间的气膜扩散到空气主体内，这是一个质量传递过程，传质的方向是由固相到气相，传质的推动力是物料表面的水汽分压与热空气中水汽分压之差。由此可见，对流干燥过程是一个传热和传质同时进行的过程，两者传递方向相反、相互制约、相互影响。

三、干燥设备

(一) 厢式干燥器（盘式干燥器）

厢式干燥器又称盘式干燥器，一般将小型的称为烘箱，大型的称为烘房，它们是典型的常压间歇操作干燥设备，也是最古老的干燥器之一，目前仍广泛应用在工业生产中。根据物料的性质、状态和生产能力大小厢式干燥器分为水平气流厢式干燥器、穿流气流厢式干燥器、真空厢式干燥器、隧道（洞道）式干燥器、网带式干燥器等。

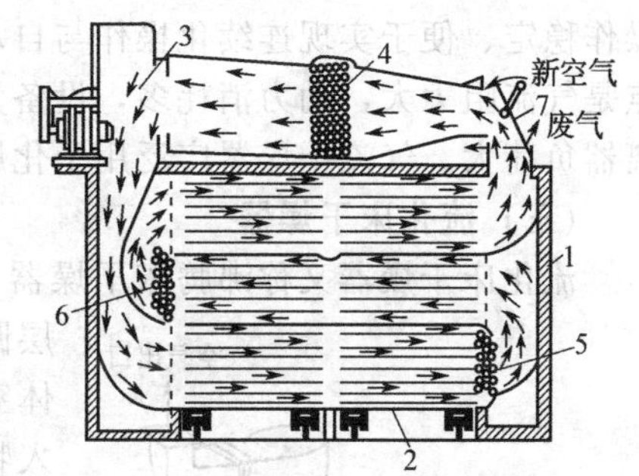

图 7-34 水平气流厢式干燥器
1—干燥室；2—小车；3—风机；
4～6—加热器；7—蝶形阀

图 7-34 所示为水平气流厢式干燥器。它主要由外壁为砖坯或包以绝热材料的钢板所构成的厢形干燥室和放在小车支架上的物料盘等组成。物料盘分为上、中、下三组，每组有若干层，盘中物料层厚度一般为 10～100mm。空气加热至一定程度后，由风机送入干燥器，沿图中箭头指示方向进入下部几层物料盘，热风是水平通过物料表面，再经中间加热器加热后进入中部几层物料盘，最后经另一中间加热器加热后进入上部几层物料盘，废气一部分排出，另一部分则经上部加热器加热后循环使用。空气分段加热和废气部分循环使用，可使厢内空气温度均匀，提高热量利用率。

厢式干燥器结构简单，适应性强，干燥程度可以通过改变干燥时间和干燥介质的状态来调节，但厢式干燥器具有物料不能翻动、干燥不均匀、装卸劳动强度大、操作条件差等缺点。可用于实验室或中试车间干燥小批量的粒状、片状、膏状、不允许粉碎和较贵重的物料。

(二) 气流干燥器

气流干燥是一种连续式高效固体流态化干燥方法。它把呈泥状、粉粒状或块状的湿物料送入热气流中，与之并流，从而得到分散成粒状的干燥产品。

气流干燥基本流程如图 7-35 所示。它利用高速流动的热空气，使物料悬浮于空气中，在气力输送状态下完成干燥过程。操作时，热空气由鼓风机经加热器加热后送入气流管下部，以 20～40m/s 的速度向上流动，湿物料由加料器加入，悬浮在高速气流中，并与热空气一起向上流动，由于物料与空气的接触非常充分，且两者都处于运动状态，因此，气固之间的传热和传质系数都很大，使物料中的水分很快被除去。被干燥后的物料和废气一起进入气流管出口处的旋风分离器，废气由分离器的升气管上部排出，干燥产品则由分离器的下部引出。

气流干燥器有直管型、脉冲管型、倒锥型、套管型、环型和旋风型等。

气流干燥器具有结构简单、造价低、占地面积小、干燥时间短（通常不超过 5～10s）、

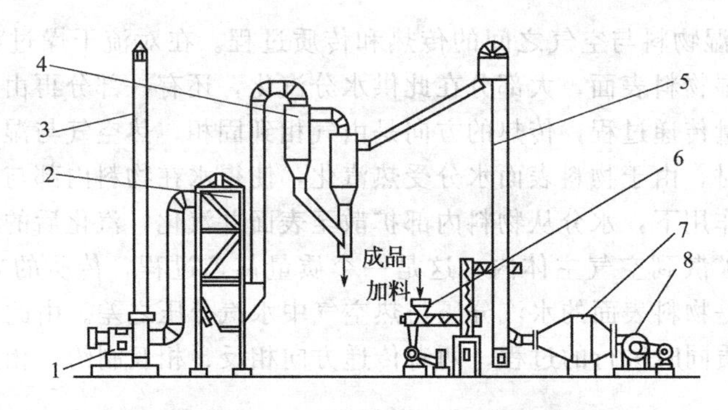

图 7-35　气流干燥基本流程

1—抽风机；2—袋滤器；3—排气管；4—旋风分离器；5—干燥管；6—螺旋加料器；7—加热器；8—鼓风机

操作稳定、便于实现连续化操作与自动化控制等优点。特别适合于热敏性物料的干燥。其缺点是气流阻力大，动力消耗多，设备太高（气流管通常在 10m 以上），产品易磨碎，旋风分离器负荷大。气流干燥器广泛用于化肥、塑料、制药、食品和染料等工业部门。

（三）流化床干燥器

流化床干燥器又称沸腾床干燥器，是流态化技术在干燥领域的应用。图 7-36 所示为单层圆筒流化床干燥器，散粒状湿物料从加料口加入，热气体穿过流化床底部的多孔气体分布板，形成许多小气流射入物料层，当控制操作气速在一定范围时，颗粒物料即悬浮在上升的气流中，但又不被带走，料层呈现流化沸腾状态，料层内颗粒物料上下翻滚，彼此间相互碰撞，剧烈混合，从而大大强化了气、固两相间的传热和传质过程，使物料得以干燥。干燥后的产品经床侧出料管卸出，废气从床层顶部排出并经旋风分离器分离出夹带的少量细微粉粒后，由引风机抽出排空。

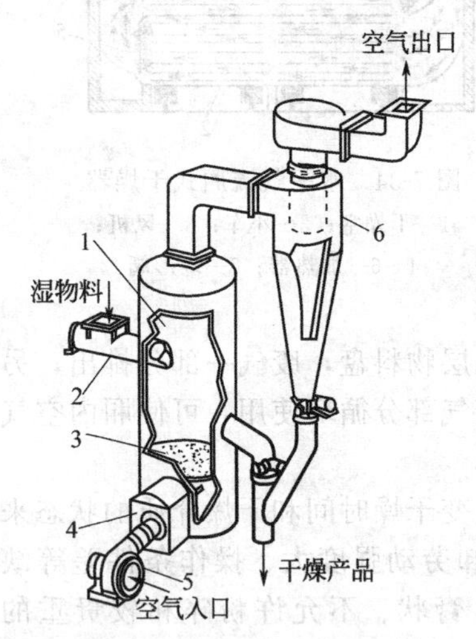

图 7-36　单层圆筒流化床干燥器

1—沸腾室；2—进料器；3—多孔分布板；4—加热器；5—风机；6—旋风分离器

工业上应用较多的流化床干燥还有多层流化床、卧式多室流化床、振动流化床等形式。

流化床干燥器结构简单，造价较低，可动部件少，维修费用低，物料磨损较小，气、固分离比较容易，传热和传质速率快，热效率较高，物料停留时间可以任意调节，因而这种干燥器在工业上获得了广泛的应用，已发展成为粉粒状物料干燥的主要手段。应予指出，流化床干燥器仅适用于散粒状物料的干燥，如果物料因湿含量高而严重结块，或在干燥过程中黏结成块，就会塌床，破坏正常流化，则流化床不能适用。

（四）转筒干燥器

转筒干燥器由转筒和中央内筒组成，热风进入内筒加热筒壁后，进入内外筒环隙与物料直接接触。干燥所需的热量一部分由内筒热壁面以热传导方式传给物料，另一部分由热空气通过对流的方式直接传给物料。

图 7-37 所示的是用热空气直接加热的逆流操作转筒干燥器，又称回转圆筒干燥器，俗称转窑。干燥器的主体为一倾斜角度为 0.5°～6°的横卧旋转圆筒，直径为 0.5～3m，长度几米到几十米不等。圆筒的全部重量支承在托轮上，筒身被齿轮带动而回转，转速一般为

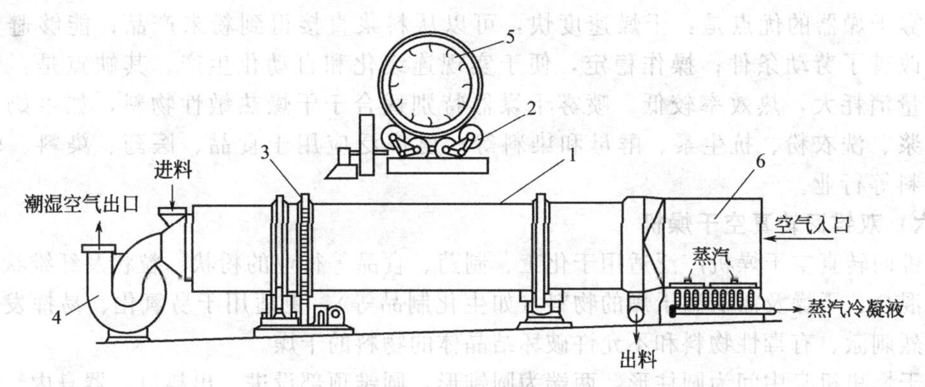

图 7-37　转筒干燥器

1—转筒；2—托轮；3—齿轮（齿圈）；4—风机；5—抄板；6—蒸汽加热器

1～8r/min。物料从转筒高的一端进入，与低端进入的热空气逆流接触。物料在转筒的旋转过程中被壁面上的抄板不断抄起、撒落，使得物料与热空气充分接触，同时在撒落的过程中受重力和转筒倾斜角的作用物料逐渐向低端运动，至低端时干燥完毕而排出。为防止物料在筒壁粘连，往往在转筒干燥器的外侧筒身错落安装有平衡铁，随转筒的旋转自动击打筒体。

转筒干燥器的生产能力大，气体阻力小，操作方便，操作弹性大，可用于干燥粒状和块状物料。其缺点是钢材耗用量大，设备笨重，基建费用高。物料在干燥器内停留时间长，且物料颗粒之间的停留时间差异较大，不适合对湿度有严格要求的物料，主要用于干燥硫酸铵、硝酸铵、复合肥以及碳酸钙等物料。

（五）喷雾干燥器

喷雾干燥器是干燥溶液、浆液或悬浮液的装置。其工作原理是先将液状物料通过雾化器喷成雾状细滴并分散于热气流中，使水分迅速汽化而获得微粒状干燥产品。由于料液被雾化成直径仅为 30～60μm 的细滴，其表面积增加了数千倍，因此，干燥时间很短，仅需 5～30s。

喷雾干燥器如图 7-38 所示，空气经预热器预热后通入干燥室的顶部，料液由送料泵压送至雾化器，经喷嘴喷成雾状而分散于热气流中，雾滴在向下运动的过程中得到干燥，干晶落入室底，由引风机吸至旋风分离器回收产品。废气经引风机抽出排空。

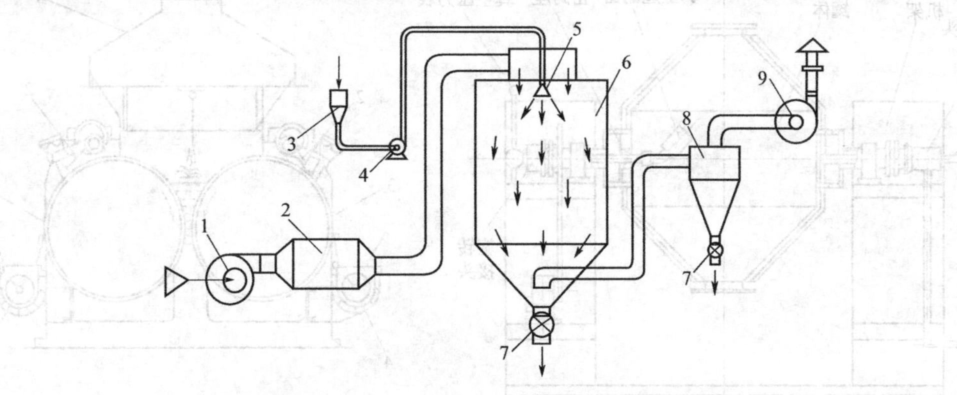

图 7-38　喷雾干燥器

1—送风机；2—预热器；3—料液槽；4—泵；5—雾化器；6—干燥器筒体；

7—卸料阀；8—分离器；9—引风机

喷雾干燥器的优点是：干燥速度快，可以从料浆直接得到粉末产品；能够避免粉尘飞扬，改善了劳动条件；操作稳定，便于实现连续化和自动化生产。其缺点是：设备庞大，能量消耗大，热效率较低。喷雾干燥器特别适合于干燥热敏性物料，如牛奶、蛋制品、血浆、洗衣粉、抗生素、酵母和染料等，已广泛应用于食品、医药、染料、塑料及化学肥料等行业。

（六）双锥回转真空干燥机

双锥回转真空干燥机广泛适用于化工、制药、食品等行业的粉状、粒状及纤维状物料的浓缩、混合、干燥及需低温干燥的物料（如生化制品等），更适用于易氧化、易挥发、热敏性、强烈刺激、有毒性物料和不允许破坏结晶体的物料的干燥。

该干燥机机身中间为圆柱形，两端为圆锥形，圆锥顶部设进、出料口，器身内、外共分三层，如图 7-39 所示，中间夹套加热介质可以是循环热水、蒸汽或导热油，保温层为超细玻璃棉，内胆投放物料，物料边翻动边通过器壁获取热量，在真空条件下回转干燥，加快了干燥速度，可避免物料在干燥时表面泛黄的现象，并大大缩短物料干燥时间，仅为同类物料在真空烘箱内所需干燥时间的 2/3 左右。

（七）滚筒干燥器

滚筒干燥器是间接加热的连续干燥器。可按多种方式分类，按滚筒数量，可分为单滚筒、双滚筒（或对滚筒）、多滚筒三类；按操作压力，可分为常压和真空操作两类；按滚筒的布膜方式，又可分为浸液式、喷溅式、对滚筒间隙调节式和铺辊式等类型。一般单滚筒和双滚筒适用于流动性物料的干燥，如溶液、悬浮液、膏糊状物料等，而多滚筒则适用于薄层物料如纸、织物等的干燥，不适用于含水量过低的热敏性物料的干燥。

图 7-40 所示为中央进料的双滚筒干燥器，滚筒为中空的金属圆筒。干燥时，两滚筒以相反方向旋转，部分表面浸在料槽中，从料槽中转出来的那部分表面沾上了厚度为 0.3～5mm 的薄层料浆。加热蒸汽通入滚筒内部，通过筒壁的热传导，使物料中的水分蒸发，水汽与夹带的粉尘由滚筒上方的排气罩排出。滚筒转动一周，物料即被干燥，被滚筒壁上的刮刀刮下，经螺旋输送器送出。

滚筒干燥器属于传导干燥器，热效率较高，一般可达 70%～90%，与喷雾干燥器相比，具有动能消耗低、投资少、维修费用省、干燥温度和时间容易调节等优点，但在生产能力、劳动强度和条件等方面则不如喷雾干燥器。

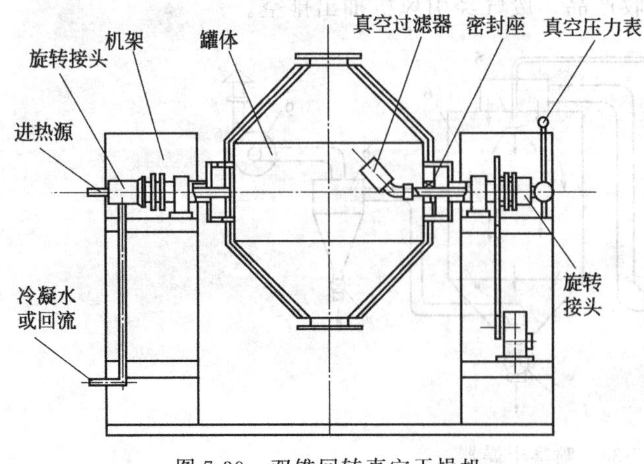

图 7-39　双锥回转真空干燥机

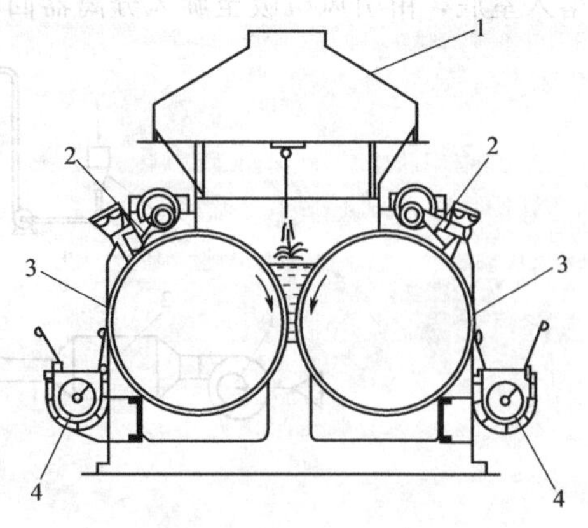

图 7-40　中央进料的双滚筒干燥器
1—排气罩；2—刮刀；3—蒸汽加热滚筒；4—螺旋输送器

第五节 结 晶

一、结晶操作简介

结晶是固体物质以晶体状态从蒸汽、溶液或熔融物中析出的过程，是获得纯净固态物质的重要方法之一。

结晶过程的实质是将稀溶液变成过饱和溶液，然后析出结晶。达到过饱和有两种方法：一是用蒸发移去溶剂；二是对原料冷却因溶解度下降而达到过饱和。

结晶过程可以分为溶液结晶、熔融结晶、升华结晶和沉淀结晶。溶液结晶是工业中最常用的结晶方法。

二、结晶原理

（一）溶解度和溶解度图

任何固体物质与其溶液相接触时，如溶液尚未饱和，则固体溶解，如溶液恰好达到饱和，则固体溶解与析出的量相等，净结果是既无溶解也无析出，此时固体与其溶液已达到相平衡。固、液相达到平衡时，单位质量的溶剂所能溶解的固体的质量，称为固体在溶剂中的溶解度。溶解度的大小与溶质及溶剂的性质、温度及压强等因素有关。溶解度数据通常用溶解度对温度所标绘的曲线来表示，该曲线称为溶解度曲线。图 7-41 中示出了几种无机物在水中的溶解度曲线。

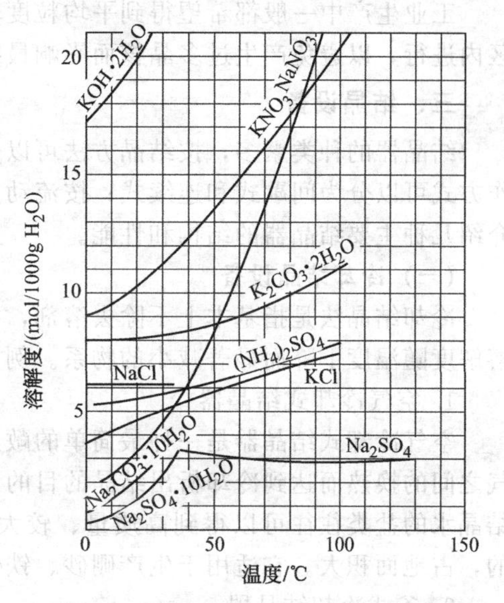

图 7-41 几种无机物在水中的溶解度曲线

由图 7-41 可知，根据溶解度随温度的变化特征，可将物质分为不同的类型。有些物质的溶解度随温度的升高而迅速增大，如 $NaNO_3$、KNO_3 等；有些物质的溶解度随温度升高以中等速度增加，如 KCl、$(NH_4)_2SO_4$ 等；还有一类物质，如 NaCl 等，随温度的升高溶解度只有微小的增加。上述物质在溶解过程中需要吸收热量，即具有正溶解度特性。另外，有一些物质，如 Na_2SO_4 等，其溶解度随温度升高反而下降，它们在溶解过程中放出热量，即具有逆溶解度特性。此外，从图 7-41 中还可看出，还有一些形成水合物的物质，在其溶解度曲线上有折点，物质在折点两侧含有的水分子数不等，故折点又称变态点。例如低于 32.4℃时，从硫酸钠水溶液中结晶出来的固体是 $Na_2SO_4 \cdot 10H_2O$，而在这个温度以上结晶出来的固体是 Na_2SO_4。

物质的溶解度特征对于结晶方法的选择起决定性的作用。对于溶解度随温度变化敏感的物质，适合用变温结晶方法分离；对于溶解度随温度变化缓慢的物质，适合用蒸发结晶法分离等。

（二）饱和溶液与过饱和溶液

浓度恰好等于溶质的溶解度，即达到固、液相平衡时的溶液称为饱和溶液。溶液含有超过饱和量的溶质，则称为过饱和溶液。同一温度下，过饱和溶液与饱和溶液的浓度差称为过饱和度。溶液的过饱和度是结晶过程的推动力。一个完全纯净的溶液在不受任何扰动（无搅

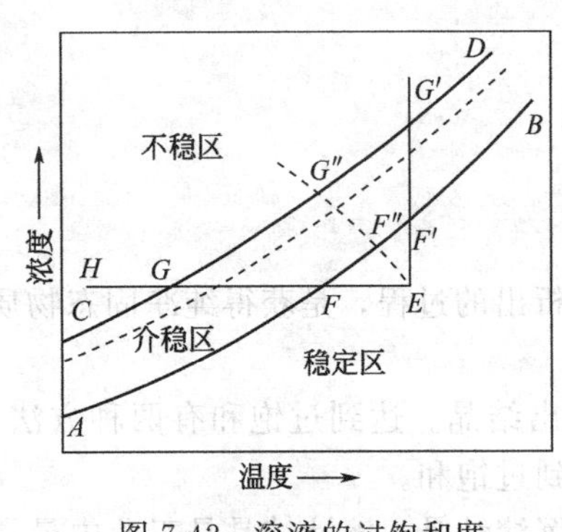

图 7-42　溶液的过饱和度与超溶解度曲线

拌、无振荡）及任何刺激（无超声波等作用）的条件下缓慢降温，就可以得到过饱和溶液。但超过一定限度后，澄清的过饱和溶液会开始自发析出晶核。

溶液的过饱和度与超溶解度曲线如图 7-42 所示。图中 AB 线为具有正溶解度特性的溶解度曲线，CD 线表示溶液过饱和且能自发产生晶核的浓度曲线，称为超溶解度曲线。这两条曲线将浓度-温度图分为三个区域。AB 线以下的区域是稳定区，在此区中溶液尚未达到饱和，因此没有结晶的可能。AB 线以上是过饱和区，此区又分为两部分：AB 线和 CD 线之间的区域称为介稳区，在这个区域内，不会自发地产生晶核，但如果在溶液中加入晶种（在过饱和溶液中人为加入的小颗粒溶质晶体），这些晶种就会长大；CD 线以上的区域是不稳区，在此区域中，溶液能自发地产生晶核。此外，大量的研究工作证实，一个特定物系只有一条确定的溶解度曲线，但超溶解度曲线的位置却要受很多因素的影响，例如有无搅拌、搅拌强度大小、有无晶种、晶种大小与多寡、冷却速率快慢等，因此应将超溶解度曲线视为一簇曲线。图 7-42 中初始状态为 E 的洁净溶液，分别通过冷却法、蒸发法或真空绝热蒸发法进行结晶，所经途径相应为 EFH、$EF'G'$ 及 $EF''G''$。

工业生产中一般都希望得到平均粒度较大的结晶产品，因此结晶过程应尽量控制在介稳区内进行，以避免产生过多晶核而影响最终产品的粒度。

三、结晶设备

结晶器的种类繁多，按结晶方法可以分为冷却结晶器、蒸发结晶器、真空结晶器；按操作方式可以分为间歇式和连续式；按流动方式可以分为混合型、多级型和母液循环型。以下介绍几种主要结晶器的结构和性能。

（一）冷却结晶设备

冷却结晶法是指基本上不除去溶剂，而是使溶液冷却而成为过饱和溶液而结晶。适用于溶解度随温度下降而显著减小的物系。例如硝酸钾、硝酸钠、硫酸镁等溶液。

1. 空气冷却式结晶器

空气冷却式结晶器是一种最简单的敞开型结晶器，靠顶部较大的开敞液面以及器壁与空气之间的换热而达到冷却析出结晶的目的。由于操作是间歇的，冷却又很缓慢，对于含有多结晶水的盐类往往可以得到高质量、较大的结晶。但必须指出，这种结晶器的能力是较低的，占地面积大。它适用于生产硼砂、铁矾、铁铵矾等。

2. 釜式冷却结晶器

冷却结晶过程所需的冷量由夹套或外部换热器供给，如图 7-43 和图 7-44 所示。

采用搅拌是为了提高传热和传质速率，并使釜内溶液温度和浓度均匀，同时可使晶体悬浮，有利于晶体各晶面成长。图 7-43 所示的结晶器既可间歇操作，也可连续操作。若制作大颗粒结晶，宜采用间歇操作，而制备小颗粒结晶时，采用连续操作为好。图 7-44 所示为外循环式冷却结晶器，它的优点是：冷却换热器面积大，传热速率大，有利于溶液过饱和度的控制。缺点是：循环泵易破碎晶体。

3. Krystal-Oslo 冷却式结晶器

Krystal-Oslo 结晶器是一种制造大粒晶体、连续操作的结晶器，分为蒸发式、冷析式和真空蒸发式三种类型。图 7-45 所示为 Krystal-Oslo 冷却式结晶器。过饱和溶液都通过晶床的底部，然后上升，从而消失过饱和度。接近饱和的溶液由结晶段的上部溢流而出，再经过

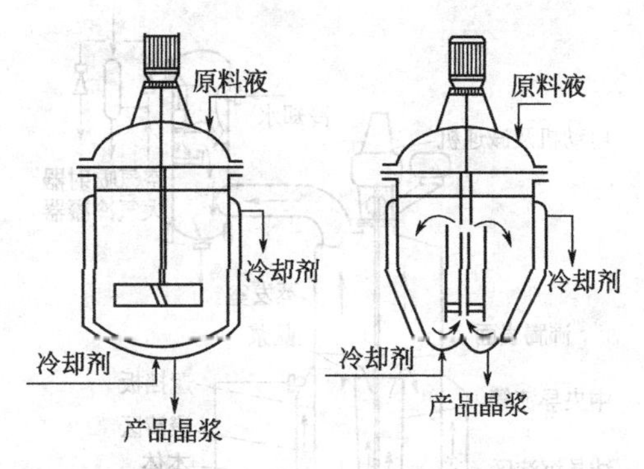

图 7-43 内循环式冷却结晶器

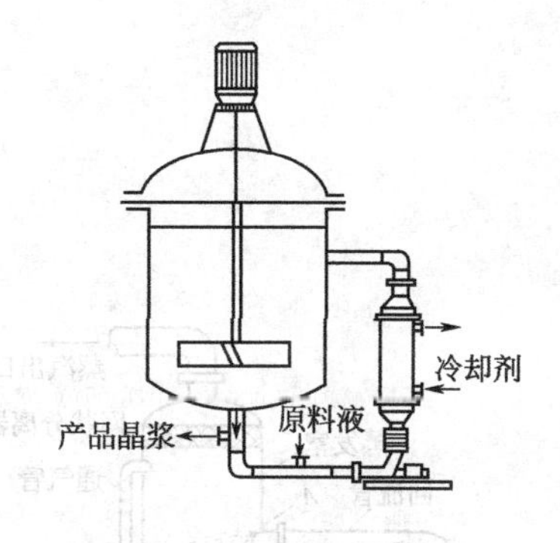

图 7-44 外循环式冷却结晶器

循环泵进行下一次强制循环，送入过饱和发生器再返回晶床的底部。细小结晶积累后由一个外设的细晶捕集器间歇式连续取出，经过沉降/过滤，或者用新鲜加料液溶解，也可以辅之以加热助溶的办法，消除过剩的细小结晶，溶化后的溶液供给结晶器作为原料液。这样可以保证结晶颗粒稳步长大。

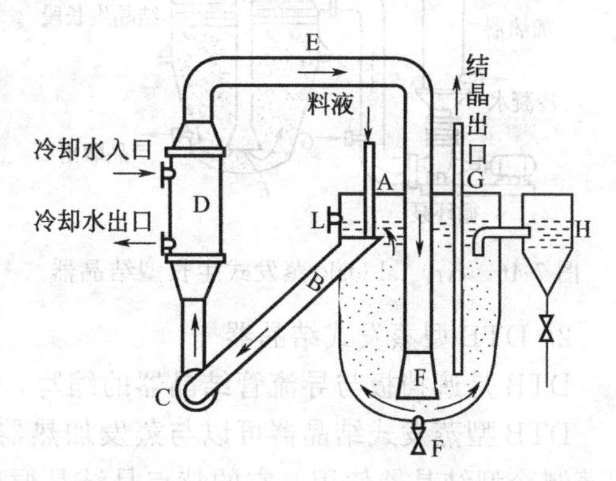

图 7-45 Krystal-Oslo 冷却式结晶器

A—进料管；B—循环管入口；C—主循环泵；D—冷却器；E—过饱和吸入管；F—放空管；G—晶浆取出管；H—细晶捕集器

（二）蒸发结晶设备

蒸发结晶与冷却结晶不同，蒸发结晶需将溶液加热到沸点，并浓缩达过饱和而产生结晶。蒸发结晶有两种方法：一种是将溶液预热，然后在真空（减压）下闪蒸（有极少数是在常压下闪蒸）；另一种是结晶装置本身附有蒸发器。

蒸发结晶器（包括以蒸发为主，又有盐类析出的装置，如隔膜电解液的蒸发装置），都是指严格控制过饱和度与成品结晶粒度的各种装置。它是在蒸发装置的基础上发展起来，又在结晶原理上前进了一大步。

1. Krystal-Oslo 蒸发式生长型结晶器

图 7-46 所示是典型蒸发式 Krystal-Oslo 蒸发式生长型结晶器。加料溶液由 *G* 点进入，经循环泵进入加热器，产生蒸汽（或者前级的二次蒸汽）在管间通入，产生过饱和，并控制在介稳区内。溶液在蒸发室内排出的蒸汽（*A* 点）由顶部导出。如果是单级生产，分离的蒸汽直接去大气冷凝器，然后有必要时通过真空发生装置（如真空泵或者蒸汽喷射器及冷凝器组）；如果是多效的蒸发流程，排出蒸汽则通入下一级加热器或者末效的排气、冷凝装置。

溶液在蒸发室分离蒸汽之后，由中央下行管送到结晶生长段的底部（*E* 点），然后再向上方流经晶体流化床层，过饱和得以消失，晶床中的晶粒得以生长。当粒子生长到要求的大小后，从产品取出口排出，排出晶浆经稠厚器离心分离，母液送回结晶器。固体直接作为商品，或者干燥后出售。

Krystal-Oslo 蒸发结晶器大多数是采用分级的流化床，粒子长大后沉降速度超过悬浮速度而下沉，因此底部聚积着大粒的结晶，晶浆的浓度也比上面的高，空隙率减小，实际悬浮速度也必然增加，因此正适合分级粒度的需要。这也正好是新鲜的过饱和溶液先接触的所在，在密集的晶群中迅速消失过饱和度，流经上部由 *O* 点排出，作为母液排出系统；或者在多效蒸发系统中进入下一级蒸发。

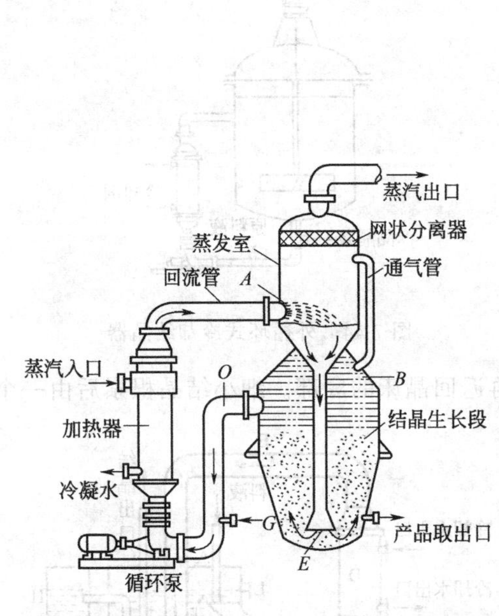

图 7-46 Krystal-Oslo 蒸发式生长型结晶器

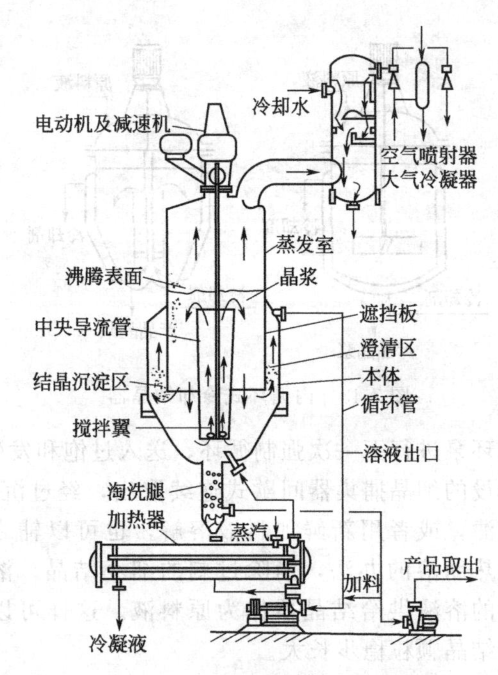

图 7-47 DTB 型蒸发式结晶器

2. DTB 型蒸发式结晶器

DTB 是遮挡板与导流管结晶器的缩写，简称“遮导式”结晶器，如图 7-47 所示。

DTB 型蒸发式结晶器可以与蒸发加热器联用，也可以把加热器分开，结晶器作为真空闪蒸制冷型结晶器使用。它的特点是结晶循环泵设在内部，阻力小，驱动功率省。为了提高循环螺旋桨的效率，需要有一个导热液管。遮挡板的钟罩形构造是为了把强烈循环的结晶生长区与溢流液穿过的细晶沉淀区隔开，互不干扰。

过饱和产生在蒸汽蒸发室。液体循环方向是经过导流管快速上升至蒸发液面，然后使过饱和溶液沿环形面积流向下部，属于快升慢降型循环，在强烈循环区内晶浆的浓度是一致的，所以过饱和度的消失比较容易，而且过饱和溶液始终与加料溶液并流。由于搅拌桨的水力阻力小，循环量较大，所以这是一种过饱和度最低的结晶器。器底设有一个分级腿，取出的产品晶浆要先穿过它，在分级腿内用另外一股加料溶液进入作为分级液流，把细微晶体重新漂浮进入结晶生长区，合格的大颗粒冲不下来，落在分级腿的底部，同时对产品也进行一次洗涤，最后由晶浆泵排出器外分离，这样可以保证产品结晶的质量和粒径均匀，不夹杂细晶。一部分细晶随着溢流溶液排出器外，用新鲜加料液或者用蒸汽溶解后返回。

（三）直接冷却结晶设备

当溶液与制冷剂不相互溶混时，就可以利用溶液直接接触，这样，就省去了与溶液接触的换热器，防止了过饱和度超过时造成结垢。典型的如喷雾式结晶器。

喷雾式结晶器也称湿壁蒸发结晶器，这种结晶器的操作过程是将浓缩的热溶液与大量的冷空气相混合，就能产生冷却及蒸发的效应，从而使溶液达到过饱和，结晶得以析出。很多工厂有用浓缩热溶液进行真空闪蒸直接得到绝热蒸发的效果使结晶析出的例子。它是以25～40m/s 的高速度由一台鼓风机直接送入冷空气，溶液由中心部分吸入并被雾化，以达到上述目的。这时雾滴高度浓缩直接变为干燥结晶，附着在前方的硬质玻璃管上；或者变成两相混合的晶浆由末端排出，稠厚，离心过滤。设备很紧凑，也很简单，不过结晶粒度往往比较细小，这是此类结晶器的缺点。

机械式高速旋转的雾滴化设备，在操作时液滴经过一段距离自由下落，由对流的冷空气进行冷却，这就是“喷雾造粒”，广泛用于硝铵和尿素肥料的造粒塔。

思考与习题

7-1. 精馏分离的依据是什么？

7-2. 什么是塔的漏液现象？如何防止？

7-3. 在精馏操作过程中为什么要有回流？为什么还要有再沸器？

7-4. q 的意义是什么？根据 q 的取值范围，有哪几种热状况？

7-5. 吸收分离气体混合物的依据是什么？

7-6. 双膜理论的要点有哪些？

7-7. 什么是雾沫夹带现象？

7-8. 萃取操作适用什么场合？

7-9. 吸收与精馏的本质区别在哪里？

7-10. 填料塔的附件有哪些？

7-11. 填料可分为哪几类？对填料有何要求？

7-12. 什么是干燥操作？干燥过程得以进行的条件是什么？

7-13. 干球温度、湿球温度和露点三者有何区别？哪个最高？

7-14. 什么是结晶操作？结晶操作有哪些特点？结晶过程有哪些类型？

7-15. 溶液结晶的方法有哪几种？

7-16. 结晶器有哪几大类？试简要说明常见结晶器的结构特点。

7-17. 什么叫溶解度和溶解度曲线？试说明溶解度曲线的变化对结晶操作的指导意义。

第八章 压缩制冷

第一节 制冷的基本方法

将高温物体置于环境中自然冷却，环境温度为物体所能达到的温度下限，若要将物体冷却到低于环境温度，必须采用人工制冷。人工制冷用人为的方法不断地从被冷却系统（物体或空间）排热至环境介质中去，使被冷却系统达到比环境介质更低的温度。人工制冷技术广泛应用于化学工业生产过程，如石油化工、有机合成、精细化工等工业中的分离、精炼、结晶、浓缩、液化、控制反应速率等单元操作工段都需应用制冷技术。

制冷的方法可分为物理方法和化学方法两类，绝大多数的制冷方法属于物理方法。在普通制冷技术领域内，应用广泛的物理方法制冷有相变制冷、气体膨胀制冷等。

一、相变制冷

相变制冷是利用某些物质在发生相变时的吸热效应进行制冷的方法，物质在发生相变过程中，当物质分子重新排列和分子运动速度改变时，就需要吸收或放出热量，即相变潜热。在现代制冷技术中，主要是利用制冷剂液体在低压下的汽化过程来制取冷量，如蒸气压缩式制冷、吸收式制冷、蒸气喷射式制冷等都属于相变制冷。

1. 蒸气压缩式制冷

用各种类型的压缩机完成工质蒸气的压缩过程，是应用最广泛的一种制冷方法。蒸气压缩式制冷已发展到相当完善的程度，它可以采用离心式、螺杆式、活塞式三种类型。

2. 吸收式制冷

吸收式制冷装置以消耗热能为前提，它主要由吸收器、发生器、冷凝器、节流阀和蒸发器等主要部件组成。吸收式制冷装置无机械运动部分，运行平稳，振动小，耗电少，对热能质量要求低，经济性较好。

3. 蒸气喷射式制冷

蒸气喷射式制冷装置主要由喷射器、冷凝器、蒸发器和水泵等组成，它是根据流体力学关于断面小压力低，水在低压下沸腾的理论设计而成的。它利用高压蒸气经过一种特制的喷射器，以高速喷射，使该处的静压力急剧下降，真空程度高。

利用液体汽化相变制冷的能力与制冷剂的汽化潜热有很大关系，而汽化潜热直接受制冷剂性质的影响，即：制冷剂的分子量越小，其汽化潜热量越大；任何一种制冷剂的汽化潜热随汽化压力的提高而减少，当达到临界状态时，其汽化潜热为零。所以从制冷剂的临界温度至凝固温度是液体汽化相变制冷循环的极限工作温度范围。

固体的熔化和升华也能使物体或空间冷却，如干冰、水冰、溶液冰等。单纯利用干冰、水冰、溶液冰，只是一个简单的冷却过程，而不能称为制冷，制冷过程是一个通过制冷循环使热量不断地从低温热源传到高温热源的连续过程，必须依靠制冷机来实现。

二、气体膨胀制冷

气体膨胀制冷是基于压缩气体的绝热节流效应或压缩气体的绝热膨胀效应，从而获得低温气流来制取冷量的制冷技术，常用的如空气制冷循环等。

气体膨胀制冷根据使用的设备不同表现出气体膨胀时的不同特性。通过节流装置来实现的称为气体绝热节流效应，绝热节流不采用结构复杂的膨胀机，只采用结构简单、便于调节，又可在两相区内工作的节流装置，因而绝热节流也有其明显的优越性。通过膨胀机实现的称为气体等熵膨胀效应，气体等熵膨胀效应总是冷效应，事实证明：等熵膨胀效应所能达到的低温及制冷能力都比绝热节流效应有效，并且等熵膨胀过程中可回收膨胀功，循环的效率较高。实际工程中，气体的绝热节流效应和等熵膨胀效应都应用于制冷技术中，它们的选择，将依具体工程的实际情况而定。

除了以上两种常用制冷方法，还有如热泵循环等其他方法。

第二节　蒸气压缩制冷机制冷原理

蒸气压缩制冷机简称蒸气制冷机，它可以使用多种制冷剂，可以制成大型、中型和小型，以适应不同场合的需要。

一、单级蒸气压缩制冷机的工作过程

单级压缩制冷循环中的主要结构有冷凝器、蒸发器、压缩机和节流机构。还有一些辅助设备，如干燥器、过滤器等，如图 8-1 所示。

单级压缩制冷机的工作过程简述如下：在蒸发器中产生的压力为 p_0 的制冷剂蒸气，首先被压缩机吸入并绝热地压缩到冷凝压力 p_k，然后进入冷凝器中，被冷却水（或空气）冷却而凝结成压力为 p_k 的高压液体；制冷剂液体经节流机构绝热膨胀，压力降低到蒸发压力 p_0，同时降温到蒸发温度 t_0，变成气液两相混合物；然后进入蒸发器中，在低温下吸取被冷却对象（液体载冷剂或空气）的热量而蒸发成蒸气，完成了制冷循环。在低温下吸取被冷却物体的热量，连同压缩机的功转化的热量一起，转移给环境介质。

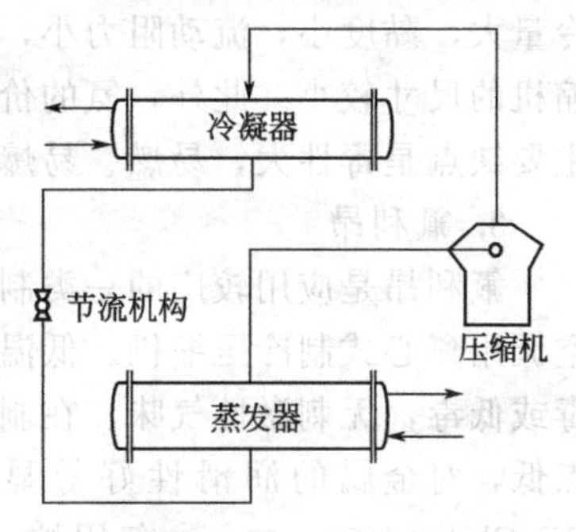

图 8-1　单级压缩制冷机系统

单级蒸气压缩制冷的特点如下。

① 制冷设备组成一个封闭系统，制冷剂在其中循环流动，并在一次循环中要连续两次发生相变（一次冷凝、一次蒸发）。

② 实现制冷循环的推动力来自压缩机，在它与节流机构的配合下，制冷系统分为低压和高压两个部分。在低压部分中，制冷系统通过蒸发器向被冷却物体吸热；在高压部分中，制冷系统通过冷凝器向环境介质放热。

③ 制冷剂蒸气只经一次压缩，从蒸发压力 p_0 压缩到冷凝压力 p_k。

二、多级蒸气压缩制冷机

蒸气制冷机利用制冷液体在低压下的蒸发过程制冷。单级活塞式制冷压缩机当采用较大的压力比时，会产生活塞式制冷压缩机的输气系数下降、制冷压缩机的排气温度升高、制冷压缩机压缩过程的不可逆性增大、循环中的节流损失增大等实际问题，导致制冷效率差，如果需要更低的蒸发温度以及更高的制冷循环工作效率，须采用多级压缩制冷循环或复叠式制冷循环等。

采用多级蒸气压缩制冷循环能够避免或减少单级蒸气压缩制冷循环中由于压力比过大所引起的一系列不利的因素，从而改善制冷压缩机的工作条件。

第三节　常用的制冷剂和载冷剂

一、常用的制冷剂

在制冷系统中，完成制冷循环以实现连续制冷的工质，称为制冷剂或制冷工质。制冷剂在常温或普通低温下易液化，临界温度一般标准沸点为－150～100℃。

在蒸气压缩制冷系统中，能够使用的制冷剂有卤碳化合物类（即氟利昂）、无机物类、饱和碳氢化合物类等，目前使用最广的制冷剂有氟利昂、氨和氟利昂的混合溶液等。

1. 水

水属于无机物类制冷剂，是所有制冷剂中来源最广、最为安全而便宜的工质。水适用于制取0℃以上的制冷。水不宜在压缩式制冷机中作为制冷剂使用，它只适合在空调用的吸收式和蒸气喷射式制冷机中作为制冷剂。

2. 氨

氨也属于无机物类制冷剂，也是目前广泛被采用的中温中压制冷剂之一。氨有较好的热力性质和物理性质，在常温和普通低温范围内压力比较适中。氨的汽化潜热大，单位容积制冷量大，黏度小，流动阻力小，传热性能好。在相同温度下，制取相同制冷量时，氨制冷压缩机的尺寸较小。此外，氨的价格低廉，又易于获得，它是目前仍广泛使用的制冷剂。氨的主要缺点是毒性大，易燃、易爆。

3. 氟利昂

氟利昂是应用较广的一类制冷剂，目前主要用于中、小型活塞式、螺杆式制冷压缩机、空调用离心式制冷压缩机、低温制冷装置及其特殊要求的制冷装置中。大部分氟利昂具有无毒或低毒，无刺激性气味，在制冷循环工作温度范围内不燃烧、不爆炸，热稳定性好，凝固点低，对金属的润滑性好等显著的优点。常用氟利昂制冷剂有R12（二氟二氯甲烷，CF_2Cl_2）、R22（二氟一氯甲烷，CHF_2Cl）、R134a（1,1,1,2-四氟乙烷，CH_2FCF_3）、R502（R22/R115按质量比48.8/51.2混合而成的共沸溶液制冷剂）。

氟利昂几乎对所有金属都无腐蚀作用，除Mg和含Mg 2%以上的镁合金例外。有水分存在时，氟利昂被水解成酸性物质，对金属有腐蚀作用。氟利昂与润滑油的混合物能够溶解铜，所以，当制冷剂在系统中与铜或铜合金部件接触时，铜便溶解到混合物中，当与钢或铁部件接触时，被溶解的铜离子又会析出，并沉积在钢铁部件上，形成一层铜膜，这就是所谓的“镀铜”现象。

氟利昂制冷剂是一种良好的有机溶剂，很容易溶解天然橡胶和树脂；对高分子化合物虽不溶解，但却能使它们变软、膨胀和起泡，即所谓“膨润”作用。所以，在选择制冷剂的密封材料和封闭式压缩机的电器绝缘材料时，应注意不要使用天然橡胶、树脂，而要用耐氟利昂膨润的材料，如高氯化聚乙烯、氯丁橡胶、尼龙或耐氟塑料。

二、常用的载冷剂

集中式空调系统或远距离供冷时，制冷剂的管路长，管路阻力也大，制冷剂使用量也增大，造成经济性下降，为改变此情形，用蒸气压缩式制冷系统的制冷剂或其他系统的制冷剂来冷却一种选定的中间介质，用中间介质来冷却所要冷却的物质，这种中间介质称为第二制冷剂，即载冷剂。载冷剂用来传递冷量，载冷剂先在制冷剂蒸发处被冷却，获得冷量，然后利用泵输系统送到各个需要冷量的地方。下面简介几种常见的载冷剂。

1. 水（H_2O）

水是常用于空调制冷装置及0℃以上的和生产工艺冷却的一种载冷剂。水的相对密度小，黏度小；水的流动阻力小，所采用的设备尺寸较小；水的比热容大，传热效果好，循环水量少；水的化学稳定性好，不燃烧、不爆炸，纯净的水对设备和管道的腐蚀性小，系统安全性好；水无毒，对人、食品和环境都是绝对无害的，所以在空调系统中，水不仅可作为载冷剂，也可直接喷入空气中进行调湿和洗涤空气。

水的缺点是凝固点高，限制了它的应用范围，在作为接近0℃的载冷剂时，应注意壳管式蒸发器等换热设备的防冻措施。

2. 无机盐水溶液

无机盐水溶液有较低的凝固温度，适用于在中、低温制冷装置中载冷。最广泛使用的是氯化钙（$CaCl_2$）水溶液，也有使用氯化钠（NaCl）和氯化镁（$MgCl_2$）水溶液的。

盐水溶液的相对密度和比热容都比较大，因此传递一定的冷量所需的容积循环量小；但盐水溶液有腐蚀性，尤其是在略呈酸性并与空气相接触的稀盐溶液中，腐蚀性很强，因此应采用较浓的盐水并要避免它因通风而被氧化。载冷剂返回盐水池的入口应设在液面以下。

3. 有机载冷剂

用作载冷剂的有机溶液有乙二醇、丙三醇、甲醇、乙醇、二氯甲烷、三氯乙烯等。有机溶液的凝固点普遍比水和盐水溶液的凝固点低，所以被广泛地用于低温制冷装置中。

(1) 乙二醇水溶液　纯乙二醇（CH_2OHCH_2OH）具有无色、无味、无电解性、不燃烧、化学性质稳定的特性。乙二醇水溶液略有毒性，但不损害食品，并略具腐蚀性，使用时需加缓蚀剂；乙二醇的价格比$CaCl_2$贵；乙二醇水溶液的凝固点随浓度增大而降低。

(2) 丙三醇水溶液　丙三醇（$CH_2OHCHOHCH_2OH$）是无色、无味、无电解性、无毒、对金属不腐蚀，并且极稳定的化合物，可与食品直接接触而不引起腐蚀，并有抑制微生物生长的作用，常被用于啤酒、制乳工业以及某些接触式食品冷冻装置中。

(3) 乙醇水溶液　乙醇（C_2H_5OH）是具有芳香味的无色易燃液体，凝固点为－114℃，可用作－100℃以上的低温载冷剂；乙醇可以任意比例溶于水，易挥发，易燃。通常使用纯乙醇或乙醇水溶液作为载冷剂。

(4) 二氯甲烷　二氯甲烷（CH_2Cl_2）的相对分子质量为84.9，标准沸点为40.7℃，凝固点为－96.7℃，无色，并带少许丙酮臭味。纯净的二氯甲烷和带水的（水在CH_2Cl_2中的溶解度很小）二氯甲烷对铝、铜、锡、铅和铁不起腐蚀作用；在80℃时能腐蚀黄铜中的锌（青铜也相同）；高温下带有大量水分时，会腐蚀铁。纯净的二氯甲烷在120℃时开始分解，在400℃时才呈现最大分解，可燃性很小。二氯甲烷无毒，空气中浓度达5.1%～5.3%时，会造成人窒息。

第四节　压缩蒸气制冷机的主要设备

一、压缩机

根据制冷压缩机的工作原理，可分为容积型和速度型两大类。

1. 容积型压缩机

用机械方法使密闭容器的容积缩小，使气体压缩而增加其压力的机器，称为容积型压缩机。它有两种结构形式：往复活塞式（简称活塞式）和回转活塞式（简称回转式）。

活塞式制冷压缩机，是依靠活塞的往复运动来压缩汽缸内的气体的，通常是通过曲柄连杆机构，把原动机的旋转运动转变为活塞的往复运动。

回转式制冷压缩机内无往复运动件，它是依靠汽缸内的转子旋转时产生容积变化而实现气体的压缩。这种压缩机有多种不同的结构形式，其中应用较广的有螺杆式、刮片式及滑片式。

2. 速度型压缩机

用机械方法使流动的气体获得很高的流速，然后在扩张的通道内使气体流速减小，让气体的动能转化为压力能，从而提高气体压力的机器，称为速度型压缩机。属于这一类的有离心式制冷压缩机。这种压缩机工作时，气体在高速旋转的叶轮推动下，不但获得了很高的速度，并且在离心力的作用下，沿着叶轮半径方向被甩出，然后进入截面逐渐扩大的扩压器，在那里气体的速度逐渐下降而压力随之提高。

除上述常用结构形式的制冷压缩机外，还有其他形式的制冷压缩机，如斜盘式制冷压缩机等。

二、冷凝器

冷凝器的作用是将压缩机排出的高温、高压制冷剂过热蒸气冷凝成液体，制冷剂在冷凝器中放出的热量由冷却介质（水或空气）带走。冷凝器按采用的冷却介质不同，主要有水冷式、空气冷却式、蒸发式三种类型。

1. 水冷式冷凝器

水冷式冷凝器是用水作为冷却介质，使高温、高压的气态制冷剂冷凝的设备。常用的水冷式冷凝器有卧式壳管式冷凝器、立式壳管式冷凝器、套管式冷凝器等形式，多用于水源丰富的地区。

2. 空气冷却式冷凝器

空气冷却式冷凝器也称风冷式冷凝器，在这种冷凝器中，制冷剂冷却和凝结放出的热量被空气带走。

空气冷却式冷凝器的最大优点是不需要冷却水，因此特别适用于缺水地区或者供水困难的地方。一般用于中、小型氟利昂空调机组中及冷藏柜、电冰箱等小型氟利昂制冷装置。

3. 蒸发式冷凝器

蒸发式冷凝器由箱体、冷却管组、给水设备、挡水板和通风机等构成。冷却管是用无缝钢管制成蛇形盘管，多根蛇形盘管的上端口与进气集管连接，下端口和出液管连接，构成冷却管组。给水设备包括循环水泵、喷淋器、水管、浮球阀和水盘。在喷淋器的上方装有挡水板。通风机有装在箱体上部的，也有装在下部两端的。

蒸发式冷凝器适用于气候干燥和缺水地区，要求使用水质好或者经过软化处理的水。

三、节流机构

节流机构是制冷的必备设备之一，是通过突然缩小通道截面，使制冷剂降压节流和适当调节制冷剂流量的设备。节流器通常布置在向蒸发器、中冷器、空气分离器、低压循环贮液器或氨液分离器节流供液的管路上。不同的制冷系统选用不同的节流装置，化工常见的如手动膨胀阀、浮球节流阀、热力膨胀阀等。

四、蒸发器

蒸发器的作用是利用液态制冷剂在低压下蒸发转变为制冷剂蒸气并吸收被冷却介质的热量，达到制冷的目的。

1. 卧式壳管式蒸发器

卧式壳管式蒸发器在正常工作时筒内要充灌为筒体直径的70%～80%液面高度的制冷剂液体，因此称为“满液式”。其结构和冷热流体相对流动的方式与卧式壳管式冷凝器相似，不同的是它们在整个制冷系统中所在位置和作用；在结构上制冷剂的进出口相反，冷凝器为上进下出，而蒸发器为下进上出。

制冷剂液体节流后进入筒体内管簇空间，与自下而上作多程流动的载冷剂通过管壁交换热量。制冷剂液体吸热后汽化上升回汽包中，将蒸气中带来的液滴分离出来流回筒体，蒸气通过回气管被压缩机吸走。润滑油沉积在集油包里，由放油管通往集油器放出，如图 8-2 所示。

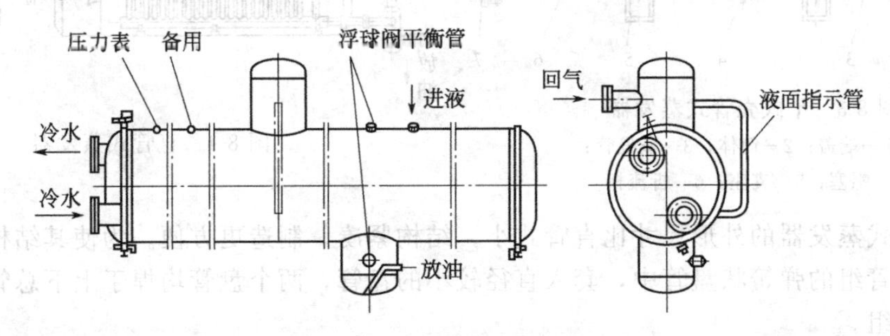

图 8-2　氨卧式蒸发器

满液式壳管式蒸发器的液面要保持一定的高度，液面过低会使器内产生过多的过热蒸气降低蒸发器的传热效果，过高易使湿蒸气进入压缩机而引起液击。

满液式蒸发器结构紧凑，占地面积小；传热性能好；制造工艺和安装较方便，以及用盐水作载冷剂可减少腐蚀和避免盐水浓度被空气中水分稀释等。但其制冷剂充灌量大，受制冷剂液体静压力影响，使下部液体蒸发温度提高，减小了蒸发器的传热温差，蒸发温度越低影响越大，氟利昂液体的密度比氨大，因而影响更明显。所以它的应用范围逐渐受到限制。

2. 干式壳管式蒸发器

干式壳管式蒸发器用于氟利昂制冷系统。这种蒸发器不是没有制冷剂液体，而是充灌量较少，约为管组内部容积的 35％～40％，而且制冷剂在汽化过程中不存在自由液面。结构如图 8-3 所示。干式壳管式蒸发器中，制冷剂的液体在管内蒸发，而液体载冷剂在管外被冷却。为了增加管外载冷剂流动速度，在壳体内横跨管簇装设折流板，折流板多做成圆形，而且缺口是上下相间装配。

3. 水箱式蒸发器

壳管式蒸发器中容水量较少，运行过程中热稳定性差，即水或盐水的温度容易发生波动。为了消除上述缺点，设计和制造出水箱式蒸发器。这种蒸发器的特点是蒸发管组浸于水或盐水箱中，制冷剂在管内蒸发，水或盐水在搅拌器的作用下，在箱内流动，以增强传热。应用水箱式蒸发器时，载冷剂只能采用开式循环。

（1）直管式蒸发器　直管式蒸发器主要用于氨制冷装置，其结构如图 8-4 所示。它全部用无缝钢管焊制而成，蒸发器管以组为单位，根据不同容量的要求，可由若干管组组成。蒸发器的管组安装在矩形金属箱中。在管组的上端，上集气管接气液分离器，下集气管接集油器。氨液从中间的进液管进入蒸发器。供液管由上一直伸到下集气管，这样使氨液进入下集气管，均匀地进入各立管中去。制冷剂蒸气进入上集气管，经气液分离后，被制冷压缩机吸走。集油器上端由一根管子与吸气管相通，以便将冷冻机油中的制冷剂抽走，积存的冷冻机油定期从放油管放出。为了提高直管式蒸发器的热交换效果，在水箱内装有搅拌机。搅拌机有立式和卧式两种。

（2）螺旋管式蒸发器　螺旋管式蒸发器的结构，如图 8-5 所示。其工作原理和直管式蒸发器相同，结构上的主要区别是蒸发管采用螺旋形盘管代替直立管。因此当传热面积相同

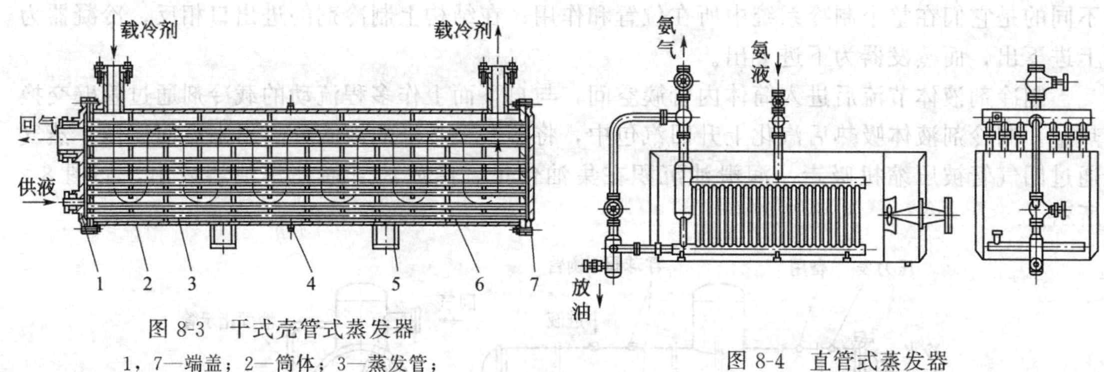

图 8-3　干式壳管式蒸发器

1，7—端盖；2—筒体；3—蒸发管；4—螺塞；5—支座；6—折流板

图 8-4　直管式蒸发器

时，螺旋管式蒸发器的外形尺寸比直管式小，结构紧凑，制造更方便。为使其结构更紧凑缩小体积，在管组的弹簧状盘管中，套入直径较小的盘管，两个盘管均焊于上下总管上，组成双头螺旋管组。

(3) 蛇管（盘管）式蒸发器　蛇管（盘管）式蒸发器是小型氟利昂制冷装置中常用的一种蒸发器。其结构如图 8-6 所示。由若干组铜管绕成蛇形管组成，蛇形管用纯铜管弯制，氟利昂液体制冷剂经分液器从蛇形管的上部进入，蒸发产生的制冷剂蒸气由下部排出。蛇形管组整体地沉浸在水箱中，水在搅拌器作用下，在箱内循环流动。蛇管式蒸发器由于蛇管布置较密、流速较小，以及蛇管下部的传热面积未得到充分利用，因此传热效果较差。

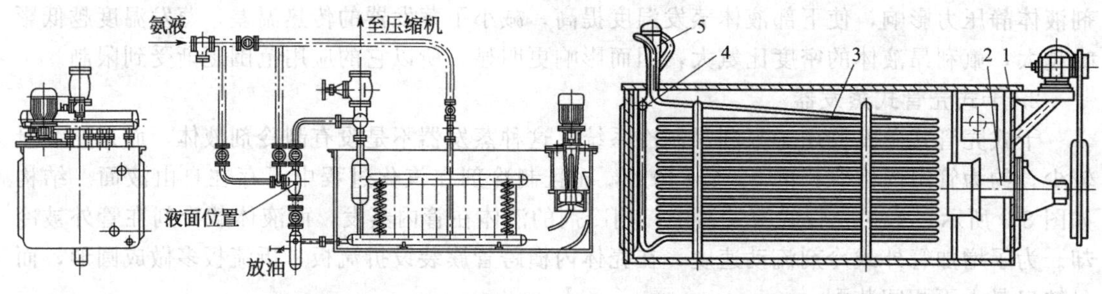

图 8-5　螺旋管式蒸发器

图 8-6　氟利昂蛇管式蒸发器

1—水箱；2—搅拌机；3—蛇形管组；4—蒸气集管；5—分液器

思考与习题

8-1. 什么是人工制冷？

8-2. 制冷的方法主要有哪些？

8-3. 制冷压缩机分为哪几大类？各有何特点？

8-4. 单级蒸气压缩制冷机的四大件是什么？其特点是什么？

8-5. 常用的制冷剂有哪些？

8-6. 压缩机的基本结构有哪些？

第三篇 化工机械及仪表基础知识

第九章 化工识图基础

第一节 制图基本知识

一、机械制图的基本规定

图样是现代生产中的重要技术文件。对图样的内容、格式、表达方法等都有国家标准做统一规定。

（一）图纸的幅面及格式（GB/T 14689—2008）

1. 图纸的幅面

绘制技术图样时，优先采用表 9-1 中规定的基本幅面。基本幅面共有五种，其尺寸关系如图 9-1 所示。

表 9-1 图纸的幅面 单位：mm

图纸代号	幅面尺寸 $B \times L$	留边宽度		
		a	c	e
A0	841×1189	25	10	20
A1	594×841			
A2	420×594			10
A3	297×420		5	
A4	210×297			

注：a、c、e 为留边宽度，参见图 9-2、图 9-3。

幅面代号的几何含义，实际上就是对 0 号幅面的对开次数。如 A1 中的“1”，表示将全张纸（A0 幅面）长边对折裁切一次所得的幅面；A4 中的“4”，表示将全张纸长边对折裁切四次所得的幅面。必要时，允许选用加长幅面，但加长后幅面的尺寸，必须是由基本幅面的短边成整数倍增加后得出。

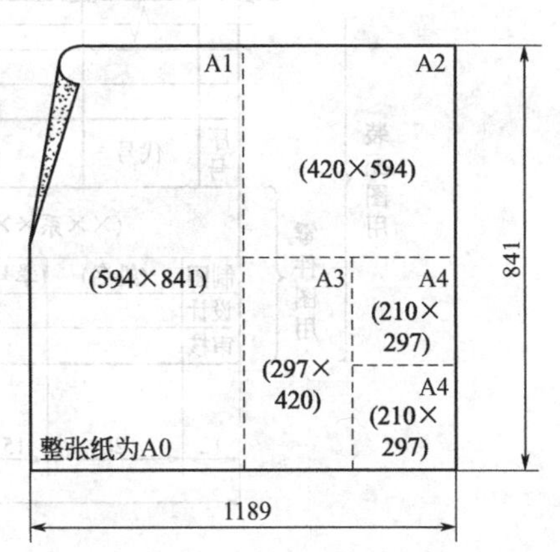

图 9-1 基本幅面的尺寸关系

2. 图框的格式

图纸上用粗实线画出图框，其格式分为留有装订边和不留有装订边两种，分别如图 9-2、图 9-3 所示，它们各自周边尺寸见表 9-1。同一产品的图样只能采用一种格式。

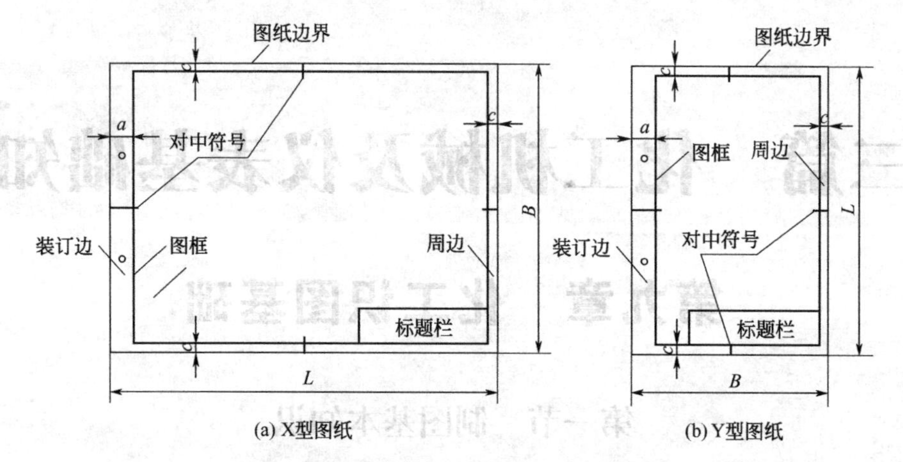

图 9-2　留有装订边图样的图框格式

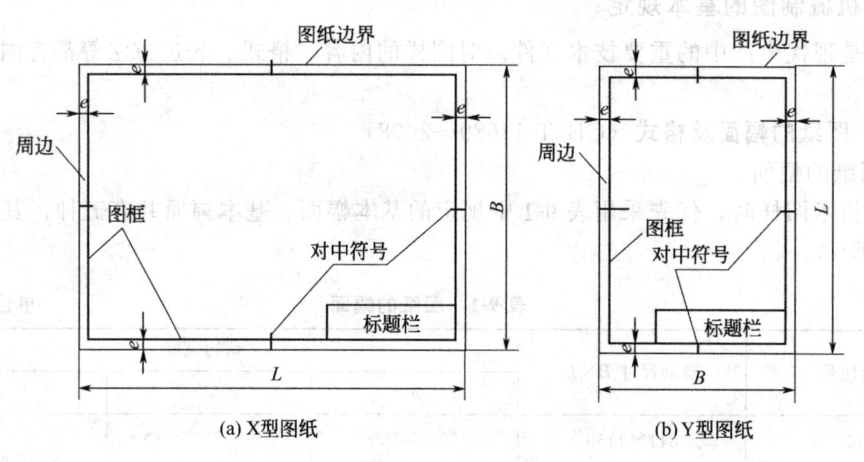

图 9-3　不留有装订边图样的图框格式

3. 标题栏

标题栏的位置一般按图 9-2、图 9-3 所示的方式配置，标题栏格式和尺寸按《GB/T 10609.1—2008　技术制图　标题栏》中的规定绘制，标题栏中的文字方向为看图方向，如图 9-4 所示。

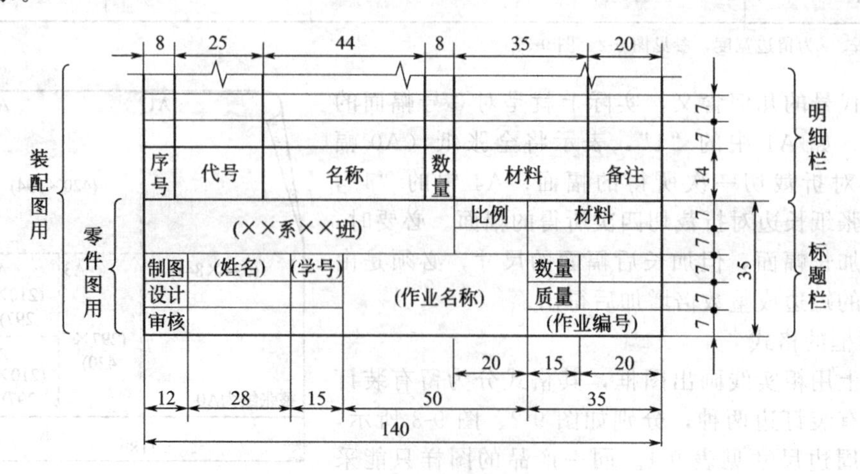

图 9-4　简化标题栏和明细栏的格式

（二）比例（GB/T 14690—1993）

比例是指图中图形与其实物相应要素的线性尺寸之比。绘制图样时，尽可能按物体的实际大小采用1∶1的比例画出，但由于物体的大小及结构的复杂程度不同，有时需要放大或缩小。当需要按比例绘制图样时，优先选择表9-2中规定的比例。比例一般标注在标题栏中的比例栏内。不论采用何种比例，图形中所标注的尺寸数值是实物的实际大小，如图9-5所示。

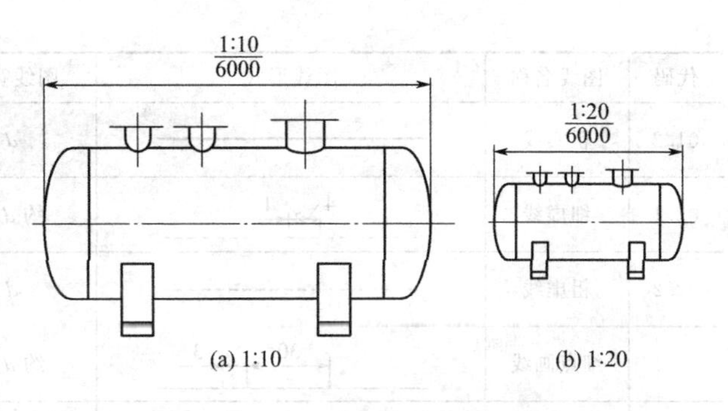

图9-5　用不同比例画出的图形

表9-2　比例系列（摘自GB/T 14690—1993）

种类	定　义	优先选择系列	允许选择系列
原值比例	比值为1的比例	1∶1	—
放大比例	比值大于1的比例	5∶1,2∶1 5×10^n∶1,2×10^n∶1,1×10^n∶1	4∶1,2.5∶1 4×10^n∶1,2.5×10^n∶1
缩小比例	比值小于1的比例	1∶2,1∶5,1∶10 1∶2×10^n,1∶5×10^n,1∶1×10^n	1∶1.5,1∶2.5,1∶3,1∶4,1∶6 1∶1.5×10^n,1∶2.5×10^n,1∶3×10^n, 1∶4×10^n,1∶6×10^n

注：n为正整数。

（三）字体（GB/T 14691—1993）

图样上用文字来填写标题栏、技术要求，用数字来标注尺寸等。图样中的字体应注意以下事项。

（1）字体端正、笔画清楚、排列整齐、间隔均匀。

（2）字体的高度（用h表示，单位为mm）代表字体的号数，分为20、14、10、7、5、3.5、2.5、1.8，如需要书写更大的字，其字体高度应按$\sqrt{2}$的比率递增。

（3）汉字应写成长仿宋体，并采用国家正式公布推行的简化字，汉字高度不应小于3.5，其字宽一般为$h/\sqrt{2}$。

（4）字母和数字分为A型和B型。A型字体的笔画宽度（d）为字高（h）的1/14，B型字体的笔画宽度（d）为字高（h）的1/10。在同一张图样上，只允许选用一种形式的字体。

（5）字母和数字可写成斜体或直体。斜体字字头向右倾斜与水平成75°角。

（四）图线及画法（GB/T 4457.4—2002）

表9-3中列出了绘制工程图样时常用的图线名称、图线形式、图线宽度及主要用途。

表9-3　常用的图线名称、图线形式、图线宽度及主要用途

代码	图线名称	图线形式	图线宽度	主要用途
01.1	细实线		约$d/2$	尺寸线、尺寸界线、剖面线、引出线
01.1	波浪线		约$d/2$	断裂处的边界线，视图和剖视的分界线
01.1	双折线		约$d/2$	断裂处的边界线

续表

代码	图线名称	图线形式	图线宽度	主要用途
01.2	粗实线	————	d	可见轮廓线
02.1	细虚线	4　1	约 $d/2$	不可见轮廓线
02.2	粗虚线	------	d	允许表面处理的表示线
04.1	细点画线	30　3	约 $d/2$	轴线，对称中心线
04.2	粗点画线	—·—	d	限定范围的表示线
05.1	细双点画线	20　5	$d/2$	假想投影轮廓线，中断线

注：d 是粗实线的宽度，d 在 0.13～2mm 之间选择。

机械图样中的图线分为粗线和细线两种，如图 9-6 所示，它们之间的比例为 2∶1，即粗实线（包括粗虚线、粗点画线）线宽为 0.7mm 时，细实线、波浪线、双折线、细虚线、细点画线、细双点画线的线宽为 0.35mm。

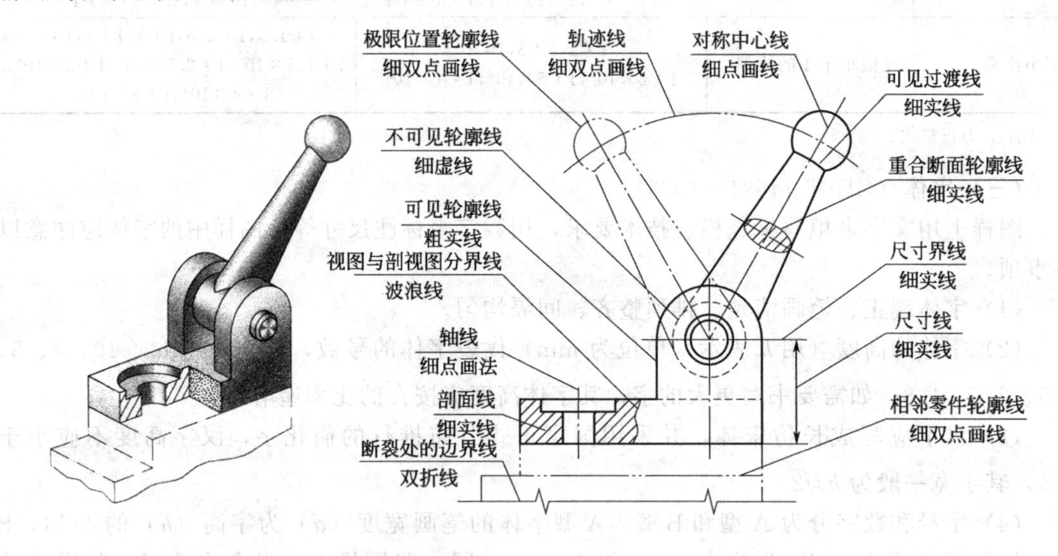

图 9-6　图线的应用示例

（五）尺寸标注（GB/T 4458.4—2003）

1. 尺寸标注的基本规则

（1）物体的真实大小以图样上标注的尺寸数值为依据，与图形的大小及绘图的准确度无关。

（2）当图样中（包括技术要求和其他说明）的尺寸以 mm 为单位时，不标注计量单位的代号或名称，如采用其他单位时，则必须注明相应计量单位的代号或名称。

（3）图样中所标注的尺寸，为该图样所示物体的最后完工尺寸，否则应另加说明。

（4）物体上各结构的尺寸，一般只标注一次，并标注在反映该结构最清晰的图形上。

2. 尺寸的组成形式

一个完整的尺寸一般包括尺寸界线、尺寸线及其终端符和尺寸文本，如图 9-7 所示。

二、投影法的基本知识和物体三视图

（一）正投影与三视图

1. 正投影

当光线照射到物体后，屏幕上出现的影子称为投影，光线称为投影线，屏幕称为投影画。当光线是一束平行光（阳光），且与投影面垂直来进行投影时，其投影的形状、尺寸大小和原物相同，工程上用的就是这种投影方法，这种投影法称为正投影法。图 9-8 所示为三角块的正投影图。

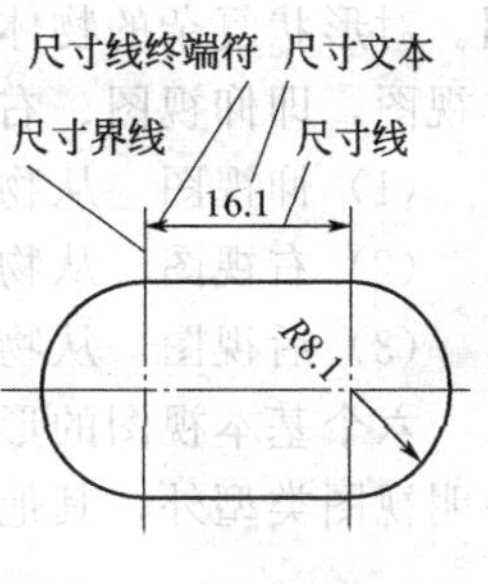

图 9-7　尺寸的组成

2. 三视图

用一个投影面（或者说用一个视图）往往不能反映出物体的全貌。图 9-8 只能反映出三角块前后两面的真实形状和大小，而不能反映三角块的厚度。

设立三个互相垂直的投影面，分别称为正投影面（正面）、水平投影面和侧面投影面（侧面）。把物体（三角块）放在其中，分别从物体的前面向后、由上向下、由左向右向三个投影面投影，如图 9-9 所示。

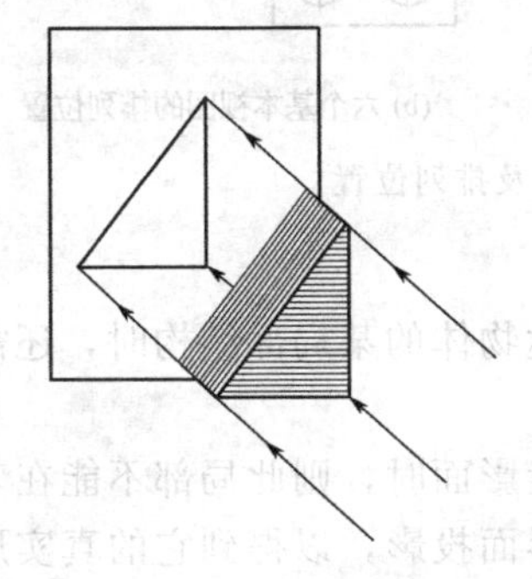

图 9-8　三角块的正投影图

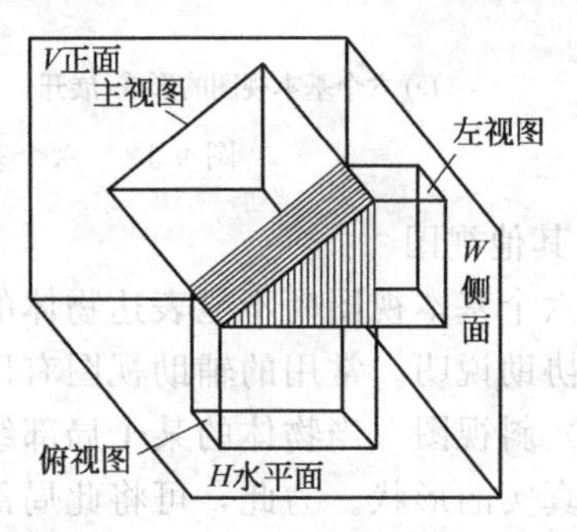

图 9-9　三角块的三个投影

正面上的投影称为主视图，水平面上的投影称为俯视图，侧面上的投影称为左视图。将图 9-9 中的三个视图展开后形成如图 9-10 所示的三个视图，就是常说的三视图。从图 9-10 可知，俯视图在主视图的下方，左视图在主视图的右方，三个视图按图示位置关系布置时，视图名称不需注明。

3. 三视图的投影关系

物体有长、宽、高三个尺寸，通常规定物体左右之间的尺寸为长；前后之间的尺寸为宽；上下之间的尺寸为高。主、俯两视图同时反映物体的长；俯、左两视图同时反映物体的宽；主、左两视图同时反映物体的高（图 9-11）。

图 9-10　展开后形成的三视图

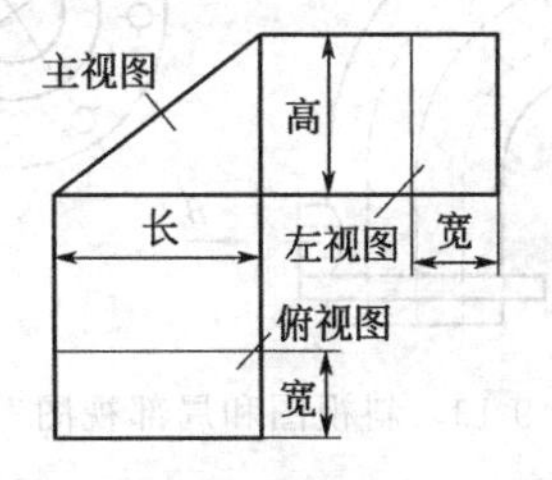

图 9-11　三视图的尺寸关系

（二）基本视图与其他视图

1. 基本视图

一般形状的物体，用三个视图就可以表达清楚。形状简单的物体，甚至可以少于三个视图。对形状复杂的物体，三个视图还不能反映出全貌来。除上述三个基本视图，还有三个基本视图，即仰视图、右视图和后视图。

(1) 仰视图　从物体的下部向上投影得到的视图。

(2) 右视图　从物体的右侧向左投影所得的视图。

(3) 后视图　从物体的后面向前投影所得的视图。

六个基本视图的形成、展开及排列位置如图 9-12 所示。在同一张图纸中，除后视图需注明视图类型外，其他视图均不需注明。

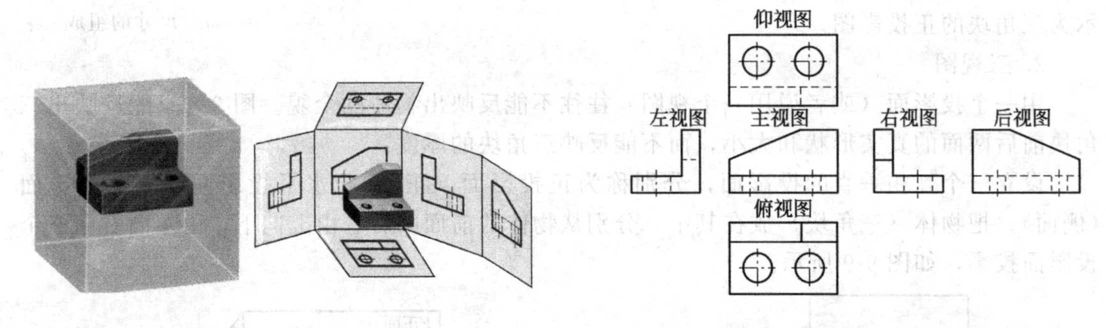

(a) 六个基本视图的形成、展开　　(b) 六个基本视图的排列位置

图 9-12　六个基本视图的形成、展开及排列位置

2. 其他视图

用六个基本视图尚不能表达物体的形状，或不能表达物体的某局部结构时，还需用辅助视图来协助说明。常用的辅助视图有以下几种。

(1) 斜视图　当物体的某个局部结构不平行于基本投影面时，则此局部不能在基本视图中得到真实的形状。为此，可将此局部向与之平行的投影面投影，以得到它的真实形状，这种视图称为斜视图，如图 9-13 中 A 向所示。斜视图须用带字母的箭头指明所表达的部位和投影方向，并在斜视图上用相同的字母标注。

(2) 局部视图　将物体的某一部分向基本投影面投影所得到的视图称为局部视图。局部视图用来表达物体某个局部的结构（图 9-13 中 B 向）。

(3) 旋转视图　当物体的部分结构倾斜于基本投影面，而且倾斜部分有适当的旋转中心时，可选用旋转视图来表示，如图 9-14 所示。

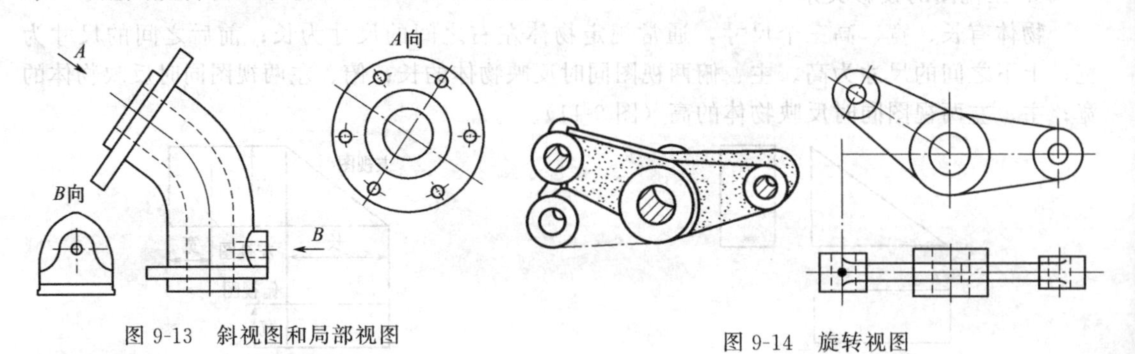

图 9-13　斜视图和局部视图　　图 9-14　旋转视图

(三) 剖视图与剖面图

1. 剖视图

为了清楚地表达物体内部的结构形状，假想用一个剖切平面，将要表达的部分剖切开来，移去观察者和假想平面之间的部分后，进行投影，所得到的视图称为剖视图。剖切的实

体部分以剖面线来表示。金属的剖面线用与水平线成45°角的细实线表示。但轴类零件、螺钉、螺母等，当剖切平面通过中心线时，则不画剖面线。常用的剖视图有以下几种。

(1) 全剖视图　用一个剖切平面将零件或装配体完全剖开所得的视图称为全剖视图，如图 9-15(a) 所示。

(2) 半剖视图　以零件或装配体的对称面为界线，一半画成视图，一半画成剖视图，二者合并得到的视图称为半剖视图，如图 9-15(b) 所示。半剖视图可同时表达零、部件的内部和外部形状。

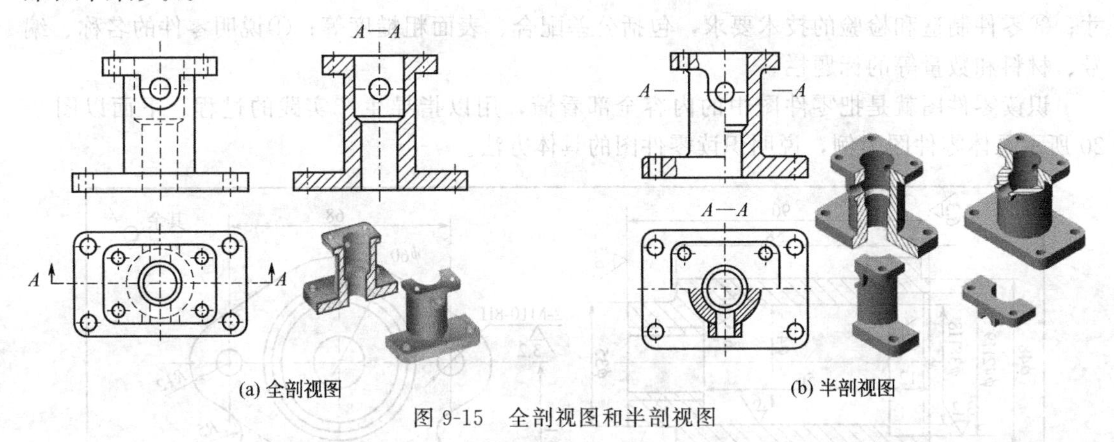

(a) 全剖视图　(b) 半剖视图

图 9-15　全剖视图和半剖视图

(3) 斜剖视图　在斜视图中，为表达物体倾斜部分的内部结构，将倾斜部分剖开所得的视图称为斜剖视图，如图 9-16 所示。

(4) 局部剖视图　用剖切平面剖切零、部件的某个局部所得的视图称为局部剖视图，如图 9-17 所示。

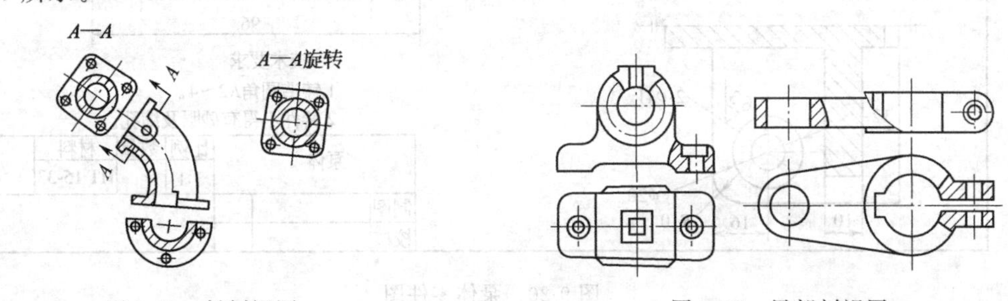

图 9-16　斜剖视图　　图 9-17　局部剖视图

2. 剖面图

为了把零、部件的某个截面的形状表达清楚，用剖切平面剖切后，只画出切口截面的投影，称为剖面图。剖面图可分为移出剖面图和重合剖面图两种。

(1) 移出剖面图　画在视图之外的剖面称为移出剖面图，如图 9-18 所示。

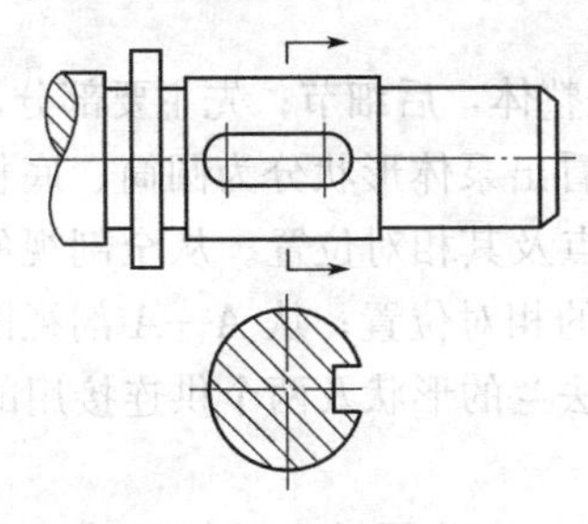

图 9-18　移出剖面图

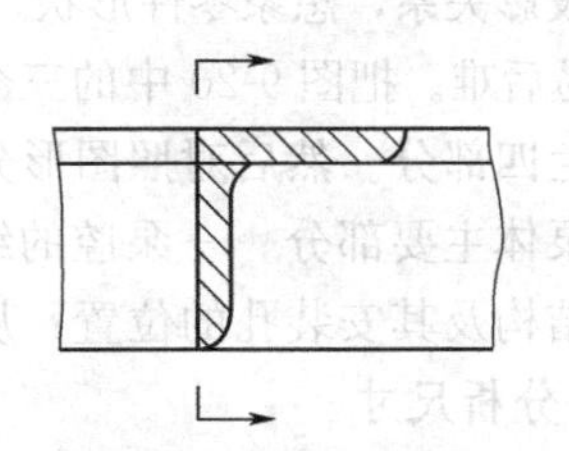

图 9-19　重合剖面图

（2）重合剖面图 在不影响图面清晰的条件下，其剖面可画在视图上，即为重合剖面图，如图 9-19 所示。

第二节 零 件 图

表达单一零件形状、大小、特征的图样称为零件图。一张完整的零件图包括四个方面的内容：①用以表达零件结构形状的一组视图；②确定零件结构形状大小及相互位置关系的尺寸；③零件制造和检验的技术要求，包括公差配合、表面粗糙度等；④说明零件的名称、编号、材料和数量等的标题栏。

识读零件图就是把零件图中的内容全部看懂，用以指导生产实践的过程。下面以图 9-20 所示泵体零件图为例，说明识读零件图的具体方法。

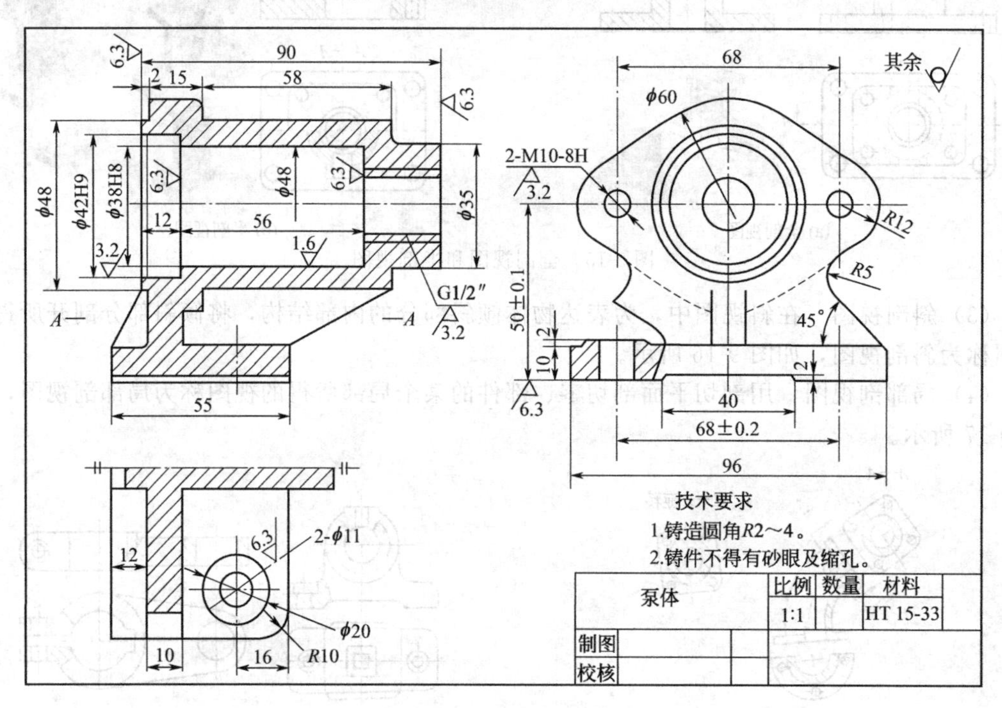

图 9-20 泵体零件图

（一）读标题栏

从标题栏了解到零件的名称为泵体，选用的材料为铸铁，比例 1∶1。

（二）分析视图

了解各视图的作用与相互之间的投影关系。图 9-20 由全剖视的主视图、全剖视的俯视图以及局部剖的左视图组成。

根据投影关系，想象零件形状。看图的顺序，一般是先整体，后细节；先主要部分，后次要部分；先易后难。把图 9-20 中的三个视图联系起来，可以看出泵体形状分为圆筒、底板、肋板和连接法兰四部分。然后对照图形分析每一部分的结构特点及其相对位置。从全剖视的主视图可以看到泵体主要部分——泵腔的结构特点及各组成部分的相对位置；从 *A*—*A* 剖视图可以看到肋板的结构及其安装孔的位置；从左视图可以看到连接法兰的形状及两个供连接用的螺孔。

（三）分析尺寸

零件图上有很多尺寸，按尺寸的作用可分为定形尺寸、定位尺寸和总体尺寸。分析零件图中的尺寸时，应把各类尺寸区分出来。

（1）定形尺寸　用以确定零件某部位形状大小的尺寸称为定形尺寸。如图 9-20 中，$\phi35$、$\phi48$ 为泵体圆筒两端的外径，$\phi60$ 为连接法兰孔的外径，$\phi20$ 为底板孔的外径等。

（2）定位尺寸　用以确定零件上各部位相对位置的尺寸称为定位尺寸。如图 9-20 中，尺寸 68 以确定连接法兰螺栓孔的位置等。

（3）总体尺寸　确定部件总高、总长、总宽的尺寸，多用于装配图中。

（四）读技术要求

零件图上的技术要求一般包括表面粗糙度、尺寸公差、热处理要求等。

1. 表面粗糙度

零件表面的光滑程度用粗糙度来表示。表面粗糙度是检验零件表面质量的重要技术指标之一。零件图中必须标注零件各表面粗糙度的要求。

零件表面粗糙度常用表面粗糙度符号和表面粗糙度高度参数 R_a 表示。R_a 是评定零件表面质量的主要参数。表面粗糙度符号与表面粗糙度高度参数的表示方法见表 9-4。

表 9-4　表面粗糙度符号和表面粗糙度高度参数表示方法

表面粗糙度符号	意义	应用举例
√	基本符号，表示表面可用任何方法获得	3.2√ 用任何方法获得的表面，R_a 的最大允许值为 3.2μm
▽√	基本符号上加一短横，表示表面粗糙度是用去除材料的方法获得，如用车、铣、刨、磨、抛光、腐蚀等加工方法	3.2▽√ 用去除材料方法获得的表面，R_a 的最大允许值为 3.2μm
○√	基本符号上加一小圆，表示表面粗糙度用不去除材料的方法获得，如铸、锻、冷轧、热轧等，或是用于保持原供应状态的表面	3.2○√ 用不去除材料方法获得的表面，R_a 的最大允许值为 3.2μm

粗糙度符号的尖端指在加工零件的表面上，对零件中使用最多的粗糙度，可统一标注在图样的右上角，并加“其余”二字，如图 9-20 所示。

2. 公差配合

（1）公差　在加工零件时，不可能把零件的尺寸制造得与实际要求尺寸绝对符合。为了保证零件的制造方便与使用，在加工零件时，允许零件实际尺寸有一个很小的变动范围，其变动量称为尺寸公差。例如，某零件圆柱尺寸为 $\phi25^{+0.015}_{-0.05}$，$\phi25$ 为基本尺寸，尺寸允许变动范围为 $0.015-(-0.05)=0.065$，即尺寸公差为 0.065，上偏差为 0.015，下偏差为 −0.05，最大极限尺寸为 $\phi25.015$，最小极限尺寸为 $\phi24.95$。

同一个基本尺寸，其公差值可以不同。公差越小，尺寸精度越高；公差越大，尺寸精度越低，加工越容易。为满足不同机器设备的精度要求，国家标准中规定了 20 个公差等级，称为标准公差，用阿拉伯数字表示，数字越大，精度等级越低。

（2）配合　基本尺寸相同的两个零件装配在一起称为配合。最常见的配合是孔和轴的配合。根据轴、孔配合的松紧程度不同，配合可分为间隙配合（孔的直径大于轴的直径的配合）、过盈配合（孔的直径小于轴的直径的配合）、过渡配合（孔的直径可能大于轴的直径，也可能小于轴的直径的配合）三类。

依照基准件的不同，配合有两种制度。如果在同一精度和基本尺寸下，保持孔的极限尺寸不变，通过改变轴直径的上、下偏差来得到各种不同性质的配合，称为基孔制，其代号为 H；如果在同一精度和同一基本尺寸下，保持轴的极限尺寸不变，通过改变孔的直径上、下偏差来得到各种不同性质的配合，称为基轴制，其代号为 h。

在装配图中标注配合代号时，必须在基本尺寸的右边用分式的形式注出，分子位置标注孔的公差代号，分母位置标注轴的公差代号。例如，某孔与轴的配合为 $\phi 45\ \frac{H8}{h7}$，其中，$\phi 45$ 为基本尺寸，H 为基孔制代号，孔的公差精度为 8 级，分母 h 为基轴制代号，数字 7 表示公差精度为 7 级。公差的具体数值可从有关手册中查得。

第三节 化工设备图

化工设备有动设备与静设备两大类。动设备通常称为化工机器，如压缩机、循环机、鼓风机、泵等；静设备通常称为化工设备，如反应器、换热器、塔器、容器等（图 9-21）。表示化工设备的形状、大小、结构和制造与安装等技术要求的图样称为化工设备图。

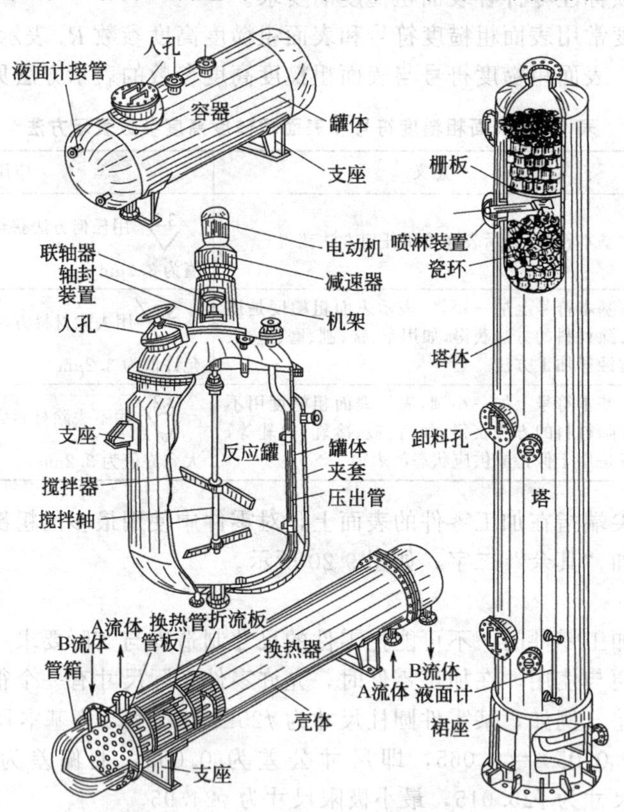

图 9-21 常用的化工设备的直观图

一、化工设备图样的种类

（一）总装配图（总图）

总装配图是表示一台设备或相关联的一组设备的主要结构特征、主要装配和连接关系、尺寸、技术特性以及技术要求等内容的图样，以提供其总体结构、组成、特性和安装连接情况。

（二）化工设备装配图

化工设备装配图是表示一台设备的结构形状、技术特性、各零部件之间的装配连接关系以及必要的尺寸和制造、检验要求等内容的图样。在一般情况下，不太复杂的设备，若装配图能体现总图应表达的内容，又不影响装配图的清晰时，可用设备装配图兼作总图。

（三）部件装配图

部件装配图是表示设备的某一部件（可拆或不可拆部件）的结构形状、装配连接关系以及必要的尺寸和加工、检验要求等内容的图样，用以制造和装配部件。

（四）零件图

零件图是表示零件的结构形状、尺寸以及技术要求等内容的图样，用于制造和检验零件。

化工设备大量采用标准化的零部件，所需绘制的零部件图较少，且与一般机械零部件图要求基本相同。因此，着重讨论化工设备装配图，并简称化工设备图。

二、化工设备图的识读

阅读化工设备图，主要应了解以下基本内容：设备的名称、用途、性能、工作原理和主要技术特性；各零部件之间的装配关系、装拆顺序和有关尺寸；零部件的主要结构形状、数量、材料及作用，进而了解整个设备的结构；设备的开口方位，以及在制造、检验和安装等方面的技术要求。

以图 9-22 所示反应釜装配图为例，说明阅读化工设备图的一般方法和步骤。

（一）概括了解

看标题栏，了解设备的名称、规格、材料、质量及绘图比例等内容；看明细栏，了解设备各零部件和接管的名称、数量等内容，了解哪些是标准件和外购件；了解图面上各部分内容的布置情况，概括了解设备的管口表、技术特性表及技术要求等基本情况。

从标题栏可知，该图为反应釜的装配图，反应釜的公称直径（内径）为 *DN*1000mm，传热面积为 $4m^2$，设备容积为 $1m^3$，设备的总质量为 1100kg，绘图比例 1：10。

反应釜由 46 种零部件组成，其中有 32 种标准零部件，均附有 GB/T、JB/T、HG/T 等标准号。设备上装有机械传动装置，电动机型号为 $Y100L_1$-4，功率为 2.2kW，减速机型号为 LJC-250-23。

反应釜罐体内的介质是酸、碱溶液，工作压力为常压，工作温度为 40℃；夹套内的介质是冷冻盐水，工作压力为 0.3MPa，工作温度为－15℃。反应釜共有 12 个接管。

（二）视图分析

从视图配置可知，图中采用两个基本视图，即主视图、俯视图。主视图采用剖视和接管多次旋转的画法表达反应釜主体的结构形状、装配关系和各接管的轴向位置。俯视图采用拆卸画法，即拆去了传动装置，表达上、下封头各接管的位置、壳体器壁上各接管的周向方位和耳式支座的分布。另有 8 个局部剖视放大图，分别表达顶部几个接管的装配结构、设备法兰与釜体的装配结构和复合钢板上焊缝的焊接形式及要求。

（三）零部件分析

以设备的主视图为中心，结合其他视图，对照明细栏中的序号，将零部件逐一从视图中找出，分析其结构、形状、尺寸、与主体或其他零部件的装配关系；对标准化零部件，应查阅相关的标准；同时对设备图上的各类尺寸及代（符）号进行分析，搞清它们的作用和含义；了解设备上所有管口的结构、形状、数目、大小和用途，以及管口的周向方位、轴向距离、外接法兰的规格和形式等。

由图 9-22 可知，设备总高为 2777mm，由带夹套的釜体和传动装置两大部分组成。设备的釜体（件 11）与下部封头（件 6）焊接，与上部封头（件 16）采用设备法兰连接，由此组成设备的主体。主体的侧面和底部外层焊有夹套。夹套的筒体（件 10）与封头（件 5）采用焊接。另有一些标准零部件，如填料箱、手孔、支座和接管等，都采用焊接方法固定在设备的筒体、封头上。

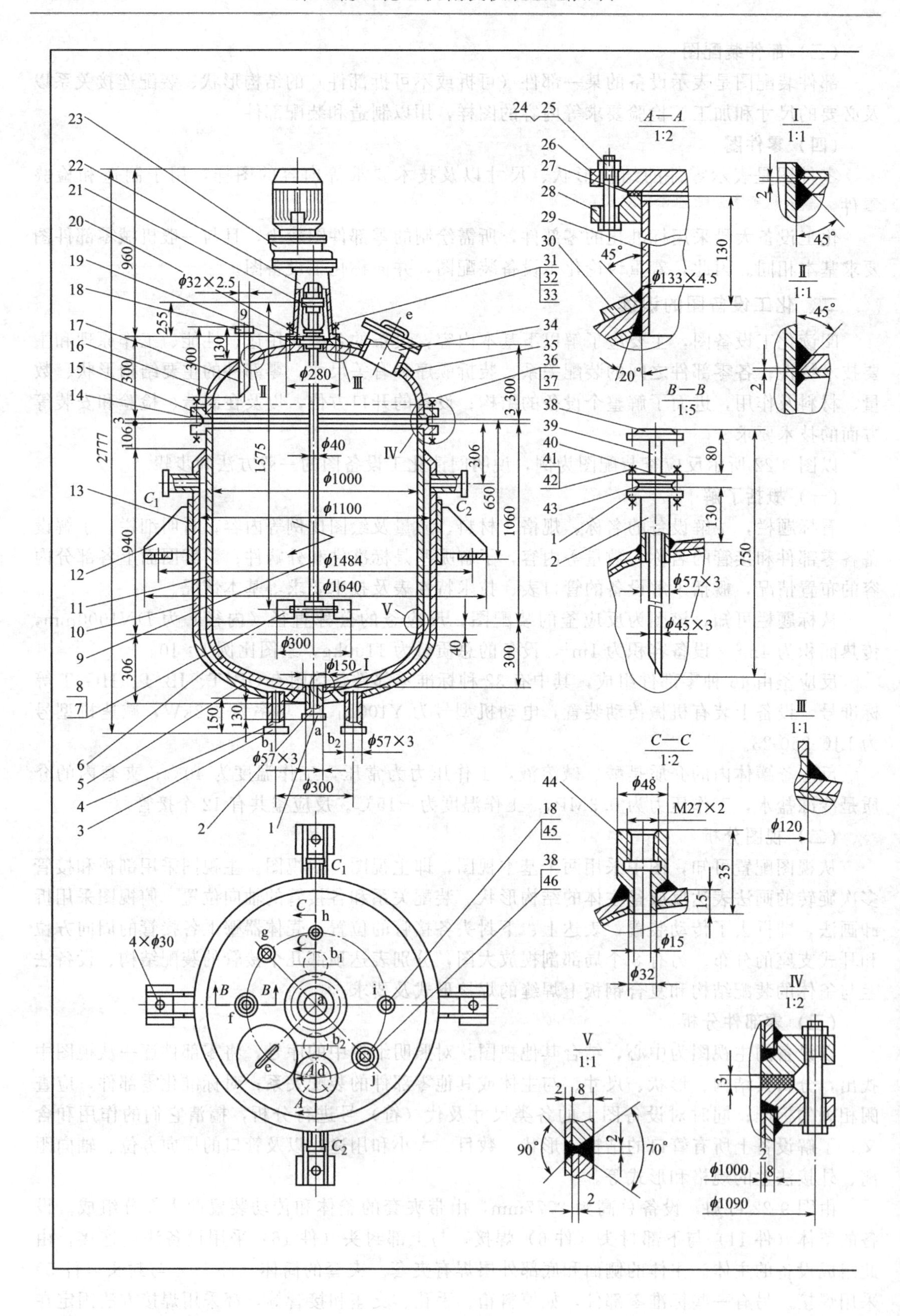
A—A
1:2
Ⅰ
1:1
Ⅱ
1:1
Ⅲ
1:1
Ⅳ
1:2
Ⅴ
1:1
B—B
1:5
C—C
1:2
φ32×2.5
φ280
φ40
φ1000
φ1100
φ1484
φ1640
φ300
φ150
φ57×3
φ133×4.5
φ45×3
φ48
M27×2
φ15
φ32
φ120
φ1000
φ1090
4×φ30
2777
960
255
300
130
1575
306
650
1060
940
150
750
80
45°
20°
90°
70°
C₁
C₂

图 9-22 反应

设备总质量：1100kg

技术要求

1.本设备的釜体用不锈钢板制造。复层材料为1Cr18Ni9Ti，其厚度为2mm。

2.焊缝结构除有图示以外，其他按GB/T 985的规定。对接接头采用V形，T形接头采用△形，法兰焊接按相应标准。

3.焊条的选用：碳钢与碳钢焊接采用EA4303焊条；不锈钢与不锈钢焊接、不锈钢与碳钢焊接采用E1-23-13-160 JFHIS。

4.釜体与夹套的焊缝应做超声波和X射线检验，其焊缝质量应符合有关规定，夹套内应做0.5MPa水压试验。

5.设备组装后应试运转。搅拌轴转动轻便自如，不应有不正常的噪声和较大的振动等不良现象。搅拌轴下端的径向摆动量不大于0.75mm。

6.釜体复层内表面应做酸洗钝化处理。釜体外表面涂铁红色酚醛底漆，并用80mm厚软木作为保冷层。

7.安装所用的地脚螺栓直径为M24。

技术特性表

内容	釜内	夹套内
工作压力/MPa	常压	0.3
工作温度/℃	40	-15
换热面积/m^2	4	
容积/m^3	1	
电动机型号及功率	Y100L_1-4, 2.2kW	
搅拌轴转速/(r/min)	200	
物料名称	酸、碱溶液	冷冻盐水

管口表

符号	公称尺寸/mm	连接尺寸，标准	连接面形式	用途或名称
a	50	JB/T 81	平面	出料口
b_{1-2}	50	JB/T 81	平面	盐水进口
c_{1-2}	50	JB/T 81	平面	盐水出口
d	125	JB/T 81	平面	检测口
e	150	JB/T 589		手孔
f	50	JB/T 81	平面	酸液进口
g	25	JB/T 81	平面	碱液进口
h		M27×2	螺纹	温度计口
i	25	JB/T 81	平面	放空口
j	40	JB/T 81	平面	备用口

序号	代号	名称	数量	材料	备注
46		接管ϕ45×3	1	1Cr18Ni9Ti	l=145
45		接管ϕ32×2.5	1	1Cr18Ni9Ti	l=145
44		接管M27×2	1	1Cr18Ni9Ti	
43	JB/T 87	垫片50-2.5	1	石棉橡胶板	
42	GB/T 41	螺母M12	8		
41	GB/T 5780	螺栓M12×45	8		
40	JB/T 86.1	法兰盖50-2.5	1	1Cr18Ni9Ti	钻孔ϕ46
39		接管ϕ45×3	1	1Cr18Ni9Ti	l=750
38	JB/T 81	法兰40-2.5	2	1Cr18Ni9Ti	
37	GB/T 41	螺母M20	36		
36	GB/T 5780	螺栓M20×110	36		
35	JB/T 4736	补强圈d_N150×8	1	Q235-A	
34	JB/T 589	手孔A PN1 *DN*150	1	1Cr18Ni9Ti	
33	GB/T 93	垫圈12	6		
32	GB/T 41	螺母M12	6		
31	GB/T 898	螺柱M12×35	6		
30	JB/T 4736	补强圈d_N125×8-C	1	Q235-A	
29		接管ϕ133×4.5	1	1Cr18Ni9Ti	l=145
28	JB/T 81	法兰120-2.5	1	Q235-A	
27	JB/T 87	垫片120-2.5	1	石棉橡胶板	
26	JB/T 86.1	法兰盖120-2.5	1	1Cr18Ni9Ti	
25	GB/T 41	螺母M16	8		
24	GB/T 5780	螺栓M16×65	8		
23		减速机LJC-250-23	1		
22		机架	1	Q235-A	
21		联轴器	1		组合件
20	HG/T 5019	填料箱*DN*40	1		组合件
19		底座	1	Q235-A	
18	JB/T 81	法兰25-2.5	2	1Cr18Ni9Ti	
17		接管ϕ32×2.5	1	1Cr18Ni9Ti	
16	JB/T 4737	椭圆封头*DN*1000×10	1	1Cr18Ni9Ti(里)	Q235(外)
15	JB/T 4702	法兰C-PⅢ 1000-2.5	2	1Cr18Ni9Ti(里)	Q235(外)
14	JB/T 4704	垫片1000-2.5	1	石棉橡胶板	
13		垫板280×180	4	Q235-A	f=10
12	JB/T 4725	耳座AN3	4	Q235-A·F	
11		釜体*DN*1000×10	1	1Cr18Ni9Ti(里)	Q235(外)
10		夹套*DN*1100×10	1	Q235-A	l=970
9		轴ϕ40	1	1Cr18Ni9Ti	
8	GB/T 1096	键12×45	1	1Cr18Ni9Ti	
7	HG/T 5-221	搅拌器300-40	1	1Cr18Ni9Ti	
6	JB/T 4737	椭圆封头*DN*1000×10	1	1Cr18Ni9Ti(里)	Q235(外)
5	JB/T 4737	椭圆封头*DN*1100×10	1	Q235-A	
4		接管ϕ57×3	4	10	l=155
3	JB/T 81	法兰50-2.5	4	Q235-A	
2		接管ϕ57×3	2	1Cr18Ni9Ti	l=145
1	JB/T 81	法兰50-2.5	2	1Cr18Ni9Ti	

	反应釜 *DN*1000 V_N=1m^3	比例	材料
		1:10	
制图		数量	
设计		质量	
审核		共　张第　张	

釜装配图

主视图左面的尺寸106mm，确定了夹套在设备主体上的轴向位置。主视图右面的尺寸650mm，确定了耳式支座焊接在夹套壁上的轴向位置。

由于反应釜内的物料（酸和碱）对金属有腐蚀作用，设备主体的材料在设计时选用了碳素钢（Q235-A）与不锈钢（1Cr18Ni9Ti）两种材料的复合钢板制作。从Ⅳ、Ⅴ号局部放大图中可以看出，其碳素钢板厚8mm，不锈钢板厚2mm，总厚度为10mm。冷却降温用的夹套采用碳素钢制作，其钢板厚度为10mm。釜体与上封头的连接，为防腐蚀而采用了"衬环平密封面乙型平焊法兰"（件15）的结构，Ⅳ号局部放大图表示了连接的结构情况。

从*B*—*B*局部剖视图中可知，接管f是套管式的结构。由内管（件39）穿过接管（件2）插入釜内，酸液即由内管进入釜内。

传动装置用双头螺柱固定在上封头的底座（件19）上。搅拌器穿过填料箱（件20）伸入釜内，带动搅拌器（件7）搅拌物料。从主视图中可看出搅拌器的大致形状。搅拌器的传动方式为：由电动机带动减速机（件23），经过变速后，通过联轴器（件21）带动搅拌轴（件9）旋转，搅拌物料。减速机是标准化的定型传动装置，其详细结构、尺寸规格和技术说明可查阅有关资料和手册。为防止釜内物料泄漏，由填料箱（件20）将搅拌轴密封。主视图中的折线箭头表示了搅拌轴的旋转方向。

该设备通过焊在夹套上的四个耳式支座（件12），用地脚螺栓固定在基础上。

（四）检查总结

通过对视图和零部件的分析，按零部件在设备中的位置及给定的装配关系，加以综合想象，从而获得一个完整的设备形象；同时结合有关技术资料，进一步了解设备的结构特点、工作特性、物料的进出流向和操作原理等。

反应釜的工作情况是：物料（酸和碱）分别从顶盖上的接管f和g流入釜内，进行中和反应。为了提高物料的反应速率和效果，釜内的搅拌器以200r/min的速度进行搅拌。－15℃的冷冻盐水，由底部接管b_1和b_2进入夹套内，再由夹套上部两侧的接管c_1和c_2排出，将物料中和反应时所产生的热量带走，起到降温的作用，保证釜内物料的反应正常进行。在物料反应过程中，打开顶部的接管d，可随时测定物料反应的情况（酸碱度）。当物料反应达到要求后，即可打开底部的接管d将物料放出。

设备的上封头与釜体采用设备法兰连接，可整体打开，便于检修和清洗。夹套外部用80mm厚的软木保冷。

第四节　化工工艺图

化工工艺图包括化工工艺流程图、建筑施工图、设备布置图和管道布置图。这些图是进行工艺安装和指导生产的重要技术资料。

一、化工工艺流程图

化工工艺流程图通常包含首页图、工艺方案流程图、工艺管道及仪表流程图。

（一）首页图

在工艺设计施工图中，将所采用的部分规定以图表形式绘制成首页图，以便于识图和更好地使用设计文件。首页图如图9-23所示，它包括如下内容：管道及仪表流程图中所采用的图例、符号、设备位号、物料代号和管道编号等；装置及主项的代号和编号；自控（仪表）专业在工艺过程中所采用的检测和控制系统的图例、符号、代号等；其他有关需要说明的事项。

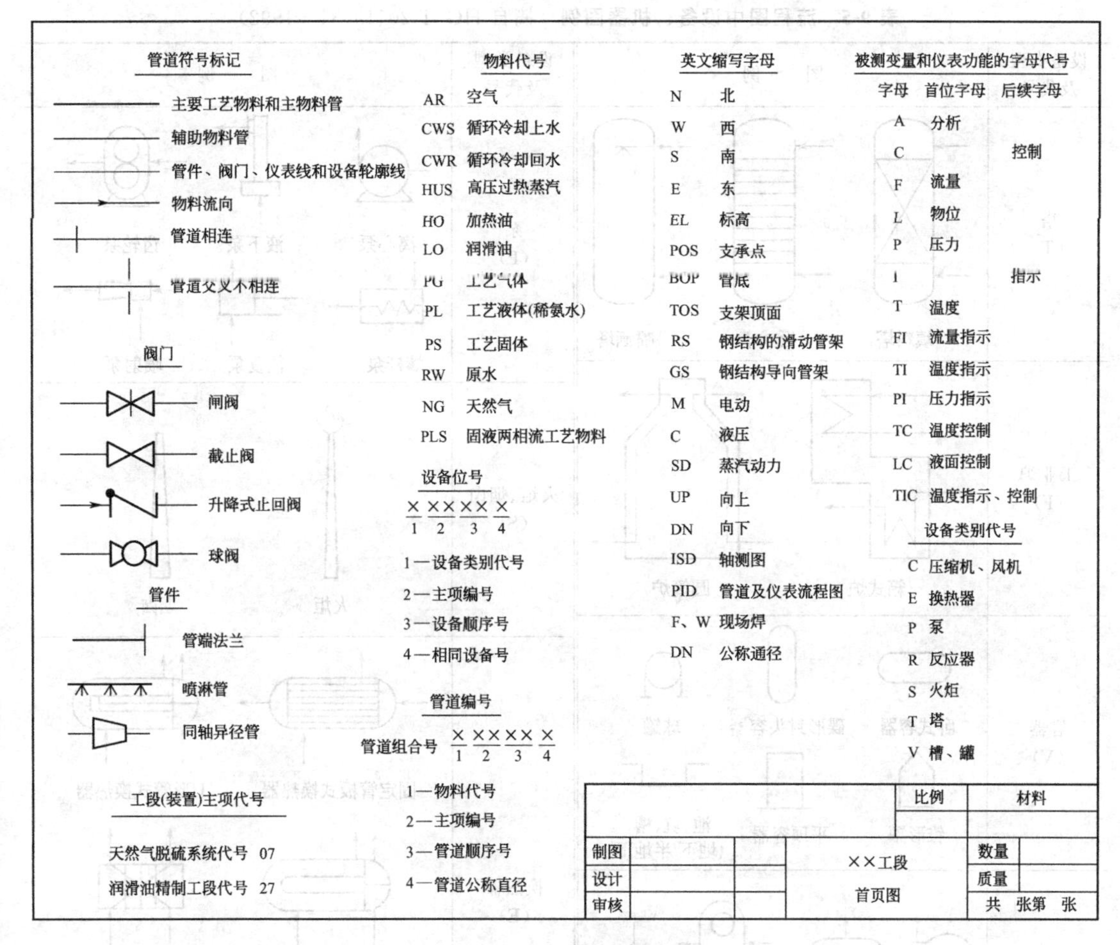

图 9-23　首页图

(二) 工艺方案流程图

工艺方案流程图亦称原理流程图、物料流程图。工艺方案流程图是设计设备的依据，也可作为生产操作的参考。工艺方案流程图视工艺复杂程度、以工艺装置的主项（工段或工序、车间或装置）为单元绘制。是按照工艺流程的顺序，将设备和工艺流程线从左向右展开画在同一平面上，并附以必要标注和说明的一种示意性展开图。

图 9-24 所示为脱硫系统工艺方案流程图。由图 9-24 可知：天然气来自配气站，进入罗茨鼓风机（C0701）加压后，送入脱硫塔（T0702）；与此同时，来自氨水罐（V0703）的稀氨水，经氨水泵（P0704A）打入脱硫塔（T0702）中，在塔中气液两相逆流接触，天然气中有害物质硫化氢被氨水吸收脱除。脱硫后的天然气进入除尘塔（T0707），在塔内经水洗除尘后，去造气工段。从脱硫塔（T0702）出来的废氨水，经过氨水泵（P0704B）打入再生塔（T0706），与空气鼓风机（C0705）送入再生塔的新鲜空气逆向接触，空气吸收废氨水中的硫化氢后，余下的酸性气体去硫黄回收工段；由再生塔出来的再生氨水，经氨水泵（P0704A）打入脱硫塔（T0702）循环使用。

1. 设备的画法

(1) 用细实线从左至右、按流程顺序依次画出能反映设备大致轮廓的示意图。一般不按比例，但要保持它们的相对大小及位置高低。常用设备、机器图例见表 9-5。

(2) 设备上重要接管口的位置，应大致符合实际情况。各设备之间应保留适当距离，以

表 9-5　流程图中设备、机器图例（摘自 HG/T 20519.31—1992）

设备类型及代号	图　例	设备类型及代号	图　例
塔（T）	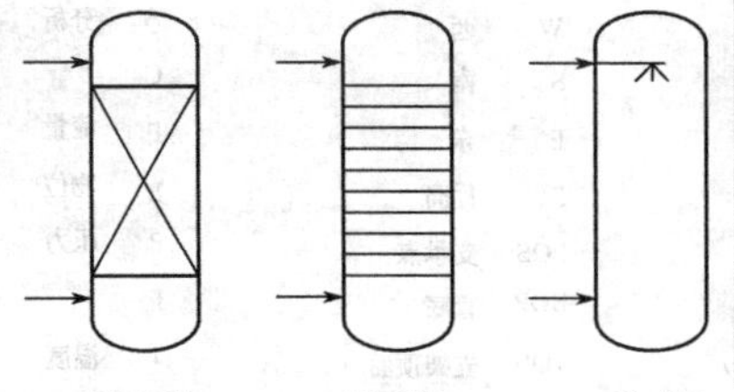 填料塔　板式塔　喷洒塔	泵（P）	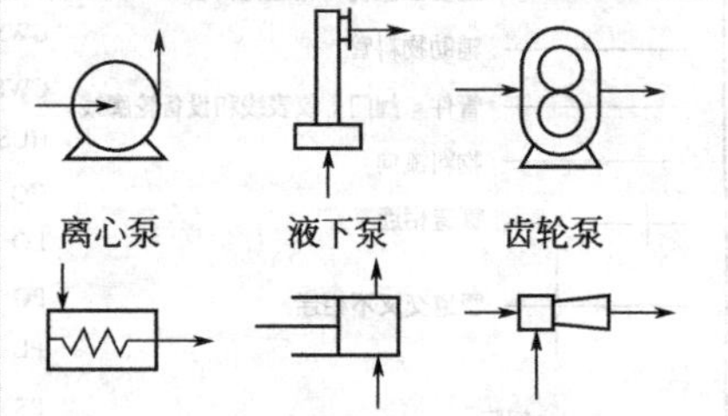 离心泵　液下泵　齿轮泵　螺杆泵　往复泵　喷射泵
工业炉（F）	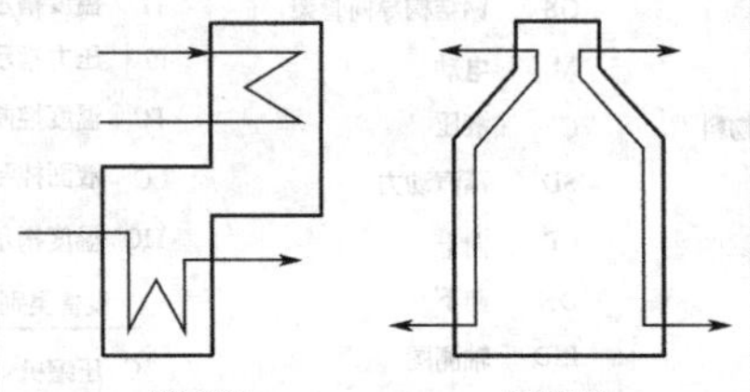 箱式炉　圆筒炉	火炬、烟囱（S）	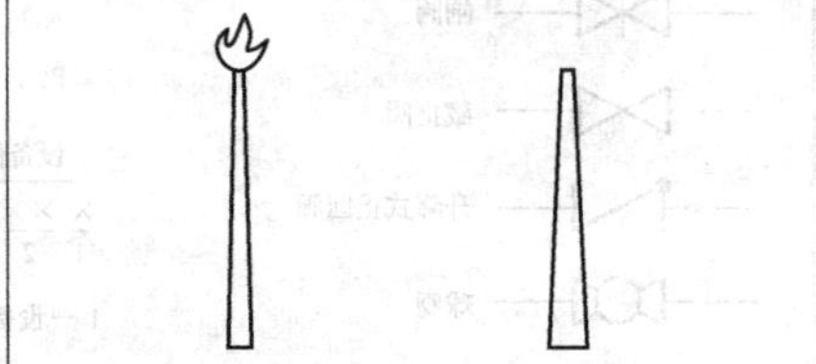 火炬　烟囱
容器（V）	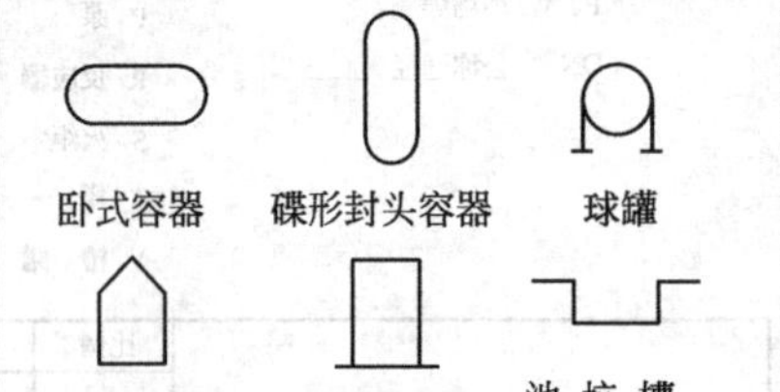 卧式容器　碟形封头容器　球罐　锥形罐　平顶容器　池、坑、槽（地下/半地下）	换热器（E）	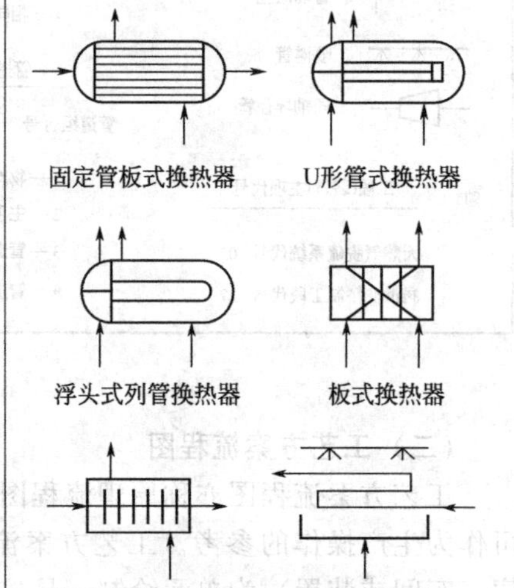 固定管板式换热器　U形管式换热器　浮头式列管换热器　板式换热器　翅片管式换热器　喷淋式冷却器
压缩机（C）	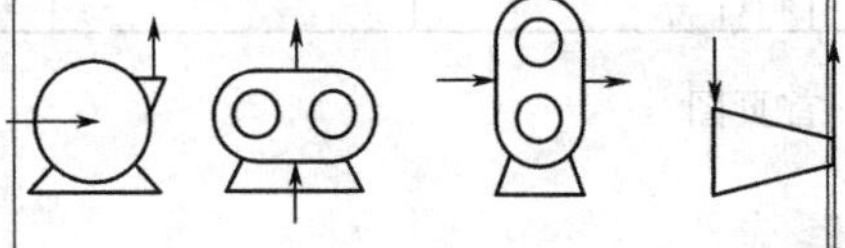 鼓风机　卧式旋转压缩机　立式旋转压缩机　离心式压缩机	其他机械（M）	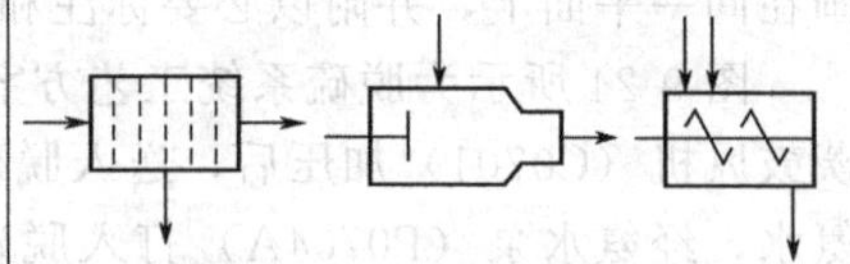 压滤机　挤压机　混合机
反应器（R）	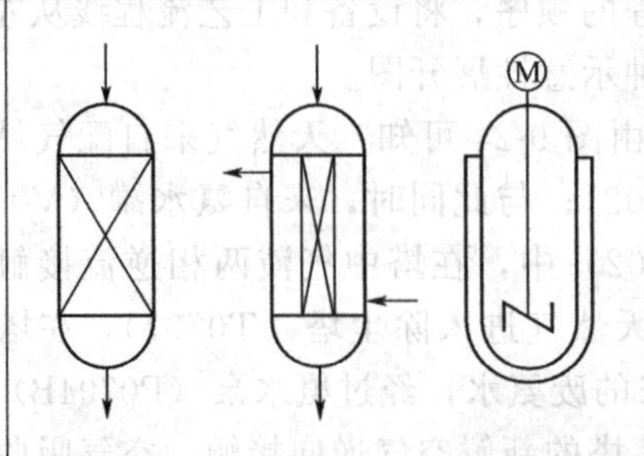 固定床式反应器　列管式反应器　反应釜（带搅拌夹套）	动力机（M、E、S、D）	 M 电动机　E 内燃机　S 燃气机、汽轮机　D 其他动力机

便布置流程线。两个或两个以上的相同设备，可以只画一套，备用设备可以省略不画。

2. 流程线的画法

（1）用粗实线画出各设备之间的主要物料流程。用中粗实线画出其他辅助物料的流程线。流程线一般画成水平线和垂直线（不用斜线），转弯一律画成直角。

（2）在两设备之间的流程线上，至少应有一个流向箭头。当流程线发生交错时，应将其中一线断开或绕弯通过。同一物料线交错，按流程顺序“先不断、后断”；不同物料线交错时，主物料线不断，辅助物料线断，即“主不断、辅断”。

3. 标注

（1）将设备的名称和位号，在流程图上方或下方靠近设备示意图的位置排成一行，如图9-24所示。在水平线（粗实线）的上方注写设备位号，下方注写设备名称。

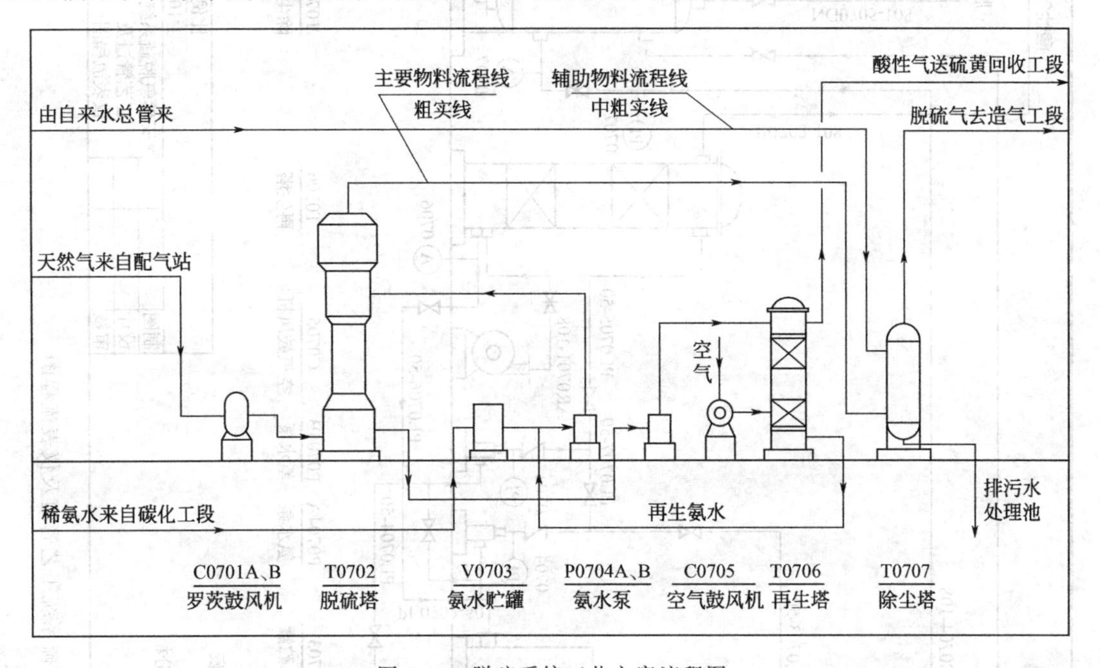

图 9-24　脱硫系统工艺方案流程图

（2）设备位号由设备分类代号、工段代号（两位数字）、同类设备顺序号（两位数字）和相同设备数量尾号（大写拉丁字母）四部分组成，如图9-25所示。设备类别代号见表9-6。

（3）在流程线开始和终止的上方，用文字说明介质的名称、来源和去向。

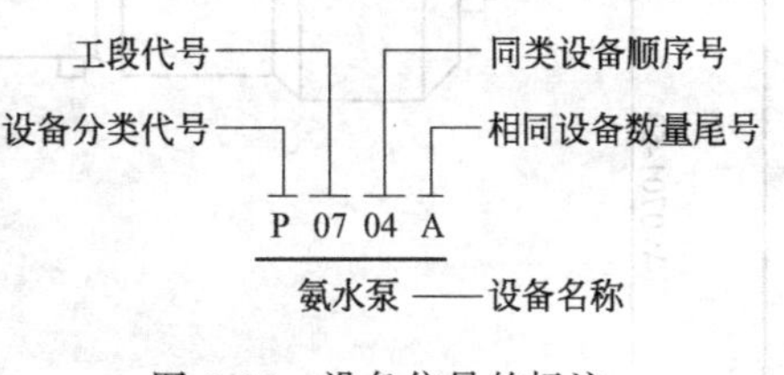

图 9-25　设备位号的标注

（三）工艺管道及仪表流程图

工艺管道及仪表流程图亦称PID图、施工流程图、生产控制流程图。工艺管道及仪表流程图，是在工艺方案流程图基础上绘制的，是内容更为详细的工艺流程图，它要绘出所有生产设备和管道，以及各种仪表控制点和管件、阀门等有关图形符号。图9-26所示为天然气脱硫系统工艺管道及仪表流程图。工艺管道及仪表流程图是经物料平衡、热平衡、设备工艺计算后绘制的，是设备布置、管道布置的原始依据，也是施工的参考资料和生产操作的指导性技术文件。如辅助物料及其他介质流程复杂，可按介质类型分别绘制。如辅助系统管道图、仪表控制系统图、蒸汽伴热系统图、消防水和汽系统图等。

1. 画法

（1）设备与管道的画法与方案流程图的规定相同。管道上所有的阀门和管件，用细实线按标准规定的图形符号（表9-7）在管道的相应处画出。

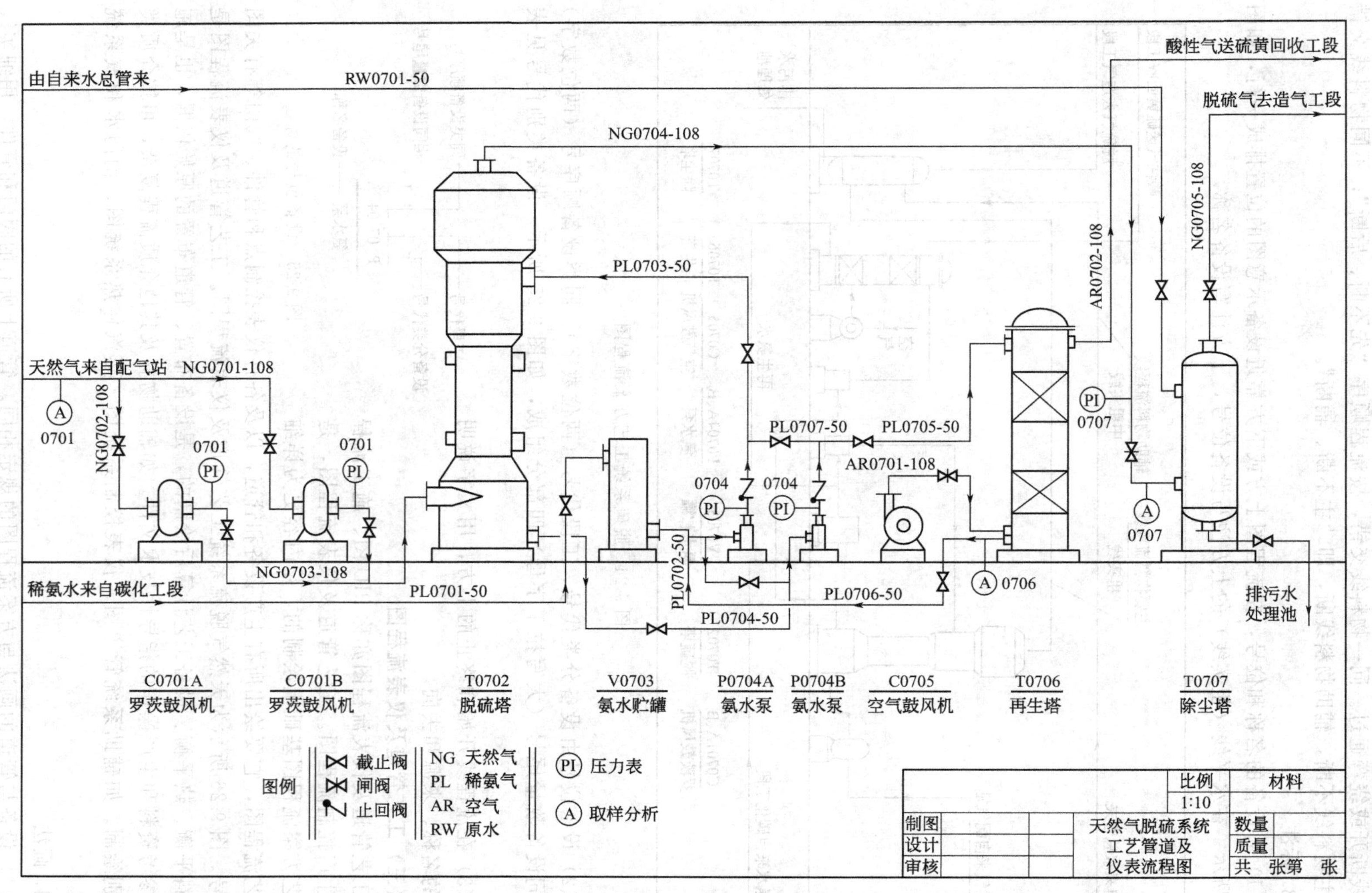

图 9-26　天然气脱硫系统工艺管道及仪表流程图

表 9-6 设备类别代号（摘自 HG/T 20519.35—1992）

序号	类别	代号	应用	序号	类别	代号	应用
1	塔	T	各种填料塔、板式塔、喷淋塔、湍球塔和萃取塔	7	火炬、烟囱	S	各种工业火炬与烟囱
2	泵	P	离心泵、齿轮泵、往复泵、喷射泵、液下泵、螺杆泵等	8	容器(槽、罐)	V	贮槽、贮罐、气柜、气液分离器、旋风分离器、除尘器等
3	压缩机、风机	C	各类压缩机、鼓风机	9	起重、运输设备	L	各种起重机械、起重葫芦、提升机、输送机、运输车等
4	换热器	E	列管式、套管式、螺旋板式、蛇管式、蒸发器等各种换热设备	10	计量设备	W	各种定量给料秤、地磅、电子秤等
5	反应器、转化器	R	固定床、流化床、反应釜、反应罐(塔)、转化器、氧化炉等	11	其他机械	M	电动机、内燃机、汽轮机、离心透平机等其他动力机
6	工业炉	F	裂解炉、加热炉、锅炉、转化炉、电石炉等	12	其他设备	X	各种压滤机、过滤机、离心机、挤压机、糅合机、混合机等

表 9-7 管道系统常用阀门（摘自 HG/T 20519.32—1992）

名称	符号	名称	符号
截止阀		旋塞阀	
闸阀		球阀	
碟阀		隔膜阀	
旋启式止回阀		减压阀	

注：阀门图例尺寸一般为长 6mm、宽 3mm，或长 8mm、宽 4mm。

(2) 仪表控制点用细实线在相应的管道或设备上用符号画出。符号包括图形符号和字母代号。它们组合起来表达工业仪表所处理的被测变量和功能，或表示仪表、设备、元件、管线的名称。仪表图形符号是一个直径为 10mm 的细实线圆圈，见表 9-8，用细实线连到设备轮廓线或管道的测量点上。

表 9-8 仪表安装位置的图形符号

序号	安装位置	图形符号	序号	安装位置	图形符号
1	就地安装仪表		4	就地仪表盘面安装仪表	
2	嵌在管道中的就地安装仪表		5	集中仪表盘后安装仪表	
3	集中仪表盘面安装仪表		6	就地仪表盘后安装仪表	

2. 标注

(1) 设备的标注　设备的标注与方案流程图的规定相同。

(2) 管道流程线的标注　管道流程线上除应画出介质流向箭头并用文字标明介质的来源或去向外，还应对每条管道标注。管道应标注四部分内容，即管道号（或称管段号）（由三个单元组成，即物料代号、工段号、管道顺序号）、管道公称通径、管道压力等级代号和隔热（或隔声）代号，总称为管道组合号。

管道组合号一般标注在管道的上方，如图 9-27(a) 所示；必要时也可将前、后两组分别标注在管道的上方和下方，如图 9-27(b) 所示；垂直管道标注在管道的左方（字头向左），如图 9-27(c) 所示。对于工艺流程简单、管道规格不多时，则管道组合号中的管道等级和隔热（或隔声）代号可省略。

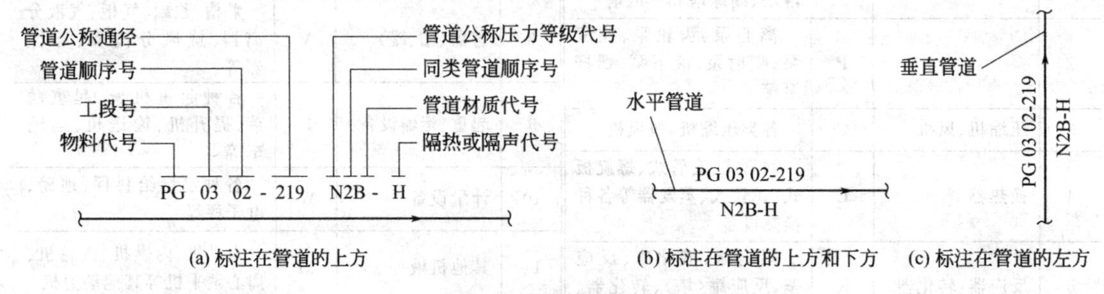

图 9-27　管道的标注

物料代号以英文名称的第一个字母（大写）来表示，化工行业的主管部门根据化工行业特点，做出了具体规定，见表 9-9。管道公称压力等级代号见表 9-10，管道材质代号见表 9-11，隔热与隔声代号见表 9-12。

表 9-9　物料名称及代号（摘自 HG/T 20519.36—1992）

类别	物料名称	代号	类别	物料名称	代号	类别	物料名称	代号
工艺物料代号	工艺空气	PA	水	脱盐水	DNW	制冷剂	气氨	AG
	工艺气体	PG		饮用水、生活用水	DW		液氨	AL
	工艺液体	PL		消防水	FW		气体乙烯或乙烷	ERG
	工艺固体	PS		热水回水	HWR		液体乙烯或乙烷	ERL
	气液两相流工艺物料	PGL		热水上水	HWS		氟利昂气体	FRG
	气固两相流工艺物料	PGS		原水、新鲜水	RW		氟利昂液体	FRL
	液固两相流工艺物料	PLS		软水	SW		气体丙烯或丙烷	PRG
	工艺水	PW		生产废水	WW		液体丙烯或丙烷	PRL
空气	空气	AR	燃料	燃料气	FG		冷冻盐水回水	RWR
	压缩空气	CA		液体燃料	FL		冷冻盐水上水	RWS
	仪表用空气	IA		固体燃料	FS	油	污油	DO
蒸汽及冷凝水	高压蒸汽(饱和或微过热)	HS	其他物料	天然气	NG		燃料油	FO
	中压蒸汽(饱和或微过热)	MS		排液、导淋	DR		填料油	GO
	低压蒸汽(饱和或微过热)	LS		熔盐	FSL		润滑油	LO
	高压过热蒸汽	HUS		火炬排放气	FV		原油	RO
	中压过热蒸汽	MUS		氢	H		密封油	SO
	低压过热蒸汽	LUS		加热油	HO	增补代号	气氨	AG
	伴热蒸汽	TS		惰性气	IG		液氨	AL
	蒸汽冷凝水	SC		氮	N		氨水	AW
水	锅炉给水	BW		氧	O		转化气	CG
	化学污水	CSW		泥浆	SL		天然气	NG
	循环冷却水回水	CWR		真空排放气	VE		合成气	SG
	循环冷却水上水	CWS		放空	VT		尾气	TG

表 9-10 管道公称压力等级代号（摘自 HG/T 20519.38—1992）

压力范围/MPa	代号	压力范围/MPa	代号	压力范围/MPa	代号	压力范围/MPa	代号
$P \leqslant 1.0$	L	$2.5 < P \leqslant 4.0$	P	$10.0 \leqslant P \leqslant 16.0$	S	$22.0 < P \leqslant 25.0$	V
$1.0 < P \leqslant 1.6$	M	$4.0 < P \leqslant 6.4$	Q	$16.0 < P \leqslant 20.0$	T	$25.0 < P \leqslant 32.0$	W
$1.6 < P \leqslant 2.5$	N	$6.4 < P \leqslant 10.0$	R	$20.0 \leqslant P \leqslant 22.0$	U	—	—

表 9-11 管道材质代号（摘自 HG/T 20519.38—1992）

材料类别	代号	材料类别	代号	材料类别	代号	材料类别	代号
铸铁	A	普通低合金钢	C	不锈钢	E	非金属	G
碳钢	B	合金钢	D	有色金属	F	衬里及内防腐	H

表 9-12 隔热与隔声代号（摘自 HG/T 20519.30—1992）

功能类别	代号	备 注	功能类别	代号	备 注
保温	H	采用保温材料	蒸汽伴热	S	采用蒸汽伴管和保温材料
保冷	C	采用保冷材料	热水伴热	W	采用热水伴管和保温材料
人身防护	P	采用保温材料	热油伴热	O	采用热油伴管和保温材料
防结露	D	采用保冷材料	夹套伴热	J	采用夹套管和保温材料
电伴热	E	采用电热带和保温材料	隔声	N	采用隔声材料

(3) 仪表及仪表位号的标注 在检测控制系统中构成一个回路的每个仪表（或元件），都应有自己的仪表位号。仪表位号由字母代号组合与阿拉伯数字编号组成。

第一位字母表示被测变量，后续字母表示仪表的功能（可一个或多个组合，最多不超过5个）。用两位数字表示工段代号，用两位数字表示回路序号，如图 9-28 所示。在施工流程图中，仪表位号中的字母代号填写在圆圈的上半圆中，数字编号填写在圆圈的下半圆中，如图 9-29 所示。常见被测变量及仪表功能代号见表 9-13。例如(TRC/0601)，从图形符号表示出集中仪表盘安装的仪表，字母代号“T”表示被测变量为温度，“RC”表示功能代号，该仪表具有记录、调节功能。数字编号“0601”中的前两位数字“06”表示工段代号，后两位数字“01”表示回路序号。

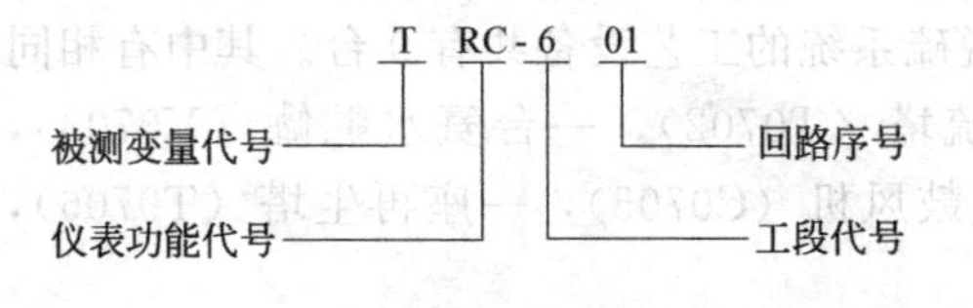

图 9-28 仪表位号的组成

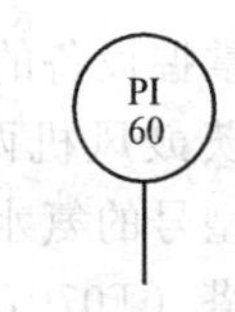

图 9-29 仪表位号的标注

3. 阅读工艺管道及仪表流程图

阅读工艺管道及仪表流程图是为选用、设计、制造各种设备提供工艺条件，为管道安装提供方便。对照工艺管道及仪表流程图，可以摸清并熟悉现场流程，掌握开停工顺序，维护正常生产操作。还可根据工艺管道及仪表流程图，判断流程控制操作的合理性，进行工艺改进和设备改造及挖潜。通过工艺管道及仪表流程图，还能进行事故设想，提高操作水平和预防、处理事故的能力。

表 9-13　常见被测变量及仪表功能代号

字母	第一位字母		后续字母
	被测变量或初始变量	修饰词	功能
A	分析(成分) analytical		报警 alarm
B	喷嘴火焰 burner flame		供选用 user's choice
C	电导率 conductivity		控制 control
D	密度 density	差 differential	
E	电压(电动势) voltage		检测元件 primary element
F	流量 flow	比(分数) ratio	
G	尺度(尺寸) gauging		玻璃 glass
H	手动 hand		
I	电流 current		指示 indicating
J	功率 power	扫描 scan	
K	时间或时间程序 time or time sequence		自动-手动操作器 automatic-manual
L	物位 level		指示灯 light
M	水分或湿度 moisture or humidity		
N	供选用 user's choice		供选用 user's choice
O	供选用 user's choice		节流孔 orifice
P	压力或真空 pressure or vacuum		试验点(接头) testing point (connection)
Q	数量或件数 quantity or event	积分、积算 integrate, totalize	积分、积算 integrate, totalize
R	放射性 radioactivity		记录、打印 recorder or print
S	速度、频率 speed or frequency	安全 safety	开关或联锁 switch or interlock
T	温度 temperature		传送 transmit
U	多变量 multivariable		多功能 multivariable
V	黏度 viscosity		阀、挡板、百叶窗 valve, damper, louver
W	重量或力 weight or force		套管 well
X	未分类 undefined		未分类 undefined
Y	供选用 user's choice		继动器或计算器 relay or computing
Z	位置 position		驱动、执行或未分类的执行器 drive, actuate or actuate of undefined

现以图 9-26 所示天然气脱硫系统工艺管道及仪表流程图为例，说明读图的方法和步骤如下。

(1) 掌握设备的数量、名称和位号　天然气脱硫系统的工艺设备共有 9 台。其中有相同型号的罗茨鼓风机两台（C0701A、B），一座脱硫塔（T0702），一台氨水贮罐（V0703），两台相同型号的氨水泵（P0704A、B），一台空气鼓风机（C0705），一座再生塔（T0706），一座除尘塔（T0707）。

(2) 了解主要物料的工艺流程　从天然气配气站来的原料（天然气），经罗茨鼓风机（C0701A、B）从脱硫塔底部进入，在塔内与氨水气液两相逆流接触，其天然气中的有害物质硫化氢，经过化学吸收过程，被氨水吸收脱除。然后进入除尘塔（T0707），在塔中经水洗除尘后，由塔顶流出，脱硫气送造气工段使用。

(3) 了解动力或其他物料的工艺流程　由碳化工段来的稀氨水进入氨水贮罐（V0703），由氨水泵（P0704A、B）抽出后，从脱硫塔（T0702）上部打入。从脱硫塔底部出来的废氨水，经氨水泵（P0704A、B）抽出，打入再生塔（T0706）解吸，在塔中与新鲜空气逆流接触，空气吸收废氨水中的硫化氢后，余下的酸性气去硫黄回收工段。从再生塔底部出来的再生稀氨水，由氨水泵（P0704A、B）打入脱硫塔，循环使用。

罗茨鼓风机为两台并联（工作时一台备用），它是整个系统流动介质的动力，空气鼓风机的作用是从再生塔下部送入新鲜空气，将稀氨水里的含硫气体除去，通过管道将酸性气送到硫黄回收工段。由自来水总管提供除尘水源，从除尘塔上部进入塔中。

（4）*了解阀门及仪表控制点的情况*　在两台罗茨鼓风机的出口、两台氨水泵的出口和除尘塔下部物料入口处，共有5块就地安装的压力指示仪表。在天然气原料线、再生塔底出口和除尘塔原料气入口处，共有3个取样分析点。脱硫系统整个管段上均装有阀门，对物料进行控制。有9个截止阀、7个闸阀、2个止回阀。止回方向是由氨水泵打出，不可逆向回流，以保证安全生产。

二、设备布置图

工艺流程设计所确定的全部设备，必须根据生产工艺的要求，在厂房建筑的内外合理布置安装。表达设备在厂房内外安装位置的图样，称为设备布置图。

（一）设备布置图的内容

设备布置图采用正投影的方法绘制，是在简化了的厂房建筑图上，增加了设备布置的内容。图9-30所示为天然气脱硫系统设备布置图，从中可以看出设备布置图一般包括以下几个方面内容。

（1）一组视图　包括平面图和剖面图，表示厂房建筑的基本结构，以及设备在厂房内外的布置情况。

平面图是用来表达某层厂房设备布置情况的水平剖视图。当厂房为多层建筑时，各层平面图是以上一层楼板底面水平剖切的俯视图。平面图主要表示厂房建筑的方位、占地大小、内部分隔情况，以及与设备安装定位有关的、建筑物的结构形状和设备在厂房内外的布置情况及设备的相对位置。

剖面图是在厂房建筑的适当位置上，垂直剖切后绘出的，用来表达设备沿高度方向的布置安装情况。

（2）尺寸及标注　设备布置图中一般要标注与设备有关的建筑物的尺寸，建筑物与设备之间、设备与设备之间的定位尺寸（不标注设备的定形尺寸）。同时还要标注厂房建筑定位轴线的编号、设备的名称和位号，以及注写必要的说明等。

（3）安装方位标　安装方位标也称设计北向标志，是确定设备安装方位的基准，一般将其画在图样的右上角。

（4）标题栏　注写图名、图号、比例、设计者等。

（二）设备布置图的规定画法和标注

1. 厂房的画法和标注

（1）厂房的平面图和剖面图用细实线绘制。用细实线表示厂房的墙、柱、门、窗、楼梯等，与设备安装定位关系不大的门窗等构件，以及表示墙体材料的图例，在剖面图上则一概不予表示。用细点画线画出建筑物的定位轴线。

（2）标注厂房定位轴线间的尺寸；标注设备基础的定形和定位尺寸；注出设备位号和名称（应与工艺流程图一致）；标注厂房室内外地面标高（一般以底层室内地面为基准，作为零点进行标注）；标注厂房各层标高；标注设备基础标高。

2. 设备的画法

（1）在厂房平面图中，用粗实线画出设备轮廓，用中粗实线画出设备支架、基础、操作平台等基本轮廓，用细点画线画出设备的中心线。若有多台规格相同的设备，可只画出一

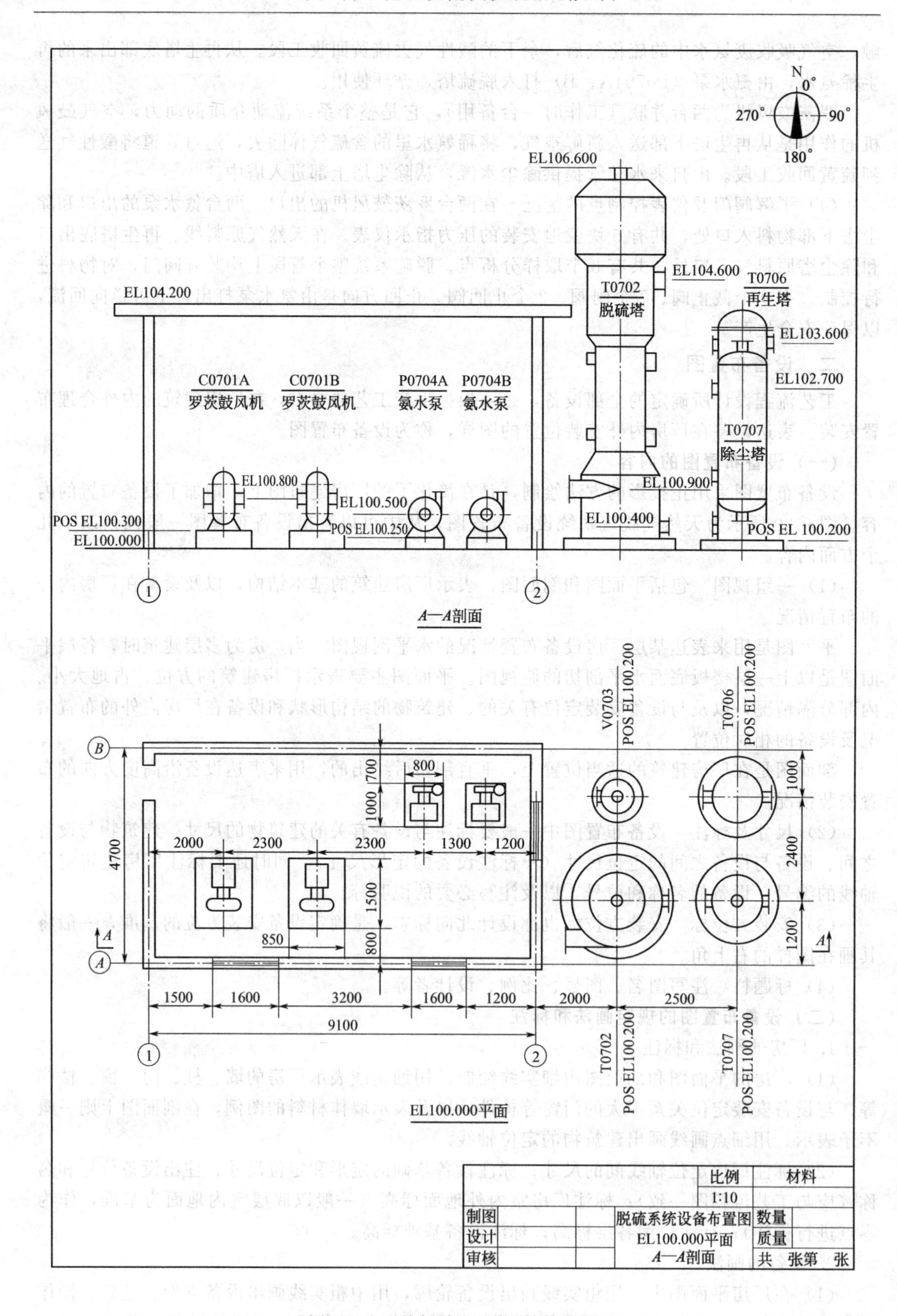

图 9-30　天然气脱硫系统设备布置图

台，其余则用粗实线，简化画出其基础的轮廓投影。

（2）在厂房剖面图中，用粗实线画出设备的立面图（被遮挡的设备轮廓一般不予画出）。

3. 设备标高的标注方法

标高的英文缩写为“EL”。基准地面的设计标高为EL100.000（单位为m，小数点后取三位数），高于基准地面往上加，低于基准地面往下减。例如，EL112.500，即比基准地面高12.5m；EL99.000，即比基准地面低1m。标注设备标高的规定如下。

（1）标注设备标高时，在设备中心线的上方标注与流程图一致的设备位号，下方标注设备的标高。

（2）卧式换热器、槽、罐，以中心线标高表示，即“EL×××.×××”。

（3）反应器、立式换热器、板式换热器和立式槽、罐，以支承点标高表示，即“POS EL×××.×××”。

（4）泵和压缩机，以主轴中心线标高表示，即“EL×××.×××”；或以底盘底面（即基础顶面）标高表示，即“POS EL××.×××”。

（5）管廊和管架，以架顶标高表示，即“TOS EL×××.×××”。

4. 安装方位标的绘制

安装方位标由直径为20mm的圆圈（用粗实线绘制）及水平、垂直的两轴线构成，并分别在水平、垂直等方位上注以0°、90°、180°、270°等字样，如图9-30中右上角所示。一般采用建筑北向（以“N”表示）作为零度方位基准。该方位一经确定，凡必须表示方位的图样，如管口方位图、管段图等均应统一。

（三）阅读设备布置图

阅读设备布置图是为了解设备在工段（装置）的具体布置情况，指导设备的安装施工，以及开工后的操作、维修或改造，并为管道布置建立基础。以图9-30所示天然气脱硫系统设备布置图为例，介绍读图的方法和步骤。

1. 了解概况

由标题栏可知，该设备布置图有两个视图，一个为“EL100.000平面图”，另一个为“A—A剖面图”。图中共绘制了8台设备，分别布置在厂房内外：厂房外露天布置了4台静设备，有脱硫塔（T0702）、除尘塔（T0707）、氨水贮罐（V0703）和再生塔（T070B）；厂房内安装了4台动设备，有2台罗茨鼓风机（C0701A、B）和2台氨水泵（P0704A、B）。

2. 了解建筑物尺寸及定位

图中只画出厂房建筑的定位轴线①、②和Ⓐ、Ⓑ。其横向轴线间距为9.1m，纵向轴线间距为4.7m。厂房地面标高为EL100.000m，房顶标高为EL104.200m。

3. 掌握设备布置情况

从图中可知，罗茨鼓风机的主轴线标高为EL100.800m，横向定位为2.0m，相同设备间距为2.3m，基础尺寸为1.5m×0.85m，支承点标高是POS EL100.300m。

脱硫塔横向定位是2.0m，纵向定位是1.2m，支承点标高是POS EL100.200m，塔顶标高是EL106.600m，原料气入口的管口标高是EL100.900m，稀氨水入口的管口标高是EL104.600m。废氨水出口的管口标高是EL100.400m。

氨水贮罐（V0703）的支承点标高是POS EL100.200m，横向定位是2.0m，纵向定位是1.0m。图中右上角的安装方位标N（北向标志），指明了设备的安装方位。

三、管道布置图

管道布置图又称配管图，主要表达管道及其附件在厂房建筑物内外的空间位置、尺寸和规格，以及与有关机器、设备的连接关系。配管图是管道安装施工的重要技术文件。

（一）管道及附件的图示方法

1. 管道的表示法

在管道布置图中，公称直径 *DN* 小于等于 350mm 的管道，用单线（粗实线）表示，如图 9-31(a) 所示；大于等于 400mm 的管道，用双线表示，如图 9-31(b) 所示。如果在管道布置图中，大口径的管道不多时，则公称通径大于等于 250mm 的管道用双线表示，小于等于 200mm 的管道，用单线（粗实线）表示。

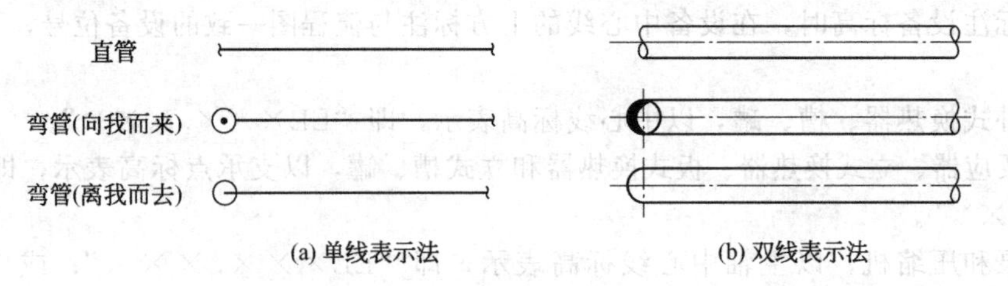

图 9-31　管道的表示法

2. 管道弯折的表示法

管道弯折的表示法，如图 9-32 所示。

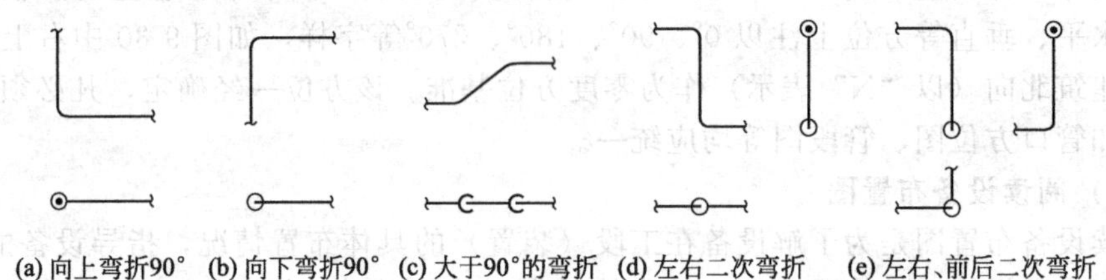

图 9-32　管道弯折的表示法

3. 管道交叉的表示法

管道交叉的表示法，如图 9-33 所示。

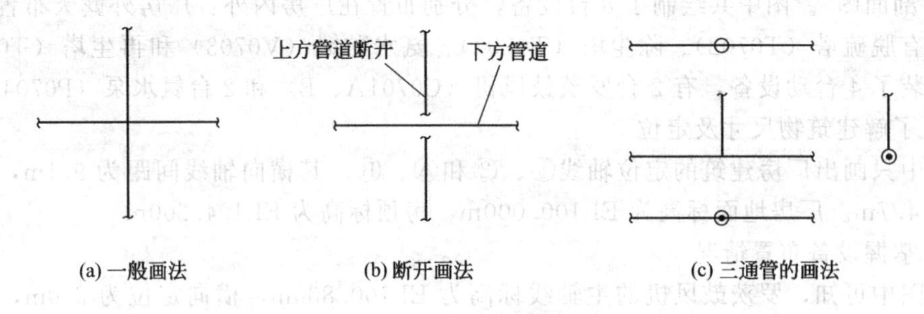

图 9-33　管道交叉的表示法

4. 管道重叠的表示法

当管道的投影重合时，将可见管道的投影断裂表示；当多条管道的投影重合时，最上一条画双重断裂符号；也可在管道投影断裂处，注上 *a*、*a* 和 *b*、*b* 等小写字母加以区分；当管道转折后的投影重合时，则后面的管道画至重影处要稍留间隙，如图 9-34 所示。

5. 管道连接的表示法

当两段直管相连时，连接形式不同，画法也不同。常见的管道连接方式及画法见表 9-14。

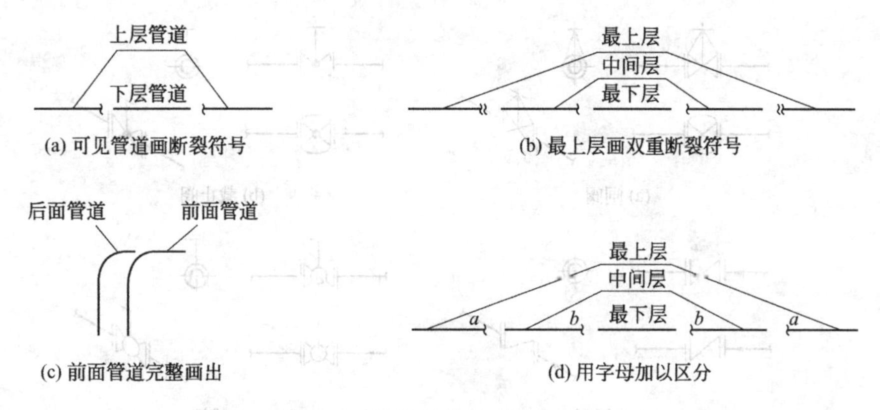

图 9-34 管道重叠的表示法

表 9-14 常见的管道连接方式及画法

连接方式	轴测图	装配图	规定画法
法兰连接			
螺纹连接			
焊接			

6. 阀门及控制元件的表示法

控制元件通过阀门来调节流量，切断或切换管道，对管道起安全、控制作用。阀门和控制元件的组合方式，如图 9-35 所示。阀门与管道的连接画法，如图 9-36 所示。常用阀门在管道中的安装方位，一般应在管道中用细实线画出，其三视图和轴测图画法如图 9-37 所示。

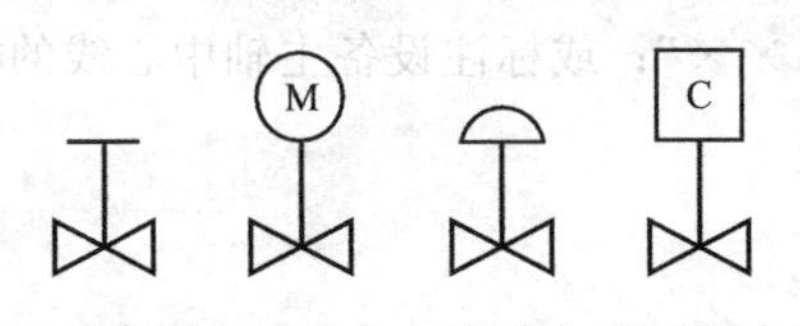

图 9-35 阀门和控制元件的组合方式

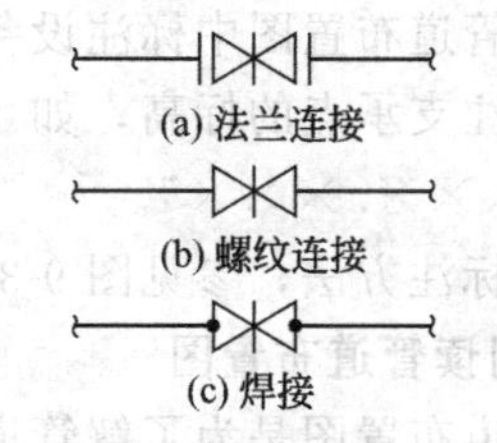

图 9-36 阀门与管道的连接画法

7. 管件与管道连接的表示法

管件与管道连接的表示法，参考 HG/T 20519.33—1992 相关规定执行。

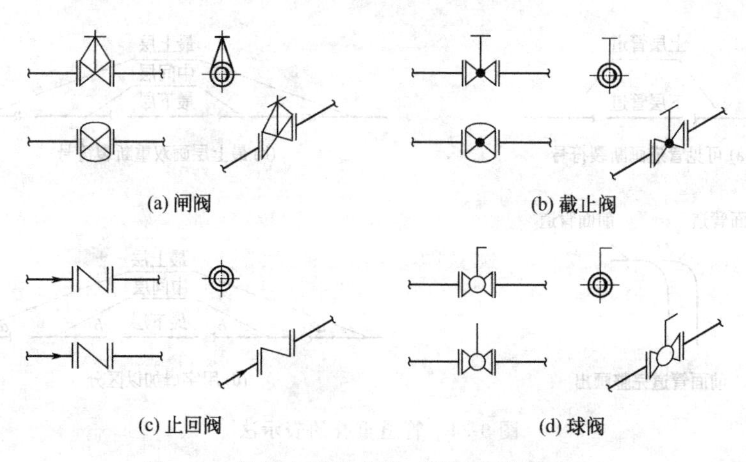

图 9-37 阀门在管道中的三视图和轴测图画法

8. 管架的表示法

管道是利用各种形式的管架固定在建筑物或基础之上的。管架的形式和位置，在管道平面图上用符号表示，如图 9-38(a) 所示。管架的编号由五部分内容组成，标注的格式如图 9-38(b) 所示。管架类别和管架生根部位的结构，用大写英文字母表示，详见 HG/T 20519.29—1992。

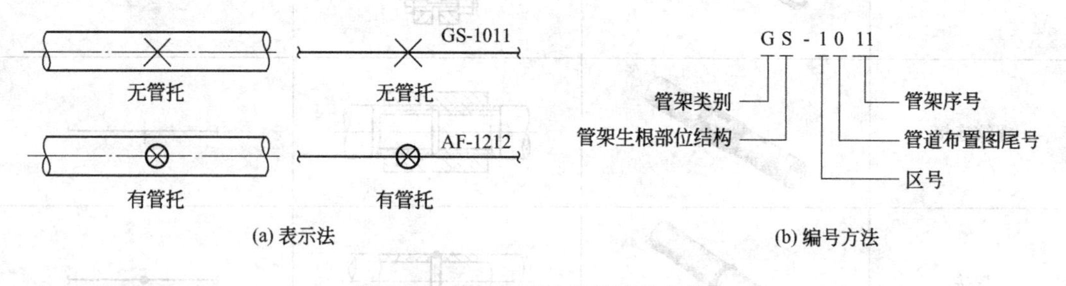

图 9-38 管架的表示法及编号方法

(二) 管道标高的标注方法

管道布置图中标注的标高以 m 为单位，小数点后取三位数。管子的公称通径及其他尺寸一律以 mm 为单位，只注数字，不注单位。管道布置图上标注标高的规定如下。

(1) 用单线表示的管道在其上方（用双线表示的管道在中心线上方）标注与流程图一致的管道代号，在下方（或中心线上方）标注管道标高。

(2) 当标高以管道中心线为基准时，只需标注“EL×××.×××”。

(3) 当标高以管底为基准时，加注管底代号，如“BOP EL×××.×××”。

(4) 在管道布置图中标注设备标高时，在设备中心线的上方标注与流程图一致的设备位号，下方标注支承点的标高，如“POS EL×××.×××”；或标注设备主轴中心线的标高，如“℄ EL×××.×××”。

具体的标注方法，参见图 9-39。

(三) 阅读管道布置图

阅读管道布置图是为了解管道、管件、阀门、仪表控制点等在车间（装置）中的具体布置情况，主要解决如何把管道和设备连接起来的问题。因管道布置设计是在工艺管道及仪表流程图和设备布置图的基础上进行的，所以，在读图前，应该尽量找出相关的工艺管道及仪表流程图和设备布置图，了解生产工艺过程和设备配置情况，进而搞清管道的布置情况。

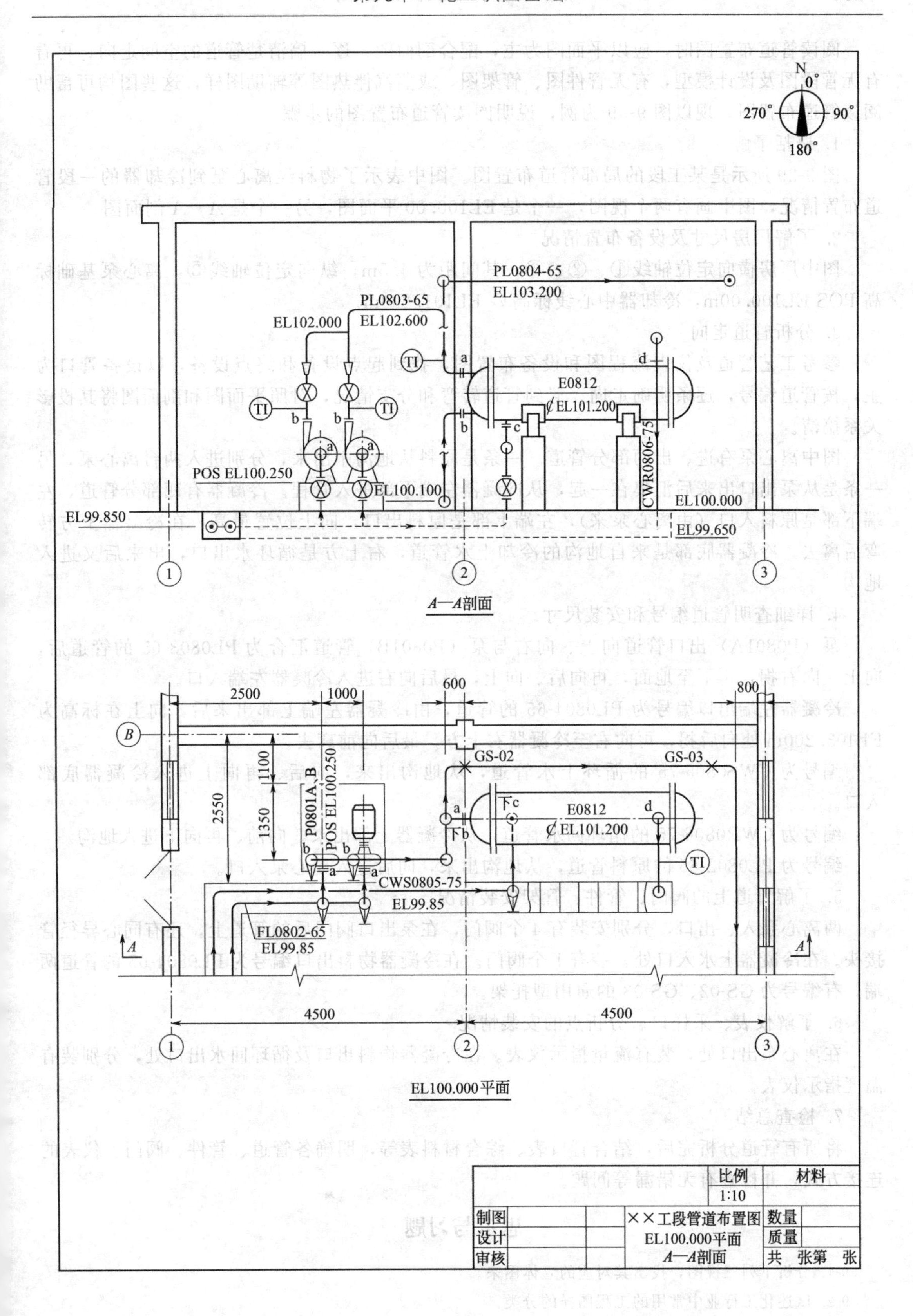
N
0°
270°
90°
180°
PL0804-65
EL103.200
PL0803-65
EL102.000
EL102.600
TI
a
b
E0812
℄EL101.200
c
d
CWR0806-75
POS EL100.250
EL100.100
EL100.000
EL99.850
EL99.650
1
2
3
A—A剖面
2500
1000
600
800
B
GS-02
GS-03
1100
2550
1350
P0801A,B
POS EL100.250
CWS0805-75
EL99.85
FL0802-65
EL99.85
A
4500
4500
EL100.000平面
比例
材料
1:10
制图
设计
审核
××工段管道布置图
EL100.000平面
A—A剖面
数量
质量
共　张第　张

图 9-39　管道布置图

阅读管道布置图时，应以平面图为主，配合剖面图，逐一搞清楚管道的空间走向；再看有无管段图及设计模型，有无管件图、管架图，或蒸汽伴热图等辅助图样，这些图均可帮助阅读管道布置图。现以图 9-39 为例，说明阅读管道布置图的步骤。

1. 概括了解

图 9-39 所示是某工段的局部管道布置图。图中表示了物料经离心泵到冷却器的一段管道布置情况，图中画有两个视图，一个是 EL100.00 平面图，另一个是 A—A 剖面图。

2. 了解厂房尺寸及设备布置情况

图中厂房横向定位轴线①、②、③，其间距为 4.5m，纵向定位轴线Ⓑ，离心泵基础标高 POS EL100.00m，冷却器中心线标高℄ EL101.200m。

3. 分析管道走向

参考工艺管道及仪表流程图和设备布置图，找到起点设备和终点设备，以设备管口为主，按管道编号，逐条明确走向。遇到管道转弯和分支情况，对照平面图和剖面图将其投影关系搞清。

图中离心泵有进、出两部分管道。一条是原料从地沟中出来，分别进入两台离心泵，另一条是从泵出口出来后汇集在一起，从冷凝器左端下部进入管程。冷凝器有四部分管道，左端下部是原料入口（由离心泵来），左端上部是原料出口，向上位置最高，在冷凝器上方转弯后离去。冷凝器底部是来自地沟的冷却上水管道，右上方是循环水出口，出来后又进入地沟。

4. 详细查明管道编号和安装尺寸

泵（P0801A）出口管道向上、向右与泵（P0801B）管道汇合为 PL0803-65 的管道后，向上、向右拐，再下至地面，再向后、向上，最后向右进入冷凝器左端入口。

冷凝器左端出口编号为 PL0804-65 的管道，由冷凝器左端上部出来后，向上在标高为 EL103.200m 处向后拐，再向右至冷凝器右上方，最后向前离去。

编号为 CWS0805-75 的循环上水管道，从地沟出来，向后、再向上进入冷凝器底部入口。

编号为 CWR0806-75 的循环回水管道，从冷凝器上部出来，向前、再向下进入地沟。

编号为 PL0802-65 的原料管道，从地沟出来，向后进入离心泵入口。

5. 了解管道上的阀门、管件、管架安装情况

两离心泵入、出口，分别安装有 4 个阀门，在泵出口阀门后的管道上，还有同心异径管接头。在冷凝器上水入口处，装有 1 个阀门。在冷凝器物料出口编号为 PL0804-65 的管道两端，有编号为 GS-02、GS-03 的通用型托架。

6. 了解仪表、采样口、分析点的安装情况

在离心泵出口处，装有流量指示仪表。在冷凝器物料出口及循环回水出口处，分别装有温度指示仪表。

7. 检查总结

将所有管道分析完后，结合管口表、综合材料表等，明确各管道、管件、阀门、仪表的连接方式，并检查有无错漏等问题。

思考与习题

9-1. 分析下列三视图，找出其对应的立体图来。

9-2. 试述化工行业中常用的工程图样的分类。

9-3. 化工设备图中常用比例有哪些？

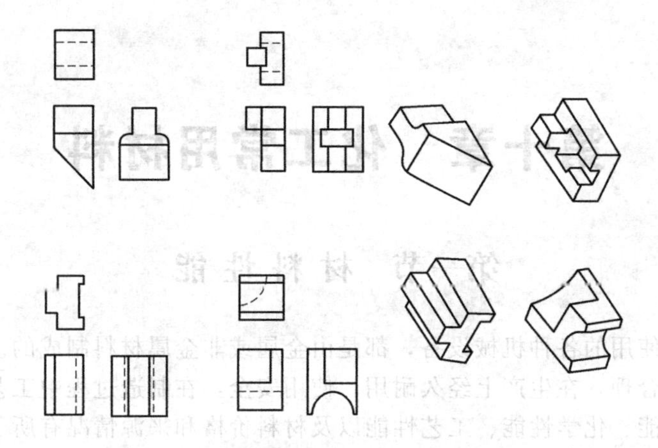

9-4. 化工设备图中常用的图幅尺寸是如何规定的？

9-5. 化工设备图、化工工艺流程图、设备布置图、管道布置图的标题栏有什么区别？

9-6. 化工设备图中什么情况下用断开画法？

9-7. 标题栏分为哪几种？

9-8. 主视图应按什么原则选择？

9-9. 设备总体尺寸应如何标注？

9-10. 试述化工工艺图的分类。

9-11. 试述工艺流程图的分类。

9-12. 试述方案流程图的作用、内容。

9-13. 试述物料流程图的作用、内容。

9-14. 方案流程图、物料流程图、施工流程图的不同之处是什么？

9-15. 方案流程图、物料流程图、施工流程图中的设备位号如何编写？其在图样中应如何放置？举例说明。

9-16. 管道代号如何编制？举例说明。

9-17. 设备一览表包括哪些内容？应布置在什么位置？

第十章 化工常用材料

第一节 材料性能

化工生产中所使用的各种机械设备，都是由金属或非金属材料制成的。为了保证在选材上技术可靠、经济合理，在生产上经久耐用、使用安全，在制造过程中工艺性能良好，就必须对材料的物理性能、化学性能、工艺性能以及材料价格和来源情况有所了解。

一、物理性能

1. 密度

某种物质单位体积的质量称为该物质的密度，单位是 kg/m^3 或 g/cm^3。密度是物体的特性之一，材料不同，密度不同。

2. 熔点

固体将其物质状态由固态转变（熔化）为液态的温度称为熔点。金属都有固定的熔点。熔点是金属材料冶炼、铸造、焊接等工艺的重要参数。

3. 导热性

导热性是指物体在加热或冷却时能够传导热量的性能。在一般情况下，金属材料的导热性比非金属材料好。导热性好的材料散热性也好。

4. 导电性

金属材料能够导电的性能称为导电性。所有金属材料都具有导电性，其中以银的导电性最好，铜、铝次之。

5. 热膨胀性

材料受热体积膨胀，冷却时体积收缩的性能称为热膨胀性。各种材料的热膨胀性是不同的。金属材料在长度上的热膨胀性用线膨胀系数 α 表示，即单位长度的金属，温度升高 1℃时所伸长的长度。

6. 磁性

金属能导磁的性能称为磁性。具有导磁能力的金属都能被磁铁所吸引。根据金属材料在磁场中受到磁化程度的不同，可分为铁磁性材料（如铁、钴等）、顺磁性材料（如锰、铬等）、抗磁性材料（如铜、锌等）。

二、耐腐蚀性

材料在周围气体、液体等介质的作用下，发生缓慢损坏的过程称为腐蚀。材料在室温或高温条件下，抗化学介质侵蚀的能力称为材料的耐腐蚀性。同一材料在不同情况下的耐腐蚀性是不同的，如钢在空气中不易被腐蚀，而在氨中则不耐腐蚀。

三、力学性能

力学性能又称机械性能，是指材料在外力作用下所表现的抵抗能力。它包括强度、硬度、塑性、脆性、韧性、疲劳和蠕变等。

材料在加工或使用过程中所受的外力称为载荷。按其作用性质的不同，可分为静载荷、冲击载荷和交变载荷三种。静载荷是指大小不变或变化很慢的外力；冲击载荷是指突然增加的外力；交变载荷是指大小、方向或大小和方向随时间发生周期性变化的外力。材料受载荷作用发生尺寸和形状的变化称为变形。变形形式有拉伸、压缩、剪切、扭转和弯曲五种。材料在外力作用下发生变形的同时，材料内部原子间将产生阻止变形的抗力，称为内力，其值与外力相等。单位面积上的抗力称为应力，以符号σ表示。

1. 强度

强度是指材料在静载荷作用下，抵抗变形和被破坏的能力。按外力作用的方式不同，可分为抗拉、抗压、抗剪、抗扭和抗弯五种。衡量材料强度的指标有弹性极限、屈服极限和强度极限。弹性极限是指材料在外力作用下，产生弹性变形时所能承受的最大应力；屈服极限是指材料产生屈服现象时的最小应力；强度极限又称抗拉强度，是指材料拉断前所能承受的最大应力。

2. 硬度

金属材料抵抗硬物压入表面的能力称为硬度。它表示材料的坚硬强度，是金属材料力学性能的重要指标之一。根据测定硬度方法的不同，硬度有布氏硬度（HB）、洛氏硬度（HRC）和维氏硬度（HV）。

3. 塑性

材料在载荷作用下，产生变形而不破坏的性能称为塑性。塑性表示了材料塑性变形能力的大小。衡量材料塑性好坏的指标是延伸率和断面收缩率。材料延伸率是指材料断裂时的伸长量与原长度之比的百分数，用符号δ表示。断面收缩率是指材料拉断后，拉断处截面积的缩减值与原截面积之比的百分数，以符号ψ表示。材料的延伸率和断面收缩率数值越大，表示材料的塑性越好。用塑性好的材料制造机器设备，使用时是比较安全的。

4. 脆性

材料受冲击作用而无显著变形就发生断裂的现象称为脆性。铸铁、高碳钢等材料的脆性较大。

5. 冲击韧性

金属材料抵抗冲击载荷而不破坏的性能称为冲击韧性。

6. 疲劳与疲劳强度

机械零件长期受大小及方向周期变化的交变载荷的作用，在低于材料强度极限下所发生的断裂现象称为疲劳破坏。金属材料在交变载荷长期作用下，而不引起断裂的最大应力称为疲劳强度。

7. 蠕变

材料于高温下受许多应力作用而发生缓慢而连续的变形现象称为蠕变。材料的蠕变性能用蠕变极限来衡量，即材料在一定的高温下，经过一定时间（1×10^5h）产生一定量变形（1%）时的应力。

四、工艺性能

工艺性能是指金属材料进行冷、热加工时的难易程度，主要包括金属材料的可切削性能、可铸性能、可熔性能、可焊性能和热处理性能。

第二节　化工常用材料简介

化工常用材料分为两大类：一是金属材料；二是非金属材料，其分类见表10-1。

表 10-1　化工常用材料分类

金属材料						非金属材料	
黑色金属材料					有色金属	有机非金属材料	无机非金属材料
碳素钢		合金钢		铸铁			
普通碳素结构钢	A类钢 B类钢 C类钢	合金结构钢	普通低合金钢 合金结构钢	白口铸铁 灰口铸铁 可锻铸铁 球墨铸铁	铜及其合金 铝及其合金	陶瓷 搪瓷	塑料 涂料 橡胶
优质碳素结构钢	低碳钢 中碳钢 高碳钢	合金工具钢			铅及其合金 钛及其合金 镍及其合金	玻璃	不透性石墨
碳素工具钢		特殊用途钢				石棉	
铸钢							

一、碳素钢

碳素钢简称碳钢，是指碳含量低于 2%，并有少量硅、锰以及磷、硫等杂质的铁碳合金。根据碳钢中含杂质元素量的多少，可分为普通碳素结构钢和优质碳素结构钢。若按钢的用途分类，则可分为碳素结构钢和碳素工具钢。

（一）普通碳素结构钢

普通碳素结构钢含有较多的硫、磷元素及非金属杂质，冲击韧性和塑性较低，价格便宜，产量较大。碳素钢按其供应条件可分为三类：甲类钢（A 类钢）、乙类钢（B 类钢）和特类钢（C 类钢）。

1. 甲类钢

甲类钢只保证力学性能，不保证化学成分。甲类钢大量用来制造钢筋和各种型钢（角钢、槽钢、工字钢等）；也用于制造力学性能要求不高的零件，如螺栓、螺母等。以 A 来表示，共有 7 个序号，分别以 A_1、A_2、A_3、A_4、A_5、A_6、A_7 表示，序号越高，碳含量越高，以 A_3 最为常用。

2. 乙类钢

乙类钢只保证化学成分，不保证力学性能。乙类钢一般用于制作日常用具或需经热加工后使用的零件。以 B 来表示，共有 7 个序号，分别以 B_1、B_2、B_3、B_4、B_5、B_6、B_7 表示，序号越高，碳含量越高。

3. 特类钢

特类钢既保证化学成分，又保证力学性能。特类钢常用于制造较重要的结构件。

（二）优质碳素结构钢

优质碳素结构钢含硫、磷及其他非金属杂质少，碳含量波动很小，力学性能和化学成分可靠，可用于制造重要的焊接件和机械零件。优质碳素钢的牌号由两位数字表示，它表示钢中平均碳含量的万分之几，如 20 号钢表示钢中碳含量为 0.2%。根据碳含量的不同，优质碳素钢分为低碳钢、中碳钢和高碳钢。

1. 低碳钢

低碳钢为碳含量小于 0.25%的钢，如 08、10、20 号钢是常用的几种低碳钢的牌号。它们的强度较低，塑性好，易冲压和焊接。一般用于制造螺钉、螺母、垫圈等；也可轧制容器或锅炉用钢板等。

2. 中碳钢

中碳钢碳含量为 0.25%～0.6%，如 30、35、40、45 号钢就是中碳钢中常用的几个牌号。它们的力学性能、工艺性能良好，在机器制造中应用最为广泛，常用来制造齿轮、主轴、曲轴等零件。

3. 高碳钢

高碳钢碳含量在0.6%～0.8%之间，如60、65、70号钢是常用的几种高碳钢牌号。高碳钢强度高、硬度高，但塑性和韧性差，切削性能也差，常用来制造一般模具或要求不高的弹簧、手动工具等。

（三）碳素工具钢

碳素工具钢碳含量在0.7%～1.3%之间，对有害杂质含量限制严格，有较高的硬度和耐磨性，主要用于制造模具、量具和手工工具。碳素工具钢用字母T表示，如T_8表示碳含量为0.8%的碳素工具钢。

（四）铸钢

铸钢用符号ZG后面缀上两位数字表示，数字后面标注罗马数字Ⅰ、Ⅱ、Ⅲ。数字表示平均碳含量的万分之几，罗马数字表示铸钢的质量级别，但Ⅲ级不标注。如铸钢ZG45Ⅱ，表示平均碳含量为0.45%的Ⅱ级铸钢。

铸钢一般用于制造形状复杂、难以锻造，且强度要求较高的零件。在重型机械、冶金设备、运输机械设备中，不少零件是用铸钢制造的。

二、合金钢

为此，在碳素钢冶炼时，有目的地加入一种或几种合金元素，冶炼成合金钢以改善碳钢某些性能。常用的合金元素有铬（Cr）、镍（Ni）、锰（Mn）、钼（Mo）、钛（Ti）等。按用途可将合金钢分为三类。

（一）合金结构钢

合金结构钢是在碳素结构钢的基础上加入一定量的合金元素冶炼而成的。合金结构钢可分成两种：一种是普通低合金钢，即在普通碳素钢的基础上加入少量合金元素冶炼而成，其强度、耐蚀性能和焊接性能都优于普通碳素钢；另一种是合金结构钢，它是在优质碳素钢冶炼过程中加入适量的合金冶炼而成的，再经热处理后，可以获得良好的综合力学性能，常用来制造重要的机械零件。

合金结构钢的编号原则是两位数字＋化学元素符号＋数字。编号中前两位数字表示碳含量的万分之几；其后标出所含的合金元素符号；元素符号后面的数字表示该合金含量的百分之几。合金含量小于1.5%时，编号中只标明元素，不标含量。如40Cr，表示碳含量为0.4%，铬含量在1.5%以下；60Si2Mn，表示碳含量为0.6%，硅含量为2%，锰含量小于1.5%。

（二）合金工具钢

合金工具钢是在碳素工具钢的基础上加上较多的合金元素冶炼而成的。主要用来制造模具、量具和切削刀具等。

合金工具钢的编号方法和合金结构钢的编号方法基本相同，仅碳含量的表示方法不同，采用一位数字＋元素符号＋数字的表示方法。第一位数字表示碳含量的千分之几，碳含量大于1%时不标出；其后的元素符号和数字与合金结构钢中的数字和符号的意义相同。如W18Cr4V，最前面没有数字，表示碳含量大于1%，钨含量为18%，铬含量为4%，钒含量小于1.5%。

（三）特殊用途钢

特殊用途钢具有特殊的物理化学性能，一般为高合金钢，主要有不锈钢、耐热钢、耐磨钢和高强度钢四种。

1. 不锈钢

不锈钢是具有耐腐蚀性能的合金钢。在化工生产中，不少化工设备要求有较强的防蚀能力。因此，不锈钢大量用来制造化工设备中的零部件。

2. 耐热钢

耐热钢具有良好的耐热性能和在高温下抗氧化的能力。主要用在高压锅炉、高压容器、汽轮机设备等。

3. 耐磨钢

耐磨钢具有很高的耐磨性能，用来制造拖拉机的履带、破碎机的牙板、球磨机的衬板等。

4. 高强度钢

高强度钢具有很高的抗拉强度。一般认为屈服强度在 130kgf/mm^2[1]、抗拉强度在 140kgf/mm^2 以上的钢称为高强度钢。

三、铸铁

通常把碳含量大于 2%的铁碳合金称为铸铁。工业用铸铁一般碳含量在 2%～4%之间。铸铁是一种脆性材料，不能锻打轧制，但具有一定的机械强度，熔点较低，切削性能好，铸造性能良好，可用来铸造形状复杂的零件。铸铁可分为白口铸铁、灰口铸铁、球墨铸铁和可锻铸铁。

（一）白口铸铁

白口铸铁的断口为白色，硬度极高，性脆，耐磨，不能进行切削加工。多用作可锻铸铁的坯件和制作耐磨损的零部件，如用来制造轧辊和车轮的表面。

（二）灰口铸铁

灰口铸铁的断口呈灰色，加工性能良好，耐酸、碱腐蚀，吸振性能好，价格便宜。主要用来铸造零件，在工业设备中使用广泛，化工塔器、阀门、管路等设备多用灰口铸铁制造。

（三）球墨铸铁

球墨铸铁在浇铸前往铁水中加一定数量的球化剂（如镁元素），以使铸铁中的碳元素呈球状石墨结晶状态，故称球墨铸铁。球墨铸铁比普通灰口铸铁有较高强度、较好韧性和塑性，有的接近于钢材。球墨铸铁常用于制造内燃机、汽车零部件及农机具等。

（四）可锻铸铁

可锻铸铁由白口铸铁退火处理后获得，简称韧铁。可锻铸铁组织性能均匀、耐磨损、塑性和韧性良好，常用于制造形状复杂、能承受强动载荷的零件。

四、有色金属及其合金

通常把以铁碳合金为主的金属称为黑色金属，而把其他金属及其合金称为有色金属。有色金属及其合金种类很多，它们具有很多优良性能，在机械制造及化工机械中有广泛应用。目前使用较为广泛的有铜、铝、铅、镍、钛及其合金等。

（一）铜及其合金

铜及其合金是人类历史上应用最早的金属，至今仍是应用较广泛的非铁金属材料。主要用作导电、导热并兼有耐腐蚀性的器材及制造各种铜合金，是电气、仪器仪表、化工、造船、机械等工业中的重要材料。纯铜外观呈紫红色，故又常称为紫铜。纯铜具有很好的导电性和导热性，较高的化学稳定性，耐大气和水的腐蚀性强，但在海水中较差，是抗磁性金属，焊接性能良好，硬度低，塑性好。

---

[1] 1kgf/mm^2＝9.80665MPa。

1. 工业纯铜

工业纯铜主要用来配制铜合金，以及制作各种电线电缆、电气开关、冷凝器、散热管、热交换器、结晶器内壁、防磁器械等，特别是制造导电器材，其用量占总用量的50%以上。工业纯铜分为4个牌号：T1（铜含量≥99.95%），T2（铜含量≥99.90%），T3（铜含量≥99.70%），T4（铜含量≥99.50%）。T1和T2的氧含量较低，*T3和T4*的氧含量较高。

2. 铜合金

按铜合金的化学成分可分为黄铜、青铜和白铜三类。

（1）黄铜　铜和锌的合金称为黄铜。黄铜铸造性能、加工性能良好，价格低廉，机械强度比纯铜高，但铸造时收缩率大。黄铜用H表示，其后标以数字，表示铜含量。如H62，表示铜含量为62%的黄铜。黄铜常用于制造深冷设备的筒体、管板、法兰及衬套等。

（2）青铜　除了黄铜与白铜之外的所有铜合金统称青铜。它具有良好的耐腐蚀性、耐磨性和铸造性，主要用作耐腐蚀及耐磨零件，如泵壳、阀门、滑动轴承、蜗轮、旋塞等。

青铜的牌号用Q表示，其后标出所含主要元素，如QSn4-3，表示含锡4%、含锌3%的青铜。如果是铸造青铜，则在前面加字母Z，如ZQSn4-3，表示含锡4%、含锌3%的铸造青铜。

（3）白铜　白铜是以镍为主加元素的铜合金。白铜的耐腐蚀性很好，在造船、发电、石油化工等行业被用作在高温、高压下工作的冷凝器、热交换器、蒸发器以及各种高强度耐腐蚀零件。

（二）铝及其合金

铝及其合金是目前工业中应用最广泛的非铁金属材料，仅次于钢铁。纯铝相对密度小，无磁性；导电性、导热性好，仅次于银、铜和金；价格较低；铝在大气中极易在表面生成一层致密的氧化膜，有良好的耐腐蚀性；强度低，但具有良好的低温性能；塑性好，具有良好的加工性能，易于铸造、切削和冷、热压力加工，并有良好的焊接性能。

1. 工业纯铝

纯铝有7个牌号：L1、L2、L3、L4、L5、L6、L7，号数越小纯度越高。高纯铝有5个牌号：L05、L04、L03、L02、L01，号数越大纯度越高。工业高纯铝有5个牌号：LG5、LG4、LG3、LG2、LG1，号数越大纯度越高。

纯铝主要用于制造电线电缆、包覆材料、耐腐蚀器皿和生活用品，工业纯铝的主要用途是配制铝合金，高纯铝主要用于科学试验和化学工业。

2. 铝合金

在Al中加入适量的Si、Cu、Mg、Zn、Mn等主加元素和Cr、Ti、Zr、B、Ni等辅加元素，生成铝合金，则可以提高强度并保持纯铝的特性。在石油化工中用得较多的是铸造铝合金和防锈铝，常用来制造泵、阀及深冷设备中的过滤器、分馏塔等。

（三）镍及其合金

纯镍为银白色，它的物理、力学性能良好，在大气、水、海水、碱和有机酸中有较强的耐腐蚀能力。镍较贵重，多用镍做镀层以增强防腐能力和美观。镍还是重要的合金元素，如镍铬不锈钢，耐腐蚀且没有磁性，在化工生产中获得了广泛应用。

（四）钛及其合金

钛的相对密度比钢小43%左右，但抗拉强度比钢高1倍。钛的熔点高，耐腐蚀性强，对氯化物具有很高的耐腐蚀性。钛和钛合金是一种很有前途的金属材料。近年来钛合金已成为航空、航海、国防、化工等行业的重要原料。

表 10-2　无机非金属材料的名称、主要成分、性能及用途

名　称	主要成分	性　能	用　途
化工陶瓷	黏土加助熔剂经烧结而成	1. 耐腐蚀性良好 2. 有一定的机械强度 3. 有一定的耐热性和不透性 4. 性脆、抗拉强度小	制造塔器、贮槽、阀门、反应器等化工设备及管道、管件等
搪瓷	将含玻璃质釉料涂在碳钢或铸铁胎表面，通过 900℃ 高温烧结而成	1. 耐腐蚀性良好 2. 具有较好的力学性能 3. 具有优良的电绝缘性 4. 性脆、不耐冲击	多用于制造设备衬里，例如塔器、阀门、反应罐等设备的衬里
玻璃	工业用玻璃主要是硼玻璃和高铝玻璃	1. 具有良好的耐腐蚀性 2. 对流体的阻力小 3. 耐温度变化能力差 4. 不耐冲击和振动	制造管道、管件及容器、反应器、泵、隔膜泵等

表 10-3　有机非金属材料的名称、主要成分、性能及用途

类　别	主要成分	名　称	性　能	用　途
塑料	以高分子合成树脂为主加入添加剂而成，统称工程塑料	硬质聚氯乙烯塑料	1. 耐酸、碱腐蚀性好 2. 易加工、易焊接 3. 耐热性差，使用温度为 $-15\sim60$℃	制造常压贮槽、泵及管件等
		聚乙烯塑料	1. 绝缘性能良好 2. 防水性好，化学稳定性好 3. 除硫酸外，对其他酸、碱、盐均有良好的耐腐蚀性	制造管件、阀门、泵及化工设备衬里等
		耐酸酚醛塑料	具有良好的耐腐蚀性和耐热性	制造管道、阀门、泵、塔器、容器、贮槽和搅拌器等
		聚四氟乙烯塑料	具有优良的耐腐蚀性，耐腐蚀性甚至超过金属金和银	用来制造耐腐蚀、耐高温的密封元件和无油润滑活塞、高温管道等
		玻璃钢	1. 强度高 2. 具有良好的耐腐蚀性 3. 具有良好的工艺性能	制作容器 制作贮槽 制造塔器、鼓风机、管道泵、阀门等
涂料	是一种高分子胶体混合物溶液	防锈漆 大漆 酚醛树脂漆 环氧树脂漆 塑料涂料	涂在物体表面，固化后形成薄涂层，用以保护物件免遭化工介质和大气的腐蚀	用于涂刷设备、管道外表面，也可用于设备内壁的防腐蚀涂层
橡胶	有机高分子弹性化合物	天然橡胶 合成橡胶	1. 具有良好的耐酸、碱性能 2. 弹性好，耐变形和冲击	用于制造槽车、反应设备、容器计量槽、离心机、过滤机等
不透性石墨	用各种树脂浸渍，以消除其孔隙的石墨称为不透性石墨		1. 具有较高的稳定性 2. 具有良好的导热性 3. 热膨胀系数小，耐温度剧变 4. 强度低，性脆	用于制造腐蚀性强的介质的换热器 制造泵、管道和机械密封设备中的密封环等

（五）轴承合金

轴承合金又称巴氏合金。轴承合金是指用来制造滑动轴承的轴瓦和轴承衬底合金。工业

上对轴承合金提出的要求是在其工作温度下有足够的抗压强度和疲劳强度；有足够的塑性和韧性；与轴颈（钢）配合时的摩擦系数小；具有良好的导热性，耐润滑油的腐蚀，成本要低。

五、非金属材料

非金属材料分为无机非金属材料（陶瓷、搪瓷、岩石、玻璃等）和有机非金属材料（树脂、塑料、橡胶、涂料、玻璃钢等）两大类。

无机非金属材料和有机非金属材料的名称、主要成分、性能及用途见表 10-2 和表 10-3。

第三节 金属材料的腐蚀与防腐

一、腐蚀基本概念

金属材料在周围介质的作用下发生破坏称为腐蚀。铁生锈、铜发绿锈、铝生白斑点等是常见的腐蚀现象。

在化工生产中，化工设备被腐蚀将引起设备事故，影响生产的连续性，造成跑、冒、滴、漏，损失物料，增加原材料消耗，恶化劳动条件，提高产品成本，影响产品质量等。因此，必须认真对待化工设备的腐蚀与防腐问题。

二、腐蚀类型及机理

腐蚀的分类方法很多，其中按破坏特征分为均匀腐蚀和局部腐蚀；按腐蚀机理分为化学腐蚀和电化学腐蚀。

1. 均匀腐蚀

均匀腐蚀是材料表面均匀地遭受腐蚀，腐蚀的结果是设备壁厚的减薄，如图 10-1(a) 所示。此种腐蚀的危险性较小。碳钢在强酸、强碱中的腐蚀属于此类。

2. 局部腐蚀

局部腐蚀是指金属的局部区域产生腐蚀，包括区域腐蚀、点腐蚀、晶间腐蚀等，如图 10-1(b)、(c)、(d) 所示。局部腐蚀使零件有效承载面积减小，且不易被发现，常发生突然断裂，危害性较大。

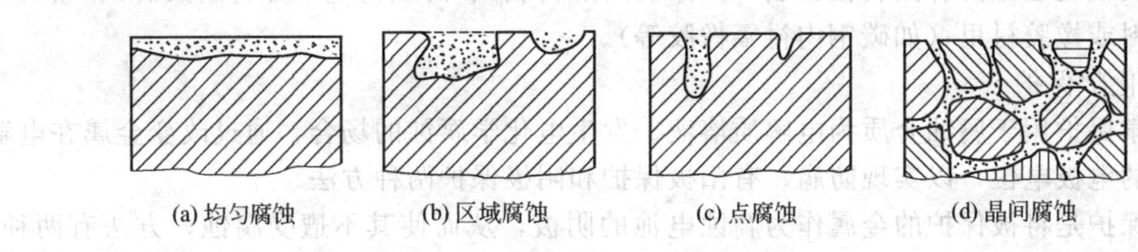

图 10-1 腐蚀破坏的形式

3. 化学腐蚀

化学腐蚀是指金属与干燥的气体或非电解质溶液产生化学作用引起的腐蚀。各种管式炉的炉管受高温氧化，金属在铸造、锻造、热处理过程中发生的高温氧化以及金属在苯、含硫石油、乙醇等非电解质溶液中的腐蚀均属化学腐蚀。化学腐蚀的特点是腐蚀过程中无电流产生，且温度越高，腐蚀介质浓度越大，腐蚀速度越快。

化学腐蚀后若形成致密、牢固的表面膜，则可阻止外部介质继续渗入，起到保护金属的作用。例如，铬与氧形成 Cr_2O_3，铝与氧形成 Al_2O_3 等都属于这种表面膜。

4. 电化学腐蚀

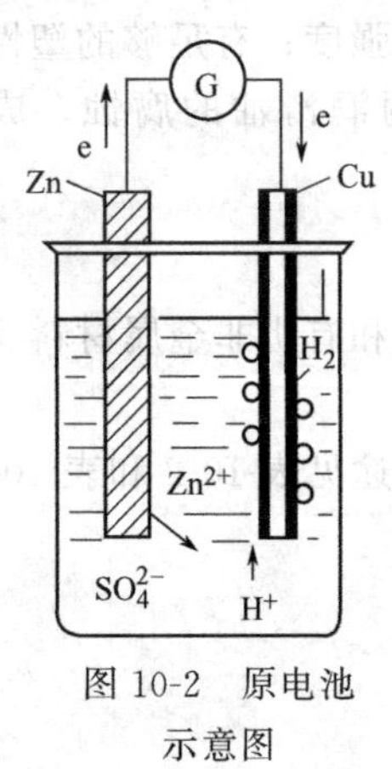

图 10-2　原电池示意图

电化学腐蚀是指金属与电解质溶液产生电化学作用引起的腐蚀。金属在酸、碱、盐溶液、土壤、海水中的腐蚀属于电化学腐蚀。电化学腐蚀的特点是腐蚀过程中有电流产生。通常电化学腐蚀比化学腐蚀强烈得多，金属的破坏大多是由电化学腐蚀引起的。

电化学腐蚀是由于金属发生原电池作用而引起的。如图 10-2 所示，锌（阳极）不断失去电子，变为锌离子进入溶液，出现腐蚀；铜（阴极）受到保护。

电化学腐蚀不仅发生在异种金属之间，同一金属的不同区域之间也存在着电位差，也可形成原电池，而产生电化学腐蚀。例如，各种局部腐蚀就是电化学腐蚀。

在某些腐蚀性介质特别是在强氧化剂如硝酸、氯酸、重铬酸钾、高锰酸钾等中，随着电化学腐蚀过程的进行，在阳极金属表面逐渐形成一层保护膜（也称钝化膜），从而使阳极的溶解受到阻滞并最终使腐蚀终止，这种现象称为钝化。在生产实践中，常利用钝化现象来保护金属。

三、防腐措施

为了防止和减轻化工设备的腐蚀，除应选择合适的材料制造设备外，还可采取多种措施，如覆盖层保护、电化学保护及缓蚀剂保护等。

1. 覆盖层保护

用耐腐蚀性良好的隔离材料覆盖在耐腐蚀性较差的被保护材料表面，将被保护材料与腐蚀性介质隔开，以达到控制腐蚀的目的，这种保护方法称为覆盖层保护。这种覆盖层称为表面覆盖层。表面覆盖层保护法是防腐蚀方法中应用最为普遍也是最重要的方法。

表面覆盖层主要有金属覆盖层和非金属覆盖层两大类。

金属覆盖层一般有电镀（如镀铜）、化学镀（如化学镀镍）、热喷涂（如喷镀）、渗镀（如渗铝）、双金属（如碳钢上压上不锈钢板）和金属衬里（如碳钢上衬铅）等。

非金属覆盖层主要有涂料覆盖层（如涂刷酚醛树脂）、砖板衬里（如衬耐酸砖）、玻璃钢衬里、塑料或橡胶衬里（如碳钢内衬氟橡胶等）。

2. 电化学保护

电化学保护用于腐蚀介质为电解质溶液、发生电化学腐蚀的场合，通过改变金属在电解质溶液中的电极电位，以实现防腐。有阳极保护和阴极保护两种方法。

阴极保护是将被保护的金属作为腐蚀电池的阴极，从而使其不遭受腐蚀，方法有两种。一是牺牲阳极保护法，它是将被保护的金属与另一电极电位较低的金属连接起来，形成一个原电池，使被保护金属作为原电池的阴极而免遭腐蚀，电极电位较低的金属作为原电池的阳极而被腐蚀［图 10-3(a)］。二是外加电流保护法，它是将被保护的金属与一直流电源的阴极相连，而将另一金属片与被保护的金属隔绝，并与直流电源的阳极相连，从而达到防腐的目的［图 10-3(b)］。阴极保护的使用已有很长历史，在技术上较为成熟。这种保护方法广泛用于船舶、地下管道、海水冷却设备、油库以及盐类生产设备的保护；在化工生产中的应用也不断增多，实例见表 10-4。

阳极保护是把被保护设备接直流电源的阳极，让金属表面生成钝化膜起保护作用。阳极保护只有当金属在介质中能钝化时才能应用，且技术复杂，使用得不多。但从有限的几个应用实例（表 10-5）看，这是一种保护效果好的防腐方法。

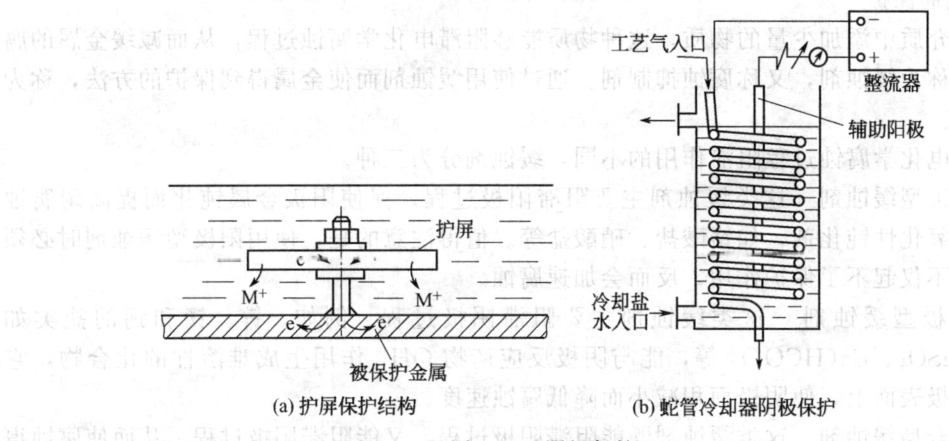

图 10-3　阴极保护

表 10-4　阴极保护实例

被保护设备	介质条件	保护措施	保护效果
不锈钢冷却蛇管	11% Na_2SO_3 水溶液	石墨作辅助阳极，保护电流密度 $80mA/m^2$	无保护时，使用 2～3 个月腐蚀穿孔。有保护时，使用 5 年以上
不锈钢制化工设备	100℃稀 H_2SO_4 和有机酸的混合液	阳极：高硅铸铁，保护电流密度 $0.12\sim0.15A/m^2$	原来 1 年内焊缝处出现晶间腐蚀，阴极保护后获得防止
碳钢制碱液蒸发锅	110～115℃，23%～40% NaOH 溶液	阳极：无缝钢管，下端装有 $\phi1200mm$ 的环形圈，集中保护下部焊缝，保护电流密度 $3A/m^2$，保护电位−5V	保护前 40～50 天后焊缝处产生应力腐蚀破裂，保护后 2 年多未发现破裂
浓缩槽的加热铜蛇管	$ZnCl_2$、NH_4Cl 溶液	阳极：铅	保护前铜的腐蚀引起产品污染变色，保护后防止了铜的腐蚀，提高了产品质量
铜制蛇管	110℃，54%～70% $ZnCl_2$ 溶液	牺牲阳极保护，阳极：锌	使用寿命由原来的 6 个月延长至 1 年
铅管	$BaCl_2$ 和 $ZnCl_2$ 溶液	牺牲阳极保护，阳极：锌	延长设备使用寿命至 2 年
衬镍的结晶器	100℃的卤化物	牺牲阳极保护，阳极：镁	解决了镍腐蚀影响产品质量的问题

表 10-5　阳极保护实例

被保护设备	设备材料	介质条件	保护措施	保护效果
有机酸中和罐	不锈钢	在 20% NaOH 中加入 RSO_3H 进行中和	铂阴极，钝化区电位范围 250mV	保护前有孔蚀，保护后孔蚀大大减小。产品铁含量由 $250\times10^{-6}\sim300\times10^{-6}$ 减至 $16\times10^{-6}\sim20\times10^{-6}$
纸浆蒸煮锅	碳钢，高 12m，直径 2.5m	NaOH 100g/L，Na_2S 35g/L，180℃	建立钝态 4000A，维持钝态 600A	腐蚀速度由 1.9mm/a 降至 0.26mm/a
废硫酸贮槽	碳钢	$<85\%$ H_2SO_4，含有机物，27～65℃		保护度在 84%以上
H_2SO_4 贮槽	碳钢	89% H_2SO_4		铁离子含量从 140×10^{-6} 降至 $2\times10^{-6}\sim4\times10^{-6}$
H_2SO_4 槽加热盘管	不锈钢面积仅 $0.36m^2$	100～120℃，70%～90% H_2SO_4	铂阴极	保护前腐蚀严重，经 140h 保护后，表面和焊缝均很好

3. 缓蚀剂保护

向腐蚀介质中添加少量的物质，这种物质能够阻滞电化学腐蚀过程，从而减缓金属的腐蚀，该物质称为缓蚀剂，又称腐蚀抑制剂。通过使用缓蚀剂而使金属得到保护的方法，称为缓蚀剂保护。

按照对电化学腐蚀过程阻滞作用的不同，缓蚀剂分为三种。

（1）阳极型缓蚀剂　这类缓蚀剂主要阻滞阳极过程，促使阳极金属钝化而提高耐腐蚀性，故多为氧化性钝化剂，如铬酸盐、硝酸盐等。值得注意的是，使用阳极型缓蚀剂时必须够量，否则不仅起不了保护作用，反而会加速腐蚀。

（2）阴极型缓蚀剂　这类缓蚀剂主要阻滞阴极过程。例如，锌、锰和钙的盐类如 $ZnSO_4$、$MnSO_4$、$Ca(HCO_3)_2$ 等，能与阴极反应产物 OH^- 作用生成难溶性的化合物，它们沉积在阴极表面上，使阴极面积减小而降低腐蚀速度。

（3）混合型缓蚀剂　这类缓蚀剂既能阻滞阴极过程，又能阻滞阳极过程，从而使腐蚀得到缓解。常用的有胺盐类、醛（酮）类、杂环化合物、有机硫化物等。

应用缓蚀剂保护投资少，收效快，使用方便，广泛应用于石油、化工、钢铁、机械、动力、运输等部门。但缓蚀剂有极强的针对性，如对某种介质和金属具有良好效果的缓蚀剂，对另一种介质或金属就不一定有效，甚至有害，因而使用时应根据具体情况严格选择。同时缓蚀剂只能用在封闭和循环系统中（酸洗操作和循环冷却水的水质处理中，缓蚀剂用得最普遍），不适宜在高温下使用。另外，污染和废液回收处理时也要慎重选择。

思考与习题

10-1. 普通碳素结构钢分为哪几类？代号各是什么？

10-2. 优质碳素结构钢的代号是如何规定的？低碳钢、中碳钢、高碳钢的碳含量各在什么范围？

10-3. 35CrMnSi40Cr 代表哪种合金？其中符号和数字含义是什么？

10-4. 化工设备中常用的非金属材料有哪些？各有何用途？

10-5. 化工设备的选材原则是什么？

10-6. 化学腐蚀和电化学腐蚀有何区别？

10-7. 为什么采用金属覆盖层时必须考虑其电化学性质？

10-8. 阴极保护可分为哪几种方法？

10-9. 什么叫缓蚀剂？

10-10. 简单归纳化工生产过程中常用的防腐措施。

第十一章　化 工 容 器

第一节　化工容器概述

一、化工容器的基本概念

化工容器按所承受的压力大小分为常压容器和压力容器两大类。一般，最高工作压力 $p_w \geqslant 0.1\text{MPa}$（$p_w$ 为不含液体静压力)，用于完成反应、换热、吸收、萃取、分离和贮存等生产工艺过程，并能承受一定压力的密闭容器称为压力容器。另外，受外压（或负压）的容器和真空容器也属于压力容器。

另外，根据 2009 年 5 月 1 日起施行的《特种设备安全监察条例》对压力容器最新的定义是：盛装气体或者液体，承载一定压力的密闭设备，其范围规定为最高工作压力大于或者等于 0.1MPa（表压)，且压力与容积的乘积大于或者等于 2.5MPa·L 的气体、液化气体和最高工作温度高于或者等于标准沸点的液体的固定式容器和移动式容器；盛装公称工作压力大于或者等于 0.2MPa（表压)，且压力与容积的乘积大于或者等于 1.0MPa·L 的气体、液化气体和标准沸点等于或者低于 60℃液体的气瓶；氧舱等。

由于压力容器是一种在各种介质和环境（有时十分苛刻）条件下工作的承压设备，一旦发生事故其后果是非常严重的。为安全生产起见，国家颁布了《锅炉压力容器安全监察暂行条例》和《压力容器安全技术监察规程》（简称《容规》)；2011 年又重新修订出版了 GB 150—2011《钢制压力容器》国家标准。

二、压力容器的分类

1. 按制造方法分

根据制造方法的不同，压力容器可分为焊接容器、铆接容器、铸造容器、锻造容器、热套容器、多层包扎容器和绕带容器等。

2. 按承压方式分

贮罐可分为内压容器与外压容器。内压容器又可按设计压力大小分为四个压力等级，具体划分如下：低压（代号 L）容器（$0.1\text{MPa} \leqslant p < 1.6\text{MPa}$)；中压（代号 M）容器（$1.6\text{MPa} \leqslant p < 10.0\text{MPa}$)；高压（代号 H）容器（$10\text{MPa} \leqslant p < 100\text{MPa}$)；超高压（代号 U）容器（$p \geqslant 100\text{MPa}$)。外压容器中，当容器的内压小于 1kgf/cm^2[❶] 时又称真空容器。

但新的国家标准 GB 150—2011 取消了按压力对容器分等级的规定，只对设计压力 $p \leqslant 35\text{MPa}$ 的容器给出了统一的设计、制造准则。

3. 按容器的制造材料分

压力容器分为钢制容器、铸铁容器、有色金属容器和非金属容器等。

4. 按容器外形分

容器分为圆筒形（或称圆柱形）容器、球形容器、矩（方）形容器和组合式容器等。

5. 按容器的使用方式分

---

❶ $1\text{kgf/cm}^2 = 98.0665\text{Pa}$。

（1）固定式容器　有固定安装和使用地点，工艺条件和操作人员也较固定的压力容器。

（2）移动式容器　使用时不仅承受内压或外压载荷，搬运过程中还会受到由于内部介质晃动引起的冲击力，以及运输过程带来的外部撞击和振动载荷，因而在结构、使用和安全方面均有其特殊的要求。

6. 按安全技术管理分

根据《容规》按容器的压力高低、容积大小、使用特点、材质、介质的危害程度以及它们在生产过程中的重要性，从有利于安全技术监督和管理角度将容器分为一类、二类、三类。

（1）第三类压力容器　具有下列情况之一的为第三类压力容器：①高压容器；②中压容器（仅限毒性程度为极度和高度危害介质）；③中压贮存容器（仅限易燃或毒性程度为中度危害介质，且设计压力 p 和全容积 V 乘积大于等于 $10MPa \cdot m^3$）；④中压反应容器（仅限易燃或毒性程度为中度危害介质，且 pV 乘积大于等于 $0.5MPa \cdot m^3$）；⑤低压容器（仅限毒性程度为极度和高度危害介质，且 pV 乘积大于等于 $0.2MPa \cdot m^3$）；⑥高压、中压管壳式余热锅炉；⑦中压搪玻璃压力容器；⑧使用强度级别较高（指相应标准中抗拉强度规定值下限大于等于540MPa）的材料制造的压力容器；⑨移动式压力容器，包括铁路罐车（介质为液化气体、低温液体）、罐式汽车［液化气体运输（半挂）车、低温液体运输（半挂）车、永久气体运输（半挂）车］和罐式集装箱（介质为液化气体、低温液体）等；⑩球形贮罐（容积大于等于 $50m^3$）；⑪低温液体贮存容器（容积大于 $5m^3$）。

（2）第二类压力容器　具有下列情况之一的为第二类压力容器：①中压容器；②低压容器（仅限毒性程度为极度和高度危害介质）；③低压反应容器和低压贮存容器（仅限易燃介质或毒性程度为中度危害介质）；④低压管壳式余热锅炉；⑤低压搪玻璃压力容器。

（3）第一类压力容器　除上述规定以外的低压容器为第一类压力容器。

上述压力容器分类方法综合考虑了设计压力、几何容积、材料强度、应用场合和介质危害程度等影响因素，分类方法比较科学合理。

7. 按相对壁厚分

当筒体外径与内径之比小于等于1.2时称为薄壁容器，大于1.2时称为厚壁容器。

8. 按温度分

容器分为低温容器（$T_{设} \leqslant -20℃$）、常温容器（$-20℃ < T_{设} < 150℃$）、中温容器（$150℃ \leqslant T_{设} < 450℃$）和高温容器（$T_{设} \geqslant 450℃$）。但高温容器的温度界限应和所用钢材产生蠕变的温度范围有关，故除低温容器在GB 150—2011标准中有明确规定外，其他类容器的划分仅供参考。

9. 按所处的位置分

容器分为地面贮罐、地下贮罐、半地下贮罐、山洞贮罐、矿穴贮罐以及海中贮罐等。当贮罐的容积大于 $1000m^3$ 时，习惯称为大型贮罐。

第二节　化工容器零部件标准化简介

化工容器的结构形状虽各有差异，但组件往往都选用一些作用相同的零部件，如人孔、封头、支座、管法兰等。为便于设计、制造和检修，把这些零部件的结构形状统一成若干种标准规格，使其能相互通用，称为标准化的通用零部件。

一、筒体

容器的筒体一般为圆柱形，主要尺寸是直径、高度（或长度）和壁厚。筒体用钢板卷焊时，公称直径在设计时必须按 GB/T 9019—2001 标准选取。采用无缝钢管制作筒体时，公称直径是指管的外径，应选 159mm、219mm、273mm、325mm、377mm 和 426mm。

二、封头

封头有椭圆形、碟形、锥形等多种，其中椭圆形封头应用最广。封头与筒体可以直接焊接，也可分别焊上容器法兰，再用螺栓、螺母等连接。椭圆形封头由半椭球和短圆柱筒节组成，尺寸有以内径为基准和以外径为基准两种。

三、法兰及垫片

法兰是容器连接中的主要零件。法兰分别焊接于筒体、封头（或管子）的一端，两法兰的密封面之间放有垫片，用螺栓或螺柱连接件加以连接，待螺母旋紧后而获得无泄漏的连接。

容器用的法兰有容器法兰和管法兰两种。

1. 容器法兰

容器法兰用于容器筒体之间（或筒体和封头之间）的连接。容器法兰有平焊法兰（分为甲型和乙型，乙型与甲型的主要区别在于带有与筒体或封头对焊的短圆柱筒节）和长颈对焊法兰两种。压力容器法兰现大多采用 JB/T 4701～4704—2000 标准。按密封面形式分，容器法兰有平面、凹凸面和榫槽密封面三种。

常用的容器法兰用垫片有非金属软垫片（标准号为 JB/T 4704—2000)、金属包垫片(标准号为 JB/T 4706—2000）等。非金属软垫片用于中低压、常温容器。

2. 管法兰

管法兰主要用于管道之间的连接。目前大多采用 HG 20592～20602—2009 和 HG 20615～20623—2009 标准。按连接形式分，管法兰有平焊法兰、对焊法兰等多种。按结构形式分，管法兰有板式平焊法兰、带颈平焊法兰、带颈对焊法兰、螺纹法兰等多种。

四、人孔和手孔

人孔和手孔常用于容器内部零部件的安装、检修和清洗。人孔有多种形式，但结构类同，其主要区别在于孔的开启方式和安装位置，以适应不同工艺和操作的要求。由于容器内介质的不同，垫片所采用的材料也应不同。常用垫片材料有普通的石棉橡胶板、耐油石棉橡胶板、普通橡胶板、耐酸耐碱橡胶板等。

五、补强圈

补强圈用于加强开孔过大的器壁处的强度。图 11-1 所示为补强圈与器壁的连接情况。补强圈现多采用 JB/T 4736—2002 标准。补强圈按坡口角度的不同分为 A 型、B 型、C 型、D 型和 E 型五种。

六、支座

支座用来支承和固定容器。常用的有耳式支座和鞍式支座。

1. 耳式支座

耳式支座由筋板、底板和垫板焊接而成，如图 11-2 所示，适用于立式容器，一般由 4 只支座均匀分布，焊接于容器筒体四周。小型容器也有用 2 只或 3 只的。耳式支座有 A 型、AN 型和 B 型、BN 型四种，详见 JB/T 4712.11—2007 标准。耳式支座底板和筋板的材料为 Q235AF。垫板材料一般应与容器材料相同。使用时，垫板的厚度一般与筒体壁厚相等，也可根据实际需要确定。垫板厚度与标准尺寸不同时，则应在图中明细栏的名称栏或备注栏中注明，如 $\delta_3=12$mm。

2. 鞍式支座

鞍式支座适用于卧式容器，它由腹板、垫板、筋板和底板焊成。鞍式支座多采用JB/T 4712.1—2007标准。图11-3所示为双筋、120°包角、带垫板的重型鞍式支座示意图。鞍式支座一般使用2只，必要时可多于2只。

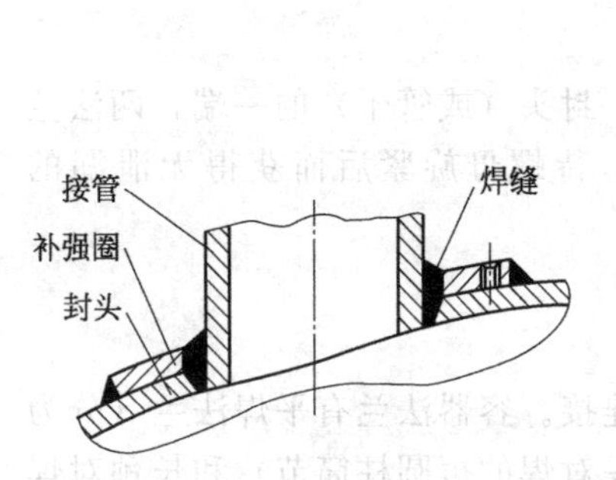

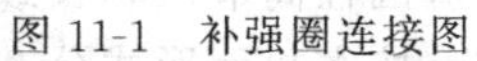
图11-1 补强圈连接图

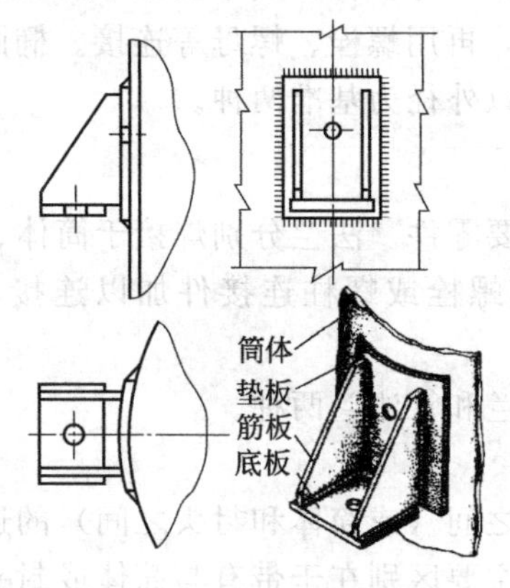

图11-2 耳式支座结构图

图11-3 鞍式支座示意图

鞍式支座分为轻型（代号A）和重型（代号B）两种，后者按包角、制作方式（焊接或弯制）及附带垫板等情况，分为五种型号，即BⅠ型、BⅡ型、BⅢ型、BⅣ型、BⅤ型；同时又分为固定式（代号F）和滑动式（代号S）两种安装形式。

第三节 内压薄壁容器

化工生产中使用的许多反应器、分离器、换热设备、贮运容器等壳体均属内压容器。内压薄壁容器分为球形、圆筒形和锥形几种。球形容器由于受力情况较好，一般主要用于贮存具有一定压力的液体，如石油液化气贮罐。圆筒形容器应用最多，它由圆筒和封头两部分组成。

大量的容器破坏试验结果表明，由塑性较好的材料制成的容器，从开始承受压力到发生爆破，大致经历弹性变形阶段、屈服阶段及强化与爆破三个阶段。为了防止内压圆筒和球壳产生失效甚至破坏，弹性失效观点认为：壳体内壁的金属纤维超过该材料的实际屈服点（即丧失弹性进入塑性）时，就认为该容器已经失效而不能使用。从弹性失效观点出发，内压容器的强度应满足，内压圆筒和球壳薄壁的拉应力不高于设计温度下制成容器后的钢板的许用应力。

承受内压作用的圆筒体和球形壳体是压力容器的基本组成部分，是最主要的压力容器强度元件。因为薄壁容器的厚度远小于筒体的直径，可认为在圆筒内部压力作用下，筒壁内只产生拉应力，不产生弯曲应力，且这些拉应力沿厚度均匀分布，如图11-4所示，σ_t为环向应力，σ_z为轴向应力。通过应力分析（可查看化工设备有关书籍），薄壁圆筒受内压时，环向应力是轴向应力的2倍。因此，在筒体上开椭圆孔，应使其短轴与筒体的轴线平行，以尽量减少开孔对纵截面的削弱程度，使环向应力不致增加很多。筒体的纵向焊缝受力大于环向焊缝，施焊时应予以注意。

分析圆筒和球壳薄壁的应力，在同样直径、壁厚和同样压力的情况下，球形壳壁中的拉应力（图11-5）仅是圆筒形壳壁中环向拉应力的1/2，也就是在满足内压容器强度且条件相同时，球壳的壁厚约为圆筒壁厚的一半。例如，内压为0.5MPa，容积为5000m^3的容器，

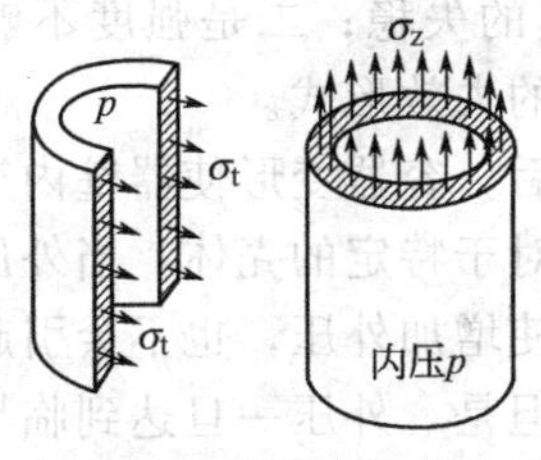

图 11-4 圆筒应力状态

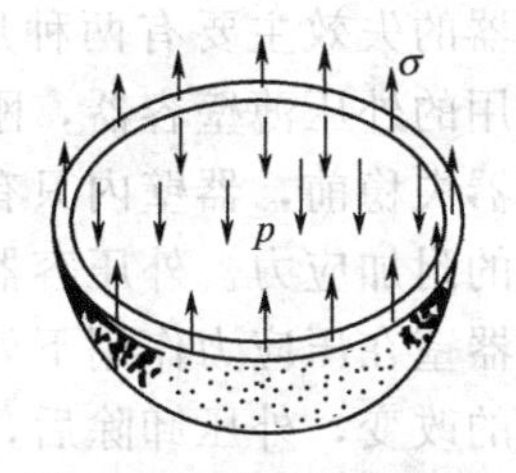

图 11-5 球壳应力状态

若为圆筒形，其用材量是球形的 1.8 倍；而且在相同容积下，球体的表面积比圆柱体的表面积小。所以，目前在化工、石油、冶金等工业中，许多大容量贮罐都采用球形容器。但因球形容器制造比较复杂，所以，通常直径小于 3m 的容器仍为圆筒形。

压力容器在制成以后或经检修以后，在交付使用以前，需按图样规定进行高于工作压力条件的压力试验或增加气密性试验。

内压容器的压力试验有两种：液压试验和气压试验。试验压力为：

液压试验 $p_T = 1.25p$

气压试验 $p_T = 1.15p$

式中 p_T——试验压力，MPa；

p——设计压力，MPa。

具体试验方式参见国家有关压力容器压力试验规定。

第四节 外压容器

外压容器是指容器的外部压力大于其内部压力的容器。例如，化工原料过滤用的抽滤器、石油分馏用的减压精馏塔、多效蒸发中的真空冷凝器、真空输送设备等。还有一些容器同时承受外压力和内压力，如带夹套的反应釜。

一、外压容器的稳定性概述

在化工生产中处于外压条件下操作的容器、设备很多，如石油分馏中的减压蒸馏塔、真空贮罐及带有蒸汽加热夹套的反应釜等。

容器受外压作用后，在器壁内产生应力，与内压容器不同的是这个应力不是拉应力而是压应力，其值与承受相同压力值的内压容器壁内的拉应力相等。当这个压应力达到材料的屈服极限或强度极限时，将同内压容器一样引起破坏。然而这种情况是很少见的，常常是在外压容器壁内的压应力远远没有达到材料的强度极限时（有时为屈服极限），圆筒就失去了它原来的形状，产生压扁或褶皱（压瘪）现象。这种在外压作用下，圆筒体失去原来形状而被压瘪的现象称为外压容器（圆筒）的失稳，例如，圆筒容器失稳时，其壳体瞬间变为曲波形，其波数 n 可能为 2、3、4、5 等，如图 11-6 所示。

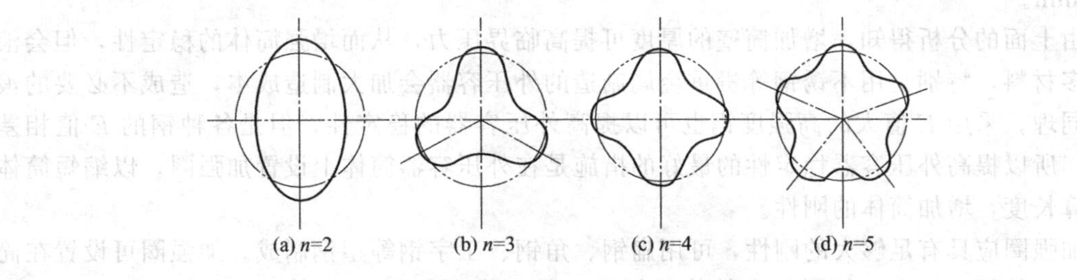

图 11-6 外压容器失稳后的形状

外压容器的失效主要有两种形式：一是刚度不够引起的失稳；二是强度不够造成的破裂。对于常用的外压薄壁容器，刚度不够引起失稳是主要的失效形式。

外压容器失稳前，器壁内只有单纯的压应力，在失稳后，容器变形使器壁内产生了以弯曲应力为主的附加应力。外压容器的失稳需要一定条件，对于特定的壳体，当外压小于某一临界值时，器壁在压应力作用下处于平衡的稳定状态，即使增加外压，也不会引起壳体形状和应力状态的改变，外压卸除后，壳体能恢复原来形状。但是，外压一旦达到临界值，壳体的形状和应力状态就会发生突变，壳体产生永久变形，即使外压卸除后也不能恢复原来形状。导致外压圆筒失稳的最小压力称为该外压圆筒的临界压力，用 p_{cr} 表示。

外压容器的失稳不仅使设备失效，造成经济损失，甚至会导致生产和人身的安全事故。对于常用的外压薄壁容器，失稳往往是在强度能满足要求的情况下发生的，因此，保证壳体的稳定性是外压薄壁容器计算和分析的主要内容。

二、提高外压容器稳定性的措施

影响临界压力的因素主要是筒体尺寸，此外，材料性能、质量及圆筒形状精度等对临界压力也有一定的影响。

1. 筒体尺寸对外压容器稳定性的影响

（1）圆筒失稳时，筒壁材料环向“纤维”受到了弯曲。显然，增强筒壁抵抗弯曲的能力可提高临界压力。在其他条件相同的情况下，筒壁 δ_e 越厚，圆筒外直径 D_o 越小，即筒壁的 δ_e/D_o 越大，筒壁抵抗弯曲能力越强，圆筒的临界压力 p_{cr} 越高。

（2）封头的刚性较筒体高，圆筒承受外压时，封头对筒壁能够起到一定的支撑作用。这种支撑作用的效果将随着圆筒几何长度的增长而减弱。因而，在其他条件相同的情况下，筒体短者临界压力 p_{cr} 高。

（3）当圆筒长度超过某一极限值后，封头对筒壁中部的支撑作用将全部消失，这种得不到封头支撑作用的圆筒称为长圆筒；反之，称为短圆筒。显然，当两类圆筒的 δ_e/D_o 相同时，长圆筒的临界压力 p_{cr} 将低于短圆筒。为了在不变动圆筒几何长度的条件下，将长圆筒变为短圆筒，以便提高它的临界压力值，可在筒体外边（或内壁）焊上一至数个加强圈。只要加强圈有足够大的刚性，同样可以对筒壁起到支撑作用，从而使原来得不到封头支撑作用的筒壁得到了加强圈的支撑。

2. 材料特性对外压容器稳定性的影响

（1）圆筒的失稳不是由于强度不足引起的，是取决于刚度。材料弹性模量 E 值越大，则刚度越大，材料抵抗变形能力越强，因而其临界压力也就越高。但是由于各种钢的 E 值相差不大，所以选用高强度钢代替一般碳钢制造容器，并不提高筒体的临界压力，反而提高了容器的成本。

（2）材料的组织不均匀和圆筒形状不精确都导致临界压力数值的降低。我国规定外压容器筒体的初始椭圆度（最大直径与最小直径之差）不能超过公称直径的 0.5%，且不大于 25mm。

由上面的分析得知，增加筒壁的厚度可提高临界压力，从而增强筒体的稳定性，但会浪费很多材料，特别是用不锈钢等贵重金属制造的外压容器会加大制造成本，造成不必要的浪费。同理，采用 E 值大的高强度钢也可以提高外压容器的稳定性，但是各种钢的 E 值相差不大。所以提高外压容器稳定性的最好的措施是在外压容器筒体上设置加强圈，以缩短筒体的计算长度，增加筒体的刚性。

加强圈应具有足够大的刚性，可用扁钢、角钢、工字钢等型钢制成。加强圈可设置在筒体内侧或外侧，但应全部围绕在筒体的周围。外压容器加强圈的布置形式如图 11-7 所示。

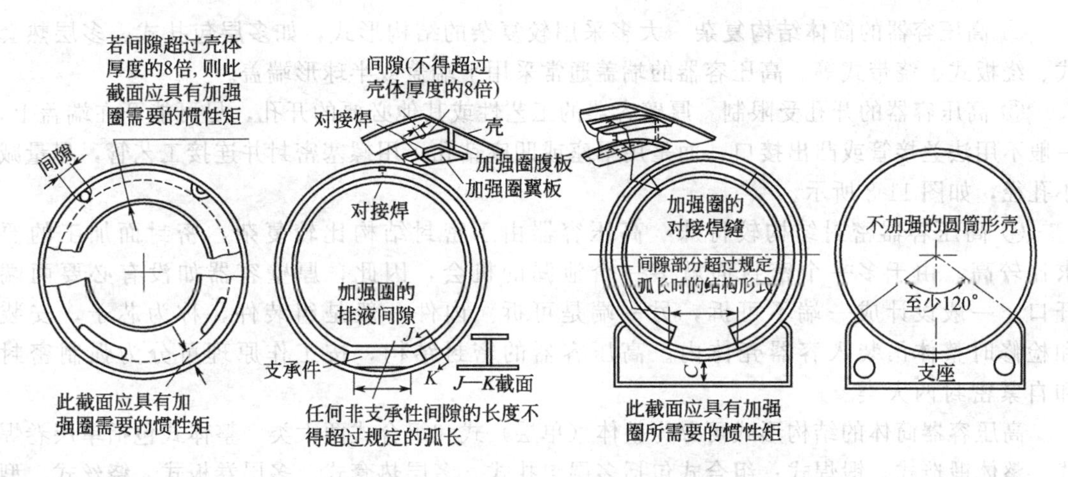

图 11-7 外压容器加强圈的布置形式

加强圈与圆筒之间可采用连续的或间断的焊接，当加强圈设置在容器外面时，加强圈每侧间断焊接的总长，应不少于圆筒外圆周长的 1/2，当设置在容器里面时，应不少于圆筒内圆周长的 1/3。

第五节 高压容器

随着化学工业的迅速发展，高压技术越来越重要，高压容器也得到了越来越广泛的应用。例如，氨合成塔、尿素合成塔、甲醇合成塔、石油加氢裂化反应器等压力一般在 15～30MPa 之间，高压聚乙烯反应器的压力在 200MPa 左右。同时，高压技术也大量用于其他领域，如水压机的蓄压器、压缩机的汽缸、核反应堆及深海探测等。

高压容器和中低压容器一样，也是由筒体、筒体端部、平盖或封头、密封结构以及一些附件组成的，如图 11-8 所示，但因其工作压力较高，一旦发生事故危害极大，因此，高压容器的强度及密封等就显得特别重要。

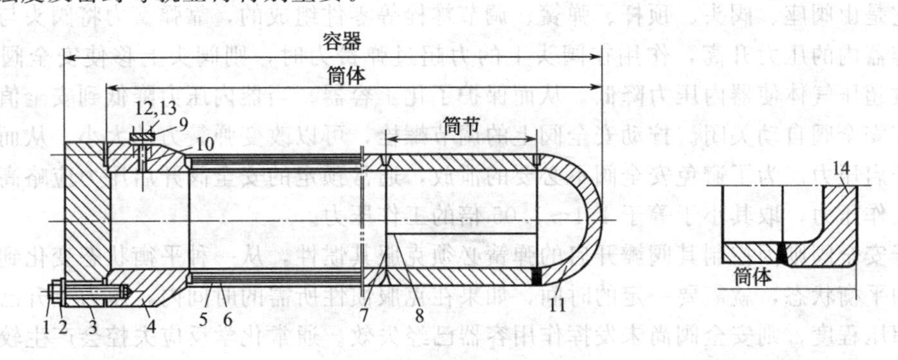

图 11-8 高压容器总体结构

1—主螺栓；2—主螺母；3—平盖（顶盖或底盖）；4—筒体端部（筒体顶部或筒体底部）；5—内筒；6—层板层（或扁平钢带层）；7—环焊接接头；8—纵焊接接头；9—管法兰；10—孔口；11—球形封头；12—管道螺栓；13—管道螺母；14—平封头

高压容器在结构方面有如下特点。

① 高压容器多为轴对称结构 高压容器一般都用圆筒形容器，高压容器的直径不宜太大。

② 高压容器的筒体结构复杂　大多采用较复杂的结构形式，如多层包扎式、多层热套式、绕板式、绕带式等。高压容器的端盖通常采用平端盖或半球形端盖。

③ 高压容器的开孔受限制　厚壁容器的工艺性或其他必要的开孔，尽可能开在端盖上，一般不用法兰接管或凸出接口，而是用平座或凹座钻孔，用螺塞密封并连接工艺管，尽量减小孔径，如图 11-8 所示。

④ 高压容器密封结构较特殊　高压容器由于密封结构比较复杂，密封面加工的要求比较高。由于多一个密封面就多一个泄漏的机会，因此，厚壁容器如没有必要两端开口，一般设计成一端不可拆，另一端是可拆。内件一般是组装件，称为芯子，安装和检修时整体吊装入容器壳体内。高压容器的密封结构，按工作原理可分为强制密封和自紧密封两大类。

高压容器筒体的结构形式可分为整体（单层）式和组合式两大类。整体式包括单层卷焊式、整体锻造式、锻焊式；组合式包括多层包扎式、多层热套式、多层卷板式、绕丝式、型槽钢带绕制式和扁平钢带绕制式等。

第六节　安全附件

在一定的操作压力和操作温度下运行，容器的壳体及附件依据操作压力和操作温度进行设计和选择。一旦出现操作压力和操作温度偏离正常值较大而又得不到合适的处理，将可能导致安全事故的发生。为保证化工容器的安全运行，必须装设测量操作压力、操作温度的监测装置以及遇到异常工况时保证容器安全的装置。这些统称为化工容器安全装置。容器安全装置分为泄压装置和参数监测装置两类。泄压装置包括安全阀、爆破膜等，参数监测装置有压力表、测温仪表等，在后面相关章节中介绍。下面介绍安全阀、爆破膜。

一、安全阀

为了确保操作安全，在重要的化工容器上装设安全阀。常用的弹簧式安全阀如图 11-9 所示，它是由阀座、阀头、顶杆、弹簧、调节螺栓等零件组成的，靠弹簧力将阀头与阀座紧闭，当容器内的压力升高，作用在阀头上的力超过弹簧力时，则阀头上移使安全阀自动开启，泄放超压气体使器内压力降低，从而保护了化工容器。当器内压力降低到安全值时，弹簧力又使安全阀自动关闭。拧动安全阀上的调节螺栓，可以改变弹簧力的大小，从而控制安全阀的开启压力。为了避免安全阀不必要的泄放，通常预定的安全阀开启压力应略高于化工容器的工作压力，取其小于等于 1.1～1.05 倍的工作压力。

对于安全阀则因控制其阀瓣开启的弹簧必须克服其惯性，从一种平衡状态变化到另一种被压缩的平衡状态，就需要一定的时间，如果在克服惯性所需的时间内，压力上升已达到较严重的超压程度，则安全阀尚未发挥作用容器已经失效。通常化学反应失控会产生较快的升压速度，故此时容器上的安全装置应采用爆破膜装置。

二、爆破膜

当容器内盛装易燃易爆的物料，或者因物料的黏度高、腐蚀性强、容易聚合、结晶等，使安全阀不能可靠地工作时，应当装设爆破膜。爆破膜是一片金属或非金属的薄片，由夹持器夹紧在法兰中（图 11-10），当容器内的压力超过最大工作压力，达到爆破膜的爆破压力时，爆破膜破裂使器内气体迅速泄放，从而保护了化工容器。爆破膜的爆破迅速，惰性小，结构简单，价格便宜，但爆破后必须停止生产，更换爆破膜后才能继续操作。因此，预定的

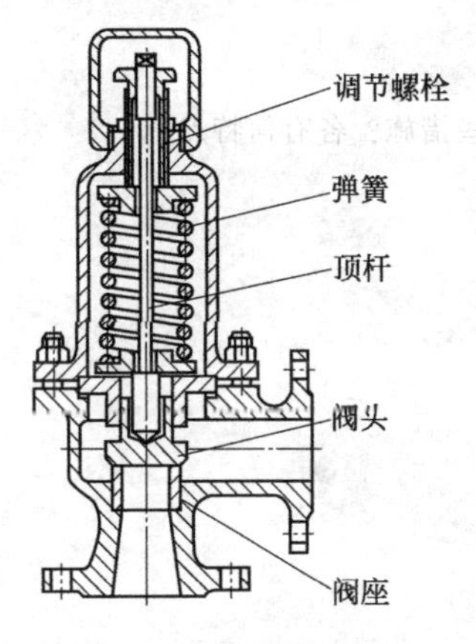

图 11-9 弹簧式安全阀

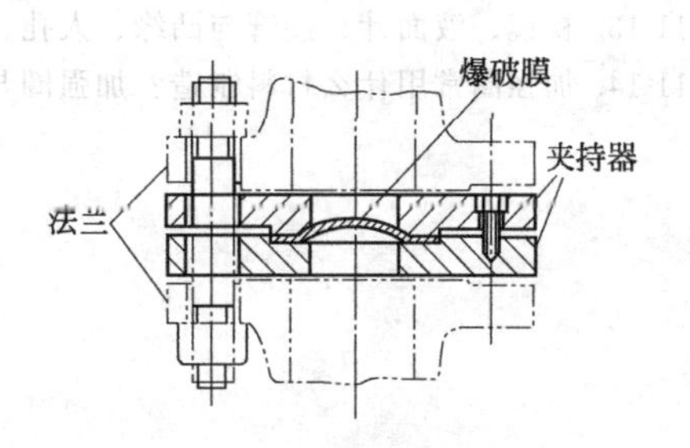

图 11-10 爆破膜安全装置

爆破压力要比最大工作压力高一些。

爆破膜安全装置被法兰压紧后，膜片和夹持器之间的密封程度能达到一般法兰连接的密封状态，可满足工业生产的密封要求。相比之下，安全阀的阀瓣和阀座之间的密封状况往往不尽如人意，爆破膜安全装置的动作与介质的状态无关，对于有少量固体结晶或黏性液体黏着在爆破片上面不会影响爆破片的爆破压力，如果这些介质黏着在安全阀的阀瓣-阀座密封面上，则有可能严重影响其开启压力。

此外，爆破片还具有爆破压力、爆破温度、泄放面积的幅度大，耐腐蚀性能好，爆破压力精度高，结构简单、安装方便等优点。但爆破片也存在只能使用一次的缺点，且一旦破裂，将有近90%的介质泄出，经济上损失巨大，因此，在管理上要求需定期更换爆破膜片。为了减少泄放时物料的损失，可以将爆破片装置和安全阀组合配置。为了防止爆破片因轻微腐蚀或因疲劳而提前破裂、操作被迫中断从而影响设定的更换周期，可以将两个爆破片串联配置。

爆破膜材料有金属材料和非金属材料。常用的金属材料有纯铝、纯银、纯镍、奥氏体不锈钢、蒙乃尔合金（Monel）及因康镍（Inconel）合金等。其他还有纯钛、纯钽、纯钯、海氏合金（Hastelloy）等。非金属膜片材料有石墨和石棉板等。材料选择是否恰当是保证爆破膜爆破压力精度的关键之一，而材料的均匀程度、稳定的物理性能与力学性能、耐温性能及耐腐蚀性能等是选择爆破膜的原则。

思考与习题

11-1. 试比较内压薄壁圆筒和球壳的强度。

11-2. 从强度分析来看，内压薄壁圆筒采用无缝钢管制造比较理想，但是无缝钢管的长度是有限的，对较长的管道常需要用焊接方法把管子接长。试问，在这种情况下使用无缝钢管是否还有意义？

11-3. 为什么要对压力容器进行压力试验？

11-4. 某化工企业采用乙酸和乙醇为原料，硫酸为催化剂生产乙酸乙酯，每天乙酸用量为1200kg，乙醇用量为1100kg，工厂每周进一次原料，请问贮罐采用什么材质合适？

11-5. 什么是公称压力？目前我国标准中公称压力分为哪些等级？

11-6. 燃料贮运站准备建设500m^{3}汽油贮罐2只，300m^{3}柴油贮罐2只，200m^{3}液化石油气贮罐1只，请选用合适的贮罐形式。对这三种物质的贮罐按三类压力容器如何进行划分？

11-7. 为什么在筒体上开椭圆孔，应使其短轴与筒体的轴线平行？为什么容器上开孔后一般要进行补强？

11-8. 什么是临界压力？影响临界压力的因素有哪些？

11-9. 压力容器法兰有哪几种？说明它们各自的特点及应用。

11-10. 卧式容器的支座有哪几种？各用于何种设备？

11-11. 为什么容器上开孔后一般要进行补强？局部补强有哪些措施？各有何特点？

11-12. 化工容器的安全装置主要有哪些？它们是如何工作的？

11-13. 视镜、液面计、接管与凸缘、人孔、手孔各有何用途？

11-14. 加强圈常用什么材料制造？加强圈与筒体如何连接？

第十二章 化学反应器

第一节 反应器概述

反应器（或称反应釜）是通过化学反应得到反应产物的设备，或者是为细胞或酶提供适宜的反应环境以达到细胞生长代谢和进行反应的设备。

反应器的主要作用是提供反应场所，并维持一定的反应条件，使化学反应过程按预定的方向进行，得到合格的反应产物。

反应器一般可根据用途、操作方式、结构等进行分类。例如，根据用途可把反应器分为催化裂化反应器、加氢裂化反应器、催化重整反应器、氨合成塔、管式反应炉、氯乙烯聚合釜等。根据操作方式又可把反应器分为连续式操作反应器、间歇式操作反应器和半间歇式操作反应器等。

最常见的是按反应器的结构来分类，可分为釜式反应器、管式反应器、塔式反应器、固定床反应器、流化床反应器等类型，表 12-1 列出了一般反应器的形式和特性。

表 12-1 反应器的形式和特性

形式	适用的反应	优缺点	生产举例
搅拌釜（一级或多级串联）	液相，液-液相，液-固相	适用性大，操作弹性大，连续操作时温度、浓度容易控制，产品质量均一，但高转化率时，所需反应器容积大	苯的硝化，氯乙烯聚合，釜式法制高压聚乙烯，顺丁橡胶聚合
管式	气相，液相	返混小，所需反应器容积较小，比传热面积大，但对慢速反应，管要很长，压降大	石油裂解，甲基丁炔醇合成，管式法制高压聚乙烯
空塔或搅拌塔	液相，液-液相	结构简单，返混程度与高径比及搅拌有关，轴向温差大	苯乙烯的本体聚合，己内酰胺缩合，乙酸乙烯溶液聚合
鼓泡塔或挡板鼓泡塔	气-液相，气-液-固（催化剂）相	气相返混小，但液相返混大，温度较易调节，气体压降大，流速有限制，有挡板可减少返混	苯的烷基化，乙烯基乙炔的合成，二甲苯氧化等
填料塔	液相，气-液相	结构简单，返混小，压降小，有温差，填料装卸麻烦	化学吸收
板式塔	气-液相	逆流接触，气液返混均小，流速有限制，如需传热，常在板间另加传热面	苯连续磺化，异丙苯氧化
喷雾塔	气-液相快速反应	结构简单，液体表面积大，停留时间受塔高限制，气流速度有限制	从氯乙醇制丙烯醇，高级醇的连续磺化
湿壁塔	气-液相	结构简单，液体返混小，温度及停留时间易调节，处理量小	苯的氯化
固定床	气-固（催化或非催化）相	返混小，高转化率时催化剂用量少，催化剂不易磨损，传热控温不易，催化剂装卸麻烦	乙苯脱氢，乙炔法制氯乙烯，合成氨，乙烯法制乙酸乙烯等

续表

形　式	适用的反应	优　缺　点	生　产　举　例
流化床	气-固(催化或非催化)相,特别是催化剂失活很快的反应	传热好,温度均匀,易控制,催化剂有效系数大,粒子输送容易,床内温差大,对高转化率不利,操作条件限制较大	萘氧化制苯酐,石油催化裂化,乙烯氧氯化制二氯乙烷,丙烯氨氧化制丙烯腈等
移动床	气-固(催化或非催化)相,催化剂失活很快的反应	固体返混小,固气比可变性大,粒子传递较易,床内温差大,调节困难	石油催化裂化,矿物的焙烧或冶炼
滴流床	气-液-固(催化剂)相	催化剂带出少,分离易,气液分布要求均匀,温度调节较困难	焦油加氢精制和加氢裂解,丁炔二醇加氢等
蓄热床	气相,以固相为热载体	结构简单,材质容易解决,调节范围较广,但切换频繁,温度波动大,收率较低	石油裂解,天然气裂解
回转筒式	气-固相,固-固相,高黏度液相,液-固相	粒子返混小,相接触界面小,传热效率低,设备容积大	苯酐转位成对苯二甲酸,十二烷基苯的磺化
载流管	气-固(催化或非催化)相	结构简单,处理量大,瞬间传热好,固体传递方便,停留时间有限制	石油催化裂化
喷嘴式	气相,高速反应的液相	传热和传质速率快,液体混合好,反应物急冷易,但操作条件限制较严	天然气裂解制乙炔,氯化氢的合成
螺旋挤压机式	高黏度液相	停留时间均一,传热困难,能连续处理高黏度物料	聚乙烯醇的醇解,聚甲醛及氯化聚醚的生产

第二节　典型化学反应器

一、釜式反应器

釜式反应器又称槽式反应器或锅式反应器，它是各类反应器中结构较为简单而又应用较广的一种。反应釜主要由釜体、釜盖、传动装置、搅拌器、密封装置等组成，如图 12-1 所示。

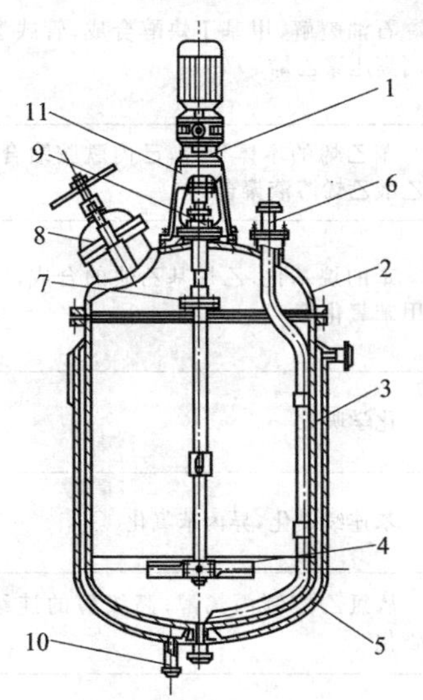

图 12-1　反应釜结构

1—传动装置；2—釜盖；3—釜体；4—搅拌装置；5—夹套；6—工艺接孔；7—联轴器；8—人孔；9—密封装置；10—蒸汽接管；11—减速器支架

1. 壳体

壳体由圆形筒体、上盖、下封头构成。上盖与筒体连接有两种方法：一种是盖子与筒体直接焊死构成一个整体；另一种是考虑拆卸方便用法兰连接。上盖开有人孔、手孔和工艺接孔等。壳体材料根据工艺要求来确定，最常用的是铸铁和钢板，也有的采用合金钢或复合钢板。当用来处理有腐蚀性介质时，则需用耐蚀材料来制造反应釜，或者将反应釜内衬内表搪瓷、衬瓷板或橡胶。目前国内反应釜主要使用材料有 20CrMo、30CrMoA、45 钢、16MnR、15MnVR、14MnMoVB、钢衬 316L 等。

2. 搅拌装置

釜式反应器装有搅拌器是为加强物料的均匀混合，强化釜内的传热和传质过程。常用的搅拌器有桨式、框式、锚式、旋桨式、涡轮式，还有螺带式、电磁式、超声波式等，如图 12-2 所示。

（1）桨式搅拌器　桨式搅拌器结构比较简单，桨叶呈长条形，桨叶安装形式分为平直叶和折叶两种。平直叶的

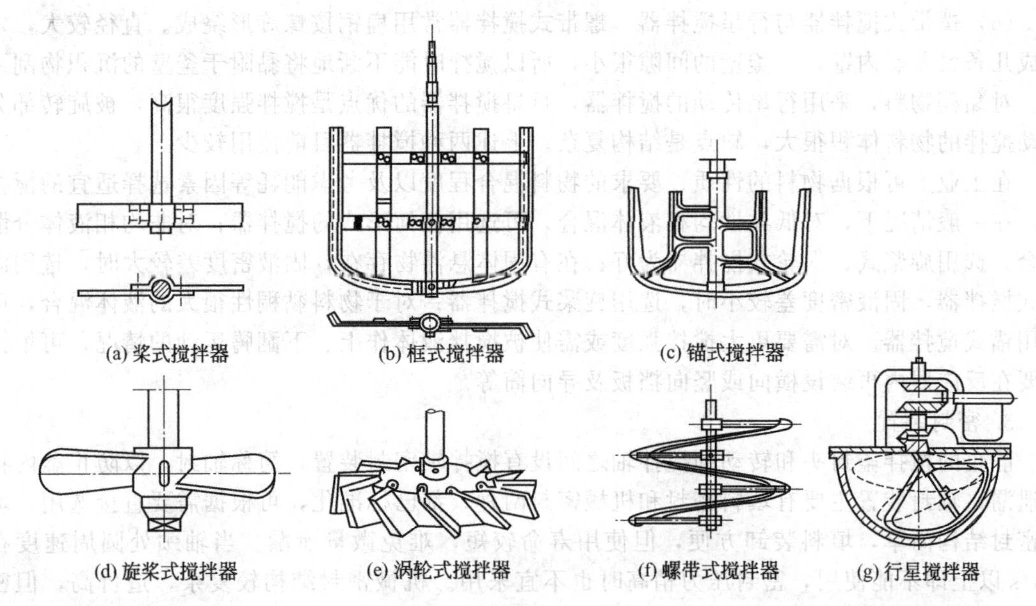

图 12-2　几种搅拌器的结构形式

叶面与旋转方向垂直，主要使物料产生圆周运动；折叶的叶面与旋转方向倾斜一个角度，除了使物料产生圆周运动外，还能使物料上下翻动，起到充分搅拌作用。桨叶总长可取为釜体内径的 1/3～2/3，不宜过长，转速可为 20～80r/min，物料液层较深时可采用两层或三层桨叶。

(2) 框式搅拌器　框式搅拌器由桨式搅拌器演变而成，两层水平桨用垂直桨叶连成刚性框子，结构牢固，可较好地搅拌液体。框的宽度可取釜内径的 90%～98%，可以防止物料附在釜壁上。转速较低，一般都小于 100r/min。

(3) 锚式搅拌器　当框式搅拌器的底部形状做成适应釜底形状时，就称为锚式搅拌器。锚式搅拌器转动时几乎触及釜体的内壁，可及时刮除壁面沉积物，有利于传热。此种搅拌器适用于黏稠物料的搅拌，转速可为 15～80r/min。

以上三种搅拌器均属于低速搅拌器，具有结构简单、制造方便的特点。

(4) 旋桨式搅拌器　旋桨式搅拌器采用 2～3 片推进式桨叶装于转轴上而成，因而又称推进式搅拌器。由于转轴的高速旋转，桨叶将液体搅动使之沿器壁和中心流动，在上下之间形成激烈的循环运动，若将旋桨装在圆形导流筒中，循环运动可更加强。这种搅拌器广泛应用于较低黏度的液体搅拌，也可用来制备乳浊液和颗粒在 10%以下的悬浮液。操作时所用的转速为 400～500r/min，对于黏度大于等于 0.5Pa・s 的液体，其转速应在 400r/min 以下，当搅拌黏性液体以及含有悬浮物或可形成泡沫的液体时，其转速应在 150～400r/min 之间。旋桨式搅拌器具有结构简单、制造方便、可在较小的功率消耗下得到高速旋转的优点，但在搅拌黏度达 0.4Pa・s 以上的液体时，搅拌效率不高。

(5) 涡轮式搅拌器　涡轮式搅拌器由一个或数个装置在直轴上的涡轮所构成。其操作形式类似于离心泵的翼轮。当涡轮旋转时，液体经由中心沿轴被吸入，在离心力作用下，沿叶轮间通道，由中心甩向涡轮边缘，并沿切线方向以高速甩出，而造成剧烈的搅拌。涡轮式搅拌器一般用扁钢制造，当物料腐蚀性强时，可用不锈钢或在碳钢外包以橡胶、环氧树脂等。这种搅拌器最适用于大量液体的连续搅拌操作，除稠厚的浆糊状物料外，几乎可应用于任何情况。随着生产能力的提高和连续化操作的发展，其应用范畴必将日益广泛。这种搅拌器的缺点是生产成本较高。

(6) 螺带式搅拌器与行星搅拌器　螺带式搅拌器常用扁钢按螺旋形绕成。直径较大，常制成几条紧贴釜内壁，与釜壁的间隙很小，所以搅拌时能不断地将黏附于釜壁的沉积物刮下来。对黏稠物料，采用行星传动的搅拌器，行星搅拌器的优点是搅拌强度很高，被旋转部分带动搅拌的物料体积很大，缺点是结构复杂。上述两种搅拌器目前使用较少。

在工业上可根据物料的性质、要求的物料混合程度以及考虑能耗等因素选择适宜的搅拌器。在一般情况下，对低黏性均相液体混合，可选用任何形式的搅拌器；对非均相液体分散混合，选用旋桨式、涡轮式搅拌器为好；在有固体悬浮物存在，固液密度差较大时，选用涡轮式搅拌器，固液密度差较小时，选用旋桨式搅拌器；对于物料黏稠性很大的液体混合，可选用锚式搅拌器。对需要更大搅拌强度或需使被搅拌液体作上、下翻腾运动的情况，可根据需要在反应器内再装设横向或竖向挡板及导向筒等。

3. 密封装置

静止的搅拌釜封头和转动的搅拌轴之间设有搅拌轴密封装置，简称轴封，以防止釜内物料泄漏。轴封装置主要有填料密封和机械密封两种，都已标准化，可根据需要直接选用。填料密封结构简单，填料装卸方便，但使用寿命较短，难免微量泄漏。当轴颈处圆周速度在5m/s以上即不能使用，密封压力稍高时也不宜采用。机械密封结构较复杂，造价高，但密封效果甚佳，泄漏量少，使用寿命长，摩擦功耗小。此外，还可用新型密封胶密封等。

4. 换热装置

换热装置是用来加热或冷却反应物料，使之符合工艺要求的温度条件的设备。其结构形式主要有夹套式、蛇管式、列管式、外部循环式等，也可用直接火焰或电感加热，如图12-3所示。

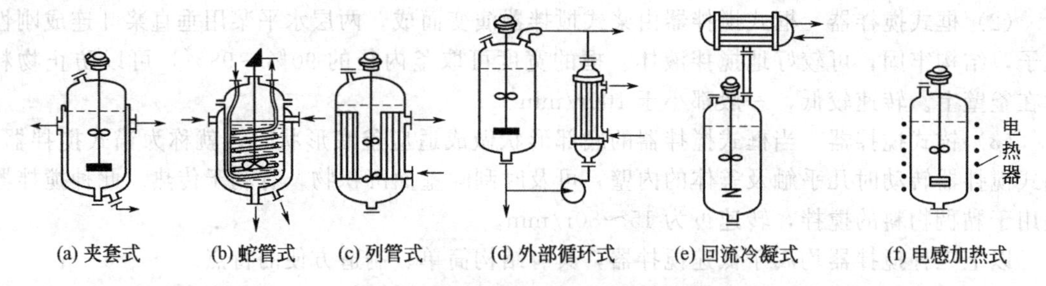

图12-3　釜式反应器的换热装置

各种换热装置的选择主要决定传热表面是否易被污染而需要清洗、所需传热面积的大小、传热介质的泄漏可能造成的后果以及传热介质的温度和压力等因素。一般需要较大传热面积时，采用蛇管式或列管式换热器；反应在沸腾下进行时，采用釜外回流冷凝器取走热量；在需要较小传热面积时，传热介质压力又较低的情况下，采用简单的夹套式换热器比较适宜。

釜式反应器主要应用于液-液均相反应过程，在气-液、液-液非均相反应过程也有应用，操作时温度、浓度容易控制，产品质量均一。在化工生产中，既可适用于间歇操作过程，又可用于连续操作过程；可单釜操作，也可多釜串联使用；但若应用在需要较高转化率的工艺要求时，有需要较大容积的缺点。通常在操作条件比较缓和的情况下，如常压、温度较低且低于物料沸点时，釜式反应器的应用最为普遍。

二、管式反应器

管式反应器由单根（直管或盘管）连续或多根平行排列的管子组成，一般设有套管式或壳管式换热装置。操作时，物料自一端连续加入，在管中连续反应，从另一端连续流出，便达到了要求的转化率。管式反应器与釜式反应器相比在结构上差异较大，主要有直管式、盘管式、多管式等，如图 12-4 所示。

单管（直管或盘管）式反应器是最简单的一种反应器，因其传热面积较小，则一般仅适用于热效应较小的反应过程，如环氧乙烷水解制乙二醇和乙烯高压聚合制聚乙烯等；多管式反应器的传热面积较大，可适用于热效应较大的均相反应过程。多管式反应器的反应管内还可充填固体颗粒，以提高流体湍动或促进非均一流体相的良好接触，并可用来贮存热量使反应器温度能够更好地控制，也适用于非均相反应过程。

由于管式反应器主要用于气相或液相连续反应过程，具有容积小、易于控制等优点；能承受较高的压力，故用于加压反应尤为合适；但对于慢速反应，则有需要管子长、压降较大等不足。随着化工生产越来越趋于大型化、连续化、自动化。连续操作的管式反应器在生产中使用越来越多，就是某些传统上一直使用间歇搅拌釜的高分子聚合反应，目前也开始改用连续操作的管式反应器。

三、固定床反应器

凡是流体连续通过不动的固体物料形成的床层而进行反应的装置称为固定床反应器。工业上以气相反应物通过固体催化剂床层的气固相催化反应器最为重要。

根据传热方式的不同，固定床反应器主要分为绝热式和换热式两大类。

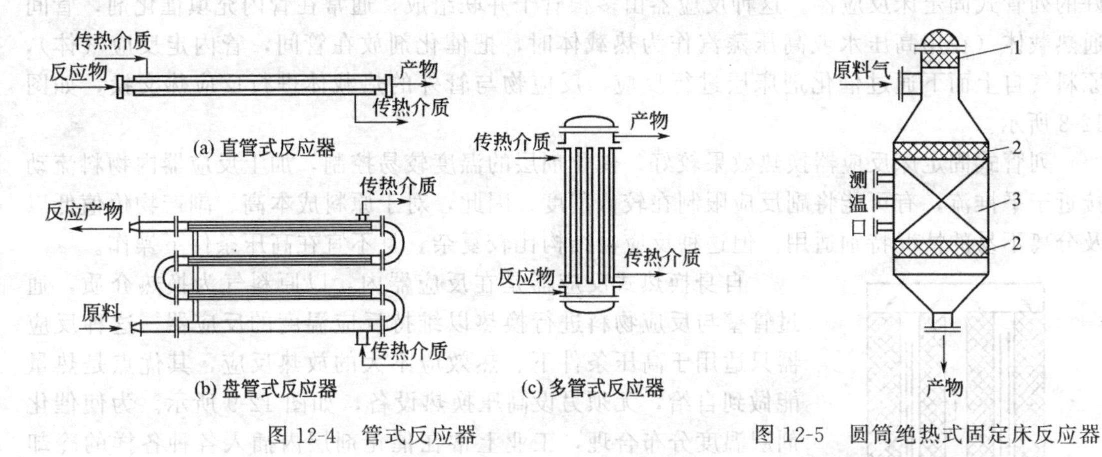

图 12-4 管式反应器

图 12-5 圆筒绝热式固定床反应器

1—矿渣棉；2—瓷环；3—催化剂

1. 绝热式固定床反应器

绝热式固定床反应器可分为轴向反应器和径向反应器。

轴向反应器一般为空心的圆筒体，在器内下部装有栅板，催化剂均匀堆置其上形成床层；物料进口处有保证气流均匀分布的气体分布器，预热到一定温度的反应气体自上而下通过床层进行反应，如图 12-5 所示。这种反应器结构简单，反应器体积利用率高，但因反应过程中反应物系与外界无热量交换，故只适用于反应热效应较小、反应温度允许范围较宽的反应。当反应热效应较大时，常把催化剂层分为若干段，在段间进行热交换，使反应物流在进入下一段床层前升高或降低到合适的温度，如图 12-6(a)、(b) 所示；也可采用掺入冷（或热）反应物（或某种热载体）的方式，通常称为冷激，如图 12-6(c)、(d) 所示，冷激式反应器结构简单，但冷激物料为反应物时，会降低反应的推动力。工业多段绝热式固定床反应器的段数一般不超过 5。

径向反应器的结构较轴向反应器复杂，催化剂装载于两个同心圆筒构成的环隙中，流体沿径向通过催化剂床层，可采用离心流动或向心流动，中心管和床层环隙中流体的流向可以

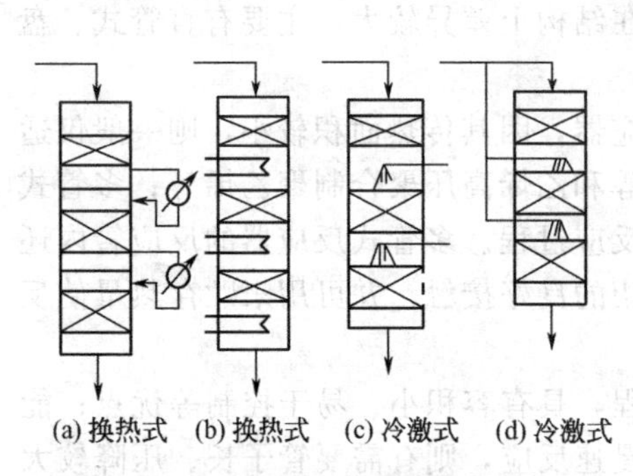

图 12-6　多段绝热式固定床反应器

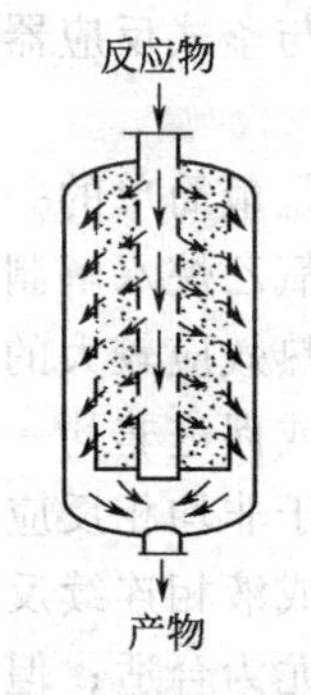

图 12-7　径向反应器

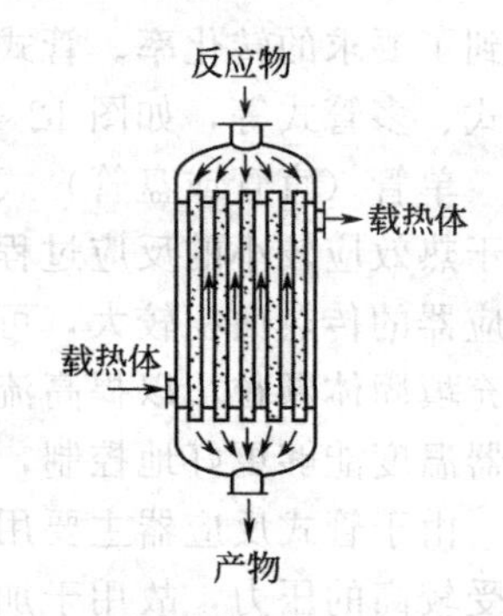

图 12-8　列管式固定床反应器

相同，也可以相反。图 12-7 所示为径向反应器。径向反应器可以采用较细小的催化剂颗粒而压降不大，提高了催化剂的有效系数，但要保证装置中气体分布均匀。

2. 换热式固定床反应器

为维持适宜的温度条件，需要用换热介质移走或供给热量。根据换热介质的不同，可分为对外换热式反应器和自身换热式反应器。

对外换热式反应器是以各种热载体为换热介质，在化工生产中应用最多的是换热条件较好的列管式固定床反应器。这种反应器由多根管子并联组成，通常在管内充填催化剂，管间通热载体（在用高压水或高压蒸汽作为热载体时，把催化剂放在管间，管内走反应气体），原料气自上而下通过催化剂床层进行反应，反应物与管外的热载体进行反应热交换，如图 12-8 所示。

列管式固定床反应器换热效果较好，催化剂层的温度较易控制，加上反应器内物料流动接近于平推流，有可能将副反应限制在较低程度，因此，对于原料成本高、副产物价值低以及分离不易的情况特别适用。但这种反应器结构比较复杂，且不宜在高压条件下操作。

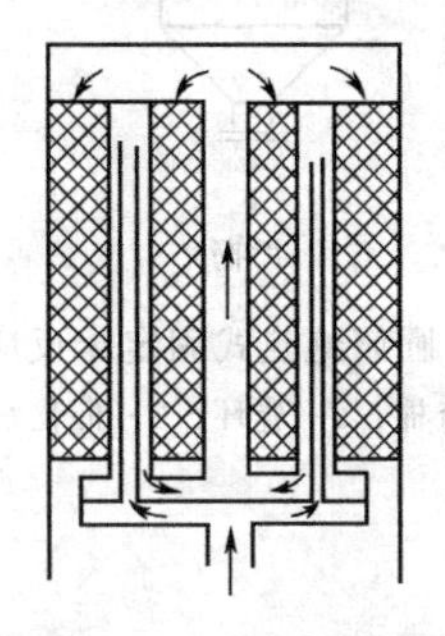

图 12-9　自身换热式反应器（双套管）

自身换热式反应器是在反应器内，以原料气为换热介质，通过管壁与反应物料进行换热以维持反应温度的反应器。这种反应器只适用于高压条件下、热效应不大的放热反应，其优点是热量能做到自给，无须另设高压换热设备，如图 12-9 所示。为使催化剂层温度分布合理，工业上常在催化剂层内插入各种各样的冷却管，然而大量冷却管的存在，减少了催化剂的装填量，影响到反应器的生产能力。

固定床反应器的主要优点是床层内气体的流动接近平推流（除床层极薄和气体流速很低的特殊情况外），因而与返混式反应器相比，化学反应速率较快，可用较少量的催化剂和较小的反应器体积获得较大的生产能力；气体通过床层的停留时间可严格控制，温度分布可适当调节，有利于达到较高的转化率和选择性。此外，结构简单，操作方便，催化剂机械磨损小，也是固定床反应器获得广泛应用的重要原因。

固定床反应器的主要缺点是传热能力差，纵向和横向温度分布不均匀，使床层各处转化率高低不等，不但降低了设备利用率，而且容易发生局部过热，甚至使催化剂失活。另一缺点是催化剂的更换必须停产进行，因此用于固定床反应器的催化剂须有足够长的使用寿命，对催化剂需频繁再生的反应过程不宜使用。此外，受床层压降的限制，固定床反应器中催化剂粒度一般不小于 1.5mm，使催化剂表面利用率不高，对高温下进行的快速反应，可能导致较严重的内扩散影响。由于反应和再生在同一设备中进行，而两者的操作条件相差很大，因此对反应器的材质要求高。

固定床反应器是应用最广的工业反应器之一，除催化剂需连续再生的过程外，几乎所有工业上重要的气固相催化反应都在固定床反应器中进行，液固相催化反应及气固或液固非催化反应也有在固定床反应器中应用。另外，移动床反应器和滴流床反应器也是特殊形式的固定床反应器。

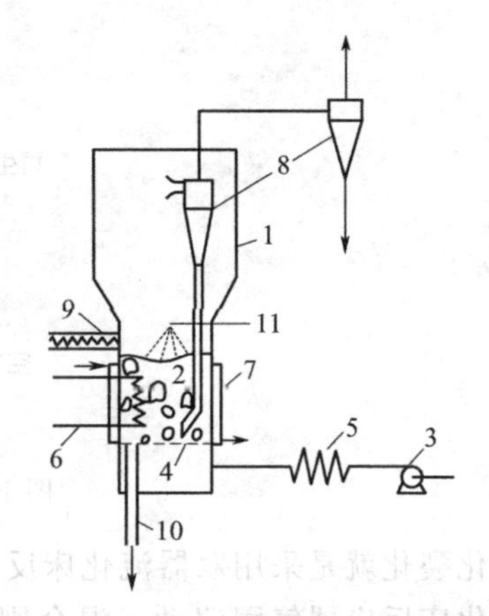

图 12-10　流化床反应器

1—壳体；2—固体颗粒；3—风机；4—气体分布器；5—预热器；6—内换热器；7—夹套换热器；8—旋风分离器；9—固体颗粒加料器；10—固体颗粒出料器；11—喷雾加料

四、流化床反应器

细小的固体颗粒被运动着的流体携带，具有像流体一样能自由流动的性质，此种现象称为固体的流态化。一般来说，把反应器和在其中呈流态化的固体催化剂颗粒合在一起，称为流化床反应器。

流化床反应器多用于气-固反应过程。当原料气通过反应器催化剂床层时，催化剂颗粒受气流作用而悬浮起来呈翻滚沸腾状，原料气在处于流态化的催化剂表面进行化学反应，此时的催化剂床层即为流化床，也称沸腾床。

流化床反应器的形式很多，但一般都由壳体、内部构件、固体颗粒装卸设备及气体分布、传热、气固分离装置等构成，结构如图 12-10 所示。流化床反应器根据床层床型结构分为圆筒式、圆锥式和多管式等类型。

圆筒式的床层为圆筒形，结构简单、制造方便，设备容积利用率高，使用较广泛。圆锥式的结构特点是床层横截面从气体分布板向上逐渐扩大，使上升气体的气速逐渐降低，固体颗粒的流态化较好。特别适用于粒径分布不均匀的催化剂和反应时气体体积增大的反应过程。

多管式的结构是在大直径圆筒形反应器床层中竖直安装一些内换热管。其特点是气固返混小，床层温度较均匀，转化率高。

按照固体颗粒是否在系统内循环分类，可分为单器（或称非循环操作的流化床）和双器（或称循环操作的流化床）。

当催化剂活性使用寿命长时，采用如图 12-11 所示的单器流化床反应器，在工业上应用最为广泛。当催化剂活性降低较快，而再生容易时，采用如图 12-12 所示的双器流化床反应

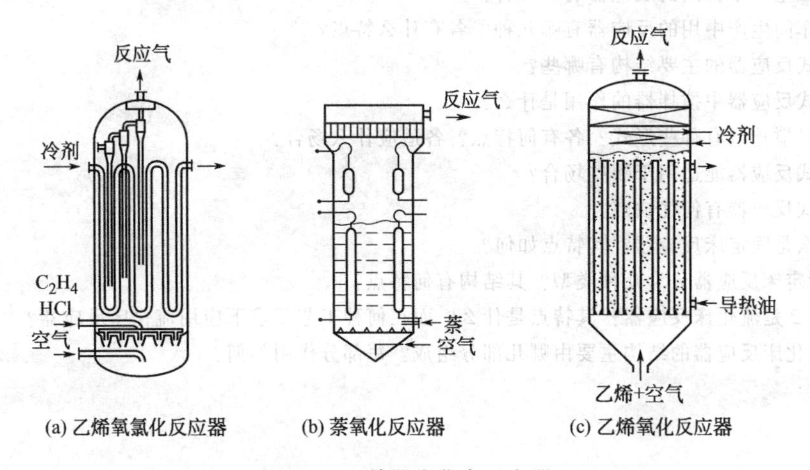

图 12-11　单器流化床反应器

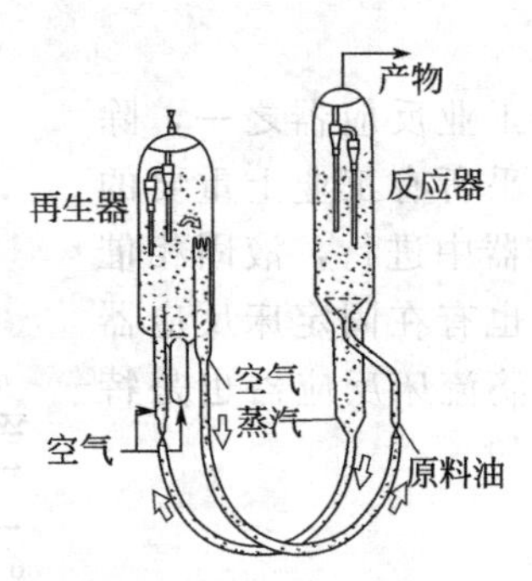

图 12-12　双器流化床反应器

器。催化裂化就是采用双器流化床反应器。

流化床反应器气固湍动、混合剧烈，传热效率高。床层内温度较均匀，避免了局部过热，反应速率快。流态化可使催化剂作为载热体使用，便于生产过程实现连续化、大型化和自动控制。但流化床使催化剂的磨损较大，对设备内壁的磨损也较严重。另外，也易产生气固的返混，使反应转化率受到一定的影响。

五、塔式反应器

塔式反应器的高径比介于釜式反应器和管式反应器之间，为 8～30。主要用于气-液反应，常用的有鼓泡塔、填料塔和板式塔。

鼓泡塔为圆筒体，直径一般不超过 3m，底部装有气体分布器，顶部装有气液分离器。在塔体外部或内部可安装各种传热装置或部件。还有一种带升气管的鼓泡塔，是在塔内装有一根或几根升气管，使塔内液体在升气管内外做循环流动，所以称为气升管式鼓泡塔。

填料塔是在圆筒体塔内装有一定厚度的填料层及液体喷淋、液体再分布及填料支承等装置。其特点是气液返混少，溶液不易起泡，耐腐蚀，压降小。

板式塔是在圆筒体塔内装有多层塔板和溢流装置。在各层塔板上维持一定的液体量，气体通过塔板时，气液相在塔板上进行反应。其特点是气、液逆向流动接触面大、返混小，传热和传质效果好，液相转化率高。

思考与习题

12-1. 化学反应器在化工生产中有何作用？

12-2. 化工生产中常用的反应器有哪几种？

12-3. 您车间生产中用的反应器有哪几种？各有什么特点？

12-4. 釜式反应器的主要结构有哪些？

12-5. 釜式反应器中搅拌器的作用是什么？

12-6. 常见搅拌器有哪些形式？各有何特点？各适应什么场合？

12-7. 釜式反应器能适用于哪些场合？

12-8. 管式反应器有何优缺点？

12-9. 什么是固定床反应器？其特点如何？

12-10. 固定床反应器分为几种类型？其结构有何特点？

12-11. 什么是流化床反应器？其特点是什么？而在何种工艺要求下应用流化床反应器？

12-12. 流化床反应器的结构主要由哪几部分组成？每部分作用如何？

第十三章　化工仪表及控制系统知识

第一节　基本概念

一、仪表的分类

自动化仪表分类的方法很多，根据不同原则进行相应的分类。例如，按仪表所使用的能源分类，可以分为气动仪表、电动仪表和液动仪表；按仪表组合形式，可以分为基地仪表、单元组合仪表和综合控制装置仪表；按仪表安装形式，可以分为现场仪表、盘装仪表和架装仪表；根据仪表是否引入微处理机，可以分为智能仪表和非智能仪表；根据仪表信号的形式，可以分为模拟仪表和数字仪表等。检测与过程仪表最通用的分类方法是按在测量与控制系统中的作用进行划分，一般分为检测仪表、显示仪表、调节（控制）仪表和执行器四大类。

二、仪表的主要性能指标

1. 精确度（简称精度）

精度是描述仪表测量结果准确程度的一项综合性指标。精度高低主要由系统误差和随机误差的大小决定，因此精度包含了准确度和精密度两个方面的内容。

(1) 准确度　表示系统误差的大小。系统误差越小，则准确度越高，即测量值与实际值符合的程度越高。

(2) 精密度　表示随机误差的影响。精密度越高，表示随机误差越小。随机因素使测量值呈现分散而不确定，但总是分布在平均值附近。

仪表的精度用仪表的最大引用误差 δ_{max} 来表示：

$$\delta_{max}=\pm\frac{\Delta_{max}}{M}\times100\% \tag{13-1}$$

式中　Δ_{max}——仪表在测量范围内的最大绝对误差。

为了方便仪表的生产和使用，一般用精度等级来划分仪表精度的高低。根据国家标准GB/T 13283—2008《工业过程测量和控制用检测仪表和显示仪表精确度等级》，去掉最大引用误差的“±”号和“%”号，称为仪表的精度等级，目前已系列化，只能从下列数系中选取最接近的合适数值作为精度等级，规定见表13-1。

表13-1　仪表精度等级

等级	0.1	0.2	0.5	1.0	1.5	2.5	5.0
基本误差	±0.1%	±0.2%	±0.5%	±1.0%	±1.5%	±2.5%	±5.0%

$$a=\underset{\text{Ⅰ级标准表}}{\underline{0.005,0.02,0.05}};\quad\underset{\text{Ⅱ级标准表}}{\underline{0.1,0.2,(0.4),0.5}};\quad\underset{\text{工业用表}}{\underline{1.0,1.5,2.5,(4.0)\text{等}}}$$

仪表精度等级一般都标志在仪表标尺或标牌上，如0.5等，数字越小，说明仪表精确度越高。在确定一个仪表的精度等级时，要求仪表的允许误差应大于或等于仪表校验时所得到的最大引用误差；而根据工艺要求来选择仪表的精度等级时，仪表的允许误差应小于或等于工艺上所允许的最大引用误差。这一点在实际工作中要特别注意。

2. 灵敏度与灵敏限

(1) 灵敏度 灵敏度表示仪表对被测参数变化反应的能力，是指仪表达到稳态后输出增量与输入增量之比，即：

$$S=\frac{\Delta y}{\Delta x} \tag{13-2}$$

式中 S——仪表灵敏度；

Δy——仪表输出变化增量；

Δx——仪表输入变化增量。

仪表灵敏度的调整通常通过改变仪表放大系数来进行。但仪表灵敏度高，会引起系统不稳定，使检测或控制系统品质指标下降。因此规定：仪表标尺分格值不能小于仪表允许的绝对误差。

(2) 灵敏限 灵敏限是指引起仪表指针发生可见变化的被测参数的最小变化量。一般来说，仪表的灵敏限数值不大于仪表允许误差绝对值的一半。

3. 回差

在外界条件不变的情况下，当被测参数从小到大（正行程）和从大到小（反行程）时，同一输入量的两个相应输出值常常不相等。两者绝对值之差的最大值 $\Delta''_{\max}$ 和仪表量程 M 之比的百分数称为回差，也称变差，或称重复性，即：

$$\delta_b=\frac{\Delta''_{\max}}{M}\times 100\% \tag{13-3}$$

式中 δ_b——回差。

回差产生的原因是由于传动机构的间隙、运动件的摩擦、弹性元件的弹性滞后等。回差越小，仪表的重复性和稳定性越好。注意，仪表的回差不能超过仪表引用误差，否则应检修。

4. 反应时间

反应时间表示仪表对被测量变化响应的快慢程度。表示方法如下。

(1) 时间常数 当仪表的输入信号突然变化一个数值（阶跃变化）后，仪表的输出信号（即示值）由开始变化到新稳态值的 63.2% 所用的时间，也可称为仪表的时间常数，如图 13-1 所示。

仪表指示不能立即反映被测量实际变化，又称仪表的滞后现象。因此，时间常数小的仪表滞后就小，即反应时间短；反之，时间常数大，滞后就大，反应时间长。

(2) 阻尼时间 是指从给仪表突然输入其标尺一半的相应被测量值开始，到仪表指示与被测量值之差为该标尺范围±1%时为止的时间间隔，如图 13-2 所示。

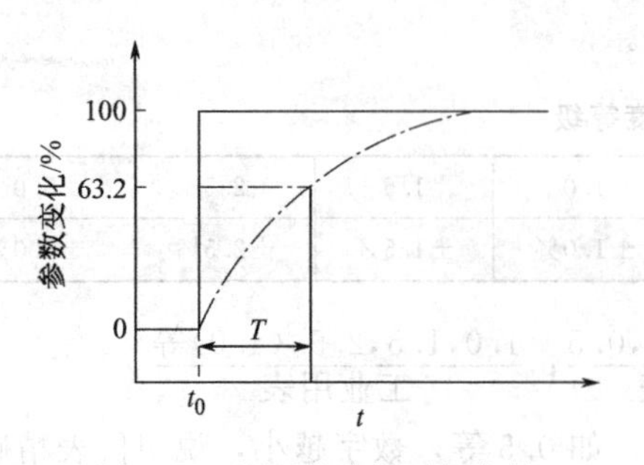

图 13-1 测量仪表的时间常数

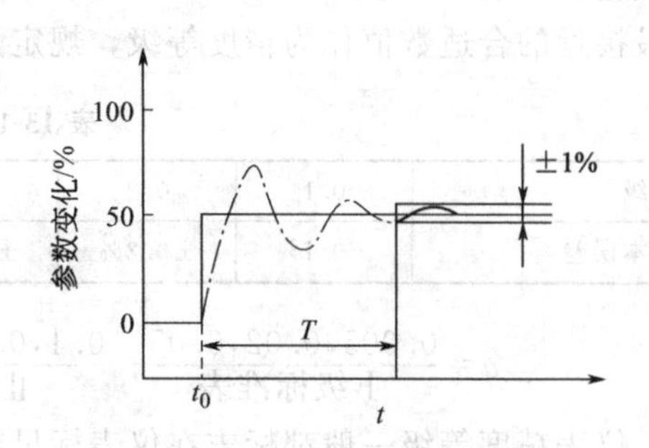

图 13-2 测量仪表的阻尼时间

阻尼时间反映了仪表示值跟随输入量变化从一个稳定工作点到另一个稳定工作点所需的时间长短。当阻尼时间短时，仪表示值的稳定时间短，说明系统稳定性好。

第二节　检测仪表

一、常见压力检测仪表

（一）弹性式压力检测仪表

测量压力的仪表有多种，按弹性式压力表测压范围不同，常用弹性式压力表弹性元件有薄膜式、波纹管式、弹簧管式三类。前两类多用于低压、微压和负压的检测，弹簧管式可用于高压、中压、低压和负压的检测，所以弹簧管式压力表应用最广。

弹簧管式压力表如图 13-3 所示。被测压力由接头 9 通入，迫使弹簧管 1 的自由端 B 向右上方扩张。自由端 B 的弹性变形位移通过拉杆 2 使扇形齿轮 3 作逆时针偏转，带动中心齿轮 4 作顺时针偏转，使其与中心齿轮同轴的指针 5 也作顺时针偏转，从而在面板 6 的刻度标尺上显示出被测压力 p 的数值。由于自由端的位移与被测压力呈线性关系，所以弹簧管式压力表的刻度标尺为均匀分度。

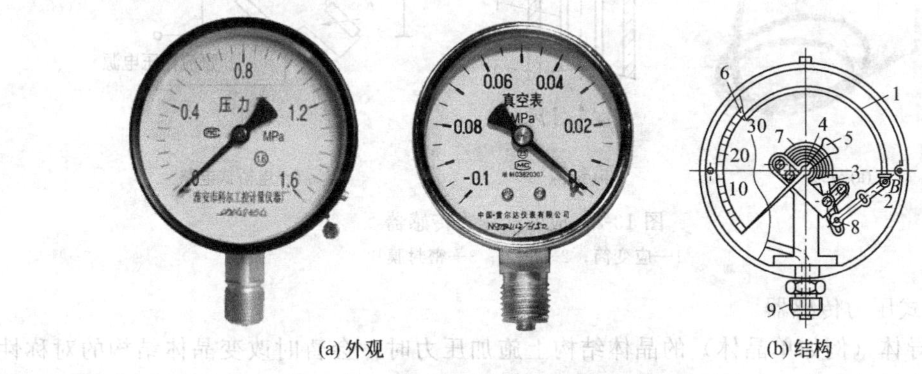

(a) 外观　　(b) 结构

图 13-3　弹簧管式压力表

1—弹簧管；2—拉杆；3—扇形齿轮；4—中心齿轮；

5—指针；6—面板；7—游丝；8—调整螺钉；9—接头

在实际生产中，常常需要把压力控制在一定的范围内，以保证生产正常、安全地进行。利用电接点式压力表能够简便地在压力偏离给定范围时发出报警信号，以提醒操作人员注意，从而进行控制。电接点式压力表如图 13-4 所示。

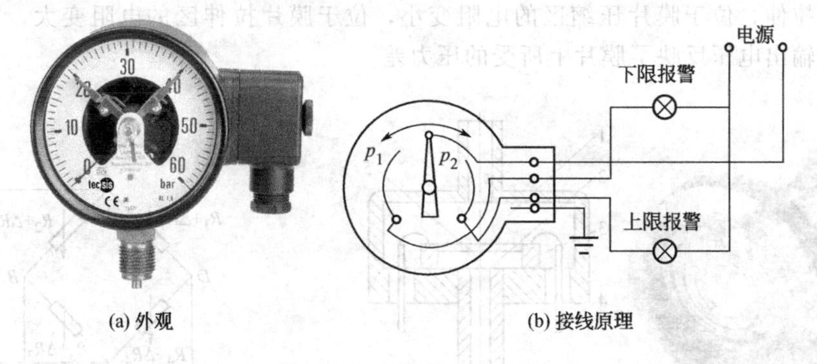

(a) 外观　　(b) 接线原理

图 13-4　电接点式压力表

（二）压力传感器

压力传感器是压力检测系统的重要组成部分。各种压力敏感元件将被测压力信号转换成容易检测的电信号后输出给显示仪表，或供控制和报警使用。

1. 应变式压力传感器

应变式压力传感器是把压力的变化转换成电阻值的变化来进行检测的。应变片是由金属导体或半导体制成的电阻体，其阻值随压力的变化而变化。图 13-5 所示为应变式压力传感器。在图中，R_1、R_2 为康铜丝应变片，通过特殊粘贴剂粘贴在应变筒的外壁上，R_1 沿筒的轴向粘贴，作为检测片；R_2 沿筒的径向粘贴，作为温度补偿片。应变片 R_1、R_2 与另外两个固定电阻 R_3 和 R_4 组成一个桥式电路。由 R_1、R_2 的阻值变化获得桥路的不平衡电压，此电压作为传感器的输出信号。此传感器桥路的电源为 10V 的直流电源，最大输出为 5mV 的直流信号，再经前置放大成为电动单元组合仪表的输入信号。这种类型的传感器主要适用于变化较快的压力检测。

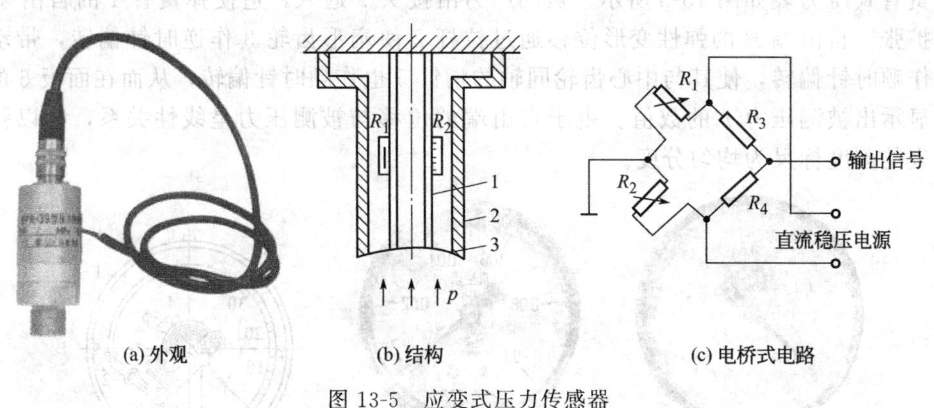

图 13-5 应变式压力传感器

1—应变筒；2—外壳；3—密封膜片

2. 压阻式压力传感器

当在半导体（例如单晶体）的晶体结构上施加压力时，会暂时改变晶体结构的对称性，因而改变了半导体的导电机构，表现为它的电阻率的变化，这一物理现象称为压阻效应。压阻式压力传感器就是基于压阻效应实现压力-电阻转换的。

图 13-6 所示为扩散硅压阻式压力传感器。在硅膜片上用离子注入和激光修正方法形成四个阻值相等的扩散电阻，并连接成惠斯顿电桥形式，如图 13-7 所示。电桥用恒压源或恒流源激励。通过 MEMS 技术在硅膜片上形成一个压力室，一侧与取压口相通，另一侧与大气相连，或做成标准的真空室。当被测压力作用在膜片上产生差压时，使得膜片一部分压缩，一部分拉伸，位于膜片压缩区的电阻变小，位于膜片拉伸区的电阻变大，电桥失去平衡。电桥的输出电压反映了膜片上所受的压力差。

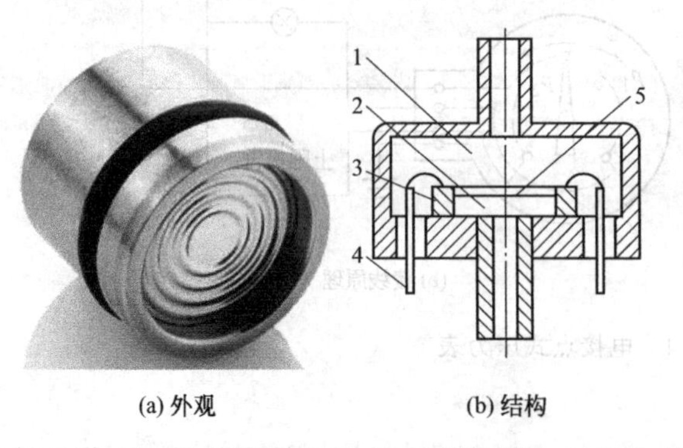

图 13-6 扩散硅压阻式压力传感器

1—低压室；2—高压室；3—硅杯；4—引线；5—硅膜片

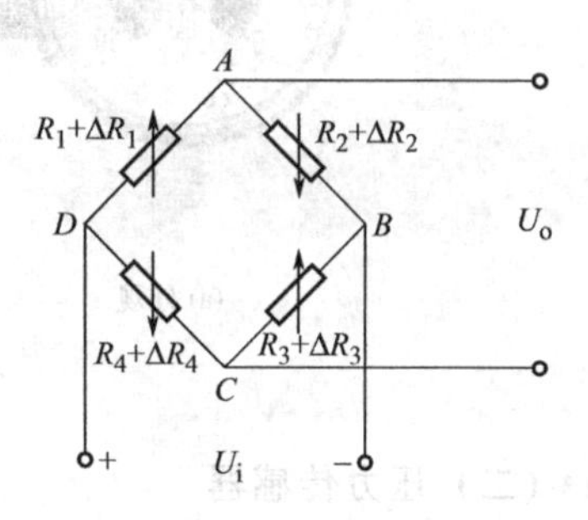

图 13-7 惠斯顿电桥形式

扩散硅压阻式压力传感器具有体积小、重量轻、结构简单、稳定性好和精度高等优点，因而以扩散硅压阻式压力传感器作为检测元件的压力检测仪表得到广泛应用。

二、常见物位检测仪表

工业生产过程中罐、塔、槽等容器中存放液体的表面位置称为液位；把料斗、堆场和仓库等贮存的固体块、颗粒、粉料等的堆积高度称为料位；把两种互不相容的物质的界面位置称为界位。液位、料位、界位总称为物位。对物位进行检测的仪表被称为物位检测仪表。

（一）玻璃液位计

玻璃液位计有玻璃管式和玻璃板式两种，它是一种基于物理学中连通器原理工作的直读式液位测量仪表，即容器内液位有多高，在玻璃管和玻璃板内液位也有多高，如图 13-8 所示。

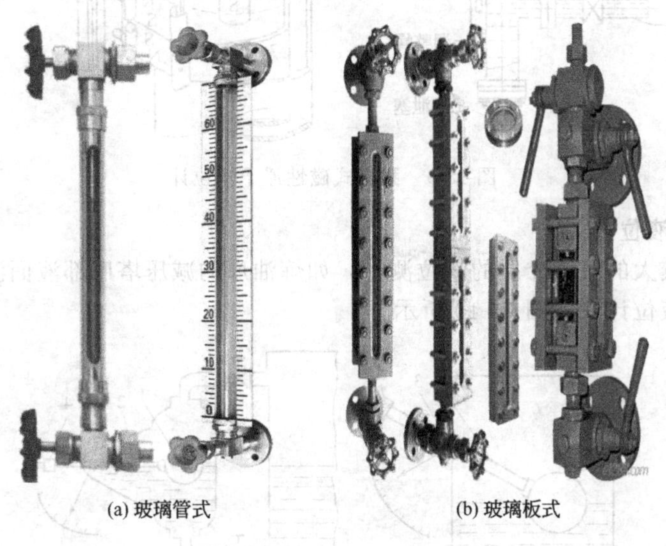

(a) 玻璃管式　(b) 玻璃板式

图 13-8　玻璃液位计

这种液位计简单、价廉，在温度和压力较高的地方均可使用。玻璃板液位计有透光式和折射式两种形式，液位计两端都装有特制阀门，可防止玻璃破碎时容器内液体的流失。如在针形阀里，装一个 10mm 的钢球，当玻璃管发生意外而破裂时，钢球在设备内压的作用下，自动封闭，以防止容器内部介质继续外流。在上下阀体两端，分别装有放气塞与流液塞，根据工艺操作条件或严寒地区的需要，还可装设伴热（或冷却）管。其缺点是：易破碎，不能记录和远距离传送，不适于污染玻璃的液体。

（二）磁性浮子液位计

图 13-9 所示为翻板式磁性浮子液位计，由连通管组件、浮标和翻板指示装置组成。浮标在连通管中漂浮于液体的液面上，液位的变化，通过浮标内的磁钢把信号传出，浮标中磁钢的位置恰好与液位相一致，铝框架上安装了许多铁片制的翻板，翻板两面涂不同颜色。翻板受磁钢吸引而翻转，从而能够指示液位的变化。

该液位计能承受较高的压力。主要零件可采用不锈钢制造，能耐腐蚀。缺点如下。

① 精确性差，在液面波动时，带磁铁的浮子与外面的指标位置有 20～30mm 范围的滞后现象。

② 浮子与管子之间间隙小，在物料中有固体物料，或含有铁素物质时，浮子会卡住，不灵活。

③ 不锈钢浮子要求厚 0.3～0.5mm，铅浮子厚 0.6～1mm。

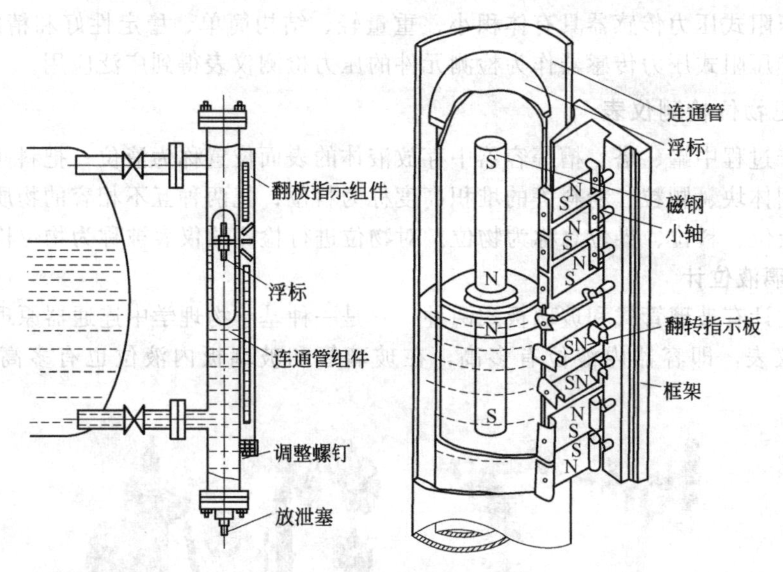

图 13-9　翻板式磁性浮子液位计

(三) 浮球式液位计

对于黏度比较大的液体介质的液位测量，如炼油厂的减压塔底部液面测量，一般可采用带杠杆的浮球式液位计，如图 13-10 所示。

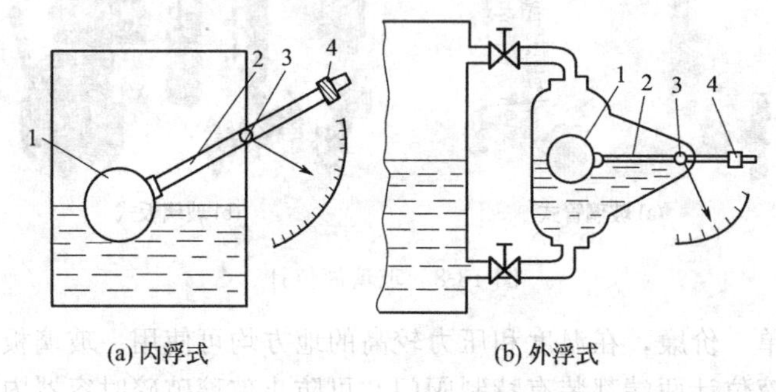

图 13-10　带杠杆的浮球式液位计

1—浮球；2—杠杆；3—转动轴；4—平衡锤

浮球式液位计分为内浮式和外浮式两种。浮球由铜或不锈钢制成，浮球通过连杆与转动轴连接。转动轴的另一端与容器外侧的杠杆相连接，并在杠杆上加平衡物组成以转动轴为支点的杠杆系统。一般设计要求在浮球一半浸没在液面时实现系统的力矩平衡。如果在转动轴的外端安装指针或信号转换器，可方便地进行就地液位指示、控制。浮球式液位计由于机械杠杆臂长度的限制，量程通常较小，常用于液位控制系统中的液位高度变化量的检测。

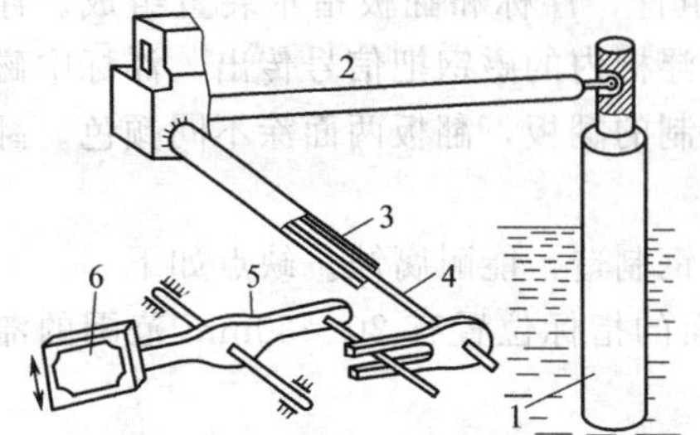

图 13-11　位移平衡浮筒式液位变送器

1—浮筒；2—杠杆；3—扭力管；4—心轴；5—推板；6—霍尔片

(四) 浮筒式液位计

浮筒式液位计的检测元件是部分沉浸在液体中的浮筒。它的浮力随着液位的变化而产生变化，从而推动气动或电动元件发出信号给显示仪表，以指示被测液面值，也可以作液面报警和控制用。图 13-11 所示为位移平衡浮筒式液位变送器。当液位发生变化时，浮筒本身的重力与所受的浮力不平衡，此不平衡力经杠杆传至扭力管，而扭力管产生转角弹性变形，由心轴传出，经推板传到霍尔片，转换成霍尔电动势，经功率放大后转换成统一的标准电信号输出，以远传给显示仪表进行液位指示、记录和控制。

（五）差压式液位计

差压式液位计是利用容积内的液位改变时，液柱产生的静压力也相应变化的原理而工作的。

图 13-12 所示为电容式差压变送器，被测差压进入变送器高低压室，使中间的弹性膜片产生相应的位移量。而此膜片是差动电容的中间极板，与两侧固定极板的距离变化导致两个电容值 C_1 和 C_2 的变化。经过转换电路的处理，最后变成 4～20mA 的直流电流信号。

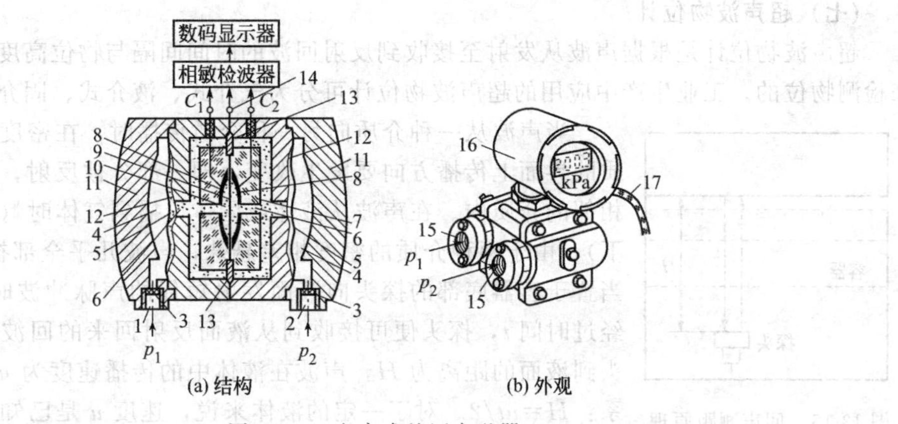

图 13-12　电容式差压变送器

1—高压侧进气口；2—低压侧进气口；3—过滤片；4—空腔；5—柔性不锈钢波纹隔离膜片；6—导压硅油；7—凹形玻璃圆片；8—镀金凹形电极（定极板）；9—弹性膜片；10—δ 腔；11—铝合金外壳；12—限位波纹盘；13—过压保护悬浮波纹膜片；14—公共参考端（地电位）；15—螺纹压力接头；16—测量转换电路及显示器铝合金盒；17—信号电缆

遇到含有杂质、结晶、凝聚或易自聚的被测介质，用普通的差压变送器可能引起连接管线的堵塞，此时需要采用法兰式差压变送器。如图 13-13 所示，变送器与设备通过法兰相连，法兰式测量头中的敏感元件金属膜盒，经毛细管与变送器的测量室相通，由膜盒、毛细管、测量室组成的封闭系统内充有硅油，通过硅油传递压力，在毛细管的外部套有金属蛇皮保护管作为保护。

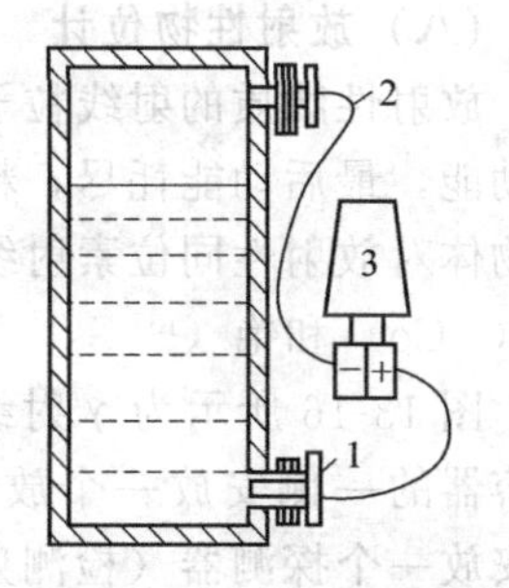

图 13-13　双法兰式差压变送器测液位示意图

1—法兰式测量头；2—毛细管；3—变送器主机

（六）电容式物位计

电容式物位计是电学式物位检测方法之一，它是直接把物位的变化量转换成电容的变化量，然后再变换成统一的标准电信号，传输给显示仪表进行显示、记录、报警或控制。

电容式物位计的电容检测元件根据圆筒形电容器原理进行工作，结构如图 13-14(a) 所示，电容器由两个相互绝缘的同轴圆柱极板内电极和外电极组成。电容的增量与电极被浸没的长度成正比。图 13-14(b) 为 UYB-11A 型电容式液位计的外形。这种液位计用来检测导电液体的液位。它由不锈钢电极套上聚四氟乙烯绝缘套管构成，工作时不锈钢棒作为一个电极，导电液体作为另一个电极，聚四氟乙烯绝缘套管作为中间的填充介质，这三者构成一个圆柱形电容器。

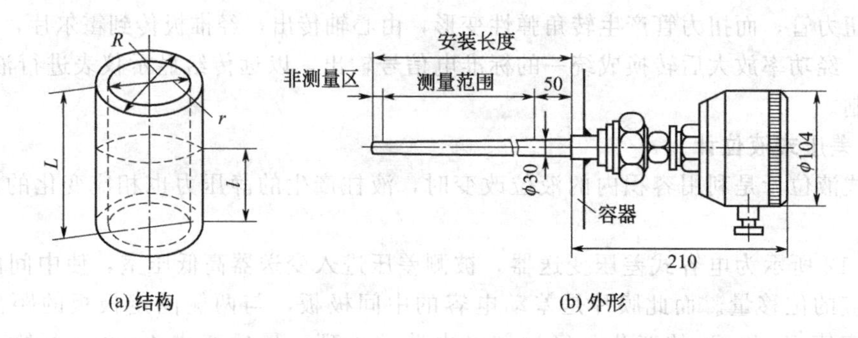

图 13-14　电容式液位计

（七）超声波物位计

超声波物位计是根据声波从发射至接收到反射回波的时间间隔与物位高度成比例的原理来检测物位的。工业生产中应用的超声波物位计可分为气介式、液介式、固介式三种。

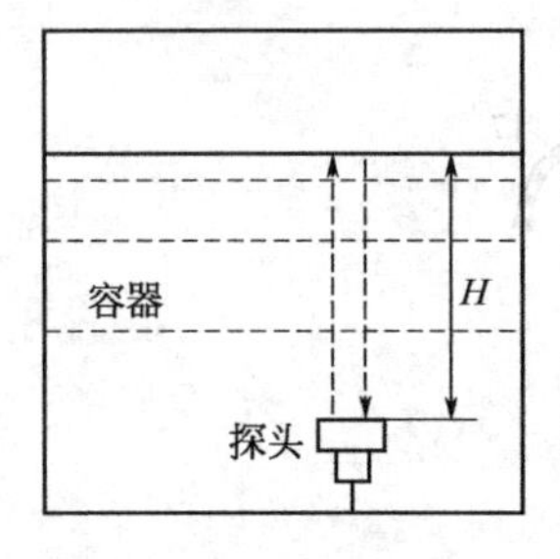

图 13-15　回声测距原理

当声波从一种介质向另一种介质传播时，在密度不同的两种介质的界面上传播方向要发生改变，即一部分被反射，一部分折射入相邻的介质内。在声波从液体或固体传播到气体时（或相反的情况下），由于两种介质的密度相差悬殊，声波几乎全部被反射。因此，当置于容器底部的探头向液面发射短促的声脉冲波时（图 13-15），经过时间 t，探头便可接收到从液面反射回来的回波声脉冲。若探头到液面的距离为 H，声波在液体中的传播速度为 u，则有以下关系：$H=ut/2$。对于一定的液体来说，速度 u 是已知的，因此，可以通过测量时间来确定液位的高度（H）。

超声波物位计无可动部分，结构简单，使用寿命长；可测范围广，检测元件（探头）不接触被测介质，适用于强腐蚀性、高黏度、有毒介质和低温介质的物位和界面检测。但检测元件不能承受高温，对声波的吸收能力很强的被测介质不适用，电路复杂，造价较高。

（八）放射性物位计

放射性物质的射线粒子穿过一定厚度的物体时，因粒子的碰撞和克服阻力而消耗了粒子的动能，最后动能耗尽，粒子便被物体吸收。不同的物体对射线的穿透与吸收能力不同。利用物体对放射性同位素射线的吸收作用来检测物位的仪表称为放射性物位计。半衰期较长的钴（^{60}Co）和铯（^{137}Cs）放射性同位素一般作为放射源。

图 13-16 所示为 γ 射线物位计检测示意图。在容器的一侧安放一个放射源，在容器的另一侧安放一个探测器（检测射线的仪表），便可检测物位。当料位高度低于放射源的位置时，射线粒子大部分通过气体介质到达探测器；若料位上升到超过放射源的高度时，因固体或液体吸收能力比气体强，大部分射线粒子被容器中的物料所吸收，而探测器测得的粒子数便减少。指示仪把测得的粒子数进行转换，并功率放大成标准电信号，远传进行指示、记录或调节。

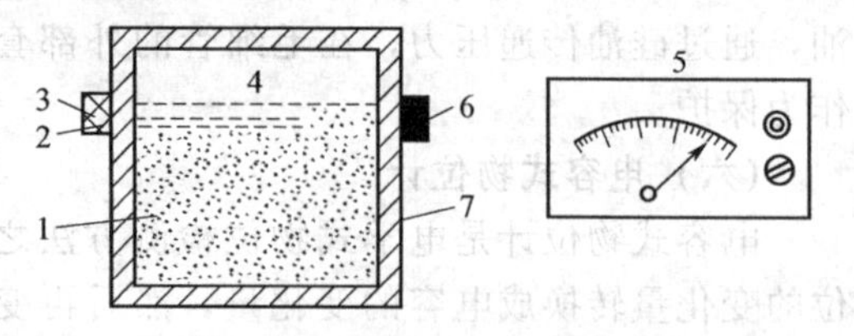

图 13-16　γ 射线物位计检测示意图

1—物料；2—铅屏蔽；3—放射源；4—射线；5—指示仪；6—探测器；7—容器

放射性物位计能完全不接触被测物质，用于高温、高压容器、高黏度、强腐蚀性、易燃易爆介质的物位检测，适宜在环境恶劣且不需人的地方工作，但放射线对人体有较大的伤害，因而在选用上必须慎重。

三、常见流量检测及仪表

(一) 孔板流量计

孔板流量计属于差压式流量计，是利用流体流经节流元件产生的压力差来实现流量测量。孔板流量计的节流元件为孔板，如图 13-17 所示。由于流体在流动时遇到节流装置的阻挡，其流束形成收缩。在挤过节流孔后，流速又由于流通面积的变大和流束的扩大而降低，所以流体在流过节流装置的前后时会发生能量的相互转换。在节流装置前后的管壁处的流体静压力发生变化，形成静压力差 Δp，$\Delta p=p_1-p_2$，存在 $p_1>p_2$。差压 Δp 与流量 Q 有单值函数关系，流量 Q 越大，流束的局部收缩和位能、动能的转换就越显著，在节流装置前后所产生的压差也就越大，因此能够通过测量压差的大小实现对流量大小的测量。

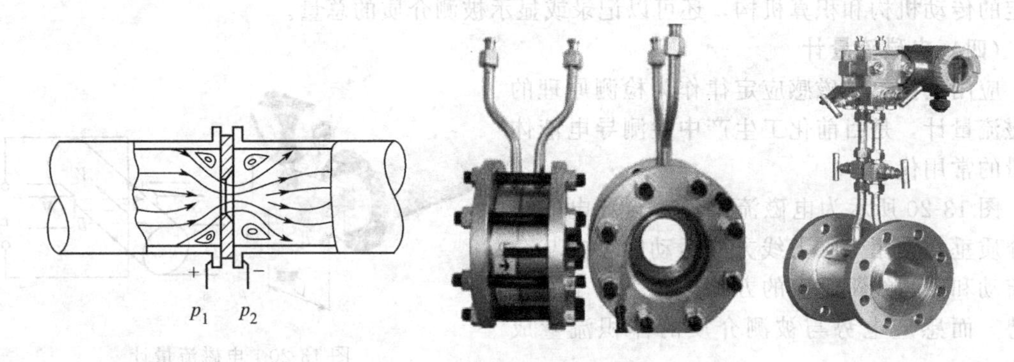

图 13-17　孔板流量计

孔板流量计构造简单，制造、安装方便，应用很广。但流体流经孔口时，因流通截面突然收缩和突然扩大，损失压头较大。此项损失压头随孔口截面与管道截面之比的减小而增大。考虑到这一点，出现了文氏流量计。它由一段逐渐缩小和逐渐扩大的管子加上压差计组成，其测量原理与孔板流量计相似。

(二) 转子流量计

转子流量计的测量环节由一个垂直的锥形管与管内可以上下移动的浮子组成，锥形管外刻有 10%～100%的刻度，如图 13-18 所示。当被测介质的流束由下而上通过锥形管时，如果作用于浮子的上升力大于浸没在介质中浮子的重力，浮子便上升，浮子最大直径与锥形管内壁形成的环隙面积随之增大，介质的流速下降，作用于浮子的上升力就逐渐减小，直到上升力等于浸在介质中浮子的重力时，浮子便稳定在某一高度，读出相应的刻度，便可得知流量值。远传的转子流量是将浮子位置转换成对应的电流或气压信号。

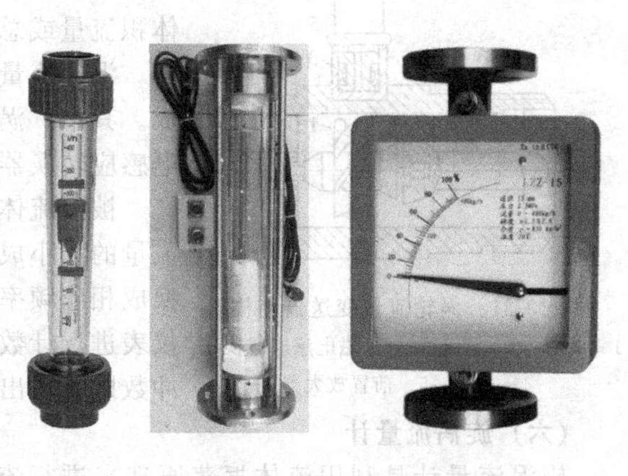

图 13-18　转子流量计

转子流量计可用来测量气体或液体流量，适用性广，适宜在小于 200mm 的小管径上测流量，转子流量计只能垂直安装，流体介质的流向应是自下而上。

(三) 椭圆齿轮流量计

椭圆齿轮流量计是容积式流量计中的一种，它对被测流体的黏度变化不敏感，特别适合

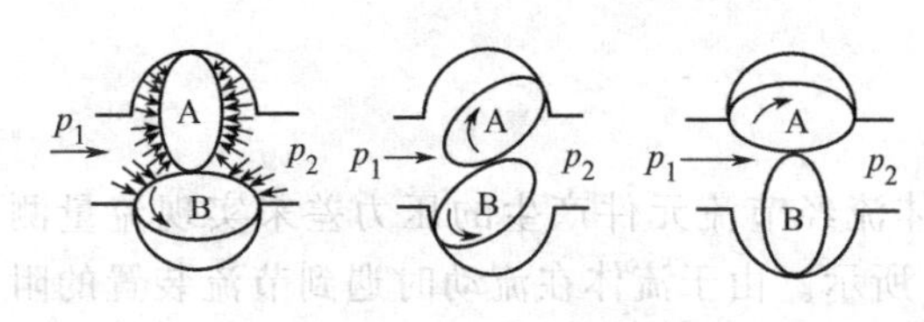

图 13-19 椭圆齿轮流量计

于高黏度的流体（如重油、聚乙烯醇、树脂等），甚至糊状物的流量测量。

椭圆齿轮流量计的主要部件是测量室（即壳体）和安装在测量室内的两个互相啮合的椭圆齿轮 A 和 B，两个齿轮分别绕自身的轴相对旋转，与外壳构成封闭的月牙形空腔，如图 13-19 所示。

椭圆齿轮流量计特别适用于高黏度介质的流量检测。它的测量精度很高（±0.5%），压力损失小，安装和使用较方便。目前椭圆齿轮流量计有就地显示和远传显示两种形式，配以一定的传动机构和积算机构，还可以记录或显示被测介质的总量。

（四）电磁流量计

应用法拉第电磁感应定律作为检测原理的电磁流量计，是目前化工生产中检测导电液体流量的常用仪表。

图 13-20 所示为电磁流量计，当导电的被测介质垂直作用于磁力线方向运动时，在与介质流动和磁力线都垂直的方向上产生一个感应电势。而感应电势与被测介质的体积流量成正比。

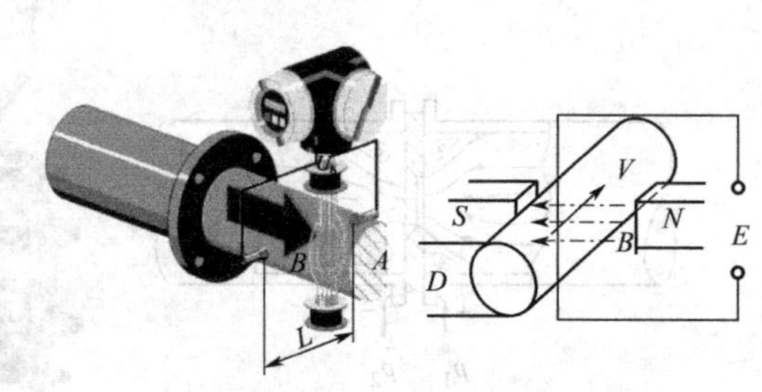

图 13-20 电磁流量计

这种测量方法可测量各种腐蚀性液体以及带有悬浮颗粒的浆液，不受介质密度和黏度的影响，但不能测量气体、蒸汽和石油制品等流量。

（五）涡轮流量计

涡轮流量计是一种速度式流量仪表，它具有结构简单、精度高、测量范围广、耐压高、温度适应范围广、压力损失小、维修方便、重量轻、体积小等特点。一般用来测量封闭管道中低黏度液体或气体的体积流量或总量。

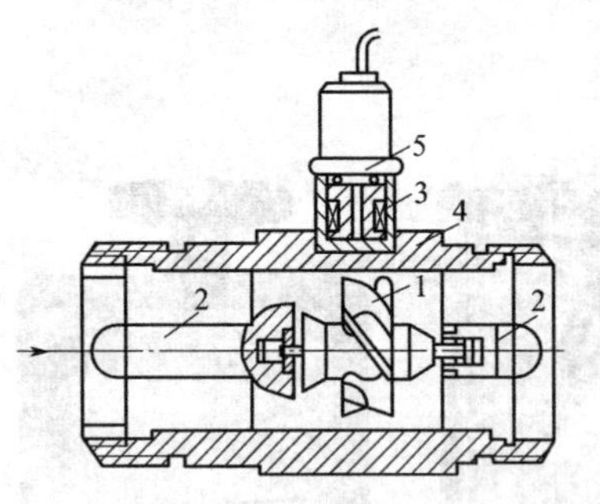

图 13-21 涡轮流量变送器结构

1—涡轮；2—导流器；3—磁电感应转换器；4—外壳；5—前置放大器

涡轮流量计由涡轮流量变送器和显示仪表两部分组成。其中，涡轮流量变送器包括壳体、涡轮、导流器、磁电感应转换器和前置放大器等几部分，如图 13-21 所示。

被测流体冲击涡轮叶片，使涡轮旋转，涡轮的转速与流量的大小成正比。经磁电感应转换装置把涡轮的转速转换成相应频率的电脉冲，经前置放大器放大后，送入显示仪表进行计数和显示，根据单位时间内的脉冲数和累计脉冲数即可求出瞬时流量和累计流量。

（六）旋涡流量计

旋涡流量计是利用流体振荡原理来进行流量测量的。它可分为流体强迫振荡的旋涡进动型和自然振荡的卡门旋涡分离型。前者称为旋进旋涡流量计，后者称为涡街流量计。

1. 旋进旋涡流量计

图 13-22 所示为旋进旋涡流量计原理。流体流过螺旋叶片后被强制旋转，便形成了旋涡。旋涡的中心是涡核，速度很高，外围是环流。在文丘里收缩段，涡核与流量计的轴线相一致。当进入扩大段后，涡核就围绕着流量计的轴作螺旋状进动。旋涡进动的频率和流体的

体积流量成比例。涡核的频率通过热敏电阻来检测。

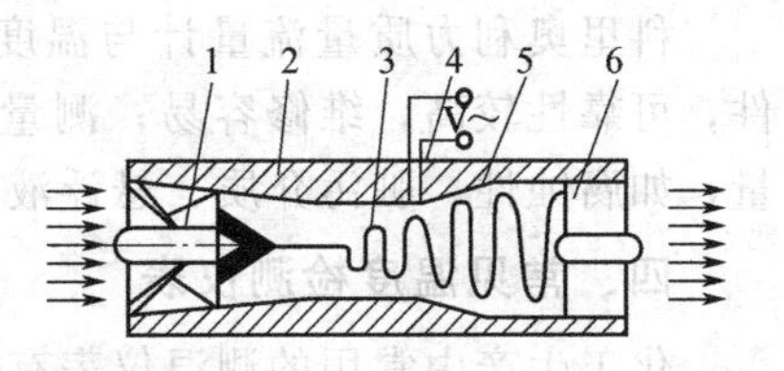

图 13-22　旋进旋涡流量计原理

1—螺旋叶片；2—文丘里收缩段；3—旋涡；4—热敏电阻；5—扩大段；6—导直叶片

热敏电阻通过电流，使它的温度始终高于流体的温度，每当涡核流经热敏电阻一次，热敏电阻就被冷却一次。这样，热敏电阻的温度随着涡核的进动频率而作周期性变化，该变化又导致热敏电阻的阻值作周期性变化。这一阻值变化经检测放大器处理后转换成电压信号。最终得到与体积流量成比例的脉冲信号，送到显示仪表显示。

旋进旋涡流量计采用微处理技术，具有功能强、流量范围宽、操作和维修简单、安装和使用方便等优点。但其对直管段有一定要求，对管道振动也较敏感，管道要有一定的减振措施。

2. 涡街流量计

涡街流量计原理如图 13-23 所示。在流动的流体中插入一个非流线型柱状物，常用圆柱形或三角形柱体。流体流动到柱体，会在柱体下游产生两列不对称且有规律的旋涡。当满足 $h/l=0.281$ 时，产生的旋涡是稳定的。在涡街流量计测量的有效范围内，流体的平均流速 u 与圆柱体卡门旋涡的频率 f 成正比，所以测得 f 即可求得 u，由 u 可得到体积流量 Q 值。

涡街流量计压损小、量程宽、耐高温，但是抗振性较差。

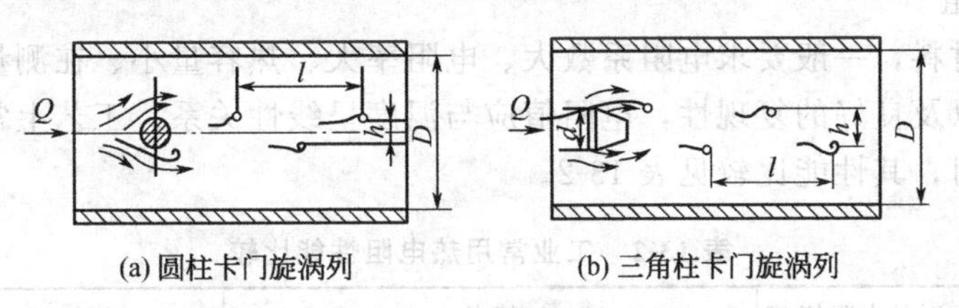

图 13-23　涡街流量计原理

（七）质量流量计

用来测量质量流量的仪表统称为质量流量计。科里奥利力质量流量计是目前应用较多、发展较快的一种直接式质量流量计。科里奥利力质量流量计的测量系统，一般由传感器、变送器及数字式指示累计器三部分组成。传感器是根据科里奥利效应制成的，由传感管、电磁推动器和电磁检测器三部分组成。传感管的结构常见的有 U 形管形、Ω 形管形、直管形等。

U 形传感器如图 13-24 所示，当流体流过两个平行的测量管时，会产生一个与流速方向垂直的加速度，即相应的科里奥利力，该力使测量管振荡而发生扭曲，这一扭曲现象被称为科里奥利现象。电磁驱动器使传感器以其固有频率振动，而流量的导入使 U 形传感器在科里奥利力的作用下产生扭曲，在它的左右两侧产生一个相位差，如图 13-25 所示，根据科里奥利效应，该相位差与质量流量成正比。电磁检测器把该相位差转变为相应的电平信号送入变送器，经滤波、积分、放大等处理后，转换成与质量流量成正比的 4～20mA 模拟信号和一定范围的频率信号两种形式输出。

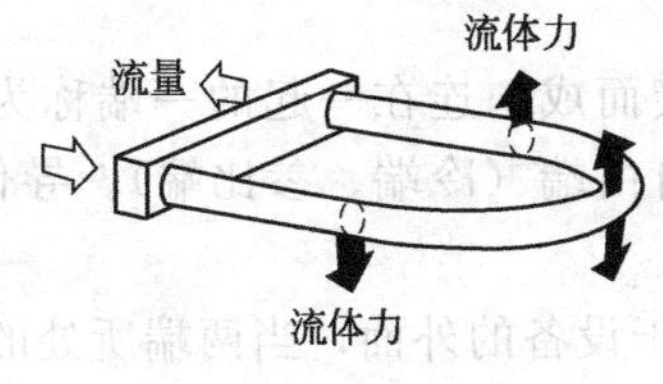

图 13-24　U 形传感器

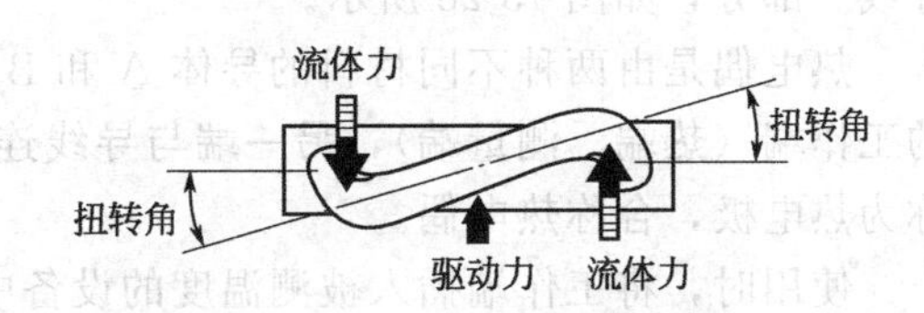

图 13-25　流体力使振动管扭曲端面视图

科里奥利力质量流量计与温度、压力、密度和黏度等参数无关，无须补偿；无可动部件，可靠性较高，维修容易；测量精度高；可调量程宽，适用于高压气体、各种液体的测量，如腐蚀性、脏污介质、悬浮液及两相流体等。

四、常见温度检测仪表

化工生产中常用的测温仪表有热电阻温度计、热电偶温度计和膨胀式温度计。

(一) 热电阻温度计

1. 测温原理及构成

热电阻温度计是测量中低温区最常用的一种温度检测器。热电阻温度计是基于金属导体的电阻值随温度的变化而变化的特性来进行温度测量的。

图 13-26　热电阻测温系统

热电阻测温系统由热电阻、显示仪表、连接导线三部分组成，如图 13-26 所示。热电阻温度计适用于测量在 $-200\sim500$℃范围内液体、气体、蒸汽及固体表面的温度。热电阻的输出信号大，比相同温度范围内的热电偶温度计具有更高的灵敏度和测量精度，而且无须冷端补偿；电阻信号便于远传，比电势信号易于处理和抗干扰。但其连接导线的电阻值易受环境温度的影响而产生测量误差，所以必须采用三线制接法。

2. 常用热电阻

作为热电阻材料，一般要求电阻系数大、电阻率大、热容量小、在测量范围内有稳定的化学和物理性质以及良好的复现性，电阻值应与温度呈线性关系。工艺上常用的热电阻有铜热电阻和铂热电阻，其性能比较见表 13-2。

表 13-2　工业常用热电阻性能比较

名称	分度号	0℃时的电阻值/Ω	特点	用途
铜电阻	Cu50	50	物理、化学性能稳定，特别是在－50～150℃范围内，使用性能好；电阻温度系数大，灵敏度高，线性好；电阻率小，体积大，热惰性较大；价格低	是用于测量－50～150℃温度范围内各种管道、化学反应器、锅炉等工业设备中各种介质的温度；还可用于测量室温
	Cu100	100		
铂电阻	Pt50	50	物理、化学性能较稳定，复现性好；精确度高；测温范围为－200～650℃；在抗还原性介质中性能差，价格高	适用于－200～500℃范围内各种管道、化学反应器、锅炉等工业设备的介质温度测量；可用于精密测温及作为基准热电阻使用
	Pt100	100		

3. 热电阻的分类与结构

热电阻分为普通热电阻、铠装热电阻和薄膜热电阻三种。普通热电阻一般由电阻体、保护套管、接线盒、绝缘杆等部件构成，如图 13-27 所示。

(二) 热电偶温度计

1. 热电偶测温原理

热电偶温度计的测温原理是基于热电偶的热电效应。测温系统包括热电偶、显示仪表和导线三部分，如图 13-28 所示。

热电偶是由两种不同材料的导体 A 和 B 焊接或铰接而成，连在一起的一端称为热电偶的工作端（热端、测量端），另一端与导线连接，称为自由端（冷端、参比端）。导体 A、B 称为热电极，合称热电偶。

使用时，将工作端插入被测温度的设备中，冷端置于设备的外面，当两端所处的温度不同时（热端为 t，冷端为 t_0），在热电偶回路中就会产生热电势，这种物理现象称为热电效应。

热电偶回路的热电势只与热电极材料及测量端和冷端的温度有关，记作 $E_{AB}(t, t_0)$，且：

$$E_{AB}(t,t_0)=E_{AB}(t)-E_{AB}(t_0) \tag{13-4}$$

若冷端温度 t_0 恒定、两种热电极材料一定时，$E_{AB}(t_0)=C$ 为常数，则有：

$$E_{AB}(t,t_0)=E_{AB}(t)-C=f(t) \tag{13-5}$$

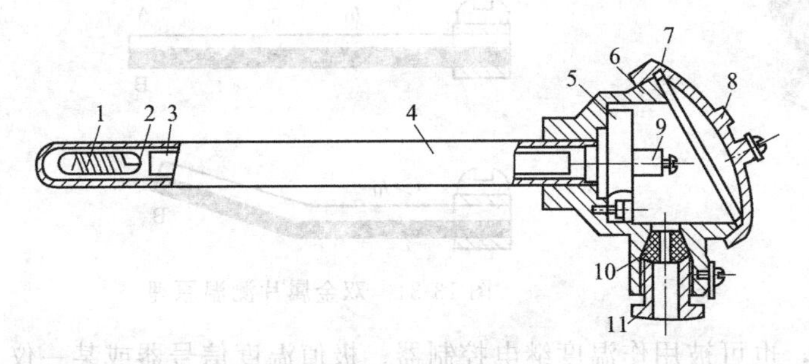

图 13-27　普通热电阻的结构

1—电阻体；2—引出线；3—绝缘管；4—保护套管；5—接线座；6—接线盒；7—密封圈；8—盖；9—接线柱；10—引线孔；11—引线孔螺母

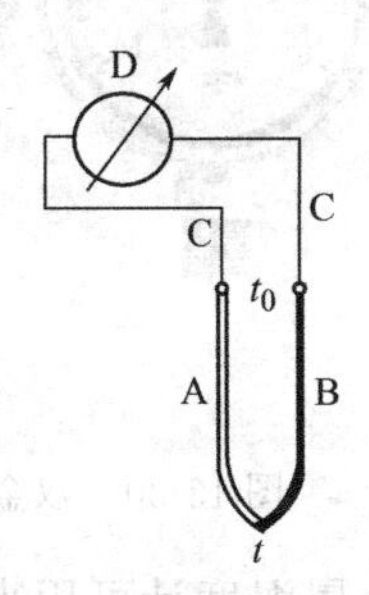

图 13-28　热电偶测温系统

A，B—热电偶；C—导线；D—显示仪表；t—热端温度；t_0—冷端温度

即只要组成热电偶的材料和参比端的温度一定，热电偶产生的热电势仅与热电偶测量端的温度有关，而与热电偶的长短和直径无关。即热电偶热电势与温度之间存在一一对应关系。所以只要测出热电势的大小，就能得出被测介质的温度，这就是热电偶温度计的测温原理。

目前常用的热电偶有铂铑$_{10}$-铂（WRP）、铂铑$_{30}$-铂铑（WRR）、镍铬-镍硅（WRN）、镍铬-铜镍（WRK）、铜-铜镍（WRC）。

2. 热电偶的结构

热电偶一般由热电极、绝缘子、保护套管和接线盒等部分组成。绝缘子（绝缘瓷圈或绝缘瓷套管）分别套在两根热电极上，以防短路。再将热电极以及绝缘子装入不锈钢或其他材质的保护套管内，以保护热电极免受化学和机械损伤。参比端为接线盒内的接线端，如图 13-29 所示。

热电偶的结构形式很多，除了普通热电偶外，还有薄膜热电偶和套管（或称铠装）热电偶。

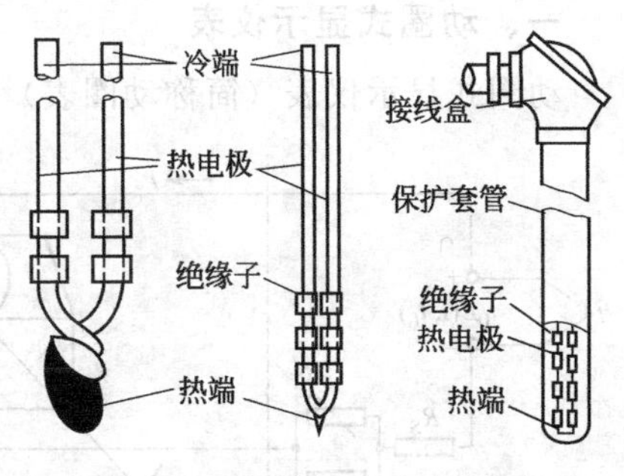

图 13-29　普通热电偶的结构

3. 热电偶冷端温度补偿

只有在冷端温度为0℃时，才能通过查分度表确知温度与输出电势之间的关系，而热电偶的冷端温度一般不为0℃，而且冷端温度容易受到被测温度的影响而很难保持恒定，所以需要对冷端进行补偿。常见的冷端温度补偿方法有冰浴法、冷端温度校正法、补偿导线法和补偿电桥法等。

(三) 双金属温度计

膨胀式温度计分为玻璃管液体膨胀式和固体膨胀式两大类。对于固体膨胀式温度计，现在广泛采用的是双金属温度计，其实际外形如图 13-30 所示。

双金属温度计的感温元件是用两片线膨胀系数不同的金属片焊在一起制成的，如图 13-

31 所示。双金属片受热后，由于两金属片的线膨胀长度不相同而产生弯曲，温度越高产生的线膨胀长度差越大，因而引起弯曲的角度就越大。双金属温度计就是利用这一原理制成的。

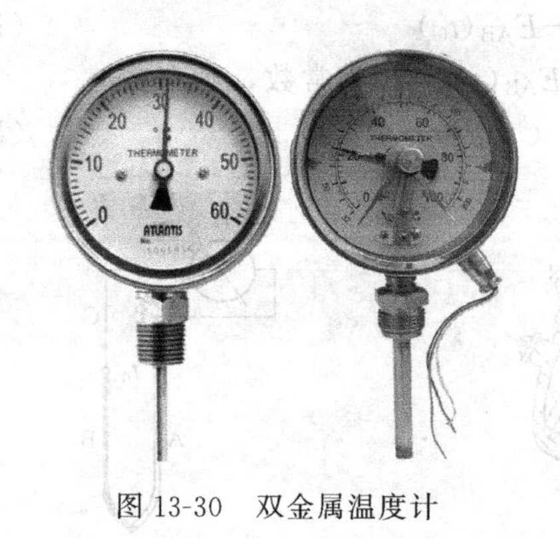

图 13-30　双金属温度计

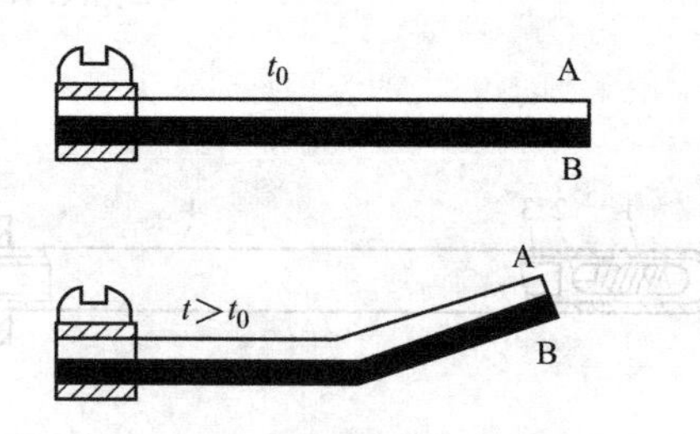

图 13-31　双金属片测温原理

双金属温度计可用来指示温度，也可被用作温度继电控制器、极值温度信号器或某一仪表的温度补偿器。

第三节　显示仪表

显示仪表直接接受检测元件、变送器或传感器送来的信号，经测量线路和显示装置，对被测变量予以指示、记录或以字、符、数、图像显示。显示仪表按其显示方式可分为模拟式、数字式和图像显示三大类。

模拟式显示仪表，是以指针或记录笔的偏转角或位移量来模拟显示被测变量连续变化的仪表。根据其测量线路，又可分为直接变换式（如动圈式显示仪表）和平衡式（如电子自动平衡式显示仪表）。其中电子自动平衡式又分为电子电位差计、电子自动平衡电桥。

一、动圈式显示仪表

动圈式显示仪表（简称动圈表）是一种发展较早的模拟式显示仪表，它可以与热电偶、热电阻、霍尔变送器等配合用来显示温度、压力等变量，也可以对直流毫伏信号进行显示。常用的有与热电偶配合测温的 XCZ-101 型动圈式显示仪表和与热电阻配合测温的 XCZ-102 型动圈式显示仪表。动圈式显示仪表具有结构简单、价格低廉、维护方便、指示清晰、体积小、重量轻等优点。

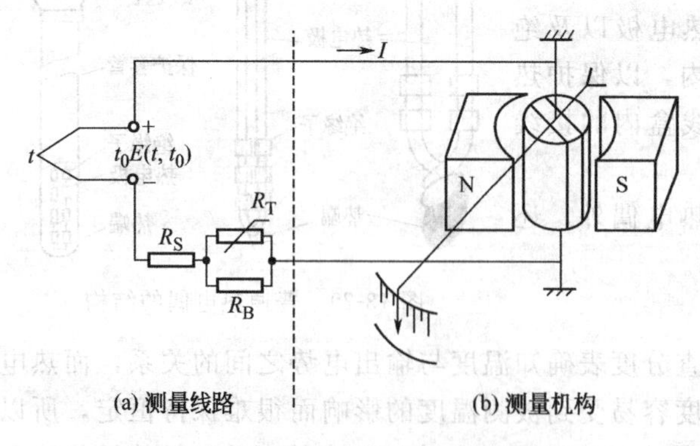

图 13-32　XCZ-101 型动圈式显示仪表

1. XCZ-101 型动圈式显示仪表

动圈表由测量线路和测量机构组成，如图 13-32 所示。不同型号的动圈表，其测量线路不同，而测量机构相同。测量机构的指示位移 α（温度值）与测量值电流 I 之间的关系是：

$$\alpha = KI \tag{13-6}$$

式中　α——指针偏转角度；

I——测量电流；

K——常数。

使用动圈表时，要使热电偶、补偿导线和显示仪表的分度号一致。

2. XCZ-102 型动圈式显示仪表

XCZ-102 型动圈式显示仪表与热电阻配合检测温度。它也是由测量线路和测量机构组成的。该动圈表的测量原理是利用不平衡电桥将电阻值（温度）转换成直流不平衡电压变化，再通过表头指针显示出来 α。

XCZ-102 型动圈式显示仪表与热电阻配套使用时，应使热电阻与动圈表的分度号一致，并采用三线制连接，每根导线电阻值为 5Ω，如图 13-33 所示。

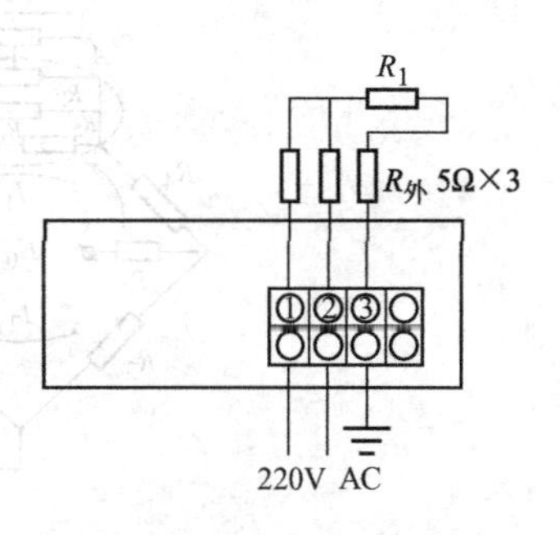

图 13-33　XCZ-102 型动圈式显示仪表背面接线图

二、电子自动平衡式显示仪表

目前工业上常用的电子自动平衡式显示仪表有电子自动平衡电位差计和电子自动平衡电桥两类，它们分别能与热电偶、热电阻等配用，从而实现对温度的自动、连续的检测、显示和记录。目前在工业生产中还使用一种较新型的 ER180 系列显示记录仪表，它可和热电偶、热电阻配合使用。

1. 电子自动平衡电位差计

电位差计测量热电势是基于电压平衡法，即用已知可变的电压去平衡未知待测的电压，以实现毫伏电势的测量。其组成如图 13-34 所示。它主要由测量桥路、放大器、可逆电动机、指示记录机构和调节机构组成。

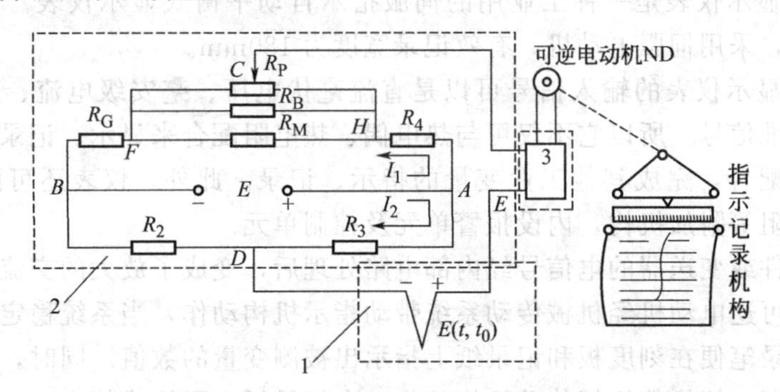

图 13-34　电子电位差计的组成

1—热电偶（外接）；2—测量桥路；3—放大器

其工作原理为：由热电偶输入的直流电动势（毫伏信号）与测量桥路产生的直流电压相比较，其差值电压经放大器放大至足以驱动可逆电动机转动的功率，可逆电动机通过一套传动机构带动指示记录机构指示和记录被测量之值。与此同时，还带动测量桥路中的滑线电阻 R_p 的滑动触点移动，直至测量桥路产生的不平衡电压与输入电动势达到平衡为止，若输入电动势再次变化，测量桥路又产生新的不平衡电压，依照上述工作过程，整个系统会达到新的平衡点。因此，当测量桥路处于平衡状态时，指示记录机构便指示和记录被测变量之值。

2. 电子自动平衡电桥

电子自动平衡电桥通常与热电阻配合用于测量并显示温度，也可与其他能转换成电阻值变化的变送器、传感器等配合使用，测量并显示生产过程中的各种变量。

电子自动平衡电桥的工作原理是平衡电桥原理，用其测电阻（温度）时，指示值不受电源大小影响而精度高于XCZ-102型动圈式显示仪表。工作原理如图13-35所示。采用三线制接法。

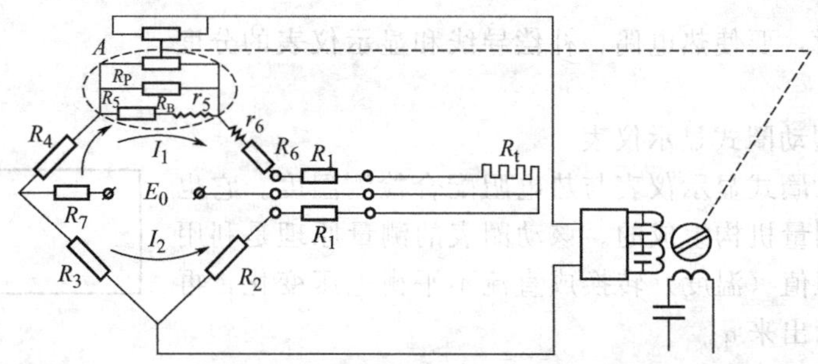

图13-35 电子自动平衡电桥工作原理

电子自动平衡电桥与电子自动电位差计相比较，它们有着以下本质的区别。

① 所配的测温元件不同。电位差计配热电偶，平衡电桥配热电阻。

② 两者的作用原理不同。

③ 测温元件与测量桥路的连接方式不同。平衡电桥的测温元件（热电阻）用三线制连接在桥臂中；而电位差计的测温元件（热电偶）连接在桥路输出对角线上，并且使用补偿导线。

④ 测量的电量形式不同。平衡电桥测量的是电阻；电位差计测量的是电势。

⑤ 当用热电偶配电位差计测温时，需对测量桥路考虑热电偶参比端温度自动补偿问题；而用热电阻配平衡电桥测温时，测量桥路则不存在这一问题。

3. ER180系列显示仪表

ER180系列显示仪表是一种工业用的伺服指示自动平衡式显示仪表。它采用集成电路为主要放大元件，采用伺服电动机，有效记录宽度为180mm。

ER180系列显示仪表的输入信号可以是直流毫伏电压、毫安级电流、热电势、热电阻的阻值或统一标准信号。所以它不仅可与热电偶、热电阻配合来显示、记录温度变量，还可以与多种变送器配合，完成其他工业变量的指示、记录。此外，仪表还可配合微动报警开关、发讯滑线电阻等附加机构，内设报警单元及控制单元。

来自检测元件或变送器的电信号经内部电路处理后，变成了放大的交流信号，以驱动可逆电动机转动。可逆电动机经机械传动系统带动指示机构动作，当系统稳定时，指示、记录机构的指针和记录笔便在刻度板和记录纸上指示出被测变量的数值。同时，同步电动机一直在带动走纸、打印、切换等机械传动机构动作，在记录纸上画线或打点，记录被测变量相对于时间的变化过程。ER180系列仪表中，配接热电偶测温的仪表，都有冷端温度补偿装置和断偶保护电路，实现断偶指示和方便判别回路故障，同时也起到保护设备的作用。ER180系列仪表在与热电偶、热电阻配合时，一定要注意分度号的一致。

三、数字式显示仪表

数字式显示仪表接受来自传感器或变送器的模拟量信号，在表内部经模/数（A/D）转换变成数字信号，再由数字电路处理后直接以十进制数码显示测量结果。数字式显示仪表具有测量速度快、精度高、抗干扰能力强、体积小、读数清晰、便于与工业控制计算机联用等特点，已经越来越普遍地应用于工业生产过程中。

数字式显示仪表一般具有模/数转换、非线性补偿和标度变换三个基本部分。由于许多被测变量与工程单位显示值之间存在非线性函数关系，所以必须配以线性化器进行非线性补偿；数字式显示仪表，通常以十进制的工程单位方式或百分值方式显示被测变量。

数字式显示仪表的精度有三种表示方法：满度的$\pm\alpha\%\pm n$字、读数的$\pm\alpha\%\pm n$字、读数的$\pm\alpha\%\pm$满度的$b\%$。n为显示仪表读数最末一位数字的变化，一般$n=1$。这是由于把模拟量转换成数字量的过程中至少要产生±1个量化单位的误差，它和被测变量无关。显然，数字仪表的位数越多，这种量化所造成的相对误差就越小。

数字式显示仪表的性能指标中还有分辨力和分辨率两个概念。所谓分辨力是指仪表示值末位数字改变一个字所对应的被测变量的最小变化值。而分辨率是指仪表显示的最小数值与最大数值之比。

四、无纸记录仪表（图像显示）

无纸、无笔记录仪是一种以中央处理器（CPU）为核心，采用液晶显示，无纸、无笔、无机械传动的记录仪。直接将记录信号转化为数字信号，然后送到随机存储器进行保存，并在大屏幕液晶显示屏上显示出来。记录信号由工业专用微处理器进行转化、保存和显示，所以可以随意放大、缩小地显示在显示屏上，观察、记录信号状态非常方便。必要时还可以将记录曲线或数据送往打印机打印或送往微型计算机保存和进一步处理。

该仪表的输入信号种类较多，可以与热电偶、热电阻、辐射感温器或其他产生直流电压、直流电流的变送器相配合，对工艺变量进行数字记录和数字显示；可以对输入信号进行组态或编辑，并具有报警功能。

第四节　控　制　器

经常使用的控制器有电动控制器和数字控制器。

一、电动控制器

电动控制器以交流220V或直流24V作为仪表能源，以直流电流或直流电压作为输出信号。DDZ-Ⅲ型电动控制器采用直流24V集中统一供电，并配有蓄电池作为备用电源，以备停电之急需。在DDZ-Ⅲ型仪表中广泛采用了线性集成运算放大器，使仪表的元件减少、线路简化、体积减小、可靠性和稳定性提高。在信号传输方面，DDZ-Ⅲ型仪表采用了国际标准信号制：现场传输信号为4～20mA DC，控制室联络信号为1～5V DC。这种电流传送-电压接收的并联制信号传输方式，使每块仪表都有可靠接地，便于同计算机、巡回检测装置等配套使用。它的4mA零点有利于识别断电、断线故障，且为两线制传输创造了条件。此外，DDZ-Ⅲ型仪表在结构上更为合理，功能也更加完善。例如，它的安全火花防爆性能，为电动仪表在易燃、易爆场合的放心使用提供了条件。

控制器共有“自动”、“保持”、“软手动”和“硬手动”四种工作状态，通过面板上的联动开关进行切换。当控制器处于“自动”工作状态时，输入的测量信号和设定信号在输入电路进行比较后得出偏差，后面的比例微分电路和比例积分电路对偏差进行PID运算，然后经输出电路转换成4～20mA的直流电流输出，控制器对被控变量进行自动控制。当控制器处于“软手动”或“硬手动”工作状态时，由操作者一边观察面板上指示的偏差情况，一边在面板上操作相应的按键或操作杆，对被控变量进行人工控制。图13-36所示为全刻度指示型DTL-3110型控制器的正面示意图。

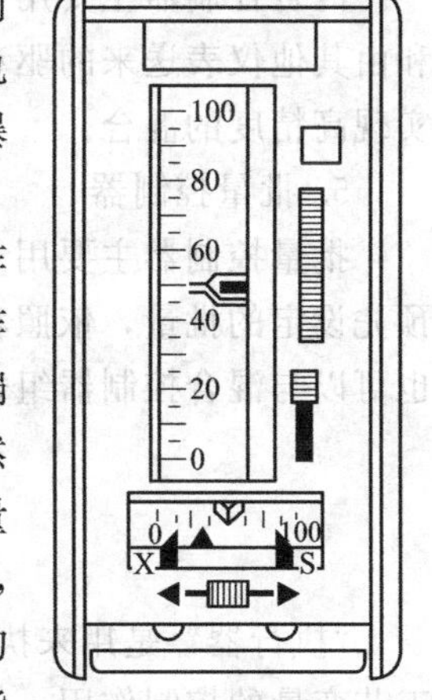

图13-36　全刻度指示型DTL-3110型控制器的正面示意图

电动控制器是连续的模拟控制仪表，现基本被数字控制器取代。

二、数字控制器

数字控制仪表是具有微处理器的过程控制仪表，图 13-37 所示为数字控制器面板。它采用数字化技术，实现了控制技术、通信技术和计算机技术的综合运用。数字控制仪表以微处理器为运算和控制的核心，主要是接受检测变送仪表送来的标准模拟信号（4～20mA DC 或 1～5V DC），经过模/数（A/D）转换后变成微处理器能够处理的数字信号，然后再经过数/模（D/A）转换，输出标准的模拟信号去控制执行机构。数字控制器的种类很多，应用最多的是单回路控制器。其品种有以下五类。

图 13-37　数字控制器面板

1. 可编程序控制器

可编程序控制器是目前功能最强的一类单回路数字控制器，又称多功能控制器。它是在 PID 控制器的基础上，加上一些辅助运算器组合而成。它的内部有许多功能模块，使用时只要调用相应模块，用简单的语言编制成用户程序，再写入 EPROM（可编程序只读存储器），就可以获得所需的运算与控制功能。如 DK 系列中的 KMM 可编程序控制器。

2. 固定程序控制器

固定程序控制器又称通用指示控制器。这类控制器的工作程序是事先编制好的，经固化后存储在控制器内。使用时，只需通过相应的功能开关直接选择使用即可，不需要另外编程。它的面板与电动模拟控制器相似，具有测量值（PV）、设定值（SV）和输出值（MV）指示表；能进行手动/自动操作的切换和控制模式（串级、计算机、跟踪）的设定；可以进行数据的设定和显示以及实现联锁报警等。如 DK 系列中的 KMS 固定程序控制器。

3. 可编程脉宽输出控制器

可编程脉宽输出控制器是以电动阀、电磁阀和旋转机构为执行器的可编程序控制器。

4. 混合控制器

混合控制器主要用于控制混合物的成分，使之按比例混合。它将设定器送来的设定信号和由其他仪表送来的驱动脉冲信号，作为设定值和测量值，然后按一定的比率进行 PI 控制，实现高精度的混合。

5. 批量控制器

批量控制器主要用于批量装载的控制。工作时，在接受批量启动指令后，根据被测流量预先设定的批量，依照程序对瞬时流量进行 PI 控制。它可以单独构成定量装载控制系统，也可以与混合控制器组合构成混合装载系统，用于高精度定量的装载控制。

第五节　执　行　器

“执行器”是用来执行控制器下达命令的机构，就是自动调节阀。改变操纵变量实现对工艺变量的控制作用，例如通过自动调节阀控制流入贮槽的物料量，可以实现对贮槽液位的控制等。自动调节阀按其使用的能源，可以分为气动调节阀、电动调节阀和液动调节阀三大类。

一、气动调节阀

（一）气动调节阀组成

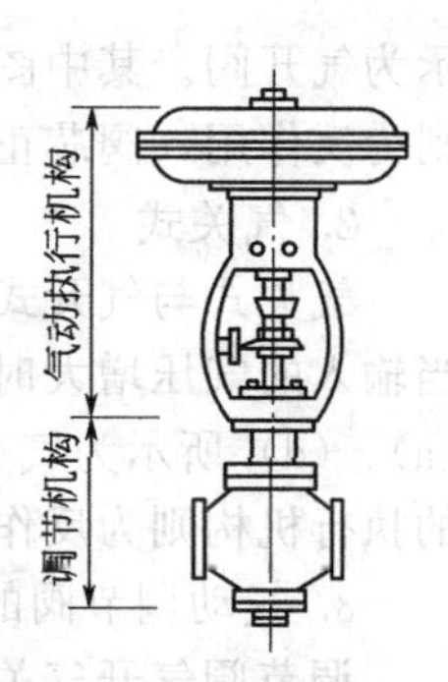

图 13-38　薄膜式气动调节阀外形

目前应用最多的是气动执行器。气动执行器习惯上称为气动调节阀，它以纯净的压缩空气作为能源，具有结构简单、动作平稳可靠、输出推力较大、维修方便、防火防爆等特点，广泛应用于石油、化工等工业生产的过程控制中。气动执行器除了可以方便地与各种气动仪表配套使用外，还可以通过电/气转换器或电/气阀门定位器，与电动仪表或计算机控制装置联用。

气动调节阀由执行机构和调节机构两部分组成。其中执行机构根据控制信号的大小产生相应的推力，推动调节机构动作。调节机构直接与被控介质接触，以控制介质的流量。图 13-38 所示为薄膜式气动调节阀外形。

根据执行机构结构的不同，气动调节阀有薄膜式和活塞式两种。下面以薄膜式为例，介绍其结构。

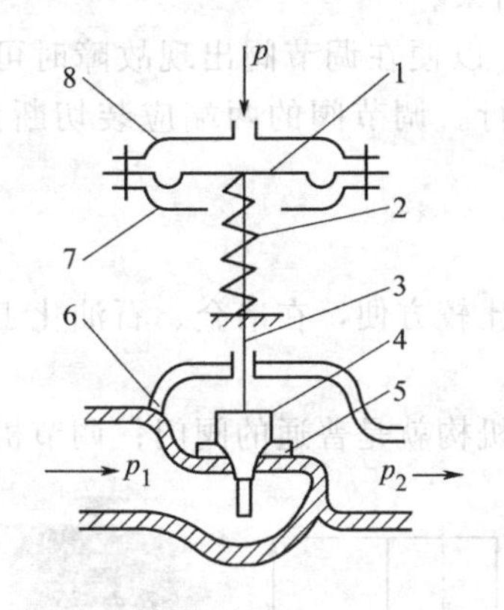

图 13-39　薄膜式气动阀原理

1—膜片；2—弹簧；3—推杆（上）阀杆（下）；4—阀芯；5—阀座；6—阀体；7—下膜盖；8—上膜盖

1. 气动执行机构组成

气动执行机构主要由上下膜盖、膜片、弹簧和推杆等部件组成，如图 13-39 中的上半部分所示。

气动执行机构有正作用和反作用两种形式。正作用执行机构的信号压力是从上膜盖引入，推杆随信号的增加向下产生位移；反作用执行机构的信号压力是从下膜盖引入，推杆随信号的增加向上产生位移。二者可以通过更换个别部件相互改装。

2. 调节机构

调节机构实际上就是一个阀门，如图 13-39 中的下半部分所示。阀芯由阀杆与上半部的推杆用螺母连接，使其可以随推杆一起动作，改变阀芯与阀座之间的流通面积，达到控制流经管道内流量的目的。

（二）调节阀的工作方式

气动薄膜调节阀的工作方式有气开式和气关式两种。气开式和气关式调节阀的结构大体相同，只是输入信号引入的位置和阀芯的安装方向不同。

1. 气开式

气开式调节阀是指，当输入的气压信号小于 20kPa 时，阀门为关闭状态，当输入的气压增大时，阀门开度增加。即“有气则开，无气（≤20kPa）则关”。图 13-40(b) 和(c) 所

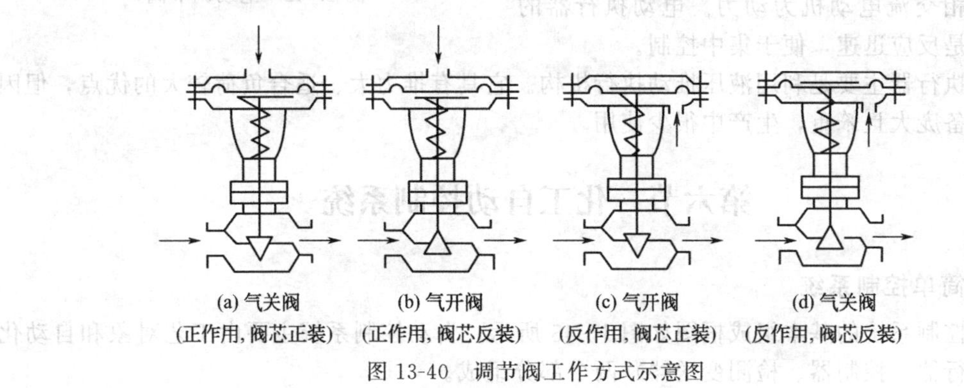

图 13-40　调节阀工作方式示意图

示为气开阀。其中图 13-40(b) 的执行机构为正作用，阀芯反装；图 13-40(c) 的执行机构则为反作用，阀芯正装。

2. 气关式

气关式与气开式调节阀正好相反：当输入的气压信号小于 20kPa 时，阀门为全开状态，当输入的气压增大时，阀门开度减小。即“有气则关，无气（≤20kPa）则开”。图 13-40(a)、(d) 所示为气关阀。其中图 13-40(a) 的执行机构为正作用，阀芯正装；图 13-40(d) 的执行机构则为反作用，阀芯反装。

3. 气动调节阀的选择

调节阀气开气关类型选择的原则主要是考虑生产的安全。当信号压力中断时，应避免损坏设备和伤害人员。例如，控制加热炉的燃气流量时，一般应选用气开式。当控制器出现故障或执行器供气中断时，气开式的阀门会全关，停止燃气供应，可避免炉温继续升高而导致事故。再如，对于易结晶的流体介质，应选用气关式，当出现意外时，气关式的阀门全开；若选用气开式，则阀门全关，就会使得管道内的介质结晶，导致不良后果。

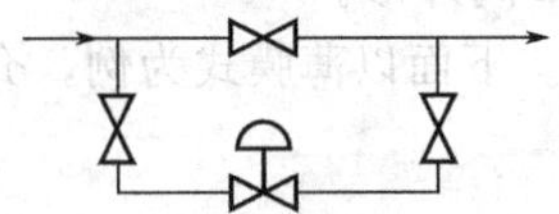

图 13-41　调节阀旁路示意图

调节阀安装时应设置旁路阀，以便在调节阀出现故障时可通过旁路阀继续维持生产的正常进行。调节阀的两端应装切断阀，如图 13-41 所示。一般切断阀选用闸阀，旁路阀选用球阀。

二、电动调节阀

气动调节阀需要气源才能工作，而电动调节阀相对来说比较方便，在冶金、石油化工等领域的应用越来越广泛。

电动调节阀也由执行机构和调节机构两部分组成。执行机构就是普通的阀门；调节机构为电机，与阀杆相连接，调节机构接受来自控制器的 4～20mA DC 直流电流，并将其转换成相应的角位移或直线位移，去操纵调节阀的开度，改变控制量，使被控变量符合要求。电动执行器有角行程和直行程两种。具有角位移输出的称为 DKJ 型角行程电动执行器，它能将 4～20mA DC 的输入电流转换成 0°～90°的角位移输出；具有直行程位移输出的称为 DKZ 型直行程电动执行器，它能将 4～20mA DC 的输入电流转换成推杆的直线位移，如图 13-42 所示。这两种电动执行器都是以 220V 交流电源为能源，以两相交流电动机为动力。电动执行器的优点主要是反应迅速，便于集中控制。

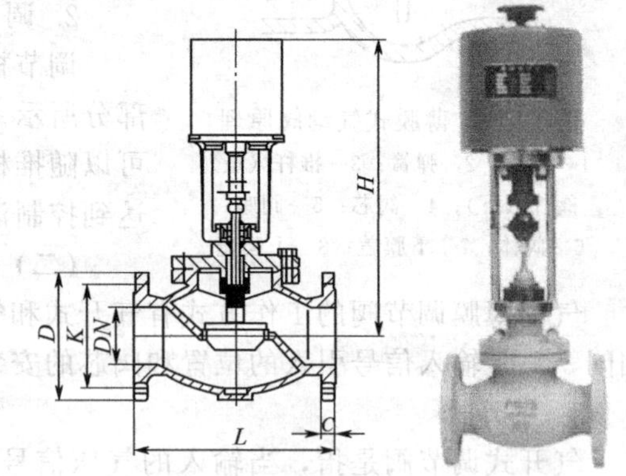

图 13-42　电动调节阀

液动执行器主要是利用液压推动执行机构。它具有推力大、适合负荷较大的优点，但因其辅助设备庞大且笨重，生产中很少使用。

第六节　化工自动控制系统

一、简单控制系统

简单控制系统的基本组成框图如图 13-43 所示。自动控制系统主要由工艺对象和自动化装置（执行器、控制器、检测变送器）两个部分组成。

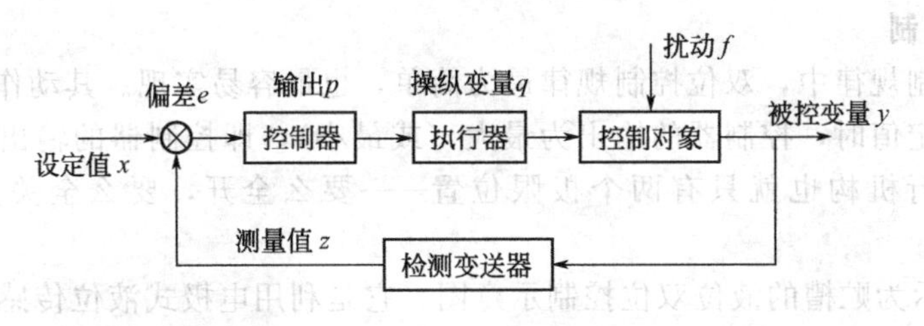

图 13-43　简单控制系统的基本组成框图

(1) 对象　是指需要控制的工艺设备（塔、器、槽等）、机器或生产过程。如上例中的水槽。

(2) 检测变送器　其作用是把被控变量转化为测量值，如上例中的液位变送器是将液位检测出来并转化成统一标准信号（如 4～20mA DC）。

(3) 比较机构　其作用是将设定值与测量值比较并产生偏差值。

(4) 控制器　其作用是根据偏差的正负、大小及变化情况，按预定的控制规律实施控制作用。比较机构和控制器通常组合在一起。它可以是气动控制器、电动控制器、可编程序调节器、集中分散型控制系统（DCS）等。

(5) 执行器　其作用是接受控制器送来的信号，相应地去改变操纵变量 q 以稳定被控变量 y。最常用的执行器是气动薄膜调节阀、电动调节阀。

(6) 被控变量 y　是指被控对象中，通过控制能达到工艺要求设定值的工艺变量。如上例中的水槽液位。

(7) 设定值 x　是被控变量的希望值，由工艺要求决定。如上例中的 50%液位高度。

(8) 测量值 z　是指被控变量的实际测量值。

(9) 偏差 e　是指设定值与被控变量的测量值（统一标准信号）之差。

(10) 操纵变量 q　是由控制器操纵，能使被控变量恢复到设定值的物理量或能量。如上例中的出水量。

(11) 扰动 f　是除操纵变量外，作用于生产过程对象并引起被控变量变化的随机因素。如进料量的波动。

简单控制系统是指由一个检测变送器、一个控制器、一个执行器和一个控制对象所构成的闭环控制系统，也称单回路控制系统。简单控制系统是自动控制的基础，复杂控制系统是由简单控制系统构成的，在此介绍简单控制系统图。

二、常用控制规律

控制规律是指控制器的输出信号与输入信号之间随时间变化的规律。控制器的输入信号就是检测变送仪表送来的“测量值”（被控变量的实际值）与“设定值”（工艺要求被控变量的预定值）之差——偏差。控制器的输出信号就是送到执行器并驱使其动作的控制信号。整个控制系统的任务就是检测出偏差，进而纠正偏差。控制器对偏差按照一定的数学关系，转换为控制作用，施加于对象（生产中需要控制的设备、装置或生产过程），纠正由于扰动作用引起的偏差。被控变量能否回到设定值位置，以何种途径、经多长时间回到设定值位置，很大程度上取决于控制器的控制规律。

尽管不同类型的控制器，其结构、原理各不相同，但基本控制规律却只有四种，即双位控制规律、比例（P）控制规律、积分（I）控制规律和微分（D）控制规律。这几种基本控制规律有的可以单独使用，有的需要组合使用。如双位控制、比例（P）控制、比例-积分（PI）控制、比例-微分（PD）控制、比例-积分-微分（PID）控制。

(一)双位控制

在所有的控制规律中，双位控制规律最为简单，也最容易实现。其动作规律是：当测量值大于或小于设定值时，控制器的输出为最大（或最小），即控制器的输出要么最大，要么最小。相应的执行机构也就只有两个极限位置——要么全开，要么全关。双位控制由此得名。

图13-44所示为贮槽的液位双位控制示意图。它是利用电极式液位传感器，通过继电器J和电磁阀，实现液位的双位控制。当液位低于设定值L_0时，电极与导电的液体断开，继电器无电流通过，电磁阀全开，物料进入贮槽。由于流进贮槽的物料量大于流出的物料量，使得液面不断上升。当液面上升至L_0时，电路接通，继电器得电，吸动电磁阀全关。贮槽的物料只出不进，因此液面又开始下降。于是再次出现继电器失电、电磁阀全开的动作过程。如此循环往复，贮槽的液位就维持在L_0附近的一个小范围内。

上述液位的双位控制，若按照上面的方式工作，势必使得系统的各部件动作过于频繁。尤其是阀门的频繁打开与关闭，会加速磨损，缩短使用寿命。因此，实际中的双位控制大都设立一个中间区。

具有中间区的双位控制过程如图13-45所示。当液位L低于L_L时，电磁阀是打开的，物料流入使液面上升。当液位上升至L_0时电磁阀并不动作，而是待液位上升至L_H时，电磁阀才开始关闭，物料停止流入，液位下降。同理，只有液位下降至L_L时电磁阀才再度打开，液位又开始上升。设立这样一个中间区，会使得控制系统各部件的动作频率大大降低。中间区的大小可根据要求设定。

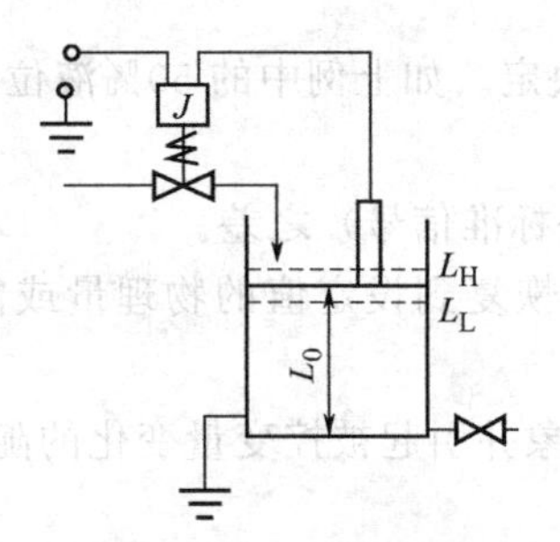

图13-44 贮槽的液位双位控制示意图

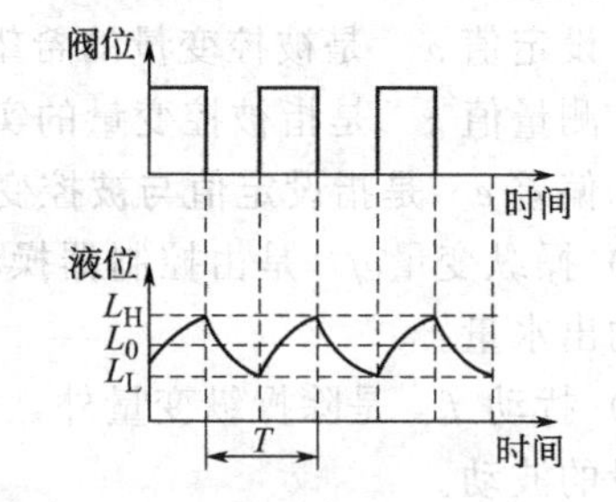

图13-45 具有中间区的双位控制过程

双位控制系统结构简单、成本低、容易实现，但控制质量较差。大多应用于允许被控变量上下波动的场合。如原料贮罐、恒温箱、空调、电冰箱中的温度控制，为气动仪表提供气源的压缩空气罐中的压力控制等。利用浮球阀控制水箱水位的控制系统也属于双位控制。

(二)比例(P)控制

控制器输出的变化与输入控制器的偏差大小成比例关系的控制规律，称为比例控制规律。对于具有比例控制规律的控制器，称为比例控制器。比例控制器的输出信号P（指变化量）与输入偏差信号e（假如设定值不变，偏差变化量就是输入变化量）之间成比例关系，即：

$$P=K_{p}e \tag{13-7}$$

式中 K_p——一个可调的比例放大倍数（或称比例增益）。

在比例控制规律中，放大倍数K_p的大小表征了比例控制作用的强弱。K_p越大，比例控制作用越强（注意：并不是越大越好）；反之越弱。在工程实际中，常常不用K_p表征比例作用强弱，而引入了一个比例度δ的参数来表征比例作用的强弱。δ的定义式为：控制器输入相对变化量与输出相对变化量的百分数。即：

$$\delta=\frac{e/(y_{\max}-y_{\min})}{P/(P_{\max}-P_{\min})}\times 100\% \tag{13-8}$$

比例控制器中的比例度与比例放大倍数是倒数关系。K_p 越大，δ 越小，比例控制作用就越强。δ 的取值，一般从百分之几到百分之几百之间连续可调，通过控制器上的比例度旋钮进行调整。

由于比例度不可能为零（即 K_p 不可能为无穷大），所以余差就不会为零。因此，也常常把比例控制作用称为“有差规律”。为此，对于反应灵敏、放大能力强的被控对象，为求得整个系统稳定性的提高，应当使比例度稍大一些；而对于反应迟钝，放大能力又较弱的被控对象，比例度可选小一些，以提高整个系统的灵敏度，也可相应减少余差。单纯的比例控制适用于扰动不大、滞后较小、负荷变化小、要求不高、允许有一定余差存在的场合。

(三) 比例积分 (PI) 控制

比例控制规律是基本控制规律中最基本、应用最普遍的一种。其最大优点是控制及时、迅速。只要有偏差产生，控制器立即产生控制作用。但是，不能最终消除余差的缺点限制了它的单独使用。克服余差的办法是在比例控制的基础上加上积分控制作用。

积分控制器的输出，不仅与输入偏差的大小有关，而且还与偏差存在的时间有关。这里的“积分”，指的就是“累积”的意思，累积的结果是与基数和时间有关的，只要偏差存在，输出就不会停止累积（输出值越来越大或越来越小），一直到偏差为零时，累积才会停止。所以，积分控制可以消除余差，积分控制规律又称无差控制规律。在积分控制过程中，当偏差被积分控制作用消除后，其输出并非也随之消失，而是可以稳定在任意值上。有了输出的这种控制作用，才能维持被控变量的稳定。

积分控制作用的强弱采用积分时间 T_i 的大小来表征。T_i 越小，积分控制作用越强；反之，T_i 越大，积分控制作用越弱。当 T_i 太大时，就失去积分控制作用。同样，并非 T_i 越小越好，而是要根据不同的被控对象和被控变量选取适当的 T_i 值。

积分控制虽然能消除余差，但它存在着控制不及时的缺点。因为积分输出的累积是渐进的，其产生的控制作用总是落后于偏差的变化，不能及时、有效地克服干扰的影响，难以使控制系统稳定下来。所以，实际应用中一般不单独使用积分控制规律，而是和比例控制作用一起，构成比例积分（PI）控制器。这样，取二者之长，互相弥补，既有比例控制作用的迅速、及时，又有积分控制作用消除余差的能力。因此，比例积分控制可以实现较为理想的过程控制。

比例积分控制器有两个可调参数，即比例度 δ 和积分时间 T_i。其中积分时间 T_i 以“分”为刻度单位。

比例积分控制器是目前应用最广泛的一种控制器，多用于工业上液位、压力、流量等控制系统。由于引入积分作用能消除余差，弥补了纯比例控制的缺陷，获得较好的控制质量。但是积分作用的引入，会使系统的稳定性变差。对于有较大惯性滞后的控制系统，要尽可能避免使用积分控制作用。

(四) 比例微分 (PD) 控制

比例积分控制虽然既有比例作用的及时、迅速，又有积分作用的消除余差能力，但对于有较大时间滞后的被控对象使用时就显得迟钝、不及时。为此，人们设想：能否根据偏差的变化趋势来做出相应的控制动作呢？就像有经验的操作人员那样，既根据偏差的大小来改变阀门的开度（比例作用），又根据偏差变化的速度大小来预计将要出现的情况，提前进行过量控制，“防患于未然”。这就是具有“超前”控制作用的微分控制规律。

微分控制器输出的大小取决于输入偏差变化的速度，而与偏差的大小以及偏差的存在与否无关。如果偏差为一固定值，不管它有多大，只要它不变化，控制器就没有任何控制作用。

实际微分控制作用的强弱采用微分时间 T_d 的大小来表征。T_d 越大，微分作用越强；反之则越弱。当 $T_d=0$ 时，就没有微分控制作用了。同理，微分时间 T_d 的选取，也是根据需要确定。在控制器上有微分时间调节旋钮，可连续调整 T_d 值的大小，还设有微分作用通/断开关。

微分控制作用动作迅速，具有超前调节功能，可有效改善被控对象有较大时间滞后的控制品质；但它不能消除余差，尤其是对于恒定偏差输入时，根本就没有控制作用。因此，不能单独使用微分控制规律。实际应用中，常和比例、积分控制规律一起组成比例微分（PD）或比例积分微分（PID）控制器。

微分与比例作用合在一起，比单纯的比例作用更快。尤其是对容量滞后大的对象，可以减小动偏差的幅度，节省控制时间，显著改善控制质量。

（五）比例积分微分（PID）控制

最为理想的控制当属于比例-积分-微分控制（简称PID控制）规律了。它集三者之长，既有比例作用的及时、迅速，又有积分作用的消除余差能力，还有微分作用的超前控制功能。

当偏差阶跃出现时，微分立即大幅度动作，抑制偏差的这种跃变；比例也同时起消除偏差的作用，使偏差幅度减小，由于比例作用是持久和起主要作用的控制规律，因此可使系统比较稳定；而积分作用慢慢地把余差克服掉。只要三作用控制参数（δ、T_i、T_d）选择得当，便可以充分发挥三种控制规律的优点，得到较为理想的控制效果。一个具有三作用的PID控制器，当 $T_i=\infty$、$T_d=0$ 时，为纯比例控制器；当 $T_d=0$ 时，为比例积分（PI）控制器；当 $T_i=\infty$时，为比例微分（PD）控制器。使用中，可根据不同的需要选用相应的组合进行控制。通过改变 δ、T_i、T_d 这三个可调参数，以适应生产过程中的各种情况。

三作用控制器常用于被控对象动态响应缓慢的过程，如pH值等成分参数与温度系统。目前，生产上的三作用控制器多用于精馏塔、反应器、加热炉等温度自动控制系统。

三、复杂控制系统

在简单控制系统基础上，出现了串级、均匀、比值、分程、前馈、选择等复杂控制系统以及一些更新型的控制系统，分别介绍如下。

（一）串级控制系统

1. 串级控制的目的

在复杂控制系统中，串级控制系统的应用是最广泛的。

以精馏塔控制为例，如图13-46所示，精馏塔的塔釜温度是保证塔底产品分离纯度的重要依据，一般需要其恒定，所以要求有较高的控制质量。为此，以塔釜温度为被控变量，以

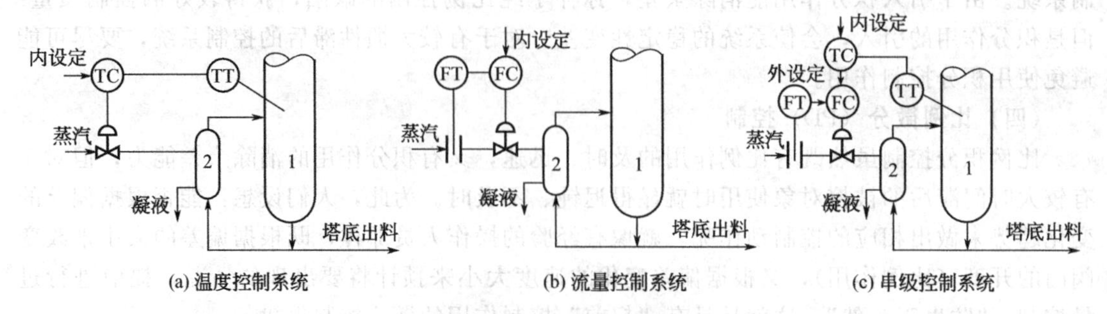

图13-46　精馏塔塔底温度控制

1—精馏塔塔釜；2—再沸器

对塔釜温度影响最大的加热蒸汽为操纵变量组成“温度控制系统”，如图13-46(a) 所示。但如果蒸汽流量频繁波动，将会引起塔釜温度的变化。尽管图13-46(a) 的温度简单控制系统能克服这种扰动，可这种克服是在扰动对温度已经产生作用，使温度发生变化之后进行的。这势必对产品质量产生很大的影响。所以，这种方案并不十分理想。

图13-46(b) 的控制方案是一个保持蒸汽流量稳定的控制方案。这是一种预防扰动的方案，就克服蒸汽流量影响这一点，应该说是很好的。但是对精馏塔而言，影响塔釜温度的不只有蒸汽流量，比如进料流量、温度、成分的干扰，也同样会使塔釜温度发生改变，这是图13-46(b) 的控制方案所无能为力的。

所以，最好的办法是将二者结合起来。即将最主要、最强的干扰以图13-46(b) ——流量控制的方式预先处理（粗调），而其他干扰的影响最终用图13-46(a) ——温度控制的方式彻底解决（细调）。但若将图13-46(a)、(b) 机械地组合在一起，在一条管线上就会出现两个控制阀，这样就会出现相互影响、顾此失彼（即关联）的现象。所以将二者处理成图13-46(c)，即将温度控制器的输出串接在流量控制器的外设定上，由于出现了信号相串联的形式，所以就称该系统为“提馏段温度串级控制系统”。这里需要说明的是，二者结合的最终目的是为了稳定主要变量（温度）而引入了一个副变量（流量）所组成的“复杂控制系统”。

2. 串级控制系统的组成

由以上分析可知，显然串级控制系统中有两个测量变送器，两个控制器，两个对象，一个控制阀，其系统组成框图如图13-47所示。为了区分，以主、副来对其进行描述，故有如下的常用术语。

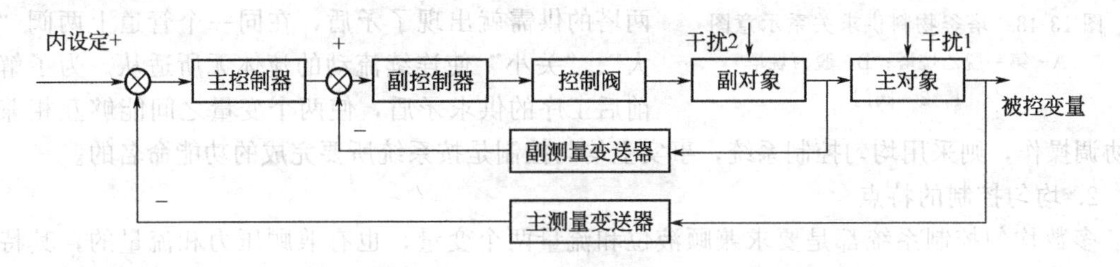

图13-47　精馏塔塔底温度-流量串级控制系统的组成框图

(1) 主变量　工艺最终要求控制的被控变量，如上例中精馏塔塔釜的温度。

(2) 副变量　为稳定主变量而引入的辅助变量，如上例中的蒸汽流量。

(3) 主对象　表征主变量的生产设备，如上例中包括再沸器在内的精馏塔塔釜至温度检测点之间的工艺设备。

(4) 副对象　表征副变量的生产设备，如上例中的蒸汽管道。

(5) 主控制器　按主变量与工艺设定值的偏差工作，其输出作为副控制器的外设定值，在系统中起主导作用，如上例中的TC。

(6) 副控制器　按副变量与主控制器来的外设定值的偏差工作，其输出直接操纵控制阀，如上例中的FC。

(7) 主测量变送器　对主变量进行测量及信号转换的变送器，如上例中的TT。

(8) 副测量变送器　对副变量进行测量及信号转换的变送器，如上例中的FT。

(9) 主回路　是指由主测量变送器，主、副控制器，控制阀和主、副对象构成的外回路，又称主环或外环。

(10) 副回路　是指由副测量变送器、副控制器、控制阀和副对象构成的内回路，又称副环或内环。

由图 13-47 可知，主控制器的输出作为副控制器的外设定，这是串级控制系统的一个特点。

3. 串级控制的特点

① 主回路为定值控制系统，而副回路是随动控制系统。

② 结构上是主、副控制器串联，主控制器的输出作为副控制器的外设定，形成主、副两个回路，系统通过副控制器操纵执行器。

③ 抗干扰能力强，对进入副回路扰动的抑制力更强，控制精度高，控制滞后小。因此，它特别适用于滞后大的对象，如温度等系统。

(二) 均匀控制系统

1. 均匀控制的目的

工业生产装置的生产设备都是前后紧密联系的。前一设备的出料往往是后一设备的进料。图 13-48 中，脱丙烷塔（简称 B 塔）的进料来自第一脱乙烷塔（简称 A 塔）的塔釜。

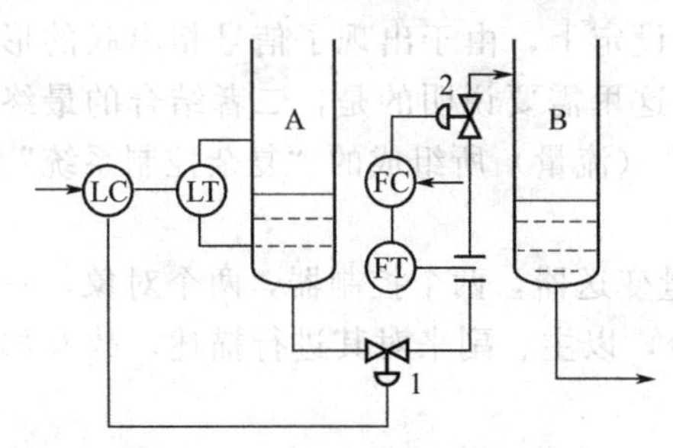

图 13-48 塔釜物料供求关系示意图
A—第一脱乙烷塔；B—脱丙烷塔
1，2—阀门

对 A 塔，需要保证塔釜液位稳定，故有图 13-48 中的液位定值控制系统。而对 B 塔，希望进料量较稳定，故有图 13-48 中的流量定值控制系统。假设由于扰动作用，使 A 塔塔釜液位升高，则液位控制系统会使阀门 1 开度开大，以使 A 塔液位达到要求。但这一动作的结果，却使 B 塔进料量增大高于设定值，则流量定值控制系统又会关小阀门 2，以保持流量稳定，这样两塔的供需就出现了矛盾，在同一个管道上两阀"开大"、"关小"使连续流动的流体无所适从。为了解决前后工序的供求矛盾，使两个变量之间能够互相兼顾和协调操作，则采用均匀控制系统，事实上均匀控制是按系统所要完成的功能命名的。

2. 均匀控制的特点

多数均匀控制系统都是要求兼顾液位和流量两个变量，也有兼顾压力和流量的，其特点是：不仅要使被控变量保持不变（不是定值控制），而又要使两个互相联系的变量都在允许的范围内缓慢变化。

3. 均匀控制方案

(1) 简单均匀控制系统　简单均匀控制系统如图 13-49 所示，在结构上与一般的单回路定值控制系统是完全一样的。只是在控制器的参数设置上有区别。

(2) 串级均匀控制系统　简单均匀控制系统结构非常简单，操作方便。但对于复杂工艺对象常常存在着控制滞后的问题。减小滞后的最好方法就是加副环构成串级控制系统，这就形成了串级均匀控制系统，如图 13-50 所示。

串级均匀控制系统在结构上与一般串级控制系统也完全一样，但目的不一样，差别主要在于控制器的参数设置上。整个系统要求一个"慢"字，与串级系统的"快"要求相反。主变量和副变量也只是名称上的区别，主变量不一定起主导作用，主、副变量的地位由控制器的取值来确定。两个控制器参数的取值都是按均匀控制的要求来处理。副控制器一般选比例作用就行了，有时加一点积分作用，其目的不全是为了消除余差，而只是弥补一下为了平缓控制而放得较弱的比例控制作用。主控制器用比例控制作用，为了防止超出控制范围也可适当加一点积分作用。主控制器的比例度越大，则副变量的稳定性就越高，在实际工作中主控制器比例度可以大到不失控即可。在控制器参数整定时，先副后主，结合具体情况，用经验试凑法将比例度从小到大逐步调试，找出一个缓慢的衰减非周期过程为宜。

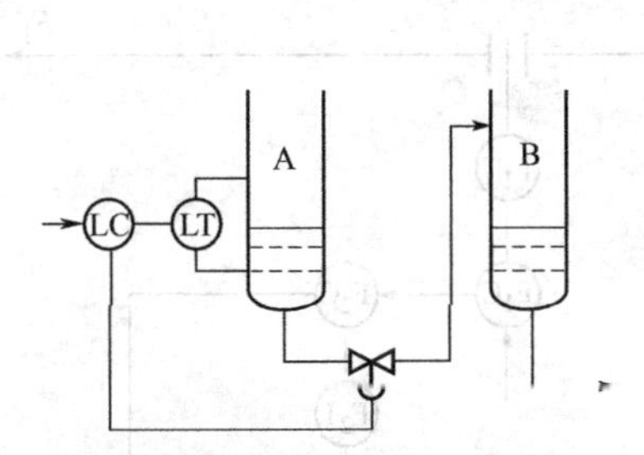

图 13-49　简单均匀控制系统示意图
A—第一脱乙烷塔；B—脱丙烷塔

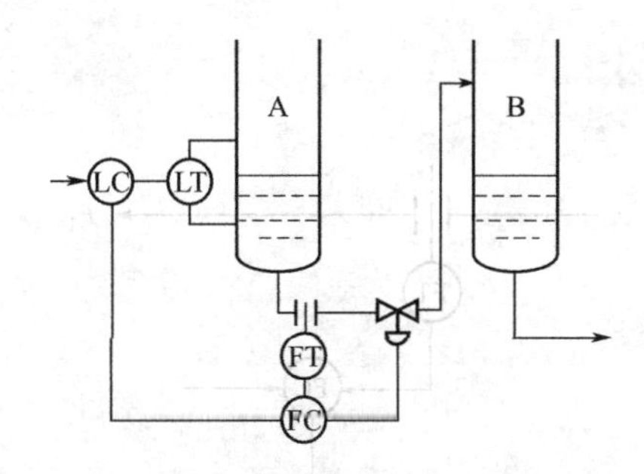

图 13-50　串级均匀控制系统示意图
A—第一脱乙烷塔；B—脱丙烷塔

（三）比值控制系统

1. 比值控制的目的

在工业生产中，常会遇到将两种或两种以上物料按一定比例（比值）混合或进行化学反应的问题。如合成氨反应中，氢氮比要求严格控制在3：1，否则，就会使氨的产量下降；加热炉的燃料量与鼓风机的进氧量也要求符合一定的比值关系，否则，会影响燃烧效果。比值控制的目的就是实现两种或两种以上物料的比例关系。

2. 比值系数

在需要保持比值关系的两种物料中，必有一种物料处于主导地位，称为主物料（主流量），表征这种物料的变量称为主动量 F_1；而另一种物料按主物料进行配比，在控制过程中，随主物料变化而变化，称为从物料（副流量），表征其特征的变量称为从动量 F_2。且 F_1 与 F_2 的比值称为比值系数，用 K 表示。即 $K=F_1/F_2$。

3. 比值控制方案

（1）开环比值控制系统　图 13-51 所示为开环比值控制系统，F_1 为不可控的主动量，F_2 为从动量。当 F_1 变化时，要求 F_2 跟踪 F_1 变化，以保持 $F_1/F_2=K$。由于 F_2 的调整不会影响 F_1，故为开环系统。

开环控制方案构成简单，使用仪表少，只需要一台纯比例控制器或一台乘法器即可。而实质上，开环比值控制系统只能保持阀门开度与 F_1 之间成一定的比例关系。而当 F_2 因阀前后压力差变化而波动时，系统不起控制作用，实质上很难保证 F_1 与 F_2 之间的比值关系。该方案对 F_2 无抗干扰能力，只适用于 F_2 很稳定的场合，故在实际生产中很少使用。

（2）单闭环比值控制系统　为解决开环比值控制对副流量无抗干扰能力的问题，增加了一个副流量闭环控制系统，这就构成了单闭环比值控制系统，如图 13-52 所示。它从结构上与串级控制系统很相似，但由于单闭环比值控制系统主动量 F_1 仍为开环状态，而串级控制系统主、副变量形成的是两个闭环，所以二者还是有区别的。

该方案中，副变量的闭环控制系统有能力克服影响到副流量的各种扰动，使副流量稳定。而主动量控制器 F_1C 的输出作为副动量控制器 F_2C 的外设定值，当 F_1 变化时，F_1C 的输出改变，使 F_2C 的设定值跟着改变，导致副流量也按比例地改变，最终，保证 $F_1/F_2=K$。

单闭环比值控制系统构成较简单，仪表使用较少，实施也较方便，特别是比值较为精确，因此其应用十分广泛。尤其适用于主物料在工艺上不允许控制的场合。但由于主动量不可控，所以总流量不能固定。除了以上介绍的比值控制系统外，还有双闭环比值控制系统以及变比值控制系统，在此不再做介绍。

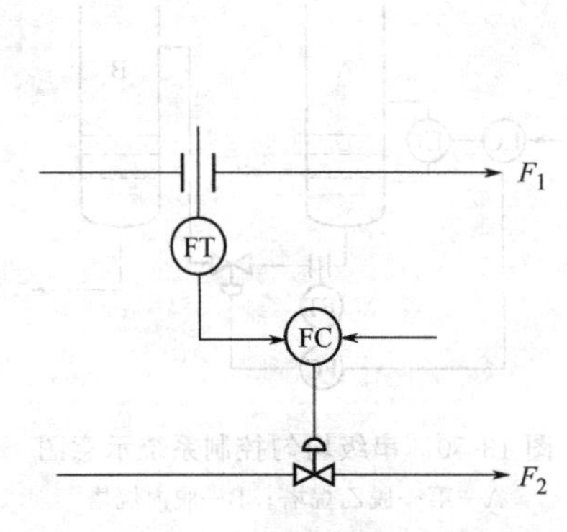

图 13-51　开环比值控制系统

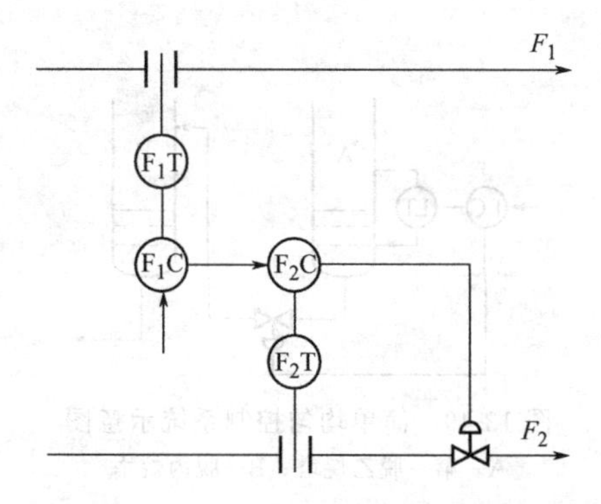

图 13-52　单闭环比值控制系统

（四）分程控制系统

1. 分程控制系统的构成

分程控制系统是由一个控制器的输出，带动两个或两个以上工作范围不同的控制阀，即利用阀门定位器的这种功能将控制器的输出分成几段，用每段分别控制一个阀门。如一般气动薄膜控制阀的工作信号是 20～100kPa 的气动信号，通过调整阀门定位器，使 A 阀在 20～60kPa 的信号范围内走完全程，使 B 阀在 60～100kPa 的信号范围内走完全程。分程控制系统中控制阀的作用方向选择（气开或气关），要根据生产工艺的实际需要来确定。

2. 分程控制的应用场合

（1）实现几种不同的控制手段　工艺上有时要求对一个被控变量采用两种或两种以上的介质或手段来控制。图 13-53 所示为夹套式反应器的温度分程控制系统。反应器配好物料以后，开始要用蒸汽对反应器加热启动反应过程。由于合成反应是一个放热反应，待化学反应开始后，需要及时用冷水移走反应热，以保证产品质量。这里就需要用分程控制手段来实现两种不同的控制工程。图中 A 阀为气关阀，B 阀为气开阀。

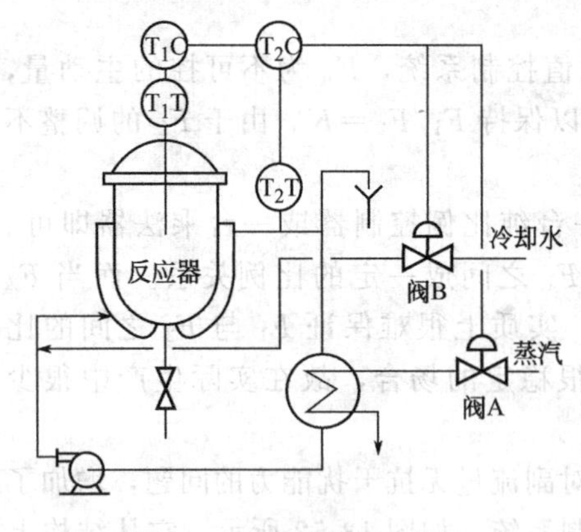

图 13-53　夹套式反应器的温度分程控制系统

开始时，反应器内的温度没有达到设定值，即测量值很小，故“正作用控制器”（控制器有正反作用之分，正作用时，控制器输出随测量值增加而增加，反作用时，控制器输出随测量值增加而减少）的输出很小，经阀门定位器转换后的气动信号也很小，接近 20kPa。于是，A 阀全开，B 阀全关，蒸汽进入夹套，使反应器内的温度升高。随着温度的升高，控制器输出值增大，从分程关系图上可以看出，A 阀开度减小，蒸汽量减小。当反应开始后，放热反应使反应器内温度升得更高，此时控制器的输出值会越来越大，经阀门定位器转换后的信号大于 60kPa，于是 A 阀全关，停止进蒸汽。同时 B 阀逐渐开大，冷水进入夹套，给反应器降温。从而完成了用两种手段实现对一个被控变量进行控制的任务。

（2）用于扩大控制阀的可调范围，改善控制品质　在生产过程中，有时要求控制阀有很大的可调范围才能满足生产需要。如化学“中和过程”的 pH 值控制，有时流量有大幅度的变化，有时只有小范围的波动。用大口径阀不能进行精细调整，用小口径阀又不能适应流量大的变化。这时可用大小两个不同口径的控制阀，如图 13-54 所示并联即可。

(五) 选择性控制系统

所谓选择性控制系统，就是有两套控制系统可供选择。正常工况时，选择一套，而生产短期内处于不正常状态时，则选择另一套。这样，既不停车，又达到了自动保护的目的。所以，选择性控制又称取代控制或超驰控制。如果说自动联锁是硬保护，那么选择性控制就是软保护。

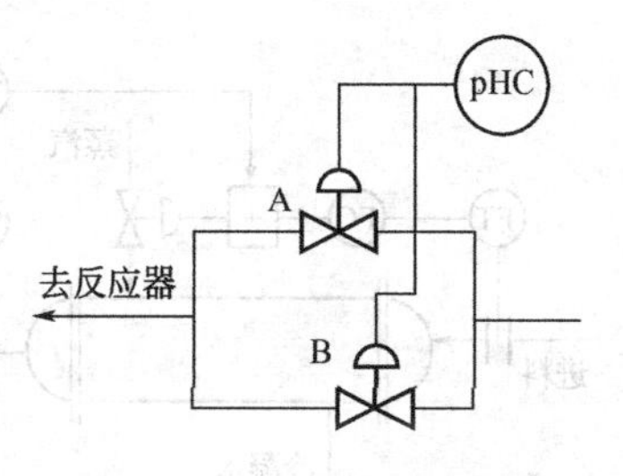

图 13-54　大小阀分程控制

图 13-55 所示为氨冷器的选择性控制系统。氨冷器用液氨蒸发吸热来冷却物料，该方案是为了保证冷却后物料的出口温度为工艺所要求的数值。当物料出口温度偏高时，应增加液氨进量，以便有更多的液氨蒸发使物料出口温度降低。但如果氨冷器中的液位太高，使蒸发空间减小，影响液氨蒸发，温度反倒降不下来。甚至使得气氨带液，进入氨压缩机出现“液击”现象而造成压缩机发生安全事故。所以要求氨冷器中的液位也不能超过某一限度。为此，还要增加一个液位控制器 LC，用一台低值选择器 LS 在两个控制器之间按工况进行选择，就构成了“对不同控制器选择的”选择性控制系统。

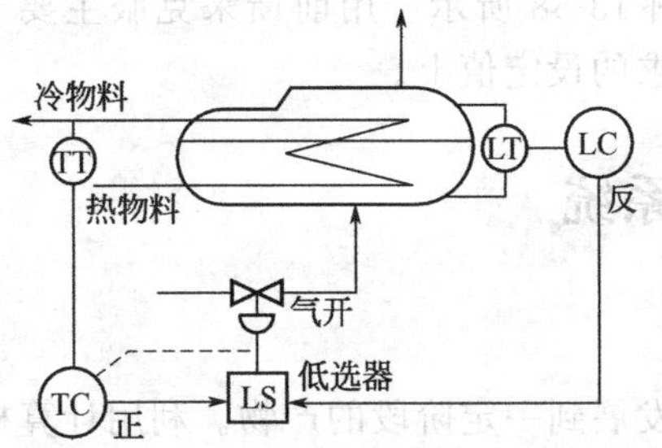

图 13-55　氨冷器的选择性控制系统

正常工况时，液位低于设定值，反作用的液位控制器的输出很大，低值选择器选择了输出信号低的温度控制器来控制气开阀。当出口物料温度很高时，液氨进量加大。如果液位接近或超过了设定值，液位控制器（反作用）的输出就下降。当下降到小于温度控制器的输出值时，低值选择器就切断温度控制器的输出，而选择液位控制器来控制控制阀（气开阀），使液位下降，增大蒸发空间，以降低物料出口温度。温度控制器的输出也随着减小，当小于液位控制器的输出时，又重新被选中。这就是选择性控制系统的工作过程。

(六) 前馈控制系统

大多数控制系统都是具有反馈的闭环控制系统，对于这种系统，不管什么干扰，只要引起被控变量变化，都可以消除掉，这是反馈（闭环）控制系统的优点。例如，图 13-56 所示的换热器出口温度的反馈控制，无论是蒸汽压力、流量的变化，还是进料流量、温度的变化，只要最终影响到了出口温度，该系统都有能力进行克服。但是这种控制都是在扰动已经造成影响，被控变量偏离设定值之后进行的，控制作用滞后。特别是在扰动频繁，对象有较大滞后时，对控制质量的影响就更大了。所以如果预知某种扰动（如进料流量）是主要干扰，最好能在它影响到出口温度之前就将其抑制住。如图 13-57 所示的方案，进料量刚一增大，FC 立即使蒸汽阀门开大，用增加的蒸汽来克服过多的冷物料使温度降低的影响。如果设计得好，可以基本保证出口温度不受影响。这就是前馈控制系统，所谓前馈控制系统是指

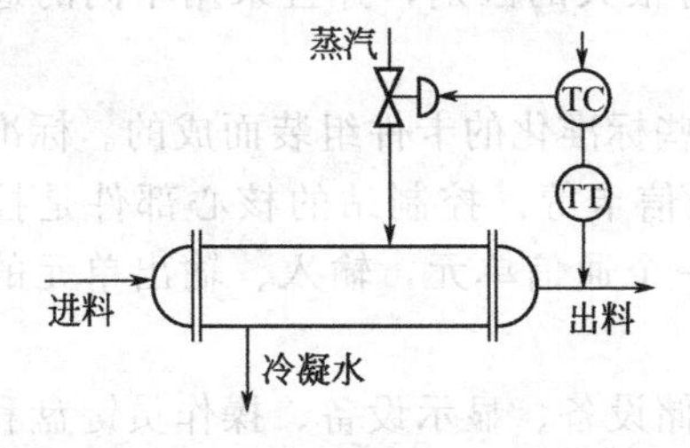

图 13-56　换热器的反馈控制系统

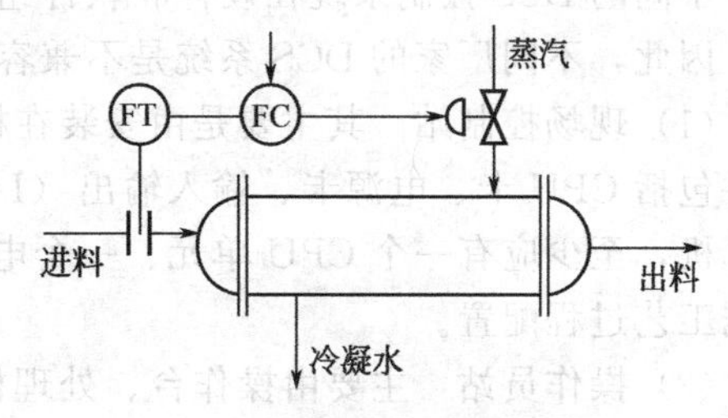

图 13-57　换热器的前馈控制系统

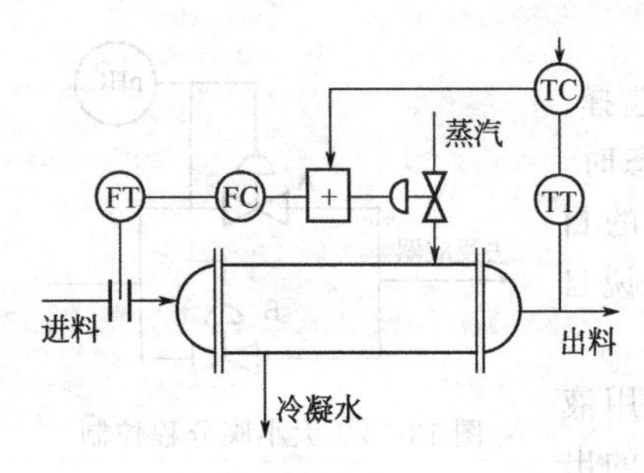

图 13-58　换热器的前馈-反馈控制系统

按扰动变化大小来进行控制的系统。其目的就是克服滞后，将扰动克服在其对被控变量产生影响之前。

前馈控制是基于不变性原理工作的，比反馈控制及时有效，且属于开环控制系统。前馈控制没有通用的控制器，而是视对象而选择“专用”控制器，一种前馈只能克服一种干扰。

前面提到反馈控制能保证被控变量稳定在所要求的设定值上，但控制作用滞后。而前馈控制作用虽然超前，但又无法知道和保证控制效果。所以较理想的做法是综合二者的优点，构成前馈-反馈控制系统，如图 13-58 所示。用前馈来克服主要干扰，再用反馈来克服其他干扰以使被控变量稳定在所要求的设定值上。

第七节　集散控制系统

一、基本概念

集散控制系统是计算机技术、控制技术和通信技术发展到一定阶段的产物。利用计算机对生产装置进行分散控制，减少了用一台计算机进行集中控制的危险性，同时充分利用了计算机控制的记忆、判断、通信和控制规律多样性等优点。

二、基本组成

集散控制系统通常包括现场监测站、现场控制站、操作员站、工程师站、上位计算机和通信网络等部分。

(1) 现场监测站　又称数据采集站，直接与生产过程相连接，完成数据采集和预处理，实现开环监视。

(2) 现场控制站　直接与生产过程相连接，对控制变量进行检测、处理，并产生控制信号驱动现场的执行机构，实现生产过程的闭环控制。

(3) 操作员站　是操作人员进行过程监视、过程控制操作的主要设备。它提供良好的人机交互界面，实现集中显示、集中操作和集中管理等功能。

(4) 工程师站　主要用于对 DCS 进行离线的组态工作和在线的系统监督、控制和维护。

(5) 上位计算机　用于全系统的信息管理和优化控制。

(6) 通信网络　是集散控制系统的中枢，是实现集中管理、分散控制的关键，系统各部分之间的信息传递均通过它来实现，从而实现整个系统协调一致的工作，进行数据和信息共享。

三、集散控制系统的硬件配置

不同的 DCS 控制系统在硬件和软件组态等方面有很大的区别，并且采用不同的通信协议，因此，不同厂家的 DCS 系统是不兼容的。

(1) 现场控制站　其主要是由安装在机柜内的一些标准化的卡件组装而成的。标准化的卡件包括 CPU 卡、电源卡、输入输出（I/O）卡、通信卡等。控制站的核心部件是控制用计算机，至少应有一个 CPU 单元、一个电源单元和一个通信单元，输入、输出单元的个数根据工艺过程配置。

(2) 操作员站　主要由操作台、处理机系统、存储设备、显示设备、操作员键盘和打印设备等组成。

四、集散控制系统的功能

DCS控制系统利用软件完成控制算法，可以替代所有模拟控制用的二次仪表，同时还可以完成许多模拟控制器无法完成的算法。

（1）操作站　DCS控制系统的操作站是操作员与DCS系统的接口，以仪表图的形式进行显示，可以监视生产过程，利用专用键盘或触摸屏进行各种操作，自动完成各种生产报表。

（2）控制站　DCS控制站的功能非常丰富，简单列举以下两条。

① 取代了二次仪表，完成控制、显示、记录功能。

② 扩展了模拟仪表的功能，许多模拟控制无法实现或实现非常困难的功能，通过编程可以很容易地实现。

五、PLC可编程控制器

PLC可编程控制器是随着计算机技术的进步逐渐应用于生产控制的新型微型计算机控制装置。最早用来替代继电器等来实现继电-接触控制，因此称为可编程控制器（PLC）。

（1）可编程控制器的特点　控制程序可编程、编程方便、扩展灵活、可靠性高。

（2）可编程控制器的基本组成　其主体由三部分组成，包括中央处理器（CPU）、存储系统和输入输出接口。内部采用总线结构，进行数据和指令的传输。编程器一般看作PLC的外设。

（3）可编程控制器的工作过程　包括两部分，即自诊断和通信响应的固定过程及用户程序执行过程。PLC在每次执行用户程序之前，都先执行故障自诊断程序，若自诊断正常，继续向下扫描，然后PLC检查是否有与编程器、计算机等的通信要求。如果有与计算机等的通信要求，则进行相应处理。可编程控制器程序执行过程采用集中处理的工作方式。PLC工作的一个周期由三个阶段组成：输入扫描、程序执行和输出刷新。如此周而复始地循环工作，完成对被控对象的数据采集和控制。

第八节　信号联锁报警系统

一、报警系统

在生产过程中，当某些工艺变量超限或运行状态发生异常情况时，信号报警系统就开始动作发出灯光及音响信号，提醒操作人员注意，督促他们采取必要的措施，改变工况，使生产恢复到正常状态。

（一）报警系统的组成

报警系统由故障检测元件和信号报警器及其附属的信号灯、音响器和按钮等组成。当工艺变量超限时，故障检测元件的接点会自动断开或闭合，并将这一结果送到报警器。报警检测元件可以单设，如锅炉汽包液位、转化炉炉温等重要的报警点。有时可以利用带电接点的仪表作为报警检测元件，如电接点压力表、带报警的调节器等，当变量超过设定的限位时，这些仪表可以给报警器提供一个开关信号。

信号报警器包括有触点的继电器箱、无触点的盘装闪光报警器和晶体管插卡式逻辑监控系统。信号报警器及其附件均装在仪表盘后，或装在单独的信号报警箱内。信号灯和按钮一般装在仪表盘上，便于操作。即使在DCS控制系统中，除在显示器上进行报警、通过键盘操作以外，重要的工艺点也在操作台上单独设置信号灯和音响器。

信号灯的颜色具有特定的含义：红色信号灯表示停止、危险，是超限信号；乳白色信号灯是电源信号；黄色信号灯表示注意、警告或非第一原因事故；绿色信号灯表示正常。通常确认按钮（消声）为黑色，实验按钮为白色。

（二）报警系统的设计

报警系统可以根据情况的不同设计成多种形式，如一般报警系统、能区别事故第一原因的报警系统和能区别瞬间原因的信号报警系统。按照是否闪光可以分为闪光报警系统和不闪光报警系统。

1. 一般信号报警系统

当变量超限时，故障检测元件发出信号，闪光报警器动作，发出声音和闪光信号。操作人员在得知报警后，按下确认（消声）按钮，消除音响，闪光转为平光，至事故解除，变量回到正常范围后，灯熄灭，报警系统恢复到正常状态。

2. 能区别事故第一原因的报警系统

当有数个事故相继出现时，几个信号灯会差不多同时闪亮，这时，让第一原因事故的报警灯闪亮，其他报警灯平光，以区别第一事故。即使按下确认按钮，仍有平光和闪光之分。

3. 能区别瞬间原因的信号报警系统

生产过程中发生瞬间超限往往潜伏着更大的事故。为了避免这种隐患，一旦超限就立即报警。设计报警系统时，用灯是否闪光的情况来区分是否是瞬间报警。报警后，按下确认按钮，如果灯光熄灭，则是瞬间原因报警；如果灯光变为平光，则是继续事故。

（三）闪光报警器举例（XXS-02 型）

XXS-02 型闪光报警器一般安装在控制室内的仪表盘上。输入信号是电接点式，可以与各种电接点式控制检测仪表配套使用。报警器有 8 个报警回路，每个回路带有两个闪光信号灯，其中一个集中在报警器上，另一个由端子引出，可以任意安装在现场或模拟盘上。每个回路监视一个极限值，每个报警回路的信号引入接点，可以是常开点，也可以是常闭点，但每个报警回路只可用一个信号接点。

二、联锁保护系统

在生产过程中，某些关键变量超限幅度较大，如不采取措施将会发生更为严重的事故，此时，通过自动联锁系统，按照事先设计好的逻辑关系动作，自动启动备用设备或自动停车，切断与事故设备有关的各种联系，以避免事故的发生或限制事故的发展，防止事故的进一步扩大，保护人身和设备安全。

联锁保护实质上是一种自动操纵保护系统。联锁保护系统包括以下四个方面。

(1) 工艺联锁　由于工艺系统某变量超限而引起的联锁动作，简称“工艺联锁”。如合成氨装置中，锅炉给水流量越（低）限时，自动开启备用透平给水，实现工艺联锁。

(2) 机组联锁　运转设备本身或机组之间的联锁，称为“机组联锁”。例如合成氨装置中的合成气压缩机停车系统，有冰机停、压缩机轴位移等 22 个因素与压缩机联锁，只要其中任何一个因素不正常，都会停压缩机。

(3) 程序联锁　确保按预定程序或时间次序对工艺设备进行自动操纵。如合成氨的辅助锅炉引火喷嘴检查与回火、脱火、停燃料气的联锁。为了达到安全点火的目的，在点火前必须对炉膛内的气体压力进行检测，用空气吹除炉膛内的可燃性气体。吹除完毕方可打开燃料气总管阀门，实施点火。即整个过程必须按燃料气阀门关→炉膛内气压检查→空气吹除→打开燃料气阀门→点火的顺序操作，否则，由于联锁的作用，就不可能实现点火，从而确保安全点火。

(4) 各种泵类的开停　单机受联锁触点控制。

三、自动信号联锁图常用符号

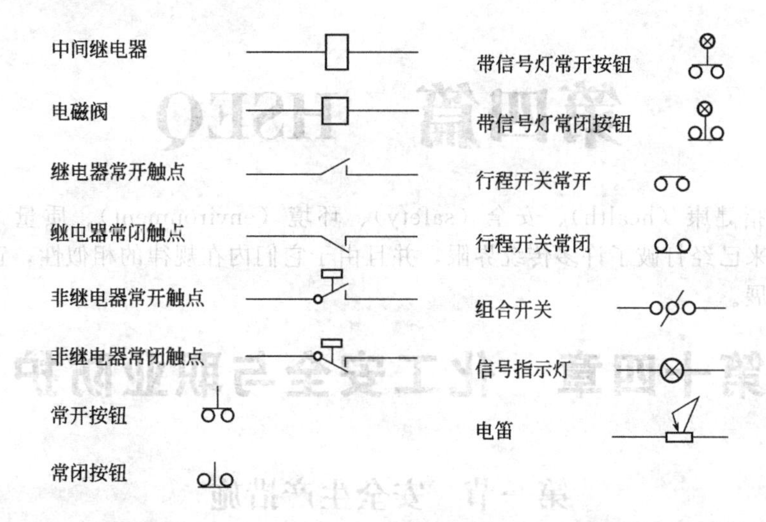

思考与习题

13-1. 某温度表测量范围为 0～500℃，使用后重新校验，发现最大误差为±6℃，问此表定为几级精度？

13-2. 试述转子流量计的工作原理，比较它与节流式流量计的异同点。

13-3. 液位计分类有哪几种？它们各用在哪些场合？

13-4. 差压式液位计工作原理是什么？

13-5. 热电偶温度计为什么可以测量温度？热电偶温度计由哪几部分构成？

13-6. 热电阻分为哪几类？它们的代表符号是什么？

13-7. 如果用镍铬-镍硅热电偶测量温度，其仪表指示值为 600℃，而自由端温度为 65℃，则实际指示值为 665℃，对不对？为什么？

13-8. 用电位差计测量未知电势为什么比动圈表测量未知电势准确？

13-9. 试述气动阀门定位器有哪些作用？

13-10. 试述比例、积分、微分三种调节规律的作用各是什么？其调整原则是什么？

13-11. 试述串级调节系统有哪些特点？您所在车间有哪些系统采用串级调节？

13-12. 分析为什么串级调节系统的调节品质比单回路调节系统好？

13-13. 为什么工业自动化仪表多采用直流信号制？

13-14. 气动执行机构有何特点？

13-15. 差压变送器在测量不同介质的差压时，应注意哪些问题？

13-16. 对气动仪表的气源有哪些要求？

13-17. 比例积分调节器和比例微分调节器各有何特点？

13-18. 试述一个调节系统投入自动时，运行人员反映有时好用，有时又不好用，这是什么原因？

13-19. 试述怎样选择调节系统中变送器的量程？

13-20. 自动调节正常工作的前提条件是什么？试说明之。

13-21. 试述检测信号波动有何害处？应如何消除？

13-22. 通常的集散控制系统包含哪几个部分？

13-23. 报警系统信号灯的颜色有哪些规定？

第四篇　HSEQ

HSEQ是指健康（health）、安全（safety）、环境（environment）、质量（quality）四个方面，近年来已经打破了许多传统界限，并且由于它们内在规律的相似性，正向着一体化的专业领域发展。

第十四章　化工安全与职业防护

第一节　安全生产措施

安全生产是企业的效益，安全第一，预防为主，综合治理是安全生产总体方针，管生产必须管安全，把防范事故的措施落实在前面，做到居安思危，防患于未然，杜绝事故的发生，实现安全生产、文明生产。

一、贯彻落实安全生产责任制

根据国家颁发的有关安全规定，结合本企业的生产特点，企业要建立安全生产责任制和各项安全管理制度，将安全生产责任具体落实到各级负责人、各个部门、各个岗位和每位职工，做到安全工作有制度、有措施、有布置、有检查，各有职守，责任分明。作为岗位操作人员的基本安全生产职责是：①认真履行安全职责，严格遵守各项安全生产规章制度，积极参加各项安全生产活动；②坚守岗位，精心操作，服从调度，听从指挥；③严格执行岗位责任制、巡回检查制和交接班制；④加强设备维修和保养，经常保持生产作业现场的清洁卫生，搞好文明生产；⑤严格执行操作上岗证制度；⑥正确使用、妥善保管各种劳动保护用品和器具；⑦不违章作业，并劝阻和制止他人违章作业，对违章指挥有权拒绝执行，并及时向领导报告。

二、抓好安全教育

（1）入厂教育　凡入厂的新职工、新工人、实习和培训人员，必须进行三级（厂、车间、班组）安全教育和安全考核。

（2）日常教育　每次安全活动，都必须进行安全思想、安全技术和组织纪律性的教育，增强法制观念，提高安全意识，履行安全职责，确保安全生产。

（3）安全技术考核　新工人进入岗位独立操作前，须经安全技术考核。凡未参加考核或考核不及格者，均不准到岗位进行操作。

三、开展安全检查活动

每年要定期组织各种类型的安全检查，如综合性检查、季节性检查、专业性检查、岗位巡查等。检查方法以自查为主，互查、抽查为辅。检查内容主要是查思想、查纪律、查制度、查隐患，发现问题，及时报告和处理。要建立“安全活动日”和班前讲安全（开好班前事故预想会）、班中查安全（巡回检查）、班后总结安全（总结经验教训）的制度。

四、搞好安全文明检查

经常注意设备的维修和保养，杜绝跑、冒、滴、漏现象，以提高设备的完好率。定期进行设备的检修与更换，在此过程中，应认真检查《安全生产四十一条禁令》的执行情况，杜绝一切事故的发生。

五、加强防火防爆管理

对所有易燃、易爆物品及易引起火灾与爆炸危险的过程和设备，必须采用先进的防火、灭火技术，开展安全防火教育，加强防火检查和灭火器材的管理，防止火灾或爆炸事故的发生。

六、加强防尘防毒管理

(1) 限制有毒有害物质（物料）的生产和使用。

(2) 防止粉尘、毒物的泄漏和扩散，保持作业场所符合国家规定的卫生标准。

(3) 配置相应的有效劳动保护和安全卫生设施及防护措施，定期进行监测和体检。

七、加强危险物品的管理

对易燃、易爆、腐蚀、有毒有害的危险物品的管理，必须严格执行国家制定的管理规范，贮存、运输等规定。危险品生产或使用中的废气、废水、废渣的排放，必须符合国家《工业企业设计卫生标准》和《三废排放标准》的规定。

八、配置安全装置和加强防护器具的管理

现代化工业生产中，必须配置有：温度、压力、液面超压的报警装置，安全联锁装置，事故停车装置，高压设备的防爆泄压装置，低压真空的密闭装置，防止火焰传播的隔绝装置，事故照明安全疏散装置，静电和避雷的防护装置，电气设备的过载保护装置以及机械运转部分的防护装置等。安全装置要加强维护，保证灵活好用。对于保护人体的安全器具，如安全帽、安全带、安全网、防护面罩、过滤式防毒面具、氧气呼吸器、防护眼镜、耳塞、防毒防尘口罩、特种手套、防护工作服、防护手套、绝缘手套和绝缘胶靴等，都必须妥善保管并会正确使用。

九、加强事故管理

中华人民共和国国务院令第 493 号《生产安全事故报告和调查处理条例》对生产事故的管理做了详细的规定。

1. 事故分类

根据生产安全事故（以下简称事故）造成的人员伤亡或者直接经济损失，事故一般分为以下等级：特别重大事故，是指造成 30 人以上死亡，或者 100 人以上重伤（包括急性工业中毒，下同），或者 1 亿元以上直接经济损失的事故；重大事故，是指造成 10 人以上 30 人以下死亡，或者 50 人以上 100 人以下重伤，或者 5000 万元以上 1 亿元以下直接经济损失的事故；较大事故，是指造成 3 人以上 10 人以下死亡，或者 10 人以上 50 人以下重伤，或者 1000 万元以上 5000 万元以下直接经济损失的事故；一般事故，是指造成 3 人以下死亡，或者 10 人以下重伤，或者 1000 万元以下直接经济损失的事故。

2. 事故报告程序

事故报告应当及时、准确、完整，任何单位和个人对事故不得迟报、漏报、谎报或者瞒报。

事故发生后，事故现场操作人员应当立即向本单位负责人报告；单位负责人接到报告后，应当于 1h 内向事故发生地县级以上人民政府安全生产监督管理部门和负有安全生产监

督管理职责的有关部门报告。

情况紧急时，事故现场操作人员可以直接向事故发生地县级以上人民政府安全生产监督管理部门和负有安全生产监督管理职责的有关部门报告。

事故现场操作人员在保证安全的前提下要采取必要的应急处理措施，否则立即撤离。发生单位负责人接到事故报告后，应当立即启动事故相应应急预案，或者采取有效措施，组织抢救，防止事故扩大，减少人员伤亡和财产损失。

报告事故应当包括下列内容：事故发生单位概况；事故发生的时间、地点以及事故现场情况；事故的简要经过；事故已经造成或者可能造成的伤亡人数（包括下落不明的人数）和初步估计的直接经济损失；已经采取的措施；其他应当报告的情况。

3. 事故的调查处理

造成人员伤亡的事故调查由县级以上人民政府负责，未造成人员伤亡的一般事故，可由县级人民政府委托事故发生单位组织事故调查组进行调查。

企业应按照“四不放过”的原则，组织有关职能部门进行调查和分析，查找原因，吸取教训，提出防范措施，对事故责任者提出处理意见。

十、严格执行《安全生产禁令》

原化工部《安全生产四十一条禁令》（简称“四十一条禁令”），是原化工部总结几十年化工安全生产经验教训，制定的安全生产禁止性规定，并在我国化工企业多年沿用，对化工企业安全生产起到了重要的作用，是迄今为止，中国石油和化工行业最权威、最有行业特点的安全生产禁止性规定。具体内容如下。

1. 生产厂区十四个不准

①加强明火管理，厂区内不准吸烟；②生产区内，不准未成年人进入；③上班时间，不准睡觉、干私活、离岗和干与生产无关的工作；④在班前、班上不准喝酒；⑤不准使用汽油等易燃液体擦洗设备、用具和衣物；⑥不按规定穿戴劳动保护用品，不准进入生产岗位；⑦安全装置不齐全的设备不准使用；⑧不是自己分管的设备、工具不准动用；⑨检修设备时安全措施不落实，不准开始检修；⑩停机检修后的设备，未经彻底检查，不准启用；⑪未办高处作业证，不戴安全带，脚手架、跳板不牢，不准登高作业；⑫石棉瓦上不固定好跳板，不准作业；⑬未安装触电保安器的移动式电动工具，不准使用；⑭未取得安全作业证的职工，不准独立作业；特殊工种职工，未经取证，不准作业。

2. 操作工的六个严格

①严格执行交接班制度；②严格进行巡回检查；③严格控制工艺指标；④严格执行操作法（票）；⑤严格遵守劳动纪律；⑥严格执行安全规定。

3. 动火作业六大禁令

①动火证未经批准，禁止动火；②不与生产系统可靠隔绝，禁止动火；③不清洗，置换不合格，禁止动火；④不消除周围易爆物，禁止动火；⑤不按时做动火分析，禁止动火；⑥没有消防措施，禁止动火。

4. 进入容器、设备的八个必须

①必须申请办证，并得到批准；②必须进行安全隔离；③必须切断动力电，并使用安全灯具；④必须进行置换、通风；⑤必须按时间要求进行安全分析；⑥必须佩戴规定的防护用具；⑦必须有人在器外监护，并坚守岗位；⑧必须有抢救后备措施。

5. 机动车辆七大禁令

①严禁无证、无令开车；②严禁酒后开车；③严禁超速行车和空挡溜车；④严禁带病行车；⑤严禁人货混载行车；⑥严禁超标装载行车；⑦严禁无阻火器车辆进入禁火区。

6. 四不放过原则

①事故原因分析不清不放过；②事故责任者和群众没有受到教育不放过；③没有采取切实可行的防范措施不放过；④事故责任者没有受到严肃处理不放过。

7. 三个对待

①未遂事故当事故对待；②小事故当大事故对待；③别人的事故当自己的事故对待。

第二节 人身安全防护及职业病防治

一、人身安全防护

根据有关规定和工作纪律，每一个职工或参观、实习人员，在进入车间工作场所前，有责任穿戴好所规定的个人防护用具。

(一) 个人防护器具

1. 头部防护

安全帽是预防下落物体（固体、液体）或其他物体碰撞头部而引起危险的人体头部保护用品。以下情况必须使用安全帽：①在车间及其露天区域；②有天车、吊车作业的场所，或高空和地面联合作业的场所；③在1.5m以上空间有重物运动的工作场所；④在建筑与安装岗位；⑤女工在车床等岗位上操作。

2. 眼睛和面部防护

在工作区域内，如有飞出的物体、喷出的液体或危险光的照射，操作者眼睛和面部会受到伤害，为此，必须考虑佩戴眼镜和面部防护用具。如接触或开启有腐蚀性，有爆炸危险或火灾危险的物质或残留物的系统，进行化学实验工作；进行在带压设备上手工操作；开启或松开超压法兰，隔断装置和密封塞，使用液体喷射器等。在进行对眼睛或面部有较大危险工作区域内的工作人员也必须佩戴正常视力的防护眼镜，或再戴一个合适的面罩。

3. 脚部防护

为了使操作者的脚部不受损伤，以下岗位必须穿安全鞋：①在有酸、碱物质泄漏的岗位或酸碱车间，必须穿防酸、碱工作鞋；②在有碰撞、挤压、下落物体而使脚部受伤的岗位，应穿防砸鞋；③在高温岗位操作应穿绝热安全鞋；④在实验室、实习工厂及类似车间内的操作，也要穿牢固的和封闭的鞋。

4. 手部防护

在从事对手部有损伤的工作时，应戴上合适的防护手套。如手接触酸、碱等腐蚀性物质，或接触冷、热物质以及机械负荷。对于能引起生理变态反应或皮肤病危险的岗位，还要使用由工厂医疗部门提供的皮肤防护油膏。手的保养性清洗，可使用合适的清洗剂。

在转动轴旁工作人员，如在砂轮上磨削工件，或在钻床上打孔，绝对不允许戴防护手套，以防手套被卷入而损伤手部或手指。

5. 听力防护

噪声超过国家规定的标准范围时，必须使用听力防护用具。在这种噪声区内的工作人员，应由工厂医疗部门进行适应性或预防性检查，同时，根据噪声的强度和频率，选定听力防护用具的种类，如听力防护软垫、塞、罩等。

6. 呼吸防护

工作区域内的空气中，有毒气体、蒸气、悬浮物的浓度超过标准所规定的范围时，会引起操作人员中毒或呼吸供氧不足而窒息，必须使用合适的呼吸防护用具。

职工在使用呼吸防护用具前，必须接受安全部门的教育和培训，掌握其使用方法和功能。

7. 防护服（工作服）

凡进入工作区的人员，在没有其他规定的条件下，必须穿上一般的工作服。在较高燃烧危险岗位及其区域工作，如电石车间，必须穿上不易燃烧且抗高温的防护工作服，工作中接触酸、碱或其他有损皮肤的物质时，应穿上能耐酸、碱的防酸粗绒布服、聚氯乙烯防护服、橡皮围裙等。在进行焊接工作的人员，可以穿电气焊防护工作服，从事微波作业人员，应穿上微波屏蔽大衣。

（二）运转机器旁的安全防护

在生产操作中，各种泵、离心分离机、研磨机、皮带输送机等运转机器上的所有运动部件都是危险的，操作者的某个部位一旦接触被卷入机器，就会遭到程度不同的伤害。为了防止与这些运动部件接触，必须给这些部件加上外罩，如铁栅、薄铁板套或其他类似的外罩。此外，还可安装安全联锁装置，如果有东西被卷入机器时，联锁装置就会中断电源，使机器停止运转，从而避免事故的发生。安装机械开关元件或光线阻挡器，也可以起到安全防护作用。当接触或靠近运转机器时，机器就会自动停止运转。

在检修运转机器时，必须切断电源，停止机器运转，然后取下外罩进行修理，绝对不允许机器运转时去拆取防护外罩。机器停止后，应避免错误地合上电闸的情况，为此，可通过拆开电动机的接线，或装设安全开关。安全开关会同时切断控制和动力电路，并通过一个或几个钥匙锁住电源开关，以免错误地合上电源开关。在运转机器旁的操作人员，必须穿紧身工作服，宽松的工作服会因飘动卷入旋转的轴发生事故。有长发的操作人员，必须戴工作帽或头发网套。

（三）运输工作的安全防护

运输装卸工作是极易出现事故的领域，在进行运输操作时，头、手和脚很容易受到危害，因此，戴安全帽、防护手套和穿工作鞋尤为必要。

用人力搬运笨重的货物，如滚动圆铁桶包装的货物时，要特别小心，不能用手去抓桶边，以防挤手、砸脚。在操纵运输机械，如叉式装卸机、吊车及类似机械装卸货物时，更要注意安全。严禁无证驾驶、无证操作，严禁超负荷、超速度运行，只有受过专门训练的人员才允许操纵。悬吊重物运输时，悬吊物应缓慢行驶，经过的地区必须封闭，严禁闲人在悬吊物下停留，运输的货物必须码放整齐，合理分布，必要时用绳索系牢。防止货物下滑，倾倒伤人。

对易燃、易爆危险物品的装卸运输，应注意标记，轻拿轻放，严禁撞击、摔砸。对于圆桶包装的货物，应通过垫楔子、系牢等手段加以固定，以防滚动而发生事故。遇水燃烧、爆炸的货物，要用苫布盖好，防止雨水浸入，同时禁止雨天搬运。

（四）货物存放和堆垛的安全事项

固体、液体和气体的存放和堆垛，一定要遵守有关的安全规定。对于固体货物的存放，一定要注意堆放的坡度角，且不宜太陡，以防塌滑。另外，堆放高度不宜超过1.8m，垛与垛的间距不小于1m，垛与墙的间距不小于0.5m。易引起自燃的固体，如煤等，堆放时不宜太高。存放在多层楼房内的固体货物，要注意楼板的承载能力。

液体最好存放在球形罐或两端带有半球的圆形罐中。可燃液体不允许在工作场所贮存，存放可燃液体的常压罐，一定要安装回火安全装置。气体的贮存，一般是贮藏在压力容器内。对于压力容器，要遵照压力容器的有关规定。

货物堆垛，不论是圆桶、木箱，还是袋装或集装箱，都要特别小心，要在坚固平整的地面上堆垛，垛的底面积要尽可能大，堆放高度不宜太高，以免有翻倒的危险。由垛上取货时，应由上而下一层一层地、均匀地进行，绝对禁止从中间抽取，否则就会有倒塌的危险。

二、职业病防治

《中华人民共和国职业病防治法》规定，职业病是指企业、事业单位和个体经济组织的劳动者在职业活动中，因接触粉尘、放射性物质和其他有毒、有害物质等因素而引起的疾病。与化工生产密切相关的国家规定的职业病有职业中毒、尘肺、职业性皮肤病、电光性眼炎、职业性难听、振动性疾病、放射性疾病、热射病和热痉挛。

（一）职业中毒

职业中毒是国家规定的职业病中的一种，也是化工生产中的主要职业危害。职业中毒是指在生产过程中使用的有毒物质或有毒产品，以及生产中产生的有毒废气、废液、废渣引起的中毒。

（1）毒物和中毒　进入人体能产生有害作用的化学物质称为“毒物”。毒物对机体的有害作用称为“中毒”。毒物侵入人体的主要途径有三个：呼吸道、皮肤和消化道。

（2）急性中毒　短时间内，大量毒物迅速进入人体后所发生的病变称为急性中毒。

（3）慢性中毒　低浓度的毒物，长期作用于人体所发生的病变称为慢性中毒。引起慢性中毒的毒物绝大部分具有蓄积作用。往往在接触毒物后，数月或数年才逐渐出现临床症状。

（4）亚急性中毒　介于急性中毒和慢性中毒之间。

（5）毒物的最高容许浓度　是指为了保障作业人员的健康，毒物作业点的有毒物质浓度不应超过的数值。它是在目前医学水平上认为对人体不会发生中毒反应的限量浓度，是通过动物试验和临床观察及长期的卫生学调查而制定的。

（二）职业中毒的治疗

1. 治疗原则

（1）尽快使毒物不再继续侵入患者体内，切断毒源，尽快使患者脱离中毒现场，清除患者各处的污染，对急性中毒尤为重要。

（2）采取解毒措施。对于有特殊解毒剂的毒物，中毒者应及早使用解毒剂，无特殊解毒剂时应用一般解毒方法。

（3）加速毒物的排泄。对某些已进入血液的毒物可利用透析、换血的方法，加速其从体内排出。

（4）对症治疗、保护重要器官，促进恢复。解毒剂并不能恢复毒物所造成的器质性或功能性损害，必须针对毒物对机体的损害采取相应措施，保护机体。

2. 急性中毒的现场抢救

（1）消除毒物的继续作用，迅速将患者转移到空气新鲜处，松开衣领、腰带，保证呼吸畅通，清除患者身体各部位的毒物，检查病情。移动时要冷静，注意安全和保暖。

（2）患者呼吸困难时要立即吸氧。停止呼吸时，立即做人工呼吸；气管内插管给氧；维持呼吸道畅通并使用兴奋剂药物。遇有呼吸道梗阻或喉头肿大应进行气管切开。

（3）心跳骤停应立即进行胸外挤压，每分钟挤压60～70次，挤压时不可用力过猛，防止筋骨骨折，而且不要轻易放弃。同时做人工呼吸、输氧、心内注射三联针和碳酸氢钠注射液，并输液、升压、纠正酸中毒。

（4）清除污染，防止毒物继续侵入人体。用大量清水冲洗皮肤的污染物，清除衣服上的毒物。如果有化学烧伤，在用大量清水冲洗（注意保暖）后，酸烧伤时用5%碳酸氢钠溶液冲洗，碱烧伤时用2%硼酸溶液冲洗。眼内溅有毒物时，应用专用冲洗器在大量清水冲洗后，由眼科医生诊治。

(5) 护送患者入院治疗。在现场抢救中，应及时通知医院做好必要准备。护送患者途中，注意观察中毒者的呼吸、脉搏、血压以及有无昏迷、惊厥等情况。休克患者应平卧，头部稍低。昏迷患者应保持呼吸道畅通，防止咽下呕吐物。

(6) 解毒和促进毒物排泄，可使用有特殊解毒作用的解毒剂。要注意常规解毒方法的使用，并注意增强机体能量、保护重要脏器、改善脑组织生物氧过程，使用利尿剂、脱水剂，可以加速毒物的排泄，但要注意电解质平衡。

(7) 对症治疗

① 休克　由于毒物刺激使周围循环衰竭、微循环障碍。现场可测量血压，如果血压降低，应立即采取措施：患者平卧位，头低脚高，氧气吸入，输液，补充电解质，纠正酸中毒，注射去甲肾上腺素和间羟胺以提高血压。如休克较轻仅输液即可纠正。

② 昏迷　由于缺氧及毒物刺激，神经系统可高度抑制，对于任何外界刺激均无反应而呈现昏迷，现场处理应首先检查患者的呼吸、循环、血压情况并给予相应处理。如有躁动、惊厥、抽搐等表现，可用镇静药物如巴比妥肌液或水合氯醛灌肠。

第三节　防火防爆

一、燃烧

(一) 燃烧及其条件

燃烧是可燃物质（气体、液体或固体）与氧或氧化剂相互作用而发生光和热的反应，其特征是放热、发光、生成新物质。只有同时具备发热、发光和生成新物质的反应，才能称为燃烧。

燃烧必须同时具备以下三个条件：①可燃物质，如木材、液化石油气等；②助燃物质，如空气、氧和氧化剂；③能源，如明火、电火花、摩擦等。此三个条件缺一就不能构成燃烧反应。在某些情况下，每一个条件还必须具有一定的数量，并彼此相互作用，否则也不会发生燃烧。如空气中氧的浓度下降到14%，燃着的木材就会熄灭。对于已经进行的燃烧，若消除其中任何一个条件，燃烧就会终止，因此，一切防火和灭火的措施，都是根据物质的性质和生产条件，阻止燃烧的三个条件同时存在、相互结合和相互作用。

(二) 燃烧的形式

根据燃烧的起因和剧烈程度的不同，可分为闪燃、着火和自燃。

1. 闪燃和闪点

各种液体表面都有一定量的蒸气，蒸气的浓度决定于该液体的温度。在一定温度下，可燃液体表面或容器内的蒸气和空气的混合而形成的混合物可燃气体，遇火源即发生燃烧。在形成混合可燃气体的最低温度时，所发生的燃烧只出现瞬间火苗或闪光。这种现象称为闪燃。引起闪燃时的最低温度称为闪点。

可燃液体的闪点是随其浓度的变化而变化，浓度越高，闪点越低。各种可燃液体闪点的高低，可确定出它们的火灾危险性的程度，闪点越低，火灾危险性越大，等级也就越高。

在化工安全生产中，根据闪点的高低，确定易燃和可燃液体的生产、加工、贮存和运输的火灾危险性，进而针对其火险的大小，采取相应的防火、防爆安全措施。

2. 着火与着火点

当温度超过闪点并继续升高时，若与火源接触，不仅会引起易燃物体与空气混合物的闪燃，而且会使可燃物质燃烧。这种当外来火源或灼热物质与可燃物质接近时，而开始持续燃烧的现象称为着火。使可燃物质开始持续燃烧所需的最低温度，称为该物质的着火点或燃点。物质燃点的高低，反映出该物质火灾危险性的大小，物质的燃点越低，越易着火，火灾的危险性就越大。

3. 自燃与自燃点

可燃物质不需火源接近便能自行着火的现象称为自燃。可燃物质发生自燃的最低温度称为自燃点。自燃现象可分为受热自燃与本身自燃两种。

可燃物质虽不与明火接触，但在外部热源作用下，使温度达到自燃点而发生着火燃烧的现象称为受热自燃。

二、爆炸

(一) 爆炸及其分类

爆炸是指物质从一种状态迅速转变成另一种状态，并在瞬间放出大量的能量，同时产生巨大声响的现象。爆炸也可视为气体或蒸气在瞬间剧烈膨胀的现象。

1. 爆炸破坏的主要形式

在爆炸过程中，由于物系具有高压或爆炸瞬间形成高温、高压气体，或蒸气的骤然膨胀，体系内能转变为机械功、光和热辐射，使爆炸点周围介质中的压力发生急剧的突变，从而产生破坏作用。其破坏的主要形式有振荡作用、冲击波、碎片冲击和造成火灾。

2. 爆炸的分类

爆炸可按其不同形式进行分类，其分类方式有以下几种。

(1) 按爆炸的传播速度分　可分为轻爆、爆炸和爆轰。

轻爆通常指传播速度为每秒数十厘米至每秒数米的过程。爆炸是指传播速度为 10m/s 至每秒数百米的过程。爆轰是指传播速度为 1000～7000m/s 的过程。

(2) 按引起爆炸过程的性质不同分　爆炸可分为物理爆炸和化学爆炸。

物理爆炸是由物理变化而引起的，物质状态或压力发生突变而形成爆炸的现象，这种爆炸前后物质的性质和成分均不改变，只是由于设备内部物质的压力超过了设备所可能承受的机械强度，内部物质急速冲击而引起的。

化学爆炸是由于物质迅速发生化学反应，产生高温、高压而引起的爆炸。这种爆炸前后物质的性质和成分均发生根本性的变化。按其变化性质，则又可分为简单分解爆炸、复杂分解爆炸和爆炸性混合物的爆炸。

简单分解爆炸是爆炸物在爆炸时不发生燃烧的反应，爆炸所需的热量由爆炸物本身分解时产生。如乙炔银、碘化氮、三氯化氮等物质的爆炸。这类物质非常危险，受轻微振动即可引起爆炸。

复杂分解爆炸伴有燃烧现象，燃烧所需的氧由本身分解时供给。所有炸药、各类氮及氯的氧化物、苦味酸等物质的爆炸均属于此类。

所有可燃气体、蒸气及粉尘与空气或氧气的混合所形成的混合物的爆炸，称为爆炸性混合物的爆炸。这类物质的爆炸需要一定条件，如爆炸物的含量、氧气含量及激发能源等。这类物质的爆炸危险性虽较前两类低，但工厂存在极为普遍，造成的危害性也较大。如物质从工艺装置、设备、管道内泄漏到厂房或空气进入可燃气体的设备内，都可形成爆炸性混合物，如遇到火种，便造成爆炸事故。这类爆炸一般都伴有燃烧现象发生。

(二) 爆炸极限

爆炸极限是指某种可燃气体、蒸气或粉尘和空气的混合物能发生爆炸的浓度范围。发生爆炸的基本条件，是爆炸混合物的浓度范围。发生爆炸的最低浓度和最高浓度分别称为爆炸下限和上限。

爆炸极限的表示方法，一般用可燃气体或蒸气在混合物中的体积百分比来表示，有时也用单位体积（m^3 或 L）混合物中所含可燃物质的质量来表示。即 g/m^3、g/L。

若以爆炸极限的上限与下限之差，再除以下限值，其结果即为危险程度。表达式为：

$$H=\frac{x_2-x_1}{x_1} \tag{14-1}$$

式中 x_1——爆炸下限值；

x_2——爆炸上限值；

H——危险程度。

H 值越大，表示爆炸的危险性越大。爆炸下限越低，爆炸极限的范围就越宽，则爆炸的危险性就越大。所以，知道爆炸极限，就能正确地确定工艺过程的爆炸和燃烧的危险程度，就能对使用和制备可燃气体或易燃液体的工序拟订出各项防爆的措施。

三、防止火灾爆炸的安全措施

制止引起的燃烧和爆炸最重要的原则是阻止可燃气体或蒸气从设备、容器中漏出，限制火灾爆炸危险物、助燃物与火源三者之间的相互直接作用。

（一）控制与消除火源

化工企业生产中遇到的着火源，除生产过程具有的燃烧炉火、反应热、电源外，还有维修用火、机械摩擦热、撞击火星以及吸烟用火等，这些火源是引起易燃易爆物质着火爆炸的原因。因此，应严格控制火源，加强明火管理，不准穿带有钉子的鞋进入车间；对机器轴承要及时添油；在搬运盛有可燃气体或易燃液体的金属容器时，不要抛掷；厂房内严禁吸烟；不准在高温管道和设备上烘烤衣服及其他可燃物件等。

（二）化学危险物品的安全处理

在化工企业内，具有燃爆危险的物质主要是化学物品。因此，在生产过程中，必须了解各种化学物品的物理化学性质，根据不同性质，采取相应的防火防爆和防止火灾扩大蔓延的措施。

对于物质本身具有自燃能力的油脂，以及遇空气能自燃、遇水燃爆的物质等，应采取隔绝空气、防火、防潮或采取通风、散热、降温等措施，以防止物质的自燃和发生爆炸。

两种互相接触会引起燃爆的物质不能混放；遇酸碱会分解爆炸、燃烧的物质，应防止与酸碱接触；对机械作用比较敏感的物质，应轻拿轻放。

易燃、可燃气体和液体蒸气，要根据它们的相对密度，采取相应的排污方法和防火防爆措施。根据物质的沸点、饱和蒸气压考虑容器的耐压强度，贮存、降温措施等。根据物质闪点、爆炸极限等，采取相应的防火防爆措施。

对于不稳定的物质，在贮存中应添加稳定剂或以惰性气体保护。对某些液体，如乙醚受到阳光作用时，会生成过氧化物，故必须贮存在金属桶内或暗色的玻璃瓶中。

物质的带电性能，直接关系到物质在生产、贮存、运输等过程中，有无产生静电的可能。对于易产生静电的物质，应采取接地等防静电措施。

为了防止易燃气体、蒸气和可燃性粉尘与空气构成爆炸性混合物，应该使设备密闭或负压操作。对于在负压下生产的设备，应防止空气吸入。为了保证设备的密闭性，对危险物系统应尽量少用法兰连接，但要保证安装和维修的方便。输送危险气体、液体的管道应采用无缝管。

（三）厂房的通风置换

对生产车间空气中可燃物的完全消除，仅靠设备的密闭是不可能的，往往还借助于通风置换。对含有易燃易爆气体的厂房，所设置的排、送风设备应有独立分开的通风室，如通风室设在厂房内，则应有隔绝措施。同时，应采用不产生火花的通风机和调节设备，排除有燃烧和爆炸危险粉尘的排风系统，应先将粉尘空气净化后进入通风机，同时应采用不产生火花的除尘器。如果粉尘与水接触能生成爆炸混合物时，则不能采用湿式除尘器。

通风管道不宜穿过防火墙或非燃烧体的楼板等防火隔绝物。对有爆炸危险的厂房，应设置轻质板制成的屋顶、外墙或泄压窗。

（四）可燃物大量泄漏的处理

工厂可燃物的大量泄漏，对生产必将造成重大的威胁。为了避免因大量泄漏而引起的燃烧和爆炸，故必须进行恰当的处理。

当车间出现物料大量泄漏时，区域内的可燃气体检测仪会立即报警，此刻，操作人员除向有关部门报告外，应立即停车，打开灭火喷雾器，将气体冷凝或采用水蒸气幕进行处理。同时要控制一切工艺参数的变化，若工艺参数达到临界温度、临界压力等危险值时，要按规程正确进行处理。

（五）工艺参数的安全控制

在生产中正确控制各种工艺参数，不仅可以防止操作中的超温、超压和物料跑损，而且是防止火灾或爆炸的根本措施。

在生产中为了预防燃爆事故发生，对原料的纯度、投料量、投料速度、原料配比以及投料顺序等，必须按规定严格控制，同时要正确控制反应温度并在规定的范围内变化。

生产中的跑、冒、滴、漏现象，是导致火灾或爆炸事故的原因之一，因此，要提高设备完好率，降低设备泄漏率；要对比较重要的各种管线，涂以不同颜色加以区别；对重要阀门采取挂牌加锁；对管道的振动或管道与管道之间的摩擦等应尽力防止或设法消除。

在发生停电、停气或汽、停水、停油等紧急情况时，要准确、果断、及时地做出相应的停车处理。若处理不当，也可能造成事故或事故的扩大。

（六）实现自动控制与安全保险装置

化工生产实现自动控制，并安装必要的安全保险装置，可以将各种工艺参数自动、准确地控制在规定的范围内，保证生产正常地进行。生产过程中，一旦发生不正常或危险情况，保险装置就能自动进行动作，消除隐患。

（七）限制火灾或爆炸的扩散蔓延

在化工生产设计时，对某些危险性较大的设备和装置，应采取分区隔离、露天安装和远距离操纵；在有燃爆危险的设备、管道上应安装阻火器及安全装置；在生产现场配有消防灭火器材。

在生产中，一旦发生火灾或爆炸，应立即关闭燃烧部位与生产系统的阀门，切断可燃物料的来源，同时选用合适的消防灭火器材进行灭火。

四、灭火器材的种类及使用方法

（一）水或水蒸气灭火

水是最常用的灭火剂，具有很好的灭火效能。直流水和开花水可以扑救一般固体物质的火灾，还可扑救闪点在120℃以上，常温下显半凝固状态的重油火灾。雾状水可用于扑救粉尘、纤维状物质及谷物堆囤等固体可燃的火灾和扑救带电设备的火灾。但以下着火不能用水扑救：①电石着火时千万不能用水扑救，要用干沙土扑救；②苯、甲苯、醚、汽油等非水溶性的相对密度小于水的可燃、易燃液体着火，原则上不能用水扑救，可用泡沫、干粉、1211等灭火剂扑救；③重质油料，如原油、重油着火，原则上不能用水扑救，而用雾状水扑救；④贮存大量浓硫酸、浓硝酸的场所发生火灾，不能用直流水扑救，必要时宜用雾状水扑救；⑤不能扑救带电设备的火灾，也不能扑救可燃粉尘（面粉、铝粉、煤粉、锌粉等）聚集处的火灾。

（二）化学泡沫灭火器

化学泡沫灭火器主要由碳酸氢钠、硫酸铝和少量发泡剂（甘草粉）与稳定剂（三氯化铁）组成。使用时可通过颠倒灭火器或其他方法，使两种化学溶剂混合而发生如下反应：

$$Al_2(SO_4)_3 + 6NaHCO_3 \longrightarrow 3Na_2SO_4 + 2Al(OH)_3 + 6CO_2\uparrow$$

反应中生成的 CO_2 气体，一方面在发泡剂的作用下形成以 CO_2 为核心的外包 $Al(OH)_3$ 的大量微细泡沫；另一方面，使灭火器内压力很快上升，将生成的泡沫从喷嘴中压出。由于泡沫中含有胶状 $Al(OH)_3$，易于黏附在燃烧物表面。并可增强泡沫的热稳定性。灭火器中稳定剂不参加化学反应，但它可分布于泡沫中可使泡沫稳定、持久，提高泡沫的封闭性能，起到隔绝氧气的作用，达到灭火的目的。

化学泡沫灭火器主要用于扑救闪点在45℃以下的易燃液体的着火，如汽油、香蕉水、松香水等非水溶液体的火灾，也能扑救固体物料的火灾。但对水溶性可燃、易燃液体，如醇、醚、酮、有机酸等，带电设备、轻金属、碱金属及遇水可发生燃烧或爆炸的物质的火灾，切忌使用。

（三）酸碱灭火器

手提式酸碱灭火器的构造与手提式化学泡沫灭火器相同。内装 $NaHCO_3$ 溶液和一小瓶 H_2SO_4。使用时将筒身颠倒，硫酸与 $NaHCO_3$ 发生如下反应：

$$H_2SO_4 + 2NaHCO_3 \longrightarrow Na_2SO_4 + 2H_2O + 2CO_2\uparrow$$

筒内生成的 CO_2 气体产生压力，使 CO_2 和溶液从喷嘴喷出，笼罩在燃烧物上，将燃烧物与空气隔离而起到灭火作用。

手提式酸碱灭火器适用于扑救竹、木、棉、毛、草等一般可燃固体物质的初起火灾，但不宜用于油类、忌水、忌酸物质及电气设备的火灾。

（四）二氧化碳灭火器

手提式二氧化碳灭火器是由无缝钢管制成的圆筒形钢瓶，钢瓶内充有压力为8.83MPa的液体 CO_2（灭火剂），容量为5kg。

钢瓶上有喷嘴、喷管、启闭阀等部件。使用时先取下铅封和闩棍，一手拿着喇叭筒对准火源，另一手按下压把，CO_2 即从喷嘴喷出。射程为2～3m，喷射时间为45s。

二氧化碳灭火器有很多优点，灭火后不留有任何痕迹，不损坏被救物品，不导电，无毒害，无腐蚀，用它可以扑救电气设备、精密仪器、电子设备、图书资料档案等火灾。但忌用于某些金属，如钾、钠、镁、铝、铁及其氢化物的火灾，也不适用于某些能在惰性介质中自身供氧燃烧的物质，如硝化纤维火药的火灾，它难以扑灭一些纤维物质内部的阴燃火。

（五）固体化学干粉灭火器

固体化学干粉灭火器是比较新型的灭火器，贮存和使用都很方便，灭火效果好。常用的手提式化学干粉灭火器有2kg、4kg和8kg三种。粉筒是用优质钢板冷拉成形和气体保护焊接组合而成，耐压性能强，粉筒内装有以碳酸氢钠为基料的小苏打粉、改性钠盐粉、硅化小苏打干粉、氨基干粉以及少量的防潮剂硬脂酸镁及滑石粉等，并备有盛装压缩 CO_2 或 N_2 的小钢瓶作为喷射的动力。

在燃烧区干粉碳酸氢钠受高温作用，放出大量水蒸气和 CO_2，并吸收大量的热。因此起到一定冷却和稀释可燃气体的作用；同时，干粉灭火剂与燃烧区碳氢化合物作用，夺取燃烧连锁反应的自由基。从而抑制燃烧过程，致使火焰熄灭。

$$2NaHCO_3 \xrightarrow{\text{高温}} Na_2CO_3 + H_2O + CO_2\uparrow$$

使用时，站在距火场5～6m处，一手紧握喷嘴胶管，并将喷嘴对准火焰根部，另一手提拉圈环，容器内干粉便可喷出粉雾。

干粉灭火剂无毒、无腐蚀作用，主要用于扑救石油及其产品，可燃气体及电气设备的初起火灾以及一般固体的火灾。扑救较大面积的火灾时，需与喷雾水流配合，以改善灭火效果，并可防止复燃。

(六) 1211 灭火器

1211 是卤化物二氟一氯一溴甲烷的代号，又称 BCF，是一种低毒、不导电的液化气体灭火剂，其分子式是 CF_2ClBr，是卤代烷灭火剂的一种。它是通过夺去燃烧连锁反应中的活泼性物质来达到灭火目的。

1211 灭火器是一种轻便、高效的灭火器材。筒内除充装二氟一氯一溴甲烷灭火剂外，还填充压缩氮气。使用时拔下铅封或横销，用力压下压把即可喷出。

1211 灭火剂适于扑救各种易燃液体火灾和电气设备火灾，它的绝缘性能好，灭火时不污损物品，灭火后不留痕迹，有灭火效率高、速度快的优点。但它不适于扑救活泼金属、金属氧化物和能在惰性介质中自身供氧燃烧的物质的火灾；扑灭固体纤维物质火灾时要用较高的浓度。1211 灭火剂浓度在 4%～5%对人和动物则会发生轻微的中毒反应，浓度越高，危险性越大，使用时要慎重。

第四节 防尘防毒

一、尘毒物质的分类

在化工生产过程中，散发出来的有危害的尘毒物质，按其物理状态，可分为五大类。

(1) 有毒气体　是指在常温、常压下是气态的有毒物质，如光气、氯气、硫化氢、氯乙烯等气体。这些有毒气体能扩散，在加压和降温的条件下，它们都能变成液体。

(2) 有毒蒸气　如苯、二氯乙烷、汞等有毒物质，在常温、常压下，由于蒸气压大，容易挥发成蒸气，特别是在加热或搅拌的过程中，这些有毒物质就更容易形成蒸气。

(3) 雾　悬浮在空气中的微小液滴，是液体蒸发后，在空气中凝结而成的液雾细滴；也有的是由液体喷散而成的。如盐酸雾、硫酸雾、电镀铬时产生的铬酸雾等。

(4) 烟尘　又称烟雾或烟气，是在空气中飘浮的一种固体微粒（0.1μm 以下）。如有机物在不完全燃烧时产生的烟气，橡胶密炼时冒出的烟状微粒等。

(5) 粉尘　用机械或其他方法，将固体物质粉碎形成的固体微粒。一般在 10μm 以上的粉尘，在空气中很容易沉降下来。但在 10μm 以下的粉尘，在空气中就不容易沉降下来，或沉降速度非常慢。

前两类为气态物质，后三类除了粗粉尘容易沉降下来以外，其他都能在空气中飘浮，故称气溶胶。

二、毒物对人体的危害

(一) 毒物对全身的危害

毒物侵入人体被吸收后，通过血液循环分布到全身各组织或器官。由于毒物本身理化特性及各组织的生化、生理特点，进而破坏了人的正常生理机能，导致中毒的危害。

1. 急性中毒对人体的危害

急性中毒是指在短时间内大量毒物迅速作用于人体后发生的病变。由于毒物的性能不同，对人体各系统的危害也不同。

(1) 对呼吸系统的危害　刺激性气体、有害蒸气和粉尘等毒物，对呼吸系统将会引起窒息状态、呼吸道炎和肺水肿等病症。

(2) 对神经系统的危害　四乙基铅、有机汞、苯、环氧乙烷、三氯乙烯、甲醇等毒物，会引起中毒性脑病。表现在头晕、头痛、恶心、呕吐、嗜睡、视力模糊以及不同程度的意识障碍等。

(3) 对血液系统的危害　急性职业病中毒可导致白细胞增加或减少，高铁血红蛋白的形成及溶血性贫血等。

(4) 对泌尿系统的危害　在急性中毒时，有许多毒物可引起肾脏损害，如升汞和四氯化碳中毒，会引起急性肾小管坏死性肾病。

(5) 对循环系统的危害　毒物砷、锑、有机汞农药等，可引起急性心肌损害；由三氯乙烯、汽油等有机溶剂引起的急性中毒，毒物刺激β-肾上腺素受体而致心室颤动；刺激性气体会引起肺水肿，由于渗入大量血浆及肺循环阻力的增加，可能出现肺源性心脏病。

(6) 对消化系统的危害　经口的汞、砷、铅等中毒，可发生严重的恶心、呕吐、腹痛、腹泻等酷似急性肠胃炎的症状；一些毒物，如硝基苯、氯仿、三硝基甲苯及一些肼类化合物，会引起中毒性肝炎。

2. 慢性中毒对人体的危害

慢性中毒是指由于长期受少量毒物的作用，而引起的不同程度的中毒现象。引起慢性中毒的毒物，绝大部分具有积蓄作用。人体接触毒物后，数月或数年后才逐渐出现临床症状，其危害也根据毒物的性能表现于人体的各系统。大致有中毒性脑及脊髓损害、中毒性周围神经炎、神经衰弱综合征、神经官能症、溶血性贫血、慢性中毒性肝炎、慢性中毒性肾脏损坏、支气管炎以及心肌和血管的病变等。

3. 工业粉尘对人体的危害

粉尘主要来源于固体原料、产品的粉碎、研磨、筛分、混合以及粉状物料的干燥、运输、包装等过程。

工业粉尘对人体危害最大的是直径为0.5～5μm的粒子，而工业中大部分粉尘颗粒直径就在此范围内，因此对人体危害最大。粉尘的物理状态、化学性质、溶解度以及作用的部位不同，对人体的危害也不同。一般刺激性粉尘落在皮肤上可引起皮炎，夏季多汗，粉尘易填塞毛孔而引起毛囊炎、脓皮肤病等；碱性粉尘，在冬季可引起皮肤干燥、皲裂；粉尘作用于眼内，刺激结膜引起结膜炎或麦粒肿。长期吸入一定量粉尘，就会引起各种尘肺。游离的二氧化硅、硅酸盐等粉尘，可引起肺脏弥漫性、纤维性病变。

(二) 毒物对皮肤的危害

皮肤是机体抵御外界刺激的第一道防线，在从事化工生产中，皮肤接触外在刺激物的机会最多，在许多毒物刺激下，会造成皮炎和湿疹、痤疮和毛囊炎、溃疡、脓疱疹、皮肤干燥、皲裂、色素变化、药物性皮炎、皮肤瘙痒、皮肤附属器官及口腔黏膜的病变等症。

(三) 毒物对眼部的危害

化学物质对眼的危害，可发生于某化学物质与组织的接触，造成眼部损伤；也可发生于化学物质进入体内，引起视觉病变或其他眼部病变。

化学物质的气体、烟尘或粉尘接触眼部或化学物质的碎屑、液体飞溅到眼部，可能发生色素沉着、过敏反应、刺激炎症或腐蚀灼伤。如醌、对苯二酚等，可使角膜、结膜染色；硫酸、盐酸、硝酸、石灰、烧碱和氨水等同眼睛接触，可使接触处角膜、结膜立即坏死糜烂，与碱接触的部位，碱会由接触处迅速向深部渗入，可损坏眼球内部。由化学物质中毒所造成的眼部损伤有视野缩小、瞳孔缩小、眼睑病变、白内障、视网膜及脉络膜病变等。

(四) 毒物与致癌

人们在长期从事化工生产中，由于某些化学物质的致癌作用，可使人体内产生肿瘤。这种对机体能诱发癌变的物质称为致癌原。

职业性肿瘤多见于皮肤、呼吸道和膀胱，少见于肝、血液系统。由于致癌病因与发病学尚有许多基本问题未弄清楚，加上在生产环境以外的自然环境，也可接触到各种致癌因素，因此要确定某种癌是否是仅由职业因素而引起的，必须要有充分的根据。

三、尘毒防护器具及使用方法

为避免或减少各种化学、物理、生物等因素对人体的侵害，所有人员在进入作业场所时，都必须进行个人防护，佩戴好防护器具。防护器具按其防护部位的不同，可分为头部防护器具、面部防护器具、呼吸器官防护器具、耳部防护器具及手脚防护器具。此外，还有防护服、安全带、救生器等防护用品及器材。这里仅介绍呼吸器官防护器具。

呼吸器官防护器具包括防尘口罩、防毒口罩、防尘面罩、防毒面具、氧气呼吸器和空气呼吸器等。由于这些护具的构造和性能的不同，它们的适用范围和使用方法也就不同。

(一) 自吸过滤式防尘口罩

自吸过滤式防尘口罩按结构特点不同，可分为复式型（换气阀型）和简易型。自吸过滤式防尘口罩主要由夹具、过滤器、系带三部分组成，如图 14-1 所示。夹具为聚乙烯、聚氯乙烯塑料制成的内外支架；过滤器是周边包有泡沫塑料密封圈的尼龙超细纤维制成的滤尘袋，滤尘袋夹在内外支架之间。它可以在 100mg/m^3 以下的硅尘、500mg/m^3 以下的煤尘和 300mg/m^3 以下的水泥尘及其他无毒粉尘的场所使用，但不适用于含有毒气体或含氧量不足 18%的场所。

使用时，应根据粉尘浓度、颗粒大小、劳动强度、面部形状等因素，选用适宜的口罩；戴口罩时必须保持端正，包住口鼻，口罩周边应与面部密闭，特别应注意鼻梁两侧不要有缝隙，头带要系紧，不要挂在耳朵上；要经常检查滤料、口罩周边及各连接处性能，定期更换滤料，保持口罩的清洁卫生和良好的使用性能；使用后应立即清洗并晾干，检查整理后放入专用袋或盒内备用，当发现口罩防护性能下降或各接口部不严密时，应予以更换。

图 14-1 自吸过滤式防尘口罩

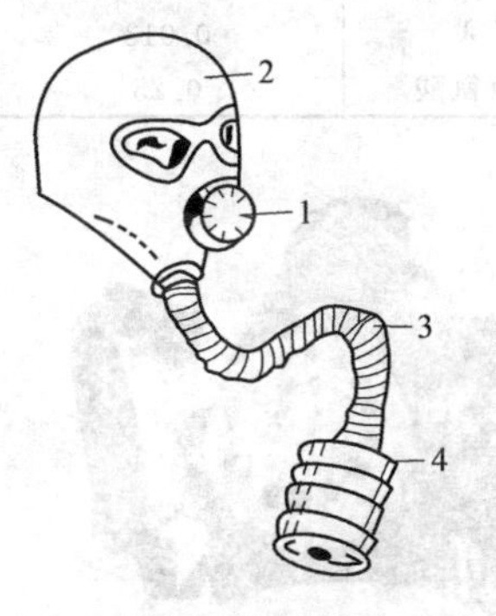

图 14-2 过滤式防毒面具

1—排气阀；2—橡胶面罩；
3—波纹导气管；4—滤毒罐

(二) 过滤式防毒面具

过滤式防毒面具由橡胶面罩、波纹导气管、滤毒罐和面具袋几部分组成，如图 14-2 所示。橡胶面罩是为了保护呼吸器官、眼睛和脸部皮肤，以防遭到各种刺激性毒气伤害。面罩上眼窗采用复合镜片或不碎有机玻璃镜片，面具内有阻水罩，以保护镜片的透明效果，另有通话设施，以保持与外界联系。波纹导气管也称吸气软管，长 50cm，波管两端有金属螺纹接头，分别与面罩、滤毒罐相连接。

滤毒罐多数是圆柱形，上端有上盖与出气口，下端有下盖与进气孔，罐内装有化学药剂、活性炭、指示剂、干燥剂、催化剂和絮状滤料等，彼此间由穿孔铁皮间隔，为了防止填料层的振动，并装有双股平卷弹簧。滤毒罐的作用是通过罐内药物对毒物的机械阻留、吸附和化学反应（包括中和、氧化、还原、络合、置换等），滤去空气中有毒有害物质而达到净化空气的目的。

过滤式防毒面具结构简单，使用方便，适用于有毒气体、蒸气、烟雾、放射性灰尘和细菌作业场所，是化工企业普遍使用的一种防毒器材。因此，使用时要根据头型的大小，选择适当的面罩；同时，应根据所防毒物，选择相对应的滤毒罐的型号；当有毒场所的氧气占总体积的 18%以下，或有毒气体浓度占总体积的 2%以上时，严禁使用（各型滤毒罐起不到防护作用）；使用过程中，如在面罩内闻到毒气的微弱气味或发现呼吸不畅时，应立即离开毒区；使用后，面罩、导气软管必须用肥皂水清洗或 0.5%的 $KMnO_4$ 溶液消毒，滤毒罐必须上盖下塞，妥善保存。滤毒罐有效存放期为 2 年。

（三）防毒口罩

防毒口罩的防毒原理基本上与过滤式防毒面具一样，只是结构形式、滤毒罐大小及使用范围有差异。

防毒口罩如图 14-3 所示。到目前为止，防毒口罩按吸收剂的不同，可分为 1、2、3、4、5 等型号。其防护范围见表 14-1。使用时一定要注意所防毒物与防毒口罩型号一致。另外，还要注意毒物与氧的浓度以及使用时间，若嗅到轻微的毒气，就应立即离开毒区，更换药剂或新的防毒口罩。

表 14-1 防毒口罩种类及性能

型号	代表性毒物	试验浓度/(mg/L)	有效时间/min	防护范围
1	氯	0.31	156	多种酸性气体、氯化氢
2	苯	1.0	155	多种有机蒸气、卤化物、苯、胺
3	氨	0.76	29	氨、硫化氢
4	汞	0.013	3160	汞蒸气
5	氢氰酸	0.25	240	氢氰酸、光气、乙烷

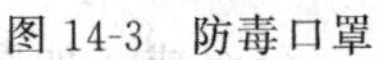

图 14-3 防毒口罩

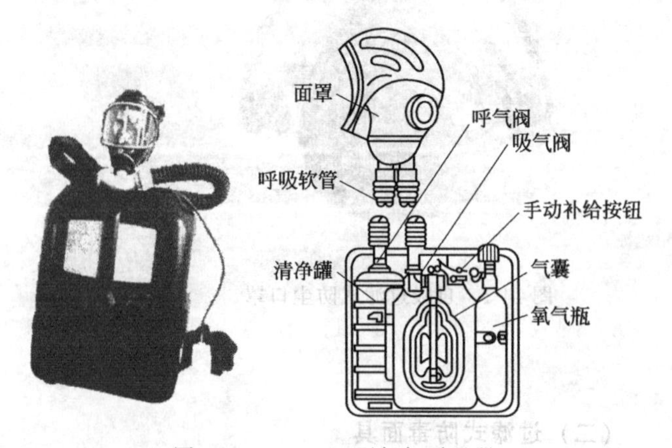

图 14-4 AHG-2 型氧气呼吸器

（四）AHG-2 型氧气呼吸器

AHG-2 型氧气呼吸器是一种在同外界环境完全隔绝的条件下，独立供应呼吸所需氧气的防毒面具。它兼有其他面具的功能，可在各种恶劣场所中使用，是化工厂有毒车间事故备用的理想护具。

根据供氧系统——氧气瓶供氧时间而确定AHG型氧气呼吸器的型号，氧气瓶容量有供氧2h、3h和4h之分，故相应型号为AHG-2型、AHG-3型和AHG-4型。

AHG-2型氧气呼吸器主要由呼吸软管、压力表、吸气阀、减压阀、呼气阀、清净罐、哨子、气囊、氧气瓶、面具、排气阀和外壳等组成，如图14-4所示。

AHG-2型氧气呼吸器的工作原理是：工作人员从肺部呼出的气体经面具、呼吸软管、呼气阀而进入清净罐，呼出气体中的二氧化碳被吸收剂吸收，其他气体进入气囊。另外，氧气瓶贮存的高压氧气（新鲜氧气），经高压管、减压器进入气囊，与从清净罐出来的气体相互混合，重新组成适合于呼吸的含氧空气。当工作人员吸气时，适量的含氧空气由气囊经吸气阀、吸气软管、面具而被吸入肺部，完成了整个呼吸循环。由于呼气阀和吸气阀都是单向阀，因此整个气流方向是一致的。

AHG-2型氧气呼吸器的优点是重量较轻，相对使用时间长，使用安全等。使用时应将检查合格的氧气呼吸器放在右肩左侧的腰标上，调整紧身皮带并固定在左侧腰际上。打开氧气阀，检查氧气压力，并按手动补给按钮，排出气囊内原积聚的污气。

把已选好的合适面罩以四指在内，拇指在外，将面罩由下颚往上戴在头上，并校正眼睛边框的位置，使之适合于视线。面罩的大小应以既能保持气密，又不宜太紧为原则。然后检查氧气压力，以便对工作时间做预先的估计。面罩佩戴稳妥后，进行几次深呼吸，观察呼吸器内部机件是否良好，确认各部分正常后，即可进入毒区工作。

（五）隔绝式生氧面具（HSG-79型生氧器）

隔绝式生氧面具是一种不携带高压氧气瓶，而利用化学生氧提供氧气的氧气呼吸器。属于此类的有HSG-79型生氧器、SM-1型生氧面罩和AZG-40型自救器等。

HSG-79型生氧器由乳胶面罩、导气管、散热器、生氧罐、排气阀、气囊、快速供氧盒和外壳等部件组成，如图14-5所示。

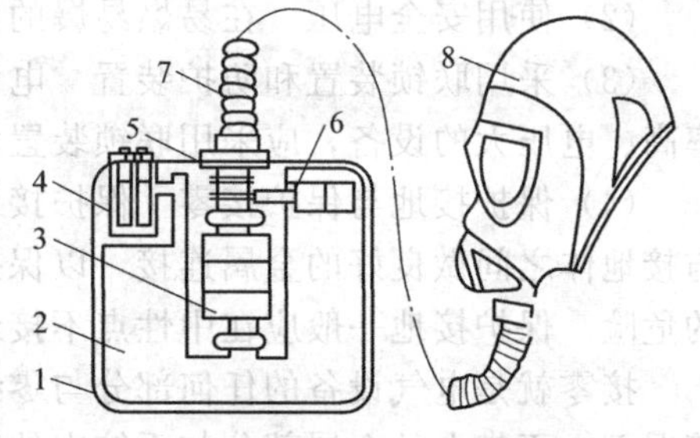

图14-5 HSG-79型生氧面具结构

1—外壳；2—气囊；3—生氧罐；4—快速供氧盒；5—散热器；6—排气阀；7—导气管；8—面罩

在生氧罐内装有特制化学生氧药剂（Na_2O_4或K_2O_4），快速供氧盒装有快速启动药块，以确保防护性能。隔绝式化学生氧面具，是在与大气隔绝的情况下进行工作的，靠人体呼出的二氧化碳和水，经导气管进入生氧罐，与化学生氧剂发生化学反应，产生人体呼吸所需的氧气，并贮藏于气囊之中，从而达到净化再生的目的。当人体呼吸时，气体由气囊经生氧罐二次再生，再经散热器、导气管、面罩，进入人体肺部做生理交换，完成整个呼吸循环。

第五节 电气安全

一、危险的电流强度

由于人体的感觉器官对电流的存在感觉不出来，因此，电流对人体的危害特别危险。

1. 电流对人体的危害作用

电流对人体产生的危害，主要表现在以下三个方面。

（1）热作用　当电流通过人体时，会产生热量，于是，在电流流经的地方会引起烧伤。

(2) 化学作用 直接电流流经人体时，体内会有液体将被电解破坏。

(3) 生理作用 电流通过人体，作用于神经系统，当电流强度达到一定值时，就会引起肌肉痉挛，特别是交流电，会加速心脏跳动，直至心室颤动，最终停止跳动。

2. 对人体产生危害的危险电流强度

不是任何强度电流都对人体产生危害。流经导体的电流取决于电阻的大小，而人体电阻是随着皮肤的湿润情况、接触面积的大小和电流在人体内流动的长度而变化的。人体皮肤对电流有一定的电阻，当电压为50V时，它就会被击穿。当电压为500～700V时，人体的电阻为1000，此时流经人体的电流为0.5A，会造成人体死亡。

若人体的平均电阻为1300Ω，电压为65V时，则电流强度为50mA。当50mA的电流流经人体时，就会使人致死。因此，从65V的电压开始，就必须采取安全措施。

二、防止触电及触电急救

触电是指人在非正常情况下，接触或过分靠近带电体而造成的电流对人体的伤害。造成触电的原因，有以下四种：①人体接触裸露的带电体或过分接近带电体；②电线外皮（绝缘材料）老化或受损，使得电气线路外皮带电；③不懂或缺乏电气安全知识，没有严格执行电气安全技术规程或违规操作；④正常时不带电，仅在事故情况下带电而造成触电。

触电不仅影响到生产，而且危害生命安全，所以必须采取有效的措施。

（一）防止触电的措施

(1) 提高电气设备的完好率和加强绝缘 电气设备的带电体周围或对地之间总要用绝缘物质隔开。这样，既可确保电气设备的正常运行，又可确保人身安全。如果电气设备不完好，绝缘状态不好，就有漏电可能，人一旦触及设备，便会造成触电事故。为此，必须加强电气设备的维修、保护和检查测定工作，发现不安全因素，应及时消除。

(2) 使用安全电压 在易燃易爆的危险厂房内的照明灯、手电灯等都应采用安全电压。

(3) 采用联锁装置和防护装置 电气设备不可能全部采用安全电压，因此，对于那些功率高、电压大的设备，应采用联锁装置和防护装置。

(4) 保护接地与保护接零 保护接地就是将电气设备在正常情况下，不带电的金属部分与接地体之间做良好的金属连接，以保护人体的安全，其目的是防止因绝缘损坏而遭到触电的危险。保护接地一般应在中性点不接地的电气系统中，即所谓三相三线制系统中。

接零就是电气设备的任何部分与零线做良好的电气连接。保护接零是将电气设备在正常情况下，不带电的金属部分与系统中的零线做良好的金属连接，以避免机体遭受到触电的危险。保护接零应用在中性点接地的电气系统中，即三相四线制系统中。

(5) 建立健全规章制度，树立安全思想和严肃认真的工作态度 这是确保电气安全的一项重要措施。根据工种的不同，应建立不同的规章制度。如安全教育制度，工作岗位责任制度，设备维护检修制度，安全操作规程等。这些规章制度是保障安全、促进生产的有效手段。根据许多触电事故调查分析，其中规章制度不健全，或有章不循，违反安全用电规程和思想麻痹大意，工作责任心不强，是造成人身触电的一个重要原因。

(6) 正确地使用防护工具 不论在正常工作情况，还是在特殊情况，都必须按规定正确使用相应的个人防护用具。如绝缘靴、绝缘手套、绝缘钳和检电器等。

（二）触电急救

人触电后会出现神经麻痹、呼吸中断、心脏停止跳动等症状，呈现昏迷不醒的状态。这是一种假死状态，应立即急救，急救的关键是使触电者尽快地脱离电源。当人触电时，如果通过人体的电流超过允许值，人则不能自行摆脱电源，这时必须由第二者迅速采取措施，使触电者迅速脱离电源。

1. 低压触电

当发现有人在低压（对地电压在250V以下）线路触电时，可采用下面方法进行急救。

（1）拉开电源开关，切断电源　此点必须在触电地点附近有开关或有插座才行。

（2）切断电线，断开电源　用电绝缘性良好的工具，如带绝缘柄的电工钳子或木柄斧头，在触电者电源侧割断电线，使电源消失，触电者脱离电源。注意割断电线时应一根一根地断，否则会产生短路事故。

（3）抢救者必须戴上绝缘手套和胶皮鞋　如若没有，可用干燥的衣服、手套、绳索、木板、木棒等绝缘物作为工具，拉开触电者或者挑开电线。也可拉触电者的干衣服，切不可触及触电者的皮肤。

（4）隔断电流通路　如果触电者触及一相电源，是因为鞋子不绝缘造成触电，则可采用绝缘板或干木板垫在触电者脚下或身下，使其电流通路断开，然后迅速停电。

2. 高压线路触电

高压线路的电压高，救护人员不能随便去接近触电者，必须慎重采取抢救措施。

（1）立即通知有关部门停电。

（2）戴上绝缘手套，穿上绝缘靴，用相应电压等级的绝缘工具拉开开关。

（3）抛掷裸金属线使线路之间短路，迫使保护装置动作而断电，抛前应先将金属线一端接地，在触电者的电源侧并与触电者之间的距离不应小于5m。

触电者脱离电源后，如果没有停止呼吸，将患者拉到空气流通的场所，仰卧并解开衣服，如领子、腰带、裤带等，用软的衣服垫在身下，头部比肩稍低，以免阻碍呼吸，同时用棉花蘸些氨水放在鼻孔下面，用凉毛巾摩擦全身，使触电者尽快恢复知觉，如果触电者已经停止呼吸，应立即进行人工呼吸，当地有医生的应立即就地诊治，切不要轻易地送往较远的地方去治疗，以免耽误时间。

三、电气防火防爆

火灾及爆炸的形成条件是火源。明火、火花均属火源。在电气线路和设备上，经常会有电火花或电弧产生，这不仅在事故发生时，在正常运行时也时有发生。所以电气防火防爆尤为重要。

（一）电气火灾、爆炸的原因

电气引起火灾或爆炸，无非是由于电气设备过热或产生了电火花、电弧。

1. 电气设备过热

设备运行时总是要放热的，当电流通过电气设备及导体时，要消耗电能，这部分电能以热的形式消耗在使导体本身温度升高，加热周围其他物质和材料（如绝缘材料等）。此外，交流电流的交变磁场也可在磁性材料中产生热量。绝缘材料老化后，也会消耗电能使绝缘物质温度升高。

电气设备本身的温升是有规定的，这与绝缘材料允许温升有关。不同的绝缘材料，允许温升是不同的，当温升超过其允许温升后，每超过8℃，绝缘材料的老化速度便加快1倍，其使用寿命降低一半。这就是电气上的所谓八度定律。表14-2为常用电气绝缘等级允许温度。

引起电气设备过热的原因有短路、过载、接触不良、铁芯发热、散热不良等几个方面。

2. 电火花和电弧

电火花是电板间的击穿放电。电弧是大量火花的汇集。一般电火花的温度都很高，特别是电弧，温度可达6000℃。因此，电火花和电弧不仅能引起绝缘物质的燃烧，而且也可引起金属熔化、飞溅，这是火灾、爆炸的火源。

表 14-2 常用电气绝缘等级允许温度

绝缘等级	Y	A	E	B	F	H	C
耐热温度/℃	90	105	120	130	155	180	180以上
材料	没处理过的有机材料	浸渍处理过的纸、棉纱、木材	聚乙烯树脂	云母带、虫胶、纸	聚酯绝缘漆	有机硅绝缘漆	天然云母、陶瓷、玻璃

(二) 防爆电气设备的类型及标志

电气设备经常出现的火花、电弧的过热现象，对化工生产的易燃、易爆物质是很危险的。为了避免事故的发生，将采用防爆电气设备。目前防爆电气设备按其结构和防爆性能的不同，可分为六种类型。

(1) 防爆安全型（标志为 A） 防爆安全型是指正常运行时不产生火花、电弧或危险温度，并在其上采取适当措施，以提高安全性能的电气设备。

(2) 隔爆型（标志为 B） 隔爆型是指在设备内部发生爆炸性混合物爆炸时，不引起外部爆炸性混合物爆炸的电气设备。

(3) 防爆充油型（标志为 C） 防爆充油型是将可能产生火花、电弧或危险温度的带电部件浸在油中，使其不引起油面上爆炸性混合物爆炸的电气设备。

(4) 防爆通风充气型（标志为 F） 防爆通风充气型是指向外壳内通入正压新鲜空气或惰性气体，以阻止外部爆炸性混合物进入外壳内部的电气设备。

(5) 防爆安全火花型（标志为 H） 防爆安全火花型是指电路系统中，在正常或故障情况下产生的电火花，都不致引起爆炸性混合物爆炸的电气设备。

(6) 防爆特殊型（标志为 T） 防爆特殊型是指结构上不属上述各种类型规定，采取其他防爆措施的电气设备。

防爆电气设备的类型标志，除在设备铭牌上注明外，还在设备外壳的明显处有清晰的凸纹标志。在标志中除了标志其类型外，还标出适用的分级分组。标志的次序为：类型、级别、组别。例如 B3C 为隔爆型设备，适用于 3 级 C 组的防爆物质场所。

四、静电防护

1. 静电的产生及其危害

静电是由于两种不同的物体相互摩擦、物体与物体之间紧密接触后又分离、感应起电等产生的，不同种类和性质的物体（固体、液体和气体），均能产生静电。静电具有能量小而电压高、感应性、积聚性、空腔导体的静电屏蔽作用等特点。

化工生产中，静电放电产生火花可以引起火灾和爆炸事故，静电放电电击人体可以造成伤害或二次事故，静电放电与静电带电都可能影响生产或工作。另外，静电放电可能会引起电子元件误动而带来生产控制的影响。

2. 静电危害的消除措施

生产、使用、贮存、输送、装卸易燃、易爆物品的生产装置，产生可燃性粉尘的生产装置、干式集尘装置以及装卸料场所，易燃气体、易燃液体槽车和船的装卸场所等，是防静电重点区域。

为防止静电危害，首先在工艺过程、材料选择方面限制或防止静电的产生。当产生静电后，则应加速静电向大地泄漏或使其中和。消除静电的主要途径有以下两条。

一是控制工艺过程减少静电的产生。如限制输送速度；对静电的产生区和逸散区采取不同的防静电措施；正确选择设备材料；合理安排物料的投入顺序；消除产生静电的附加源。如液流的喷溅、冲击、粉尘在料斗内的冲击等。

二是创造条件加速静电泄漏或中和。如具体方法有：静电接地，消除导体上的静电，这是消除静电的最基本的方法；利用工艺手段使空气增湿、使用抗静电剂，使带电体的电阻率下降或规定静置时间和缓冲时间。

常用的静电接地连接方式有静电跨接、直接接地、间接接地三种。静电跨接是将两个以上没有电气连接的金属导体进行电气上的连接，使相互之间大致处于相同的静电电位。直接接地是将金属体与大地进行电气上的连接，使金属体的静电电位接近于大地，简称接地。间接接地是将非金属全部或局部表面与接地的金属相连，从而获得接地的条件。

在一般情况下，金属导体应采用静电跨接和直接接地。在必要的情况下，为防止走静电时电流过大，需在放电回路中串接限流电阻。

所有金属装置、设备、管道、贮罐等都必须接地，不允许有与地相绝缘的金属设备或金属零部件。防静电接地电阻应不大于 100Ω，防雷接地电阻应不大于 10Ω。

不宜采用非金属管输送易燃液体。如必须采用，应采用可导电的管子或内设金属丝、网的管子，并将金属丝、网的一端可靠接地或采用静电屏蔽。

加油站管道与管道之间，如用金属法兰连接，可不另接跨接线，但必须有五个以上螺栓可靠接地。

平时不能接地的汽车槽车和槽船在装卸易燃液体时，必须在预设地点按操作规程的要求接地，所用接地材料必须在撞击时不会产生火花。装卸完毕后，必须按规定待物料静置一定时间后，才能拆除接地线。

3. 静电防护安全措施

(1) 罐、容器等固定设备除防雷接地外，还应按防静电要求进行接地。输送易燃可燃液体、气体、粉体及其混合物的管道系统，应在始端、末端通过机泵、油罐等设备有可靠的接地连接。

(2) 在爆炸危险场所工作时，应严禁在生产场所使用塑料容器取装易燃液体，尤其在干燥天气；用金属桶灌装易燃液体时，清扫桶体、漏出液体的地面、平台等，不应使用化纤拖布或化纤抹布。

(3) 进入特殊危险场所（如易燃易爆罐区、槽车装卸区等）的操作人员，操作前应先接触安全区内接地的金属体以消除人体电荷，操作中应穿防静电鞋。

(4) 在有可燃性物质的场所，操作人员不应穿着合成化纤服装。在生产场所禁止脱换衣服。

第六节　化工生产安全警示标志

安全警示标志是由安全色、几何图形和图形符号构成的，用以表达特定安全信息的标记。安全标志的作用是引起人们对不安全因素的注意，加强自我保护，预防发生事故，安全警示标志分为禁止标志、警告标志、指令标志和提示标志四类。

安全色是按照国家标准 GB 2893—1982《安全色》中规定的颜色，显示不同的安全信息，其中红、黄、蓝、绿四种颜色分别表示禁止、警告、指令、提示的信息。

一、禁止标志

表示禁止和制止人们的不安全行为，其安全色为红色，几何图形是带斜杠的圆环。禁止标志共有 23 种，如禁止启动、禁止穿化纤服装、禁止穿钉鞋、禁止用水灭火等，如图 14-6 (a) 所示。

二、警告标志

提醒人们预防可能发生的危险，其安全色为黄色，几何图形为正三角形。警告标志共有28种，如当心吊物、当心触电、当心中毒、当心爆炸等，如图14-6(b)所示。

三、指令标志

指令标志是提醒人们必须要遵守的一种标志，其安全色为蓝色，几何图形是圆形，图形符号为白色。指令标志共有12种，如必须戴防护眼镜、必须戴防护手套、必须戴安全帽、必须穿防护服等，如图14-6(c)所示。

(a) 禁止标志　(b) 警告标志　(c) 指令标志　(d) 提示标志

图14-6　化工安全警示标志

四、提示标志

提示标志是向人们提供目标所在位置与方向性信息的安全标志，其安全色为绿色，几何图形是方形，按长短边的比例不同，分为一般提示标志和消防提示标志两类，如可动火区和避险处等，如图14-6(d)所示。

除了上述四种最常见的生产安全警示标志外，还有一些特殊的警示标志。

(1) 危险化学品标志，主要向人们提供危险化学品中化学性物质所具备的有毒有害、易燃易爆特性的信息，如危险化学品包装、运输标志，共有27块，如图14-7(a)所示。

(2) 与火灾有关的标志，有火灾报警和手动控制装置标志、火灾疏散途径标志、灭火设备标志，共有17块，如图14-7(b)所示。

(a) 危险化学品标志　(b) 与火灾有关的标志　(c) 工作场所职业病警示标志

图14-7　化工安全警示标志

(3) 工作场所职业病警示标志，主要向人们提供为预防工作场所发生职业危害所必须采取的有关措施和发生职业病后必须了解掌握的有关信息，共有8块，如图14-7(c)所示。

思考与习题

14-1. 安全生产的基本原则有哪些？

14-2. 作为岗位操作人员，基本安全生产职责有哪些？

14-3. 什么是三级安全教育？

14-4. 操作工的“六严格”是什么？

14-5. 您所在的工作岗位上应禁止哪些行为？

14-6. 您的工作岗位可能发生的主要安全生产事故有哪些？

14-7. 您的工作岗位应采取的个体劳动防护措施有哪些？

14-8. 事故处理的“四不放过”是指什么？

14-9. 如您当班时突发爆炸事故，您该如何处置？

14-10. 拨打火警电话时，应讲清哪些事实？

14-11.《生产安全事故报告和调查处理条例》中规定生产事故分为哪几类？如何认定？

14-12. 发现有人触电，应如何急救？

14-13. 什么是爆炸？爆炸的危害性有哪些？

14-14. 什么是燃烧的“三要素”？它们之间的关系如何？

14-15. 什么是爆炸极限？

14-16. 常用的灭火方法有哪些？各适用于什么场合？如遇电气着火，可选用哪些灭火器？

14-17. 简述 1211 灭火器的使用方法。

14-18. 请问值班人员在氨水贮罐附近闻到刺鼻的氨水气味，立即向车间汇报，并需要检查贮罐是否泄漏，他应该佩戴哪种呼吸防护用品？

14-19. 电石粉碎车间通风良好，操作工人需要佩戴呼吸防护用品吗？如果需要，选择哪种防护用具？

14-20. 锅炉的三大安全附件是什么？

14-21. 安全阀和压力表多长时间校验一次？

14-22. 试分析影响毒物毒性的因素。

14-23. 简述毒物侵入人体的途径。

14-24. 何为职业病？什么是职业中毒？

14-25. 请注意观察您所在化工车间作业岗位标志牌卡，说明需要哪些安全防护措施？车间内还应该设置哪些安全标志以提醒人们提高安全意识，避免事故的发生？

第十五章　环境保护与化工“三废”处理

第一节　化工污染的来源及特点

一、化工污染的来源

化工生产中排放出的污染物其主要来源大致可分为以下几个方面。

（一）化工生产的原料、半成品及成品

1. 化学反应不完全

化工生产过程中，原料不可能全部转化为半成品或成品。未反应的原料，虽有部分可以回收再用，但最终总有一部分，因回收不完全或不可回收而被排放掉。若化工原料为有害物质，排放后便会造成环境污染。

2. 原料不纯

原料有时本身纯度不够，其中含有杂质，这些杂质因不需要参加反应，最后也要排放掉。所以杂质为有害物质时，也会对环境造成污染。有些化学杂质甚至还参与化学反应，而生成的反应产物同样也是目的产品的杂质，也是有害的污染物。

3. 跑冒滴漏

由于生产设备、管道等封闭不严密，或者由于操作和管理的不善，物料在贮存、运输以及生产过程中，往往造成泄漏，习惯称为跑、冒、滴、漏现象。这一现象的出现不仅要造成经济损失，而且也可能造成严重的污染事故，带来严重的后果。

4. 产品使用不当及其废弃物

化工产品的使用过程也可能带来污染，如化肥的不合理使用，会使土壤板结，流入水体会产生“富营养化”问题；塑料制品用后废弃，会产生“白色污染”等。

（二）化工生产过程中排放的废弃物

1. 燃料燃烧

化工生产过程中需要燃烧大量的燃料，燃料燃烧过程中，不可避免地要有大量的烟气排出。烟气中除含有粉尘之外，往往还含有其他有害物质，对环境危害极大。

2. 冷却水

化工生产过程中除需要大量的热能外，还需要大量的冷却用水。在生产过程中，用水冷却，一般有直接冷却和间接冷却两种方式。当采用直接冷却时，冷却水直接与被冷却的物料接触，很容易使水中含有化工原料，而成为污染物质。当采用间接冷却时，虽然冷却水不与物料直接接触，但因在冷却水中往往需要加入防腐剂、杀菌除藻剂等化学物质，排出后也会造成环境污染等问题。

3. 副反应

化工生产中，在进行主反应的同时，经常还伴随着一些人们所不需要的副反应。副反应产物虽然有的经回收之后，可以成为有用的物质，但是往往由于副反应的数量不大，而成分又比较复杂，要进行回收必将会带来许多困难，经济上需要耗用一定的经费，所以往往将副反应产物作为废料排弃，而引起环境污染。

除了发生副反应造成的废弃物排放之外，在化工生产过程中，有时还需要加入一些不参加反应的物质，如各种溶剂、助剂等。这些物质随着废弃物排放，同样也会造成环境污染。

4. 生产事故造成的化工污染

化工生产中比较经常发生的事故是设备事故。由于化工生产的原料、成品或半成品很多具有腐蚀性，容器、管道等很容易被腐蚀坏，如检修不及时，就会出现“跑、冒、滴、漏”等现象，从而造成对周围环境的污染。比较偶然的事故是工艺过程事故，由于化工生产条件的特殊性，如反应条件没有控制好或催化剂没有及时更换，生成了非目的产物，产生大量废气、废液而排放。这种废气、废液和非目的产物，数量比平时多，浓度比平时高就会造成严重污染。化工厂发生其他如火灾、爆炸等恶性事故，不但会造成严重的人员伤亡、直接财产损失，还往往造成重大的环境污染事件。如 2005 年 11 月 12 日，中石油吉林石化分公司双苯厂苯胺二车间硝基苯精制单元硝基苯精制塔 T102 发生爆炸事故，造成多人死伤；松花江发生重大水污染事件，甚至还直接影响到黑龙江下游俄罗斯河道，国家已累计投入治污资金 78.4 亿元。

总之，化学工业排放出的废弃物，不外乎是三种形态的物质，即废水、废气和废渣，总称为化工“三废”。但任何废弃物本身并非是绝对的“废物”，只要能够合理地利用，就完全能够变废为宝。

二、化工污染的特点

1. 废水污染的特点

化工厂排放出的废水造成水源污染具有以下几个方面的特点。

（1）有害性　化工废水中含有一些有害的物质，如氰、砷、汞、酚、镉、铅等，这些有害物质达到一定浓度后，会毒害生物，使水源具有毒性。

（2）耗氧性　化工废水有时会含有醇、醛、酮、醚、酯和有机酸及环氧化物等，它们进入水源后，进行化学氧化和生物氧化，需氧量很高，即化学需氧量（COD）与生物需氧量（BOD）很高，消耗大量水中的溶解氧，直接威胁水中生物的存在。

（3）酸碱性　化工生产排放的废水，有时呈酸性，有时呈碱性，pH 值不稳定，对水中生物、水力设施及农作物都有危害。

（4）富营养性　化工废水中有时含有过量的磷、氮等，造成水源中富营养化，使水中藻类和微生物大量繁殖，在水面上，有时会漂浮着成片的“水华”或“赤潮”，使氧在水中的溶解度减少，造成水中严重缺氧，而藻类死亡后，发生腐烂，也会使水质恶化、发臭。

（5）油覆盖层　石油化工废水，其中经常含有油类物质，它们比水轻，不溶于水，覆盖在水面上形成覆盖，会造成水中鱼类及食鱼鸟类的大量死亡。

（6）高温　化工生产中，化学反应常是在高温下进行，致使排放的废水的温度也较高。带有大量热量的废水进入水源后，引起水温升高，使水中溶解氧降低，从而破坏了水生生物的生存条件。

2. 废气污染的特点

化工生产过程中排放的气体（化工废气），通常含有易燃、易爆及有毒、有臭味、有刺激性物质，造成大气被污染。其污染特点如下。

（1）易燃、易爆性　化工废气中，有的含有易燃、易爆气体物质，若不采取适当措施进行处理，容易引起火灾、爆炸事故，危害很大。

（2）有毒性、有刺激性及腐蚀性　化工生产排放出的有毒、有刺激性和腐蚀性气体物质种类很多，如二氧化硫、氮氧化物、氯气、硫化氢等。它们直接危害人体健康，同时对生产设备及建筑物有腐蚀性，且对农业生产也有破坏性。

另外，排放的气体中有时含有固体粉尘，同样会造成大气污染，对人体健康带来危害。

而粉尘与有毒气体同时排放，危害性将更加严重。

3. 固体废弃物污染的特点

固体废弃物通常又称废渣。化工废渣侵占了工厂内外的大片土地，废渣中的有害物质还通过各种途径污染土壤、地下水及大气环境，直接或间接地危害人体健康。化工废渣对环境的危害主要表现在以下三个方面。

(1) 污染土壤 存放废渣需要占用大量的场地。废渣堆放或没有适当防渗措施的垃圾填埋，其中的有害组分很容易经过风化、雨雪淋溶、地表径流的侵蚀，产生高温和有毒液体渗入土壤，既可使土壤受到污染，又可导致农作物等受到污染。污染物转入农作物或者转入水体后，会对人类带来极大危害。

(2) 污染水体 固体废弃物随天然降水和地表径流进入河流湖泊，或随风飘迁入水体能使地面水污染；随沥渗水进入土壤则引起地下水污染；直接排入河流、湖泊或海洋，将造成更严重的水体污染。

(3) 污染大气 以细粒状存在的废渣和垃圾，在大风吹动下随风飘逸、扩散；运输过程中产生的有害气体和粉尘；一些有机固体废弃物在适宜的温度和湿度下被微生物分解，能释放出有害气体；固体废弃物本身或在处理（如焚烧）时散发的毒气和臭味等。

第二节 化工废水处理

化工废水处理方法，一般可以分为物理方法、化学方法、物理化学方法、生物化学方法。

(1) 物理方法 主要是利用物理原理和机械作用，对废水进行治理，故也称机械法，其中包括采用沉淀、均衡调节、过滤及离心分离等方法。

(2) 化学方法 是通过施用化学试剂或采用其他化学反应手段，进行废水治理的方法，如中和、氧化、还原、离子交换、电解、混凝沉淀、化学沉淀等方法。

(3) 物理化学方法 是通过物理化学过程除去污染物质的方法，其主要方法有吸附、浮选、反渗透、电渗析、超过滤及萃取、汽提、吹脱、膜分离等方法。

(4) 生物化学方法 是利用微生物的作用，对废水中的溶胶物质及有机物质进行去除的方法，包括活性污泥法、生物转盘法、生物滤池法以及厌氧处理等方法。

一、物理处理方法

(一) 沉淀法

废水中含有的较多无机砂粒或固体颗粒，必须采用沉淀法去除掉，以防止水泵或其他机械设备、管道受到磨损，并防止淤塞。沉淀池中沉降下来的固体，可用机械取出清除。

沉淀法是利用固体与水两者密度差异的原理，使固体和液体分离。这是对废水预先进行净化处理的方法之一，被作为预处理方法广泛采用。例如对化工废水进行生物化学处理之前，先要除去废水中砂粒固体颗粒杂质以及一部分有机物质，以减轻生化装置的处理负荷。因此，在生化处理前，废水先要通过沉淀池进行沉淀，设置在生化处理前的沉淀池，称为初级沉淀池，或称为一次沉淀池。在生化处理后的沉淀池，称为二次沉淀池，其目的是进一步去除残留的固体物质。

沉淀法又分为自然沉淀和混凝沉淀两种。自然沉淀是依靠废水中固体颗粒的自身重量进行沉降。此种方法仅对较大颗粒可以达到去除目的，属于物理方法。混凝沉淀是在废水中投入电解质作为混凝剂，使废水中的微小颗粒与混凝剂能结成较大的胶团，加速在水中沉降，此法实质为化学处理方法。

生产上用来对污水进行沉淀处理的设备称为沉淀池，根据池内水流的方向不同，沉淀池的形状分为五种：平流式沉淀池、竖流式沉淀池、辐射式沉淀池、斜管式沉淀池及斜板式沉淀池。

（二）均衡调节法

此法最初是为了使产生的废水能够达到排放允许的标准而采用清水加以稀释的方法。此法只是使污染物质的浓度下降，但总含量不变。现在用这种方法主要是作为废水的预处理，为以后的各级处理提供方便。调节池的形式可建成长方形，也可建成圆形，要求废水在池中能有一定的均衡时间，以达到调节废水的目的。同时不希望有沉淀物下降，否则，在池底还需增加刮泥装置及设置污泥斗等，使调节池的结构变得复杂。调节池的容积大小，需要根据废水的流量变化幅度，以及浓度变化规律和要求达到的调节程度来确定。调节池容积一般不超过 4h 的废水排放量。在容积比较大的调节池中，通常还设置有搅拌装置，以促进废水均匀混合，搅拌方式多采用压缩空气搅拌，也可采用机械搅拌。

（三）过滤法

废水中含有的微粒物质和胶状物质，可以采用机械过滤的方法加以去除。有时过滤方法作为废水处理的预处理方法，用以防止水中的微粒物质及胶状物质损坏水泵，堵塞管道及阀门等。另外，过滤法也常用于废水的最终处理，使滤出的水可以进行循环使用。

过滤操作的方式很多，有常压过滤、加压过滤、真空吸滤的操作方法。过滤的介质可以采用单层式或多层式，一般由二或三层介质组成多层式。按照废水流动的方向，还可以分为下流式、上流式及双流式的操作方法。化学工业处理废水常用的过滤方法，可以分为综合滤料过滤及微滤机过滤两种方法。

综合滤料过滤法，是采用不同的过滤介质，综合使用进行过滤的方法，一般是以格栅或筛网及滤布等作为底层的介质，然后在其上再堆积颗粒介质。常用的颗粒介质有石英砂、无烟煤和石榴石等。

微滤机过滤法使用微滤机作为过滤装置，其构造包括水平转鼓和金属滤网，转鼓和滤网安装在水池内，水池中还设有隔板，可参见图 15-1。

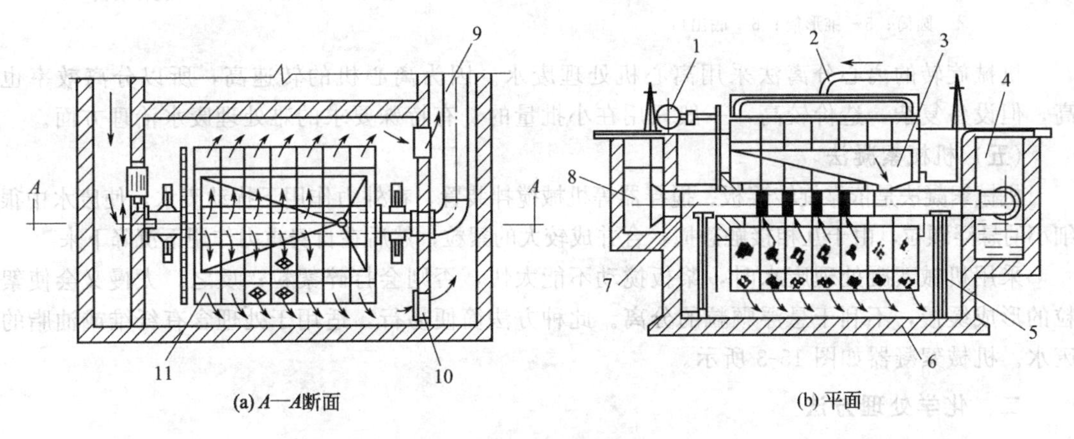

图 15-1　微滤机总图

1—电机；2—冲洗设备；3—集水斗槽；4—集水渠；5—支承轴承；6—水池；7—空心轴；8—进水渠；9—冲洗排水管；10—溢流堰；11—带有金属滤网的转鼓

微滤机的工作原理是废水通过金属网细孔进行过滤，废水从转鼓的空心轴管通过金属网过滤后流入水池。截留在网上的悬浮物，随转鼓转动到上面时，被冲洗水冲下，收集在转鼓内，随同冲洗水一起，从空心轴出口排出。微滤机的过滤及冲洗过程均为自动进行。此法的优点为设备结构紧凑，处理废水量大，操作方便，占地面积较小；缺点是滤网的编织比较困难。

另外，化工废水的过滤处理，还可以采用离心过滤机或板框过滤机等通用设备。近年来又有微孔管过滤机出现。微孔管代替金属丝网，起过滤作用，微孔管可由聚乙烯树脂或者用多孔陶瓷等制成。它的特点是，微孔孔径大小可以进行调节，微孔管调换比较方便，适用于过滤含有无机盐类的废水。

（四）离心分离法

离心分离方式有水力旋转和机械旋转两种。

水力旋转的离心分离法中废水的旋转依靠水泵的压力，使废水由切线方向进入水力旋流器，产生高速旋转。压力式水力旋流器如图 15-2 所示，在离心力的作用下，将固体悬浮颗粒甩向器壁，并沿壁下流到锥形底的出口。净化的废水（其中含有较细微的颗粒），则形成螺旋上升的内层旋流，由中央溢流管 2 的上端排出。压力式水力旋流器可以将废水中所含的粒径在 5μm 以上的颗粒分离出去。压力式水力旋流器体积小，处理水量大，且构造简单，使用方便。但由于水泵和设备磨损较严重，所以设备费用高，动力消耗较高。

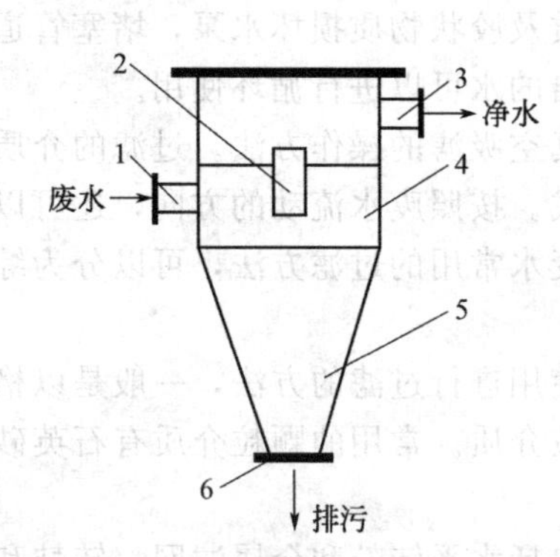

图 15-2 压力式水力旋流器

1—废水进水管；2—中央溢流管；3—溢流出水管；4—圆筒；5—锥形筒；6—底出口

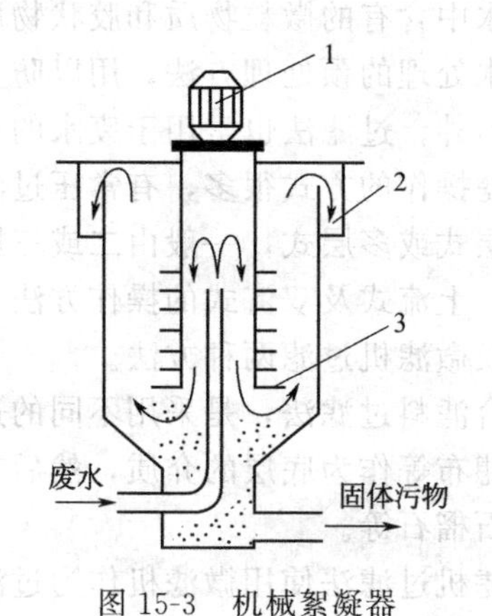

图 15-3 机械絮凝器

1—电动机；2—出水口；3—旋转桨板

机械旋转的离心分离法采用离心机处理废水。因为离心机的转速高，所以分离效率也高，但设备复杂，造价较高，一般只用在小批量的、有特殊要求的难处理废水治理方面。

（五）机械絮凝法

机械絮凝法是依靠旋转桨板、搅拌器等机械搅拌装置，在外力作用下扰动废水，使废水中很细小的悬浮颗粒，由于互相接触碰撞，合并成较大的絮粒，然后在自身重力作用下沉降下来。

采用机械絮凝处理废水时，桨板搅动不能太快，否则会打碎絮粒；反之，太慢又会使絮粒的形成缓慢，不利于悬浮颗粒的分离。此种方法简便易行，适用于处理含有纤维或油脂的废水。机械絮凝器如图 15-3 所示。

二、化学处理方法

该法是利用物质之间进行化学反应的方法，进行化工废水的处理，是一种前景广阔的高效率的方法。在化学处理方法中，又分为中和、混凝沉淀、化学氧化、还原四种。

（一）中和法

中和法主要用于处理含酸或含碱的废水。对含酸浓度在 4%或含碱浓度在 2%以下时，如果不能进行经济有效的回收、利用，则应经过中和，将 pH 值调整到使废水呈中性状态，才可排放。而对含酸、含碱浓度高的废水，则必须考虑回收及开展综合利用。

对酸性废水进行中和时，可采用以下一些方法：①使酸性废水通过石灰石滤床；②与石灰乳混合；③向酸性废水中投加烧碱或纯碱溶液；④与碱性废水混合，使 pH 值近于中性；⑤向酸性废水中投加碱性废渣，如电石渣、碳酸钙、碱渣等。

对碱性废水，可以采用以下途径进行中和：①向碱性废水中鼓入烟道气，用烟道气中和碱性废水，主要是利用烟道气中的 CO_2 及 SO_2 两种酸性氧化物对碱进行中和，这是“以废治废”，开展综合利用的很好办法，既可以降低废水的 pH 值，又可以去除烟道气中的灰尘，并使 CO_2 及 SO_2 气体从烟气中分离出来，防止烟道气污染大气；②向碱性废水中注入压缩二氧化碳气体；③向碱性废水中投入酸或酸性废水等。

（二）混凝沉淀法

混凝沉淀法是在废水中投入混凝剂，因混凝剂为电解质，在废水里形成胶团，与废水中的胶体物质发生电中和，使水中微小颗粒聚集形成较粗大的微粒而沉降。混凝沉淀不但可以去除废水中粒径为 $10^{-6}\sim10^{-3}$ mm 的细小悬浮颗粒和胶体颗粒，还能去除颜色、油分、微生物、氮和磷等富营养物质、重金属以及有机物等。

混凝剂品种非常多，可以分为无机混凝剂、有机混凝剂和高分子混凝剂三种。常用的混凝剂见表 15-1。

表 15-1　常用混凝剂

分类			混凝剂
无机混凝剂		无机盐类	硫酸铝[$Al_2(SO_4)_3\cdot18H_2O$]、硫酸亚铁($FeSO_4\cdot7H_2O$)、硫酸铁[$Fe_2(SO_4)_3$]、铝酸钠($Na_2Al_2O_4$)、四氯化钛($TiCl_4$)、三氯化铁($FeCl_3\cdot6H_2O$)
		碱类	碳酸钠、氢氧化钠、氢氧化铝
		固体细粉	高岭土、膨润土、酸性白土、炭黑、飘尘
有机混凝剂（表面活性剂）		阴离子型	月桂酸钠、硬脂酸钠、油酸钠、十二烷基苯磺酸钠、松香酸钠
		阳离子型	十二烷胺乙酸、十八烷胺乙酸、松香胺乙酸、烷基三甲基氯化铵、十八烷二甲基二苯二乙酮
高分子混凝剂	低聚合度物质①	阴离子型	精氨酸钠（即藻朊酸钠）、羧甲基纤维素钠盐
		阳离子型	水溶性苯树脂盐酸盐、聚乙烯亚胺、聚乙烯氨基三氮茂（即聚乙烯苯甲基三甲基铵）、聚硫脲、乙酸盐
		非离子型	淀粉、水溶性脲醛树脂
		两性型	动物胶（明胶）
	高聚合度物质②	阴离子型	水解聚丙烯酰胺盐③、顺丁烯酸共聚体盐
		阳离子型	吡啶盐酸、吡啶共聚物盐④
		非离子型	聚丙烯酰胺、聚环氧乙烷等

① 指相对分子质量约为 1000 至数万的物质。

② 指相对分子质量为 10 万至数百万的物质。

③ 指水解聚丙烯酰胺钠系，水解聚丙烯酰胺钠的结构式如下：

$$\left[CH_2-\underset{\displaystyle CONH_2}{\underset{|}{CH}}\right]_n\left[CH_2-\underset{\displaystyle CONa}{\underset{|}{CH}}\right]_m$$

④ 指聚乙烯吡啶季铵盐等，它们的分子结构式分别为：

$$\left[CH_2-\underset{\displaystyle C_5H_4N^+\,RX^-}{\underset{|}{CH}}\right]_m \qquad \left[CH-CH_2-CH\right]_n\ (\text{两 }CH\text{ 各经 }CH_2\text{ 连于 }\overset{+}{N}(R)\,RX^-)$$

因混凝沉淀法具有除污效果好、效率比较高、操作简单、处理方便、费用低、适用范围广等优点，所以目前已成为处理化工废水的最普遍采用的方法之一。同时，为进一步提高废水的处理效率，还可采用化学磁性混凝沉淀或充电混凝沉淀。

化学磁性混凝沉淀，是在废水中投入微量的化学混凝剂及助凝剂的同时，另加某些磁性物质。由于磁性物质的存在，可使废水中的悬浮颗粒由非磁性体转变为磁性体，由于磁性作用而将其聚结成大的颗粒块，从而迅速沉淀。一般可以使废水的澄清度有较大的提高。充电混凝沉淀，是用明矾和主链很长的高分子聚合物电解质为混凝剂，在废水中通入一定电压的直流电，使溶解在废水中的电解质进行电离，形成离子向两极移动，再与混凝剂进行化学反应，则可以更好地除去废水中的电解质或胶状物，从而缩短了废水的处理时间。

（三）化学氧化法

化学氧化处理，可使废水中所含的有机物质和无机还原性物质进行氧化分解，不仅达到净化的目的，还可以达到去臭、去味及脱色的效果。在废水处理方面使用最多的氧化剂是臭氧、次氯酸、氯和空气。

臭氧氧化法是将臭氧先溶于水中，然后再与废水中所含有的污染物进行反应。臭氧仅次于氟，具有很强的氧化能力，可使有机物质被氧化，可使烯烃、炔烃及芳烃化合物被氧化成醛类和有机酸。臭氧很容易破坏废水中所含有的酚。另外，臭氧对于石油废水中所含的硫醚、二硫化物、噻吩、硫茚等以及其他一些致癌物质如1,2-苯并蒽等均有很强的分解能力。另外，臭氧也可以与无机物发生化学反应而放出氧气。臭氧非常不稳定，在水中的溶解度要比纯氧高10倍，比空气高25倍。用臭氧处理废水，氧化产物的毒性降低。另外，臭氧在水中分解后得到氧，可使水中的溶解氧增加，而不会造成二次污染。臭氧主要用于废水的三级处理，可降低COD和去除BOD、杀菌，增加水中的溶解氧，脱色和除臭味，降低浊度。如果臭氧氧化法和其他处理方法组合使用，对废水处理会发挥更好的经济效果。例如对废水采用混凝沉降法进行预处理，再用臭氧氧化法处理，最后再将出水进行活性炭吸附，即混凝沉降-臭氧氧化-活性炭吸附法，是一组效果很好的组合处理方法。

空气氧化法主要用于含还原性较强物质的废水处理。空气氧化法处理含硫废水流程如图15-4所示。先将含硫废水加热到90℃以上，与水蒸气及压缩空气混合一起进入氧化塔，氧化塔为多段的混合喷出塔，一般为四段，每段的下部设有细缝式气-液混合器，使废水和空气在通过时，进行充分混合。然后再由喷嘴喷出，喷嘴开有许多小孔。由于空气经过喷嘴会形成很多小气泡，使气液两相的接触面积增加，氧化反应加快进行。此法的缺点是废水中的硫化物被空气氧化后，一部分转变为硫酸盐，而主要转变为硫代硫酸盐。硫代硫酸盐很不稳定，因此用此法对废水进行预处理时，对后面的处理方法会带来不良影响。目前，空气氧化法有逐步被其他方法所取代的趋势。

氯氧化法主要是利用氯、次氯酸盐、二氧化氯等物质对许多有机化合物和无机物有氧化的能力，来进行废水处理，主要是用在对含酚、含氰、含硫化物的废水治理方面。

湿式氧化法是用空气将溶解于水中或悬浮在水中的有机物完全氧化的方法，也可以看成是不产生火焰的燃烧。此反应必须在加压和一定的温度下才能进行。此方法最初应用于纸浆黑液的处理，近来用在处理含氰化物废水，氰化物去除率几乎达100%。此外，用在处理生产已内酰胺而产生的废液，也收到良好的效果。此法的缺点是需要高压设备，基建投资大。

三、物理化学处理方法

废水经过物理方法处理后，仍会含有某些细小的悬浮物以及溶解的有机物、无机物。为进一步去除水中残存污染物，可采用物理化学方法进行处理。常用的物理化学方法有吸附、浮选、反渗透、电渗析、超过滤等。

(一) 吸附法

吸附法是利用多孔性固体物质作为吸附剂，以吸附剂的表面吸附废水中的某些污染物的方法。常用的吸附剂有活性炭、硅藻土、铝矾土、磺化煤、矿渣以及吸附用的树脂等。其中以活性炭最为常用。

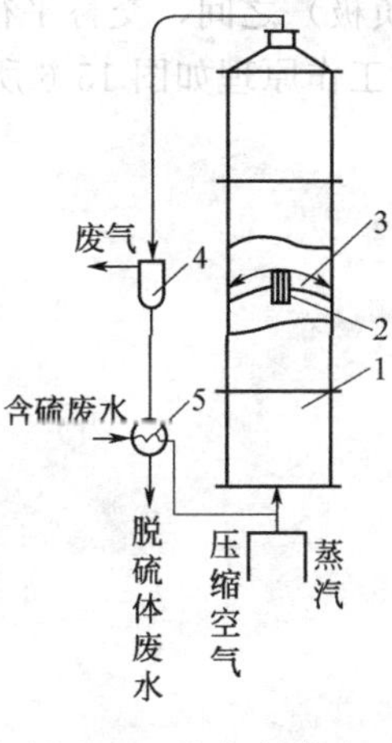

(二) 浮选法

当化工废水中所含有的细小颗粒物质，不易采用重力沉淀法加以去除时，可采用浮选方法进行处理。此法是在废水中通入空气及浮选剂或凝聚剂等，使废水中的细小颗粒或胶状物质等黏附在空气泡或浮选剂上，随气泡一起浮到水面，然后加以去除，使废水净化。颗粒能否黏附于气泡上与颗粒和液体的表面性质有关。亲水性颗粒易被水润湿，水对它有较大的附着力，气泡不易把水推开取而代之，这种颗粒不易黏附于气泡上而除去。而疏水性颗粒则容易附着于气泡而被除去。

浮选法形式较多，常用的浮选方法有加压浮选法、曝气浮选法、真空浮选法以及电解浮选法和生物浮选法等。

图 15-4　空气氧化法处理含硫废水流程

1—塔段；2—细链式气液分离器；3—喷嘴；4—分离器；5—换热器

(三) 反渗透法

反渗透法是利用半渗透膜进行分子过滤处理废水的一种新的方法，又称膜分离技术。这种膜可以使水通过，但不能使水中的悬浮物及溶质通过，所以这种膜称为半渗透膜。在半渗透膜的两侧，分别放有清水和废水，清水可以通过膜渗透到废水一侧，使废水得到了稀释。这种现象称为渗透，如图 15-5 (a) 所示。若在废水一侧加上 2940～3920kPa 的压力 P 后，就会造成废水中的水被压力压过半渗透膜而进入清水一侧，结果使得废水中的溶质及悬浮物被分离，而废水被净化。由于这种作用与渗透过程相反，故称为反渗透，如图 15-5(c) 所示。若对废水施加的压力不够大时，则无法阻止清水的渗透作用，当压力大到一定值时，则清水不再向废水一侧渗透，达到平衡状态，这时的压力大小，称为在此温度下废水的渗透压，以 P_c 表示，如图 15-5(b) 所示。只有在废水一侧所施加的压力大于渗透压时，才会发生反渗透，为了使反渗透能够以一定的速度进行，往往施加的压力 P 远大于理论上的渗透压，即 $P \gg P_c$。

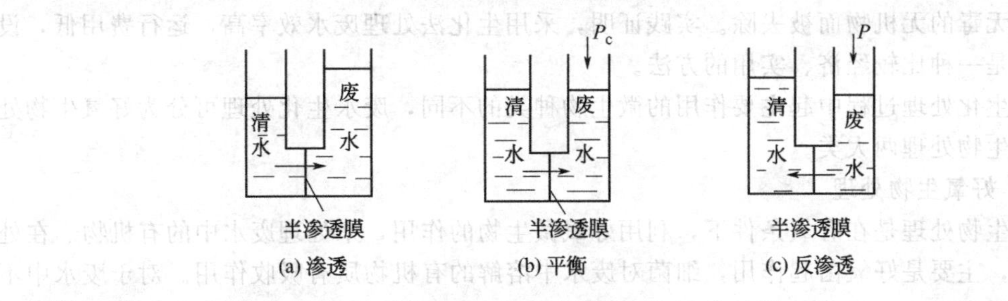

图 15-5　反渗透原理示意图

目前采用的反渗透装置有板式、管式、卷式及空心纤维式四种形式。

(四) 电渗析法

电渗析法是在渗析法的基础上，再外加直流电场的一种分离方法。电渗析法使用的离子交换膜，对不同的离子表现出有选择性透过，即有的离子可通过，有的离子不能通过。只允许正离子通过的膜称为阳膜；只允许阴离子通过的膜称为阴膜。在阳电极（正极）和阴电极

(负极)之间，交替平行放置若干阴膜和阳膜，膜间保持一定距离，形成隔离室。电渗析法的工作原理如图 15-6 所示，电渗析法过程分为离解、离子的迁移、电极反应三个步骤。

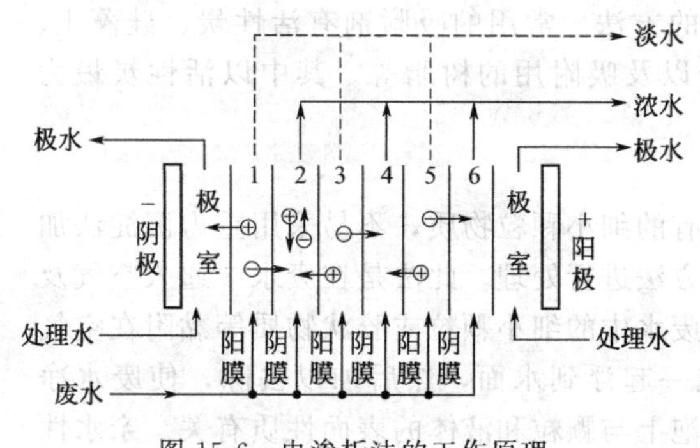

图 15-6　电渗析法的工作原理

(五) 超过滤法

超过滤法简称超滤法，与反渗透法很相似，它同样是利用半渗透膜的选择透过性质，在一定的压力条件下，使水可以通过半渗透膜，而胶体、微小颗粒等则不能通过，从而达到分离或浓缩的目的。

超滤过程的动力与反渗透法的相同，也是依靠外加压力，但不同的是，超滤法所需压力较低，在 490～1470kPa 压力下进行，反渗透法常需压力为 2940～9800kPa。超滤法中使用最多的半渗透膜（称超滤膜）也是醋酸纤维素制的膜，但其性能不同，膜上的微孔直径较大，为 0.02～10μm；而反渗透法中所用的半渗透膜（称反渗透膜）的孔径较小，只有 0.0003～0.06μm。超滤装置和反渗透装置类同，目前我国普遍应用管式装置，国外除应用管式、卷式装置外，近年来更多地应用空心纤维式装置。又因化工废水中含有各种各样的溶质物质，一般多是将超滤法与反渗透法联合使用，或者与其他废水处理方法联合使用。

四、生物化学处理法

当化工废水中含有有机污染物时，单采用物理或化学的方法很难达到治理要求，这时应用生物化学法往往十分奏效。一般认为，只要废水中 BOD_5/COD 比值（5 日生化需氧量与化学需氧量的比值）大于 0.3，即可采用生物化学处理方法，简称生化法，它在微生物酶的催化作用下，依靠微生物的新陈代谢作用使废水中的有机物质氧化、分解，最终转化为较为稳定的、无毒的无机物而被去除。实践证明，采用生化法处理废水效率高，运行费用低，设备简单，是一种比较经济、实用的方法。

根据生化处理过程中起主要作用的微生物种类的不同，废水生化处理可分为好氧生物处理和厌氧生物处理两大类。

(一) 好氧生物处理

好氧生物处理是在有氧条件下，利用好氧微生物的作用，来处理废水中的有机物。在处理过程中，主要是好氧菌起作用，细菌对废水中溶解的有机物质有吸收作用。对于废水中不溶解的悬浮有机物，细菌分泌的外酶可将其分解为溶解性物质，然后再被吸收到细菌细胞内，在酶的作用下进行氧化、还原、合成过程，使被吸收的有机物氧化成简单的无机物；还有一部分有机物合成为新的原生质，成为细菌自身生命活动所必需的营养物质。有机物的好氧分解过程如图 15-7 所示。此法的缺点是对含有有机物浓度很高的废水，由于要供给好氧生物所需的足够氧气（空气）比较困难，需先对废水进行稀释，要耗用大量的稀释水，从而使处理费用升高。但对于废水中的有机物除醚类有机物外，几乎所有的有机物都被相应的微生物氧化分解，因此，好氧生物法被广泛用在处理含各种有机物的废水。

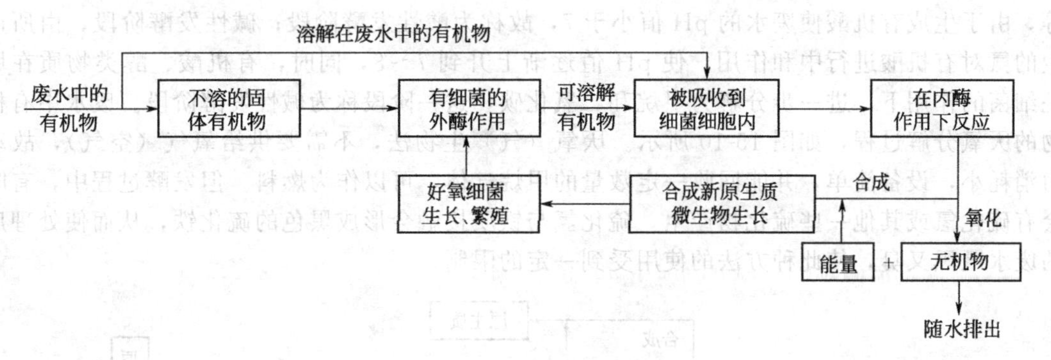

图 15-7　有机物的好氧分解过程

1. 活性污泥法

活性污泥法是依靠含有大量微生物的活性污泥，对废水中的有机物质或无机污染物进行吸收和氧化分解，从而使废水得以净化的方法。由于此法处理水的能力大、效率高，已被广泛用于各种废水处理。

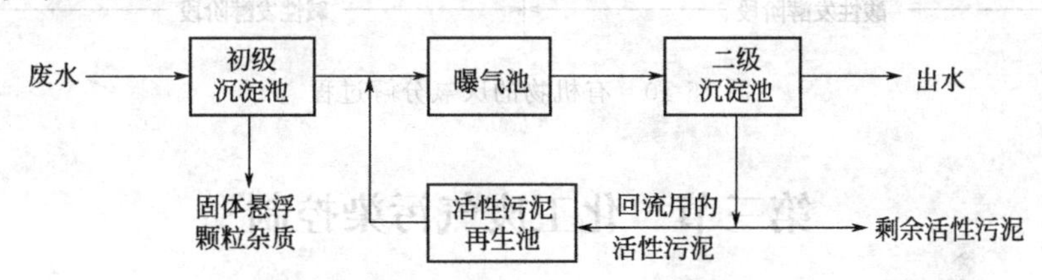

图 15-8　活性污泥法处理废水流程

采用活性污泥法处理工业废水的流程如图 15-8 所示。废水必须先进行沉淀处理，除去某些大的悬浮物及胶体颗粒等，然后再送入曝气池。在曝气池内废水与回流活性污泥进行混合，水中的有机物被活性污泥吸附、氧化分解。处理过的废水和活性污泥一同流入二次沉淀池，进行分离。沉淀的活性污泥部分回流，上层清水不断排出。由于微生物新陈代谢作用，不断有新的原生质合成，所在系统中活性污泥量会不断增加。多余的活性污泥从系统中排出，这部分污泥称为剩余活性污泥；回流使用的污泥，称为回流活性污泥。活性污泥处理废水中的有机物质过程，分为生物吸附和生物氧化两个阶段进行。

2. 生物过滤池法

生物过滤池法主要装置是生物滤池。生物滤池中装有滤料，其上有生物膜，此法是利用生物膜对水中的有机物进行吸附和氧化分解处理。这是一种高效、可靠的废水净化处理方法，特别是一些难以处理的工业废水，往往求助生物滤池法。其流程如图 15-9 所示。生物滤池的结构主要有池床式、塔式和浸没式三种。

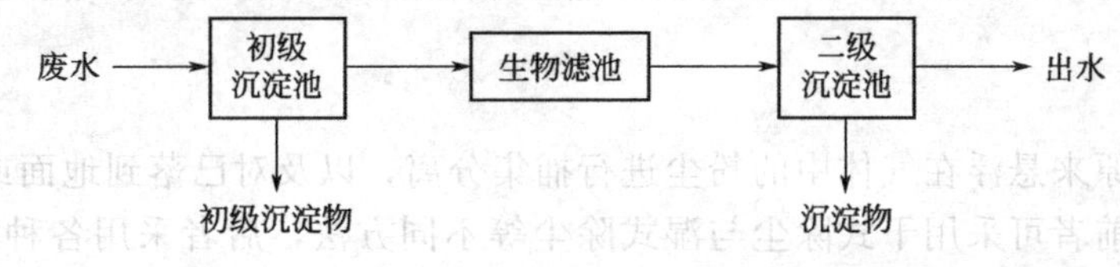

图 15-9　生物过滤池法流程

(二) 厌氧生物处理

此法是在无氧的条件下，利用厌氧微生物作用，主要是厌氧菌的作用，来处理废水中的有机物。厌氧生物处理过程一般分为两个阶段，即酸性发酵阶段和碱性发酵阶段。酸性发酵阶段，废水中复杂的有机物在产酸细菌的作用下，分解成简单的有机酸、醇、氨及二氧化碳等，由于生成有机酸使废水的 pH 值小于 7，故称为酸性发酵阶段；碱性发酵阶段，由所产生的氨对有机酸进行中和作用，使 pH 值逐渐上升到 7～8，同时，有机酸、醇类物质在甲烷细菌的作用下，进一步分解为甲烷和二氧化碳，这一阶段称为碱性发酵阶段。废水中有机物的厌氧分解过程，如图 15-10 所示。厌氧（气）生物法，不需要供给氧气（空气），故动力消耗小，设备简单，并能回收一定数量的甲烷气体，可以作为燃料。但发酵过程中，有时会有硫化氢或其他一些硫化物产生，硫化氢与铁质接触会形成黑色的硫化铁，从而使处理后的废水既黑又臭，使此种方法的使用受到一定的限制。

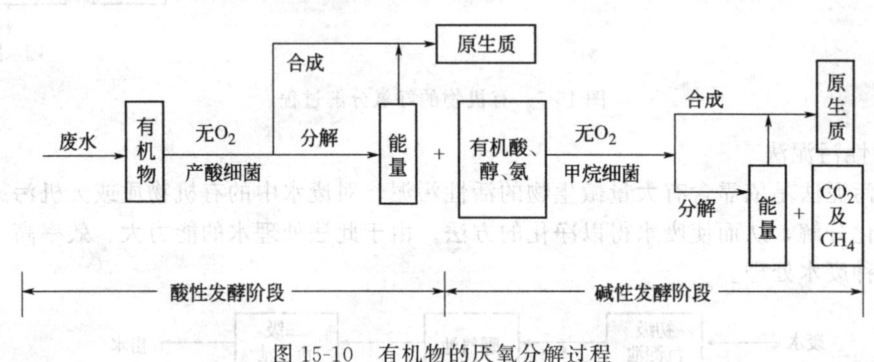

图 15-10　有机物的厌氧分解过程

第三节　化工废气污染控制

一、除尘技术

化学工业所排放出废气中的粉尘污染物，主要是含有硅、铝、铁、镍、钒、钙等氧化物及粒度在 $10^3\mu m$ 以下的浮游物质。控制与防治粉尘污染，可以从不同的角度进行，目前有以下四个技术领域进行此方面工作。

1. 防尘规划与管理

防尘规划与管理的主要内容包括园林绿化的规划管理，以及对有粉状物料加工过程和生产中产生粉尘的过程，实现密封化和自动化。由于园林绿化带具有阻滞粉尘和收集粉尘的作用，因此，合理地对生产粉尘的单位尽量用园林绿化带包围起来或隔开，使粉尘向外扩散减少到最低限度。此外，对于在生产过程中需要对物料进行破碎、研磨等工序时，要使生产过程在采用密闭技术及自动化技术的装置中进行。

2. 通风技术

通风技术是指对工作场所引进清洁空气，以替换含尘浓度较高的污染空气。通风技术分为人工通风与自然通风两大类。人工通风又包括单纯换气技术及带有气体净化措施的换气技术。

3. 除尘技术

除尘包括对原来悬浮在气体中的粉尘进行捕集分离，以及对已落到地面或物体表面上的粉尘进行清除。前者可采用干式除尘与湿式除尘等不同方法，后者采用各种定型的除（吸）尘设备进行处理。

4. 防护罩具技术

防护罩具包括个人使用的防尘面罩，及整个车间设置的防护设施。

上述四个领域中，以除尘技术进展较快，也最为主要。目前常用除尘器的除尘机理及适用范围见表 15-2。

表 15-2　常用除尘器的除尘机理及适用范围

除尘装置	除尘机理								适用范围
	沉降作用	离心作用	静电作用	过滤	碰撞	声波吸引	折流	凝集	
沉降室	○								烟气除尘、磷酸盐、石膏、氧化铝、石油精制催化剂回收
挡板式除尘器					○		△	△	
旋风式分离器		○			△			△	
湿式除尘器		△			○		△	△	硫铁矿焙烧，硫酸、磷酸、硝酸生产等
电除尘器			○						除酸雾、石油裂化催化剂回收、氧化铝加工等
过滤式除尘器				○	△		△	△	喷雾干燥、炭黑生产，二氧化钛加工等
声波除尘器					△	○	△	△	尚未普及应用

注：表中符号○表示主要机理；△表示次要机理。

二、气态污染物处理技术

化工生产过程所排放的有害气态物质种类繁多，根据这些物质不同的化学性质和物理性质，采用不同的技术方法进行治理。

1. 吸收法

吸收法治理气体污染物时，多采用化学吸收法进行。直接影响吸收效果的是吸收剂的选择。若去除氯化氢、氨、二氧化硫、氟化氢等可选用水作为吸收剂；若去除二氧化硫、氮氧化物、硫化氢等酸性气体可选用碱液（如烧碱溶液、石灰乳、氨水等）作为吸收剂；若去除氨等碱性气体可选用酸液（如硫酸溶液）作为吸收剂。另外，碳酸丙烯酯、*N*-甲基吡咯烷酮及冷甲醇等有机溶剂也可以有效地去除废气中的二氧化碳和硫化氢。

吸收法具有设备简单、捕集效率高、应用范围广、一次性投资低等特点，已被广泛用于有害气体的治理，例如含 SO_2、H_2S、HF 和 NO_x 等污染物的废气，均可用吸收法净化。吸收是将气体中的有害物质转移到液相中，因此必须对吸收液进行处理，否则容易引起二次污染。此外，低温操作下吸收效果好，在处理高温烟气时，必须对排气进行降温处理，可以采取直接冷却、间接冷却、预置洗涤器等降温手段。

SO_2废气的吸收常采用的方法有：①亚硫酸钾（钠）吸收法（WL 法）；②碱液吸收法，采用烧碱溶液、纯碱溶液或石灰浆液作为吸收剂；③氨液吸收法，以氨水或液态氨作为吸收剂；④液相催化氧化吸收法（千代田法），以含 Fe^{3+} 催化剂的质量分数为 2%～3%稀硫酸溶液作为吸收剂；⑤金属氧化物吸收法，用 MgO、ZnO、MnO_2、CuO 等金属氧化物的碱性水化物浆液作为吸收剂；⑥海水吸收法；⑦尿素吸收法。

氮氧化物废气的吸收常采用的方法有：①水吸收法；②酸吸收法，如硫酸、稀硝酸作为吸收剂；③碱液吸收法，如烧碱溶液、纯碱溶液、氨水作为吸收剂；④还原吸收法，如氯-氨、亚硫酸盐法等；⑤氧化吸收法，如次氯酸钠、高锰酸钾、臭氧作为氧化剂；⑥生成配合物吸收法，如硫酸亚铁法；⑦分解吸收法，如酸性尿素水溶液作为吸收剂。但从工艺、投资及操作费用等方面综合考虑，目前较多的还是碱性溶液吸收和氧化吸收这两种方法。

2. 吸附法

吸附法是使废气与大表面多孔性固体物质相接触，使废气中的有害组分吸附在固体表面上，使其与气体混合物分离，从而达到净化的目的。吸附过程是可逆的过程，在吸附质被吸附的同时，部分已被吸附的吸附质分子还可因分子的热运动而脱离固体表面回到气相中去，这种现象称为脱附。当吸附与脱附速度相等时，就达到了吸附平衡，吸附的表观过程停止，吸附剂就丧失了吸附能力，此时应当对吸附剂进行再生，即采用一定的方法使吸附质从吸附剂上解脱下来。吸附法治理气态污染物包括吸附及吸附剂再生的全部过程。

吸附净化法的净化效率高，特别是对低浓度气体仍具有很强的净化能力。吸附法常常应用于排放标准要求严格，或有害物浓度低，用其他方法达不到净化要求的气体净化。但是由于吸附剂需要重复再生利用，以及吸附剂的容量有限，使得吸附方法的应用受到一定的限制，如对高浓度废气的净化，一般不宜采用该法，否则需要对吸附剂频繁进行再生，既影响吸附剂的使用寿命，同时会增加操作费用及操作上的繁杂程序。

合理选择与利用高效率吸附剂，是提高吸附效果的关键，不同吸附剂及应用范围见表15-3。常用的再生方法有热再生（或升温脱附）、降压再生（或减压脱附）、吹扫再生、化学再生等。

表 15-3　不同吸附剂及应用范围

吸附剂	可吸附的污染物种类	吸附剂	可吸附的污染物种类
活性炭	苯、甲苯、二甲苯、丙酮、乙醇、乙醚、甲醛、煤油、汽油、光气、乙酸乙酯、苯乙烯、恶臭物质、H_2S、Cl_2、CO、SO_2、NO_x、CS_2、CCl_4、$CHCl_3$、CH_2Cl_2	活性氧化铝	H_2S、SO_2、C_nH_m、HF
		硅胶	NO_x、SO_2、C_2H_2、烃类
		分子筛	NO_x、SO_2、CO、CS_2、H_2S、NH_3、C_nH_m、Hg(气)
		泥煤、褐煤	NO_x、SO_2、SO_3、NH_3

3. 催化法

催化法是利用催化剂的催化作用，将废气中的有害物质转化为无害物质或易去除物质的一种废气治理技术。催化法与吸收法、吸附法不同，在治理污染过程中，无须将污染物与主气流分离，可直接将有害物质转变为无害物质，这不仅可避免产生二次污染，而且可简化操作过程。此外，所处理的气体污染物的初始浓度都很低，反应的热效应不大，一般可以不考虑催化床层的传热问题，从而大大简化催化反应器的结构。由于上述优点，可使用催化法使废气中的碳氢化合物转化为二氧化碳和水，氮氧化物转化为氮，二氧化硫转化为三氧化硫后加以回收利用，有机废气和臭气催化燃烧，以及气体尾气的催化净化等。该法的缺点是催化剂价格较高，废气预热需要一定的能量，即需添加附加的燃料使得废气催化燃烧。

常用的催化剂一般为金属盐类或金属，如钒、铂、铅、镉、氧化铜、氧化锰等物质。负载在具有巨大比表面积的惰性载体上，典型的载体为氧化铝、铁矾土、石棉、陶土、活性炭和金属丝等。净化气态污染物常用几种催化剂的组成见表 15-4。

表 15-4　净化气态污染物常用几种催化剂的组成

用　途	主活性物质	载　体
有色冶炼烟气制酸，硫酸厂尾气回收制酸等 SO_2-SO_3	V_2O_5 含量 6%～12%	SiO_2（助催化剂 K_2O 或 Na_2O）
硝酸生产及化工等工艺尾气 NO_x-N_2	Pt、Pd 含量 0.5%	Al_2O_3-SiO_2
	$CuCrO_2$	Al_2O_3-MgO
碳氢化合物的净化 $CO+H_2$ CO_2+H_2O	Pt、Pd、Rh	Ni、NiO、Al_2O_3
	CuO、Cr_2O_3、Mn_2O_3	Al_2N_3
	稀土金属氧化物	
汽车尾气净化	Pt(0.1%)	硅铝小球、蜂窝陶瓷
	碱土、稀土和过渡金属氧化物	α-Al_2O_3、γ-Al_2O_3

催化法包括催化氧化法和催化还原法两种，如催化氧化法脱除 SO_2 和催化还原法脱除 NO_x。

4. 燃烧法

燃烧法是将含有可燃有害组分的混合气体加热到一定温度后，进行燃烧，或在高温下氧化分解，从而使这些有害组分转化为无害物质。该方法主要应用于碳氢化合物、一氧化碳、恶臭、沥青烟、黑烟等有害物质的净化治理。燃烧法工艺简单，操作方便，净化程度高，并可回收热能，但不能回收有害气体，有时会造成二次污染。实用中的燃烧净化有以下三种方法，见表 15-5。

表 15-5　燃烧法分类及比较

方法	适用方法	燃烧温度/℃	气体	设备	特　点
直接燃烧	含可燃组分浓度高或热值高的废气	＞1100	CO_2、H_2O、N_2	一般窑炉或火炬管	有火焰燃烧，燃烧温度高，可燃烧掉废气中的炭粒
热力燃烧	含可燃组分浓度低或热值低的废气	720～820	CO_2、H_2O	热力燃烧炉	有火焰燃烧，需加辅助燃料，火焰为辅助燃料的火焰，可烧掉废气中炭粒
催化燃烧	基本上不受可燃组分的浓度与热值限制，但废气中不许有尘粒、雾滴及催化剂毒物	300～450	CO_2、H_2O	催化燃烧炉	无火焰燃烧，燃烧温度最低，有时需电加热点火或维持反应温度

5. 冷凝法

冷凝法是利用物质在不同温度下具有不同饱和蒸气压的性质，采用降低废气温度或提高废气压力的方法，使处于蒸气状态的污染物冷凝并从废气中分离出来的过程。该法特别适用于处理污染物浓度在 $10000cm^3/m^3$ 以上的高浓度有机废气。冷凝法不宜处理低浓度的废气，常作为吸附、燃烧等净化高浓度废气的前处理，以便减轻这些方法的负荷。如炼油厂、油毡厂的氧化沥青生产中的尾气，先用冷凝法回收，然后送去燃烧净化；此外，高湿度废气也用冷凝法使水蒸气冷凝下来，大大减少气体量，便于下步操作。

第四节　化工废渣的治理与综合利用

一、化工废渣的物理分选法

物理分选法是利用废渣的形状、粒度、颜色、相对密度、导电性、磁性和对水的亲、疏性等特性将其中含有的各类物质分选出来的技术。它包括筛选法、重力分选法、磁选法、电选法、光电分选法和浮选法等。这些方法简便易行，效率高，成本低，被分选的物质化学性质不会改变，在国内外，尤其在西欧、日本和美国得到了日益广泛的应用。

1. 筛选法

筛选法是利用孔径不同的各种工业用筛子，将废渣按粒度和形状进行分选的技术，是废渣综合利用工艺中广泛采用的预处理作业之一，可用来分级、脱水和脱泥质等；也可以作为单独分离回收作业，如从含泥质或混合渣中筛选块状有机或无机化合物，得到单一产品。

2. 重力分选法

重力分选法是根据物质密度大小不同进行分选的技术。可分为干式密度（风力）分选法和湿式密度（水、重介质、磁流体等）分选法两类。此法适用于从废渣中分选具有一定密度差的有价物质，不但可用来分选无机物质，如从硫酸生产的烧渣选铁的工序中就采用了重力分选；而且也用来分选有机化合物，例如在废塑料分选中，可按相对密度大于 1 和小于 1

区分。

3. 磁选法

磁选法是利用废渣磁性强弱进行分选的技术，例如从化工废渣中选取铁粉等。

4. 电选法

电选法是利用废渣导电性的差别来进行分选的技术。如炭质的导电性好，可利用此点将其从灰渣中分选出来。有机化合物导电性差，故可以用电选分出其中混杂的金属导体等。

5. 光电分选法

光电分选法是利用废渣具有的颜色和光泽上的差异，如颜色的明暗、透明与不透明、特殊光泽等，进行分选的技术。有时为了分选的需要，还可以使用特殊的光线，如紫外线、阴极射线、X射线、气体放电水银灯等特种光线照射废渣，使其产生各种有利于分选的特殊光泽，如荧光、蓝色光等，通过光电分选机的光敏元件和执行机构（刮取、气吹等装置）将目的物质分离出来。各种无机和有机化合物往往带有鲜明的色彩，有利于光电分选。

6. 浮选法

浮选法是利用废渣中各种物质成分对水的亲、疏特性来进行分选的技术。可以添加抑制剂把暂时不需要浮出的成分抑制下来；当优先浮选出一种目的成分后，再加入活化剂将它活化而浮选出来。通过优先浮选，可以将多种有价成分按先后顺序一个一个地分离浮选出来，各成为单一的产品。也可以将多种需要回收的成分以混合物的形式浮选出来，再逐一用优先浮选的方法将它们从混合物中分开，成为单一的产品。

在化工废渣中，有机物与有机的化合物特别多，如废塑料、树脂、纤维素、人造纤维、脂肪等，都有极好的疏水性，只需加少量，甚至不加捕收剂就可以浮选回收或除去。例如，用非离子型润湿剂、阳离子和阴离子活性剂，可使1-萘胺与苯酚分离；用油酸钠、十八烷基磺酸钠等可使芘与联苯分离（联苯进入泡沫）；也可使菲与酒石酸分离（菲进入泡沫）。对于无机物而言，KCl-NaCl的分离浮选早已用于工业生产。浮选法适应性广，工艺不复杂，设备简单，成本不高，是有前途的废渣分选法。

二、化工废渣的化学处理法

1. 浸出法

浸出法是利用各种化学试剂对固体废渣进行固-液萃取的过程。工业上常用浸出试剂有水、盐酸、硫酸、氨溶液、碱溶液等。结构疏松、组成简单、亲水性强、粒度细小的渣易于浸出，溶剂浓度与温度以及搅拌速度的适当提高，都将有利于浸出效果。对于具体的废渣来说，要通过实验来确定。

2. 化学改性法

化学改性法是指向废渣中添加某种化学物质，如氢、氧、催化剂、各种药剂等，通过一些简单的化学反应或物理化学的手段，将废渣转化为工业原料或燃料的各种工艺过程。许多含有机物的废渣可加氢制成燃料，废纤维通过乙酰化制成醋酸纤维，废聚苯乙烯泡沫塑料经消泡处理后直接成为塑料加工原料，也可用在黏结剂、涂料、炸药等工业。有的废渣通过添加其他药剂改变性能，如炼焦化工厂焦油车间利用菲、咔唑废渣制炭黑油的工艺。

3. 氧化法

氧化法包括湿式氧化法和焚烧法。

(1) 湿式氧化法　湿式氧化法是指有机污泥不经过滤、脱水和浓缩工序，直接在高温、加压下，同空气中的氧或高浓度的氧进行氧化的方法。图15-11所示为氧化法处理剩余活性污泥、连续式自燃非回收型工艺流程。从污泥罐中引出的污泥经由高压泵升压至4.0MPa，并与同等压力的压缩空气相混合，混合物通过热交换器加热到反应所需温度（190～200℃）

进入氧化塔，塔内压力为3.5～4.0MPa。经高温氧化产生的生成物，从塔的上部排出。氧化过程中产生的大量反应热使反应温度继续上升，使氧化度达到60%左右。从塔顶流出的生成物温度为230～240℃，经热交换器后冷却到约80℃，经压力调节阀使压力从3.5～4.0MPa迅速减至常压，再经过脱臭后，氧化气体排入大气。氧化污泥送至脱水设备脱水，滤饼含水量下降至55%左右，另作处理。

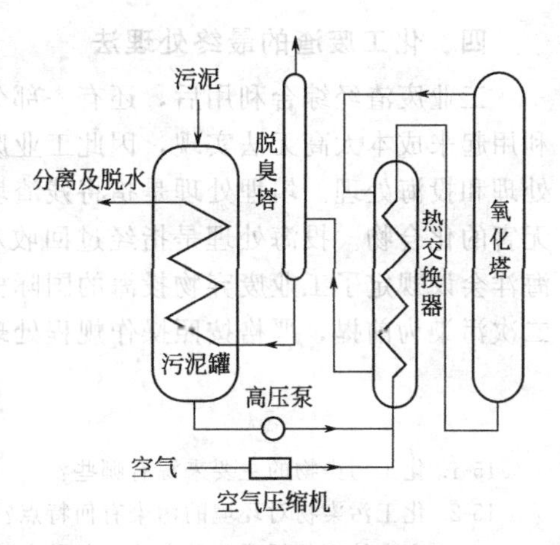

图15-11　剩余污泥湿式氧化装置流程

许多不能用消化处理的工业废水污泥可用湿式氧化法处理。湿式氧化产生的分离液含有高浓度的氨和氮，可用作肥料和废水生化处理的氮营养，能量可以回收。但湿式氧化设备要求高温、高压、耐腐蚀，一次性投资较大，因此目前还未广泛使用。

(2) 焚烧法　焚烧法是将污泥和可燃性固体废渣直接在焚烧炉内燃烧氧化的方法。焚烧是高温分解和深度氧化的过程，可使大量高热值有害废弃物经430～1500℃（一般在900℃左右）的高温氧化分解为二氧化碳、水和灰分，可有效地减容和解毒，并回收能量与副产品。固体废弃物经过燃烧，体积一般可减少80%～90%。焚烧的化学过程比较简单，它广泛地用于处理各种废弃的油类、有机溶剂、农药、染料、涂料、橡胶、乳胶、树脂、油脂、焦油沥青和其他含卤素、硫、磷等高毒性难处理的有毒有害物质，从技术上讲，除无机毒物与重金属外，有害的有机毒物不管其含量如何，均可以用焚烧处理。目前对某些有毒有害物质，尚无有效的化学解毒方法，又很难（或不能）生物降解，因此焚烧作为废弃物的一种处理方法，具有许多不可替代的优点。

常见的燃烧装置有回转窑、砂子炉（沸腾层焚烧炉）、喷雾焚烧装置等。高热量的易燃品如硝酸纤维等多采用开敞式焚烧炉，可防止爆炸的危险；污泥焚烧多采用多室式焚烧炉、流化床炉和回转窑。

4. 热解处理

化工废渣热解处理是利用有机物的热不稳定性，在无氧或缺氧的条件下受热分解的过程。热解与焚烧相比是两个完全不同的过程。焚烧是放热的，热解是吸热的；焚烧的产物主要是二氧化碳和水，而热解的产物主要是可燃的低分子化合物，如气态的氢、甲烷、一氧化碳、液态的甲醇、丙酮、乙酸、乙醛等有机物及焦油。“汽化法”热分解处理垃圾的再利用价值明显高于仅供发电之用的焚烧法。

三、化工废渣的生物处理法

利用微生物的分解作用，也可以对工业废水处理后产生的污泥和一些低毒工业废渣进行处理，基本原理与废水的生化处理相类似。污泥的生化处理称为污泥消化，主要是厌氧生物消化，即污泥中的有机物在无氧条件下，被细菌降解为以甲烷为主的污泥气和稳定的污泥(称为消化污泥)。在隔绝氧气的情况下，污泥中的有机物先是被腐生细菌代谢，转化为有机酸，然后厌氧的甲烷细菌降解有机酸为甲烷和二氧化碳，可供综合利用。污泥经过消化，其中致病细菌和寄生虫卵大为减少，尤其是高温消化，基本上能消灭寄生虫卵。经过消化处理的污泥用作肥料比较安全，易被作物吸收，没有恶臭。消化后的污泥可以减容50%～60%，质量也可减少40%左右。废水生化处理后产生的污泥含有一定的氮、磷、钾、钙、镁及锰、硼、铝等微量元素，因此是一种很好的细菌肥料。有的污泥还含有氨基酸、维生素及荷尔蒙，可以调节促进植物生成，也可直接用作肥料。

四、化工废渣的最终处理法

工业废渣经综合利用后，还有一部分在目前技术条件下属于很难再利用的残渣，或者是利用起来成本太高无法实现，因此工业废物需要做最终的废弃处理。常见的处理方法有填埋处理和投海处理。填埋处理是指将残渣埋入地下，通过长期的微生物分解作用，使之分解为无害的化合物。投海处理是指经过回收利用后的残渣投入远离海岸的深海中，1973 年国际海洋会议规定了工业废弃物投海的国际标准。处理这部分残渣时要慎重，以保护环境不产生二次污染为前提，严格按照操作规程处理要求办。

思考与习题

15-1. 化工污染物的主要来源有哪些？

15-2. 化工污染物对环境的污染有何特点？

15-3. 废水处理包括哪几种方法？各种方法的基本原理是什么？画出主要处理流程简图。

15-4. 简述沉降分离的原理、类型和各类型的主要特征。

15-5. 试述离心分离方式的原理和分类。

15-6. 离心沉降机和旋流分离器的主要区别是什么？

15-7. 旋风分离器和旋流分离器的特点有何不同？

15-8. 什么是废水的好氧生物处理？

15-9. 什么是活性污泥法？

15-10. 试比较几种膜分离技术的异同点。

15-11. 膜组件有哪些主要形式？

15-12. 渗透现象是如何发生的？实现反渗透的条件是什么？

15-13. 环境工程领域有哪些吸收过程？

15-14. 废气的常用处理方法有哪些？

15-15. 常见的吸附剂有哪些？

15-16. 为降低污染，常采用的固体废弃物处理方法有哪些？

15-17. 化工废渣有哪些分选方法？

15-18. 简述化工废渣处理的技术原则。

15-19. 某化工厂建有 4t 锅炉，由于一直不重视烟气净化，现被环保部门勒令停产整顿，假设作为该厂技术人员，请为工厂提出合理的烟气净化方案。若工厂采用了该方案，请培训相关操作人员。

第十六章　HSEQ相关法律法规

第一节　现今化工企业的质量、安全管理体系

一、ISO 9000质量管理体系

负责ISO 9000质量管理体系认证的认证机构都是经过国家认可机构认可的权威机构，对企业的质量管理体系的审核非常严格。这样，对于化工企业内部来说，可按照经过严格审核的国际标准化的管理体系进行管理，使化工企业真正达到法制化、科学化、规范化、程序化、文件化的要求，极大地提高工作效率、工程质量和服务质量，迅速地提高该企业的经济效益和社会效益，达到和国际市场接轨。对于顾客来说，当顾客得知供方按照国际标准实行管理，拿到了ISO 9000质量管理体系认证证书，并且有认证机构的严格审核和定期监督，就可以确信该化工企业是能够稳定地生产合格产品乃至优秀产品的信得过的企业，从而放心地与企业签订工程合同，扩大了企业的市场占有率。

以包括产品质量管理和工作质量管理在内的全面质量管理事项为对象而制定的标准，称为质量管理标准。全面质量管理模式已经被国际标准化组织收集，并融合为国际标准（ISO 9000系列标准）的具体工作内容。ISO 9000系列标准的内容包括：①质量管理名词术语；②质量保证体系标准；③质量统计标准；④可靠性标准等。

质量管理体系的认证申请是企业的自愿行为，依据为ISO 9000系列标准，认证通过后获得证书。ISO 9000系列标准的认证证书在国际贸易中被称为“金色通行证”。然而，制药企业推行的GMP认证（GMP即良好药品生产规范）属于国家的强制行为，是对制药企业良好生产条件和药品质量管理工作的权威认可。

二、ISO 14000环境管理体系

ISO 14000环境管理标准是管理性标准。企业操作实施过程分为体系建立、体系实施和体系审核三个阶段。企业实施ISO 14000系列标准，可以提高企业形象，企业进行文明施工，对建筑施工产生的噪声、扬尘、固体废弃物、有害气体、污水等环境因素实施有效的控制，增加企业的市场竞争力。因为在今后的市场竞争中，消费者不仅仅关心产品的价格与质量，随着他们环境保护意识的增强，价格、质量与环境保护能力将成为产品适销对路的基本条件。

三、职业健康安全（OHS）管理体系

OHS管理体系国际标准尚在研讨中，提供的是组织职业安全卫生管理标准，要求组织制定职业安全卫生方针，并为实现这一方针建立和实施职业安全卫生管理体系，从而使组织的OHS管理按照认可的体系要求进行运作；要求按照体系规定的手册、程序、作业文件进行操作和维护，从而保证操作和维护规范化，满足强制性国际、国内规定和规则的要求。它没有对安全技术标准做出任何规定，而是通过要求组织建立并实施职业安全卫生管理体系，来保证其生产活动符合强制性国际公约、规则和国内法规、规章所规定的安全技术和操作标准。OHS管理体系现有OHSAS 18001职业健康安全管理体系规范和OHSAS 18002职业健康安全管理指南两种管理体系，且均为欧盟标准。

四、健康安全环境（HSE）管理体系

HSE管理是一种事前进行风险分析，确定其自身活动可能发生的危害后果，从而采取有效的防范手段和控制措施防止其发生的高效管理方法。该体系集各国同行管理经验之大成，是突出预防为主、领导承诺、全员参与、持续改进的管理标准体系，该体系把健康、安全与环境作为一个整体来管理，这是其他的管理体系所没有的优点。HSE管理体系逐步与质量管理体系、环境管理体系接轨，最终形成一体化综合管理模式。

上述四种管理体系，都是比较先进的管理体系，其建立管理体系的原则和管理体系运行模式一致，体现了高度的兼容性，主要区别在于管理的重点内容上不同，相对而言，HSE管理体系标准属于石油天然气的行业标准，并对健康、安全、环境进行系统管理。

第二节 职业安全健康法规

经多年努力，我国的安全生产立法有了显著改善，基本形成了相互配套与衔接的法律、法规和标准的完整体系。尤其是2002年11月1日开始生效的《安全生产法》，标志着我国的安全生产立法进入了一个新阶段。职业安全健康法规是劳动法部门中的一个分支。劳动法部门是以《劳动法》为基本法律，并辅之以系列配套的劳动法律、行政法规、规章与地方法规构成。按照法律的效力等级或层次，可以构建职业安全健康法规体系，如图16-1所示。

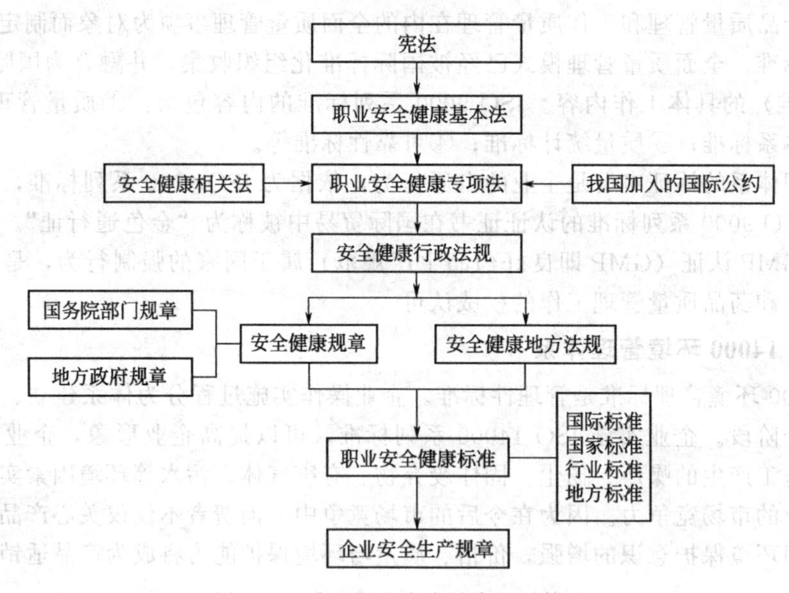

图16-1 我国职业安全健康法规体系

一、宪法

《中华人民共和国宪法》（以下简称《宪法》）第四十二条规定："国家通过各种途径，创造劳动就业条件，加强劳动保护，改善劳动条件，并在发展生产的基础上，提高劳动报酬和福利待遇。国家对就业前的公民进行必要的劳动就业训练。"第四十三条规定："中华人民共和国劳动者有休息的权利。国家发展劳动者休息和修养的设施，规定职工的工作时间和休假制度。"宪法中的这些规定，是我国职业安全健康立法的基本依据和指导原则。

二、职业安全健康基本法

职业安全健康基本法是制定各项职业安全健康专项法的依据，是职业安全健康法规体系中的母法，是通用的综合性的法律。通常认为，2002年11月1日起施行的《安全生产法》是职业安全领域的基本法，2002年5月1日起施行的《职业病防治法》是职业卫生领域的基本法。

三、职业安全健康专项法

职业安全健康专项法是针对特定的安全生产领域和特定的保护对象而制定的单项法律。我国第一部有关职业安全健康的法律是1993年5月1日起施行的《矿山安全法》，随后，又陆续颁布了《消防法》、《道路交通安全法》等。

四、职业安全健康相关法

职业安全健康涉及社会生产活动各个方面，在其他部门法中包含了大量的职业安全健康法律规范。这些法律可分为两大类：与安全生产监督执法有关的法律，如《刑法》、《民法通则》、《行政处罚法》等；涵盖安全生产内容的其他法律，如《劳动法》、《工会法》、《全民所有制企业法》等。

五、职业安全健康行政法规

职业安全健康行政法规是由国务院根据宪法与法律而组织制定并批准施行的，是为实施职业安全健康法律或规范安全管理制度而颁布的条例、规程等。职业安全健康行政法规也可分为通用的和专用的两类，前者如《国务院关于特大安全事故行政责任追究的规定》、《安全生产许可证条例》，后者如国务院颁布的《危险化学品安全管理条例》、《特种设备安全监察条例》、《易制毒化学品管理条例》、《使用有毒物品作业场所劳动保护条例》等。

六、职业安全健康地方法规

省、自治区、直辖市的人民代表大会及其常委会根据本行政区域的具体情况与实际需要，在不同宪法、法律、行政法规相抵触的情况下，可制定职业安全健康地方性法规。较大城市的人民代表大会及其常委会亦有相应的地方立法权。职业安全健康地方法规是对国家安全生产法律、法规的补充与完善，以解决本地区某一特定的安全生产问题为目标，具有较强的针对性和可操作性。例如，我国目前各省（自治区、直辖市）制定的《安全生产条例》或《劳动保护条例》，多省颁布的《关于切实加强危险化学品安全生产工作的意见》等。

七、职业安全健康规章

职业安全健康规章分为国务院部门规章与地方政府规章。国务院各部、委员会及有行政管理职能的直属机构，可以根据法律、行政法规，在本部门的权限范围内，制定职业安全健康规章。如原劳动部颁布的《爆炸危险场所安全规定》、《劳动防护用品规定》；原国家经贸委颁布的《特种作业人员安全技术培训考核管理办法》、《危险化学品登记管理办法》、《危险化学品许可证管理办法》；原国家质量技术监督局颁布的《常用危险化学品的分类及标志》、《化学品安全标签编写规定》、《危险化学品从业单位安全标准化通用规范》；卫生部颁布的《工业企业听力保护规范》；原国家安全生产监督管理局颁布的《危险化学品名录》、《劳动防护用品监督管理规定》；原化学工业部颁布的《化学工业部安全生产禁令》、《化工行业职业性接触毒物危害程度分级》等。

省、自治区、直辖市和较大城市的人民政府，也可根据本行政区的具体情况与实际需要，制定职业安全健康规章，如各省人大制定的安全生产条例等。但地方政府规章不可与法律、行政法规和同级人大及其常委会颁布的地方法规相抵触。

八、职业安全健康标准

《标准化法》规定："国家标准、行业标准分为强制性标准和推荐性标准。凡保障人体健康、人身、财产安全的标准和法律、行政法规规定强制执行的标准是强制性标准，其他标准是推荐性标准。”这就说明了职业安全健康标准属于强制性标准，赋予了职业安全健康标准的法律地位。职业安全健康标准是职业安全健康法规体系中的重要组成部分，是安全生产管理的基础和监督执法的技术依据。

九、国际劳工组织制定的有关职业安全健康公约

我国人大常委会批准生效的国际劳工组织制定的有关职业安全健康公约，也是我国职业安全健康法规体系的重要组成部分。自1919年国际劳工组织成立以来，国际劳工组织制定颁布了70多个涉及职业安全卫生方面的公约和建议书，我国加入了23个此类公约，如《作业场所安全使用化学品公约》、《建筑业安全卫生公约》等。

十、企业安全生产规程

由于法律规定从业人员应遵守安全生产规章制度和操作规程，因而，作为法律的延伸与补充，企业安全生产规程也具有约束力，是安全生产法规体系中不可缺少的组成部分。

第三节 我国环境法体系

环境法体系是指开发、利用自然资源，保护和改善环境的各种法律规范所组成的相互联系、相互补充、内部协调一致的统一整体。在一个国家，宪法拥有最高法律效力，其他各种法律、法规必须以宪法为立法依据，形成一个下位法服从上位法，上下一致的统一整体。

一、宪法

宪法中关于环境与资源保护的规定是环境法的基础，是各种环境法律、法规和规章的立法依据。我国宪法对环境与资源保护做了一系列的规定。《宪法》第二十六条规定：“国家保护和改善生活环境和生态环境，防治污染和其他公害”。这一规定是国家对环境保护的总政策，说明了环境保护是国家的一项基本职能。《宪法》第九条第1款规定，矿藏、水流、森林、山岭、草原、荒地、滩涂等自然资源都属于国家所有，即全民所有，由法律规定属于集体所有的森林和山岭、草原、荒地、滩涂除外。第九条第2款规定，国家保障自然资源的合理利用，保护珍贵的动物和植物，禁止任何组织或者个人用任何手段侵占或者破坏自然资源。这些规定强调了对自然资源的严格保护和合理利用，以防止因自然资源的不合理开发导致环境破坏。宪法的上述规定，为我国的环境保护活动和环境立法提供了指导原则和立法依据。

二、环境保护基本法

环境保护基本法是指一个国家制定的全面调整环境社会关系的法律文件。它是一部综合性的实体法，即对环境保护方面的重大问题加以全面综合调整的立法，一般要对环境保护的目的、范围、方针政策、基本原则、重要措施、管理制度、组织机构、法律责任等做出原则规定。1989年12月颁布的《环境保护法》，是我国的环境保护基本法。作为一部综合性的基本法，它对环境保护的重要问题做了全面规定。

三、环境保护单行法

环境保护单行法是指对特定的保护对象，如某种环境要素或特定的环境社会关系进行调整的立法。它以宪法、基本法为依据，又是宪法、基本法的具体化。内容详细具体，是进行环境管理、处理环境纠纷的直接依据。

环境保护单行法按其所调整的社会关系大体分为土地利用规划法、环境污染防治法、环

境资源法（自然保护法）等几大类。其中，环境污染防治法主要分为大气污染防治、水污染防治、固体废物污染防治、环境噪声污染防治、海洋环境保护等方面。如《中华人民共和国水污染防治法》、《中华人民共和国固体废物污染环境防治法》、《中华人民共和国大气污染防治法》等。

四、环境保护相关法规

由于环境问题和环境保护所涉及社会关系的综合性和复杂性，除制定专门的综合性环境基本法以及有关环境与资源保护单行法外，还在其他一些法律如民法、刑法和有关经济、行政的立法以及有关程序立法中对环境保护做出了一些规定。这些法律中的环境保护规范也是环境法律体系的组成部分。如《民法通则》有关合理利用自然资源（第八十一条）、涉及环境侵权（第一百二十三、第一百二十四、第一百二十七条）的规定等，都可以直接适用。《刑法》第6章第6节专门设立“破坏环境资源保护罪”，对各种污染环境和破坏自然资源的犯罪，规定了相应的刑事责任。其他还有诸如《工业企业法》、《农业法》等也规定了环境保护的内容。

五、环境保护行政法规

国务院环境与资源保护行政法规是指由国务院依照宪法和法律的授权，按照法定权限和程序颁布或通过的关于环境与资源保护方面的行政法规。国务院根据宪法和法律制定环境保护行政法规，并由总理签署国务院令予以公布。目前国务院环境与资源保护行政法规的规定几乎涵盖了全部环境与资源保护行政管理领域，如除了制定有关环境法律的实施细则外，还制定有《征收排污费暂行办法》、《危险废物经营许可证管理办法》、《中华人民共和国水污染防治法实施细则》、《危险化学品安全管理条例》、《全国污染源普查条例》、《淮河流域水污染防治暂行条例》等。由于国务院制定的行政法规仅对于政府环境行政执法和环境管理具有效力，因此其法律效力低于国家的环境法律。

六、环境保护地方性法规

地方环境立法也是国家环境法律体系的一个重要组成部分。环境保护地方性法规由省、自治区、直辖市和较大城市的人民代表大会及其常委会制定。省、自治区、直辖市和较大城市的人民代表大会制定的环境保护地方性法规由大会主席团发布公告予以公布；省、自治区、直辖市和较大城市的人大常委会制定的环境保护地方性法规由常委会公告予以公布。在民族区域自治地方，还可以直接根据宪法和地方组织法的规定，制定环境与资源保护自治条例或单行条例。

七、环境保护规章

环境保护规章分为环境保护部门规章和环境保护地方政府规章。

环境保护部门规章（也称环境行政规章）由国务院环境、资源保护行政主管部门或有关部门发布，它们有的由环境、资源保护行政主管部门单独发布，有的由几个有关部门联合发布，是以有关环境法律、行政法规、决定、命令为根据在权限范围内制定的规章。部门规章由部门首长签署命令予以公布，由部务会议或者委员会会议决定。如《环境保护行政处罚办法》、《化学工业环境保护管理规定》、《排放污染物申报登记管理规定》、《人河排污口监督管理办法》、《废弃危险化学品污染环境防治办法》等。环境保护地方政府规章（也称地方性环境规章）经省、自治区、直辖市和较大城市的政府常务会议或者全体会议决定，并由省长、自治区主席或者市长签署命令予以公布，在本行政区域内适用。

八、环境保护标准

根据《标准化法实施条例》第十八条的规定，环境保护的污染物排放标准和环境质量标准“属于强制性标准”。环境标准有国家标准和地方标准两级，国家标准由国家环境保护总局制定，地方标准由省一级人民政府制定，并报国家环境保护总局备案。国家标准在全国范围内实施，如《大气污染物综合排放标准 GB 16297—1996》、《污水综合排放标准 GB 8978—1996》、《城市区域环境噪声标准 GB 3096—1993》、《工业三废排放试行标准 GBJ 4—1973》、《合成氨工业水污染物排放标准 GB 13458—2001》、《含多氯联苯废物污染控制标准 GB 13015—1991》等。地方标准在制定该标准的辖区内实施，有地方标准地区，要执行地方标准。我国法律规定，违反环境标准，应依法承担相应法律后果。另外，环境标准又包括环境质量标准、污染物排放标准、基础标准、方法标准、样品标准和国家环境保护总局标准(国家环境保护总局标准由国家环境保护总局制定，在全国范围内有效)。

九、我国签署的环境保护国际公约

我国政府为保护全球环境而签署的国际公约、条约是环境法体系的重要组成部分，是中国承担全球环境保护义务的承诺。根据我国宪法有关规定，经全国人大常委会或国务院批准缔结或参加的国际条约、公约和议定书与国内法具有同等法律效力。但《环境保护法》第四十六条规定，如遇国际公约与国内法有不同规定时，应优先适用国际公约的规定，但我国声明保留的条款除外。我国缔结和参加了《保护臭氧层维也纳公约》、《控制危险废物越境转移及其处置的巴塞尔公约》、《国际油污损害民事责任公约》、《气候变化框架公约》等50多项环境保护条约。

思考与习题

16-1. ISO 9000 系列标准的内容包括哪些？

16-2. 简述我国的职业安全健康法规体系。

16-3. 简述我国的环境法体系。

附录　计量单位及换算

1. 质量

kg	t	lb
1	0.001	2.20462
1000	1	2204.62
0.4536	4.536×10^{-4}	1

2. 长度

m	in	ft	yd
1	39.3701	3.2808	1.09361
0.025400	1	0.073333	0.02778
0.30480	12	1	0.33333
0.9144	36	3	1

3. 力

N	kgf	lbf	dyn
1	0.102	0.2248	1×10^{5}
9.80665	1	2.2046	9.80665×10^{5}
4.448	0.4536	1	4.448×10^{5}
1×10^{-5}	1.02×10^{-6}	2.248×10^{-6}	1

4. 流量

L/s	m^3/s	US gal/min	ft^3/s
1	0.001	15.850	0.03531
0.2778	2.778×10^{-4}	4.403	9.810×10^{-3}
1000	1	1.5850×10^{-4}	35.31
0.06309	6.309×10^{-5}	1	0.002228
7.866×10^{-3}	7.866×10^{-6}	0.12468	2.778×10^{-4}
28.32	0.02832	448.8	1

5. 压力

Pa	bar	kgf/cm^2	atm	mmH_2O	mmHg	lbf/in^2
1	1×10^{-5}	1.02×10^{-5}	0.99×10^{-5}	0.102	0.0075	14.5×10^{-5}
1×10^{5}	1	1.02	0.9869	10197	750.1	14.5
98.07×10^{3}	0.9807	1	0.9678	1×104	735.56	14.2
1.01325×10^{5}	1.013	1.0332	1	1.0332×10^{4}	760	14.697
9.807	9.807×10^{-5}	0.0001	0.9678×10^{-4}	1	0.0736	1.423×10^{-3}
133.32	1.333×10^{-3}	0.136×10^{-2}	0.00132	13.6	1	0.01934
6894.8	0.06895	0.703	0.068	703	51.71	1

6. 功、能和热

J(即 N·m)	kgf·m	kW·h	hp·h	kcal	Btu	ft·lbf
1	0.102	2.778×10^{-7}	3.725×10^{-7}	2.39×10^{-4}	9.485×10^{-4}	0.7377
9.8067	1	2.724×10^{-6}	3.653×10^{-6}	2.342×10^{-3}	9.296×10^{-3}	7.233
3.6×10^{6}	3.671×10^{5}	1	1.3410	860.0	3413	2655×10^{3}
2.685×10^{6}	273.8×10^{3}	0.7457	1	641.33	2544	1980×10^{3}
4.1868×10^{3}	426.9	1.1622×10^{-3}	1.5576×10^{-3}	1	3.963	3087
1.055×10^{3}	107.58	2.930×10^{-4}	3.926×10^{-4}	0.2520	1	778.1
1.3558	0.1383	0.3766×10^{-6}	0.5051×10^{-6}	3.239×10^{-4}	1.285×10^{-3}	1

7. 动力黏度（简称黏度）

Pa·s	P	cP	lbf/(ft·s)	kgf·s/m²
1	10	1×10^{3}	0.672	0.102
1×10^{-1}	1	1×10^{2}	0.6720	0.0102
1×10^{-3}	0.01	4	6.720×10^{-4}	0.102×10^{-3}
1.4881	14.881	1488.1	1	0.1519
9.81	98.1	9810	6.59	1

8. 运动黏度

m²/s	cm²/s	ft²/s
1	1×10^{4}	10.76
10^{-4}	1	1.076×10^{-3}
92.9×10^{-3}	929	1

9. 功率

W	kgf·m/s	lbf·ft/s	hp	kcal/s	Btu/s
1	0.10197	0.7376	1.341×10^{-3}	0.2389×10^{-3}	0.9486×10^{-3}
9.8067	1	7.23314	0.01315	0.2342×10^{-2}	0.9293×10^{-2}
1.3558	0.13825	1	0.0018182	0.3238×10^{-3}	0.12851×10^{-2}
745.69	76.0375	550	1	0.17803	0.70675
4186.8	426.85	3087.44	5.6135	1	3.9683
1055	107.58	778.68	1.4148	0.251996	1

10. 表面张力

N/m	kgf/m	dyn/cm	lbf/ft
1	0.102	103	6.854×10^{-2}
9.81	1	9807	0.6720
10^{-3}	1.02×10^{-4}	1	6.854×10^{-5}
14.59	1.488	1.459×10^{4}	1

11. 温度

$$℃=(℉-32)\times\frac{5}{9}$$

$$℉=℃\times\frac{9}{5}+32$$

$$K=273.3+℃$$

$$°R = 460 + °F$$

$$K = °R \times \frac{5}{9}$$

12. 气体常数　$R = 8.314 kJ/(kmol \cdot K)$

$= 8.48 kg \cdot m/(kmol \cdot K)$

$= 82.06 atm \cdot cm^3/(g \cdot mol \cdot K)$

$= 0.08206 atm \cdot m^3/(kmol \cdot K)$

$= 1.987 kcal/(kmol \cdot K)$

$= 1.987 Btu/(lb \cdot mol \cdot °R)$

$= 1545 ft \cdot lb(lb \cdot mol \cdot °R)$

$= 10.73 (lbf/in^2) \cdot ft^3/(lb \cdot mol \cdot °R)$

参 考 文 献

[1] 刘承先，张裕萍主编．流体输送与非均相分离技术．北京：化学工业出版社，2008.
[2] 邝生鲁主编．化学工程师技术手册（上、下册）．北京：化学工业出版社，2002.
[3] 袁一主编．化学工程师手册．北京：机械工业出版社，2002.
[4] 钱颂文主编．换热器设计手册．北京：化学工业出版社，2002.
[5] 薛叙明主编．传热应用技术．北京：化学工业出版社，2008.
[6] 杨永杰主编．化工环境保护概论．北京：化学工业出版社，2001.
[7] 贾素云主编．化工环境科学与安全技术．北京：国防工业出版社，2009.
[8] 韩玉墀，王慧伦主编．化工工人技术培训读本．北京：化学工业出版社，1996.
[9] 赵薇，周国保主编．HSEQ 与清洁生产．北京：化学工业出版社，2008.
[10] 何际泽，张瑞明主编．安全生产技术．北京：科学出版社，2008.
[11] 李勇主编．化工企业管理．北京：化学工业出版社，2009.
[12] 汪大翚，徐新华，赵伟荣主编．化工环境工程概论．北京：化学工业出版社，2006.
[13] 李彦海，孟庆华，付春杰主编．化工企业管理、安全和环境保护．北京：化学工业出版社，2000.
[14] 方真主编．化工企业管理．北京：中国纺织出版社，2007.
[15] 王利平主编．管理学原理．北京：中国人民大学出版社，2006.
[16] 赵云胜等主编．职业健康安全与环境（HSE）法规手册．北京：化学工业出版社，2007.
[17] 周忠元，陈桂琴主编．化工安全技术与管理．北京：化学工业出版社，2001.
[18] 佟玉衡主编．实用废水处理技术．北京：化学工业出版社，1998.
[19] 刘凡清主编．固液分离与工业水处理．北京：中国石化出版社，2000.
[20] 陆美娟，张浩勤主编．化工原理．第 2 版．北京：化学工业出版社，2006.
[21] 中国石化集团上海工程有限公司编．化工工艺设计手册．第 3 版．北京：化学工业出版社，2003.
[22] 朱宝轩，刘向东主编．化工安全技术基础．北京：化学工业出版社，2004.
[23] 陈性永主编．操作工．北京：化学工业出版社，1996.
[24] 郭剑花，王锁庭主编．过程测量及仪表．北京：化学工业出版社，2010.
[25] 蔡夕忠主编．化工仪表．北京：化学工业出版社，2008.
[26] 王永丽，李忠军，伍伟杰主编．无机及分析化学．北京：化学工业出版社，2011.
[27] 蔡明招主编．分析化学．北京：化学工业出版社，2011.
[28] 沈发治主编．化工基础概论．北京：化学工业出版社，2011.
[29] 胡建生主编．化工制图．北京：化学工业出版社，2010.
[30] 胡忆沩主编．化工设备与机器．北京：化学工业出版社，2009.
[31] 谷京云，任晓耕主编．机械基础．北京：化学工业出版社，2004.
[32] 霍子莹，李海鹰主编．化学基础．北京：化学工业出版社，2008.
[33] 段林峰，张志宇主编．化工腐蚀与防护．北京：化学工业出版社，2008.
[34] 潘文群，何灏彦主编．传质分离技术．北京：化学工业出版社，2008.
[35] 周莉萍主编．化工生产基础．北京：化学工业出版社，2007.

元素周期表

氧化态（单质的氧化态为0，未列入；常见的为红色）

以 [12]C=12 为基准的相对原子质量（注✦的是半衰期最长同位素的相对原子质量）

95	原子序数
Am	元素符号（红色的为放射性元素）
镅▲	元素名称（注▲的为人造元素）
$5f^7 7s^2$	价层电子构型
243.06✦	相对原子质量
+2 +3 +4 +5 +6	氧化态

s区元素　p区元素　d区元素　ds区元素　f区元素　稀有气体

周期＼族	1 IA	2 IIA	3 IIIB	4 IVB	5 VB	6 VIB	7 VIIB	8 VIIIB	9 VIIIB	10 VIIIB	11 IB	12 IIB	13 IIIA	14 IVA	15 VA	16 VIA	17 VIIA	18 VIIIA	电子层
1	−1 +1 1 H 氢 $1s^1$ 1.00794(7)																	2 He 氦 $1s^2$ 4.002602(2)	K
2	+1 3 Li 锂 $2s^1$ 6.941(2)	+2 4 Be 铍 $2s^2$ 9.012182(3)											+3 5 B 硼 $2s^2 2p^1$ 10.811(7)	−4 +2 +4 6 C 碳 $2s^2 2p^2$ 12.0107(8)	−3 −2 −1 +1 +2 +3 +4 +5 7 N 氮 $2s^2 2p^3$ 14.0067(2)	−2 −1 8 O 氧 $2s^2 2p^4$ 15.9994(3)	−1 9 F 氟 $2s^2 2p^5$ 18.9984032(5)	10 Ne 氖 $2s^2 2p^6$ 20.1797(6)	L K
3	−1 +1 11 Na 钠 $3s^1$ 22.989770(2)	+2 12 Mg 镁 $3s^2$ 24.3050(6)											+3 13 Al 铝 $3s^2 3p^1$ 26.981538(2)	−4 +2 +4 14 Si 硅 $3s^2 3p^2$ 28.0855(3)	−3 −2 +1 +3 +5 15 P 磷 $3s^2 3p^3$ 30.973761(2)	−2 +2 +4 +6 16 S 硫 $3s^2 3p^4$ 32.065(5)	−1 +1 +3 +5 +7 17 Cl 氯 $3s^2 3p^5$ 35.453(2)	18 Ar 氩 $3s^2 3p^6$ 39.948(1)	M L K
4	−1 +1 19 K 钾 $4s^1$ 39.0983(1)	+2 20 Ca 钙 $4s^2$ 40.078(4)	+3 21 Sc 钪 $3d^1 4s^2$ 44.955910(8)	−1 0 +2 +3 +4 22 Ti 钛 $3d^2 4s^2$ 47.867(1)	0 ±1 +2 +3 +4 +5 23 V 钒 $3d^3 4s^2$ 50.9415	−3 0 ±1 ±2 +3 +4 +5 +6 24 Cr 铬 $3d^5 4s^1$ 51.9961(6)	−2 0 ±1 +2 ±3 +4 +5 +6 +7 25 Mn 锰 $3d^5 4s^2$ 54.938049(9)	−2 0 ±1 +2 +3 +4 +5 +6 26 Fe 铁 $3d^6 4s^2$ 55.845(2)	0 ±1 +2 +3 +4 +5 27 Co 钴 $3d^7 4s^2$ 58.933200(9)	0 ±1 +2 +3 +4 28 Ni 镍 $3d^8 4s^2$ 58.6934(2)	+1 +2 +3 +4 29 Cu 铜 $3d^{10} 4s^1$ 63.546(3)	+1 +2 30 Zn 锌 $3d^{10} 4s^2$ 65.409(4)	+1 +3 31 Ga 镓 $4s^2 4p^1$ 69.723(1)	+2 +4 32 Ge 锗 $4s^2 4p^2$ 72.64(1)	−3 +3 +5 33 As 砷 $4s^2 4p^3$ 74.92160(2)	−2 +2 +4 +6 34 Se 硒 $4s^2 4p^4$ 78.96(3)	−1 +1 +3 +5 +7 35 Br 溴 $4s^2 4p^5$ 79.904(1)	+2 +4 36 Kr 氪 $4s^2 4p^6$ 83.798(2)	N M L K
5	−1 +1 37 Rb 铷 $5s^1$ 85.4678(3)	+2 38 Sr 锶 $5s^2$ 87.62(1)	+3 39 Y 钇 $4d^1 5s^2$ 88.90585(2)	+1 +2 +3 +4 40 Zr 锆 $4d^2 5s^2$ 91.224(2)	0 ±1 +2 +3 +4 +5 41 Nb 铌 $4d^4 5s^1$ 92.90638(2)	0 ±1 ±2 +3 +4 +5 +6 42 Mo 钼 $4d^5 5s^1$ 95.94(2)	0 ±1 +2 +3 +4 +5 +6 +7 43 Tc 锝▲ $4d^5 5s^2$ 97.907✦	0 +1 ±2 +3 +4 +5 +6 +7 +8 44 Ru 钌 $4d^7 5s^1$ 101.07(2)	0 ±1 +2 +3 +4 +5 +6 45 Rh 铑 $4d^8 5s^1$ 102.90550(2)	0 +1 +2 +3 +4 46 Pd 钯 $4d^{10}$ 106.42(1)	+1 +2 +3 47 Ag 银 $4d^{10} 5s^1$ 107.8682(2)	+1 +2 48 Cd 镉 $4d^{10} 5s^2$ 112.411(8)	+1 +3 49 In 铟 $5s^2 5p^1$ 114.818(3)	+2 +4 50 Sn 锡 $5s^2 5p^2$ 118.710(7)	−3 +3 +5 51 Sb 锑 $5s^2 5p^3$ 121.760(1)	−2 +2 +4 +6 52 Te 碲 $5s^2 5p^4$ 127.60(3)	−1 +1 +3 +5 +7 53 I 碘 $5s^2 5p^5$ 126.90447(3)	+2 +4 +6 +8 54 Xe 氙 $5s^2 5p^6$ 131.293(6)	O N M L K
6	−1 +1 55 Cs 铯 $6s^1$ 132.90545(2)	+2 56 Ba 钡 $6s^2$ 137.327(7)	57~71 La~Lu 镧系	+1 +2 +3 +4 72 Hf 铪 $5d^2 6s^2$ 178.49(2)	0 ±1 +2 +3 +4 +5 73 Ta 钽 $5d^3 6s^2$ 180.9479(1)	0 ±1 ±2 +3 +4 +5 +6 74 W 钨 $5d^4 6s^2$ 183.84(1)	0 ±1 +2 +3 +4 +5 +6 +7 75 Re 铼 $5d^5 6s^2$ 186.207(1)	0 +1 +2 +3 +4 +5 +6 +7 +8 76 Os 锇 $5d^6 6s^2$ 190.23(3)	0 ±1 +2 +3 +4 +5 +6 77 Ir 铱 $5d^7 6s^2$ 192.217(3)	0 +2 +3 +4 +5 +6 78 Pt 铂 $5d^9 6s^1$ 195.078(2)	+1 +2 +3 +5 79 Au 金 $5d^{10} 6s^1$ 196.96655(2)	+1 +2 +3 80 Hg 汞 $5d^{10} 6s^2$ 200.59(2)	+1 +3 81 Tl 铊 $6s^2 6p^1$ 204.3833(2)	+2 +4 82 Pb 铅 $6s^2 6p^2$ 207.2(1)	−3 +3 +5 83 Bi 铋 $6s^2 6p^3$ 208.98038(2)	−2 +2 +3 +4 +6 84 Po 钋 $6s^2 6p^4$ 208.98✦	±1 +5 +7 85 At 砹 $6s^2 6p^5$ 209.99✦	+2 86 Rn 氡 $6s^2 6p^6$ 222.02✦	P O N M L K
7	+1 87 Fr 钫▲ $7s^1$ 223.02✦	+2 88 Ra 镭 $7s^2$ 226.03✦	89~103 Ac~Lr 锕系	104 Rf 𬬻▲ $6d^2 7s^2$ 261.11✦	105 Db 𬭊▲ $6d^3 7s^2$ 262.11✦	106 Sg 𬭳▲ $6d^4 7s^2$ 263.12✦	107 Bh 𬭛▲ $6d^5 7s^2$ 264.12✦	108 Hs 𬭶▲ $6d^6 7s^2$ 265.13✦	109 Mt 鿏▲ $6d^7 7s^2$ 266.13	110 Ds 𫟼▲ (269)	111 Rg 𬬭▲ (272)✦	112 Uub▲ (277)✦	113 Uut▲ (278)✦	114 Uuq▲ (289)✦	115 Uup▲ (288)✦	116 Uuh▲ (289)✦			Q P O N M L K

★ 镧系	+3 57 La★ 镧 $5d^1 6s^2$ 138.9055(2)	+2 +3 +4 58 Ce 铈 $4f^1 5d^1 6s^2$ 140.116(1)	+3 +4 59 Pr 镨 $4f^3 6s^2$ 140.90765(2)	+2 +3 +4 60 Nd 钕 $4f^4 6s^2$ 144.24(3)	+3 61 Pm 钷▲ $4f^5 6s^2$ 144.91✦	+2 +3 62 Sm 钐 $4f^6 6s^2$ 150.36(3)	+2 +3 63 Eu 铕 $4f^7 6s^2$ 151.964(1)	+3 64 Gd 钆 $4f^7 5d^1 6s^2$ 157.25(3)	+3 +4 65 Tb 铽 $4f^9 6s^2$ 158.92534(2)	+3 +4 66 Dy 镝 $4f^{10} 6s^2$ 162.500(1)	+3 67 Ho 钬 $4f^{11} 6s^2$ 164.93032(2)	+3 68 Er 铒 $4f^{12} 6s^2$ 167.259(3)	+2 +3 69 Tm 铥 $4f^{13} 6s^2$ 168.93421(2)	+2 +3 70 Yb 镱 $4f^{14} 6s^2$ 173.04(3)	+3 71 Lu 镥 $4f^{14} 5d^1 6s^2$ 174.967(1)
★ 锕系	+3 89 Ac★ 锕 $6d^1 7s^2$ 227.03✦	+3 +4 90 Th 钍 $6d^2 7s^2$ 232.0381(1)	+3 +4 +5 91 Pa 镤 $5f^2 6d^1 7s^2$ 231.03588(2)	+2 +3 +4 +5 +6 92 U 铀 $5f^3 6d^1 7s^2$ 238.02891(3)	+3 +4 +5 +6 +7 93 Np 镎 $5f^4 6d^1 7s^2$ 237.05✦	+3 +4 +5 +6 +7 94 Pu 钚 $5f^6 7s^2$ 244.06✦	+2 +3 +4 +5 +6 95 Am 镅▲ $5f^7 7s^2$ 243.06✦	+3 +4 96 Cm 锔▲ $5f^7 6d^1 7s^2$ 247.07✦	+3 +4 97 Bk 锫▲ $5f^9 7s^2$ 247.07✦	+2 +3 +4 98 Cf 锎▲ $5f^{10} 7s^2$ 251.08✦	+2 +3 99 Es 锿▲ $5f^{11} 7s^2$ 252.08✦	+2 +3 100 Fm 镄▲ $5f^{12} 7s^2$ 257.10✦	+2 +3 101 Md 钔▲ $5f^{13} 7s^2$ 258.10✦	+2 +3 102 No 锘▲ $5f^{14} 7s^2$ 259.10✦	+3 103 Lr 铹▲ $5f^{14} 6d^1 7s^2$ 260.11✦